高等院校“十四五”部委级规划教材

机械原理

孙志宏　主编
王永兴
王淑妍　参编

東華大學出版社
·上海·

图书在版编目(CIP)数据

机械原理／孙志宏主编. —上海：东华大学出版社，2023.12

ISBN 978-7-5669-2292-2

Ⅰ. ①机… Ⅱ. ①孙… Ⅲ. ①机械原理 Ⅳ. ①TH111

中国国家版本馆 CIP 数据核字(2023)第 242302 号

责任编辑：吴川灵
封面设计：雅　风

出　　版：东华大学出版社(上海市延安西路 1882 号，200051)
出版社网址：http://dhupress.dhu.edu.cn
天猫旗舰店：http://dhdx.tmall.com
营 销 中 心：021-62193056　62373056　62379558
印　　刷：上海颛辉印刷厂有限公司
开　　本：787 mm×1092 mm　1/16
印　　张：17
字　　数：402 千字
版　　次：2023 年 12 月第 1 版
印　　次：2023 年 12 月第 1 次印刷
书　　号：ISBN 978-7-5669-2292-2
定　　价：68.00 元

前言

目前国家推行的“新工科”教育和“卓越工程师”教育，其共同目标是培养适应和引领新一轮科技革命和产业变革的卓越工程科技人才。机械原理课程正是使学生认识机械、了解机械、建立工程意识、培养创新思维和提高解决复杂工程实际问题能力的重要课程之一，是机械类专业的一门重要的技术基础课程。

本书以“新工科”“卓越工程师计划”等高等教育改革思想为指引，在我校华大年老师编写的、全国优秀教材和上海市优秀教材《机械原理》基础上，进一步发挥纺织机械机构品种多、工艺性强的特点，选用纺织机械里的典型机构充实例题，加强理论与实践的结合，强调工艺主导机构设计，使学生建立工程的概念，培养学生运用机械原理的理论和知识解决实际机械设计的能力，提高教材的工程性和实践性。通过本书的学习，学生将建立工程意识，了解常见平面机构的类型和作用；掌握机构共性问题的解决方法，包括机构的组成原理及其结构分析、机构运动分析和力的分析的方法，机械效率的计算方法等；掌握连杆、凸轮和齿轮等常用平面机构的设计方法；能够解决机器运转的稳定性问题，包括机器运转过程中速度波动的调节，机构中的平衡问题等。

全书共分十三章，第一章主要阐述本课程研究的对象和内容，以及本课程的作用；第二至第五章及第十二章，属于机构研究的共性问题，包括机构的组成原理和结构分析、运动分析、力分析及动力学分析；第六至第十章属于平面机构综合的内容，包括连杆机构、凸轮机构、齿轮机构及其他常用机构；第十三章介绍了机构的创新设计方法，希望能够为同学在机构创新设计方面提供一种思路。

本书由东华大学机械原理教学团队集体编写，王淑妍负责第二、八、九章的编写，王永兴负责第七、十一章的编写，孙志宏负责其他章节的编写。全书由孙志宏担任主编。

由于作者水平有限，不当之处在所难免，敬请各位机械原理课程的教师、学生及广大读者不吝指正。

作者

2023 年 9 月

目录

第一章 绪 论

1.1 机械原理课程的研究对象

机械原理课程研究的对象是机构和机器，两者总称为机械。

机器是一种能够传递或转换能量、物料（对象被分解、运输）或信息的装备，以代替或减轻人类的体力劳动或脑力劳动。根据用途的不同，机器可分为动力机器、加工机器、运输机器和信息机器等。

动力机器能够将任何一种形式的能量转换成机械能，或反向转换。如电动机是将电能转换成机械能，内燃机是将化学能转换成机械能，风力发电机是将风能转换为电能，等等。

加工机器是改变物料（加工对象）的物理或化学特征的机器，如化工机器改变物料的化学特性，金属切削机床改变金属的形状和尺寸等物理特性，纺纱机是将纤维变成纱线，织布机是将纱线变成织物的机器，都没有改变纤维或纱线的化学特性。

运输机器是将物料或人从一个地方转移至另一个场所的机器，如汽车、飞机、轮船等交通工具和输送机、起重机、AGV 小车或 RGV 小车等物料搬运机器。

信息机器则是用来获取、处理或传递信息的机器。属于这类机器的有绘图仪、打字机、机械式手表等。如图 1-1、图 1-2 分别为打字机和机械式手表。

图 1-1 打字机

图 1-2 机械手表内部结构

机构是机器的重要组成部分。任何一个机器，一般至少有一个机构。机构是用于传递运动和动力、具有一定约束的物体系统。如缝纫机中的刺料机构、挑线机构、勾线机构及送料机构等，它们克服缝纫工作阻力并相互协调配合完成规定的动作和运动。

1.2 机械原理课程的研究内容

机械原理课程是介于基础课和专业课之间的专业基础课，主要包括以下几方面内容：

1）研究各种机构的共性问题，如机构的结构分析和组成原理、机构的运动分析方法、机构中的力及其分析方法、机械效益、机械中的摩擦和机械效率等；

2）介绍常用机构的特点、应用及设计方法，如连杆机构、凸轮机构、齿轮机构等；

3）研究机器运转的稳定性问题，包括机器运转过程中速度波动的调节、定轴回转构件的平衡问题等；

4）介绍机构选型及机构创新设计的基本知识。

1.3 机械原理课程的作用

机械原理是机械类专业学生在进入专业课程学习前需要学习的技术基础课。学习本课程后，学生能够从机构组成方面对已有的机器进行了解，当机器发生机械故障时，能够科学诊断，有利于及时排除故障，保证生产正常进行；此外，可以运用本书所介绍的机构创新设计方法（如机构演化法、再生运动链法、运动副变异法等）对已有机器进行合理改造，甚至创新设计出全新的机器。机械原理课程将从机构设计的角度激发学生的创新意识和培养其创新能力，有助于创新型人才的培养，助力我国早日建设成创新型国家。

第二章 平面机构的结构分析

本章主要内容：本章主要介绍构件、运动副、约束、运动链等基本概念和机构运动简图的绘制方法、自由度的定义及计算方法、机构具有确定运动的条件。机构的组成原理和机构结构分析的方法，为机构运动分析、动力分析及创新设计打下基础。

2.1 概　述

机构是各种机器的基本组成部分，是用于传递或变换运动和力的可动装置。那么机构是如何组成的，为什么能动，又是如何实现确定运动的？探讨机构的组成以及机构具有确定运动的条件，对分析现有机构和设计新机构都十分重要。

实际机构的外形和结构复杂多样，为了便于分析研究，工程中机构通常都用简单的线条和符号绘制的机构运动简图来表示。

机构分为平面机构和空间机构，如果其所有构件只能在同一平面或相互平行的平面内运动，称为平面机构，否则为空间机构。目前工程中大量应用的是平面机构，本章重点讨论平面机构。

2.2 机构的组成

一、构件

组成机构的各个独立的运动单元称为构件，它是机构组成的基本要素之一。构件可以是一个单独的零件，也可以由若干个零件刚性联接而成。如图 2-1 所示的织机打纬机构，它

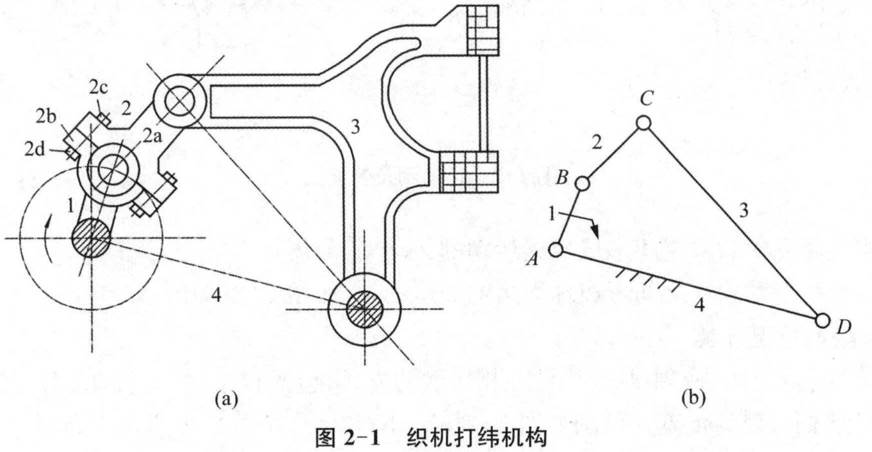

图 2-1　织机打纬机构

是由曲柄 1、连杆 2、摇杆 3 和固定杆(机架) 4 组成的四连杆机构。其中,曲柄 1 这个构件由一个零件构成,而连杆 2 则由连杆体 2a、连杆头 2b、螺栓 2c 和螺母 2d 等多个零件刚性联接而成。构件和零件都是组成机构的基本要素,其区别在于:构件是运动单元,零件是加工制造单元。

在本课程中,若无特殊声明,构件一般指刚性构件。当然,机器中除了刚性件之外,还有挠性件(如皮带、绳索、链条、弹簧等)和压缩件(如气体构件和液体构件)等。根据构件是否运动,可将其分为静止构件(通常称之为机架)和运动构件两大类。静止构件相对于机器基座固定不动,主要用来支撑或约束其他构件、承受载荷、传递力或者引导其他构件运动。

二、运动副及其分类

机构是由构件组成的,构件和构件之间必须以一定的方式加以联接。这种联接要能使构件间产生一定的相对运动,因此不能是固定联接。我们把这种使两构件直接接触并能产生一定相对运动的联接方式称为运动副,也就是说构件与构件之间是通过运动副联接起来的。构件与另一个构件形成运动副时直接接触的部分,称为运动副元素。综上,一个运动副是由两个构件直接接触并形成相对运动而构成的。

通常运动副可根据其接触方式、所受到的约束数、运动副的封闭形式、运动空间及所形成的相对运动形式等特性加以分类。

1. 按形成的相对运动分类

根据构成运动副的两构件之间相对运动的形式进行分类,如转动副、移动副、螺旋副、球面副等。

1) 转动副　两构件之间只作相对转动的平面运动副,或称为铰链,如图 2-2(a)所示。

2) 移动副　两构件之间只作相对移动的平面运动副,如图 2-2(b)所示。

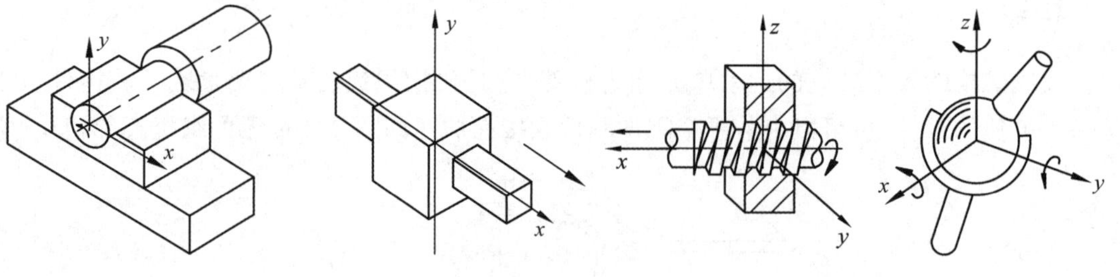

(a) 转动副　(b) 移动副　(c) 螺旋副　(d) 球面副

图 2-2　运动副及其元素

3) 螺旋副　两构件之间形成螺旋运动的运动副,如图 2-2(c)所示。

4) 球面副　两构件之间形成球面运动的运动副,如图 2-2(d)所示。

2. 按接触情况分类

接触情况是指运动副中两个构件互相接触的方式,包括点接触、线接触、面接触。点、线接触为高副,面接触为低副。低副如图 2-2(a)、(b)和(c),而图 2-3 所示为高副。

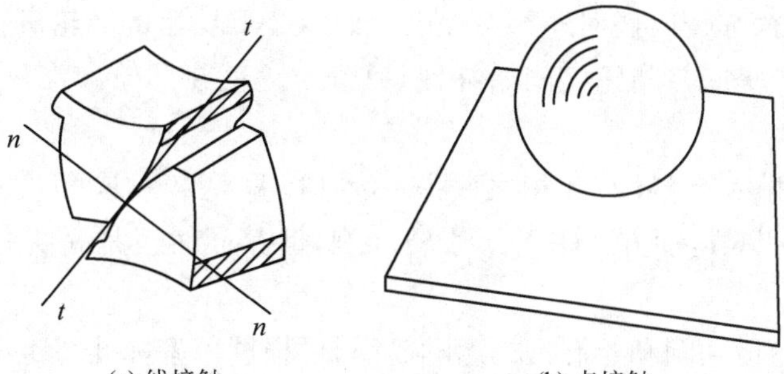

(a) 线接触　　(b) 点接触

图 2-3　高副

3. 按约束进行分类

一个不受任何约束、做空间运动的构件具有 6 个独立的运动，独立的运动称为自由度，因此一个构件在空间不受约束时有 6 个自由度。在笛卡尔坐标系中，构件的 6 个自由度分别为沿三个坐标轴的移动自由度和绕三个坐标轴的转动自由度。当构件与构件之间用运动副联接起来后，构件间的相对运动就受到了运动副带来的约束，自由度随之减少。不同的运动副引入的约束不同，所保留的自由度也不同。运动副按照引入约束的数目分为Ⅰ级副、Ⅱ级副、Ⅲ级副、Ⅳ级副和Ⅴ级副。

以图 2-2(a)的转动副为例，该运动副约束了两构件间沿三个坐标轴的相对移动和绕 x 轴、y 轴的相对转动，只保留了绕 z 轴的相对转动，即有 5 个约束，只有一个自由度，该运动副称为Ⅴ级副。同理，具有相同自由度的移动副(图 2-2(b))和螺旋副(图 2-2(c))也是Ⅴ级副。图 2-3(a)平面高副有 4 个约束，为Ⅳ级副。图 2-2(d)所示的球面副，有 3 个约束，为Ⅲ级副。

4. 按照相对运动空间进行分类

构成运动副的两构件之间的相对运动，如果是平面运动，为平面运动副；如果相对运动是空间运动，则属于空间运动副。图 2-2(a)、(b)为平面运动副，而图 2-2(c)、(d)为空间运动副。

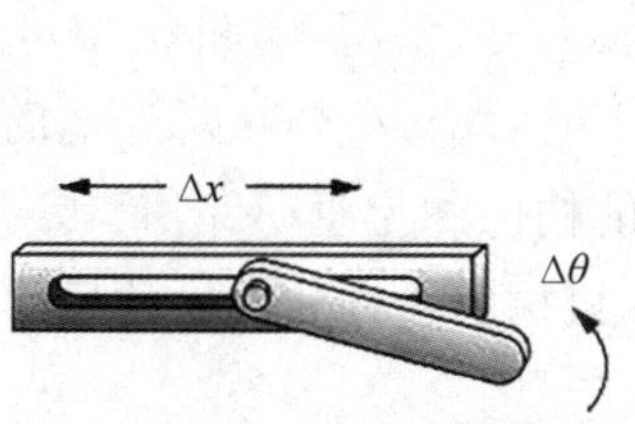

图 2-4　销轴在滑槽中(形封闭)

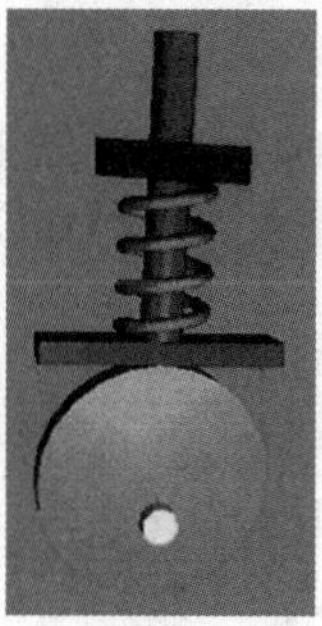

图 2-5　凸轮机构(力封闭)

5. 按运动副的封闭形式分类

根据运动副的封闭形式，分为力封闭和形封闭。形封闭运动副是利用几何形状保持接触或封闭的。如图 2-4 中，一个轴销在滑槽中移动就是依靠这个滑槽来保持运动副的接触，因此属于形封闭运动副。与此相对比，力封闭运动副要求施加某种外力保持其接触或封闭，这个外力可以由重力、弹簧或任何外部力提供。如图 2-5 所示的凸轮机构,弹簧的作用就是提供弹簧力使推杆的平底与凸轮之间始终保持接触,这就在凸轮和推杆之间形成了一种力封闭运动副。

运动副的分类虽然较多,但互相之间并不矛盾,只是从不同角度进行分类。比如说图 2-2(a)从形成的相对运动方式来看属于转动副,但其同时也是Ⅴ级副、平面副和形封闭运动副。

为了更好地表达运动副和绘制机构运动简图,可根据国家标准 GB/T 4460—2013,用简单图形符号表示运动副,对以上分类进行的归纳见表 2-1。

三、运动链

构件通过运动副连接而构成的相对可动的系统称为运动链。如果组成运动链的各构件构成了首尾封闭的系统,称为闭式运动链,如图 2-6(a)所示,简称闭链。若组成运动链的构件未构成首尾封闭的系统,如图 2-6(b)所示,则称为开式运动链,简称开链。在机械中一般采用闭链,开链多用于机械手等。

此外,根据运动链中各构件间的相对运动为平面运动还是空间运动,还可将运动链分为平面运动链和空间运动链两类。图 2-6(a)中各构件均在一个平面或者相互平行的多个平面内相对运动,则为平面运动链,而图 2-6(b)则为空间运动链。

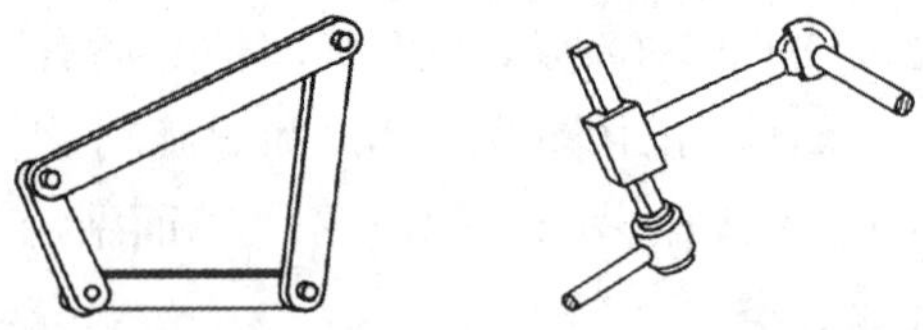

(a) 平面闭式运动链　　(b) 空间开式运动链

图 2-6　运动链

四、机构

在运动链中,如果将某一构件固定为机架,则该运动链便成为机构。如图 2-7 所示,将运动链中的某一构件固定,就变成相应的机构。一般情况下,机架相对于地面是固定不动的,但若机构是安装在车、船、飞机等移动物体上时,那么机架相对于地面可能是运动的。另外,机构中按照给定的已知运动规律独立运动的构件称为原动件,而其余活动构件则称为从动件,从动件的运动规律由原动件的运动规律、机构的结构和构件的尺寸决定。机构也可以分为开式机构和闭式机构。

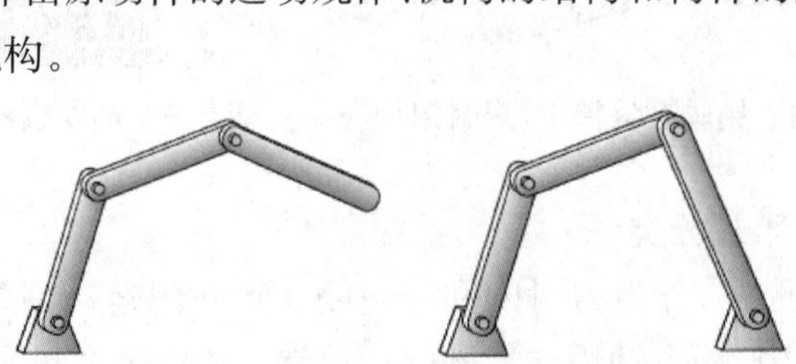

(a) 空间开式机构　　(b) 平面闭式机构

图 2-7　机构

表 2-1　运动副的模型及符号

运动副名称及代号		运动副模型	运动副级别及封闭方式	运动副符号	
				两运动构件构成的运动副	两构件之一为固定时的运动副
平面运动副	转动副(R)	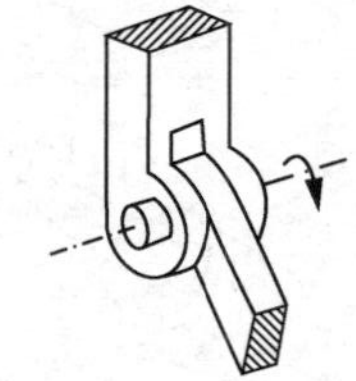	V级副 形封闭	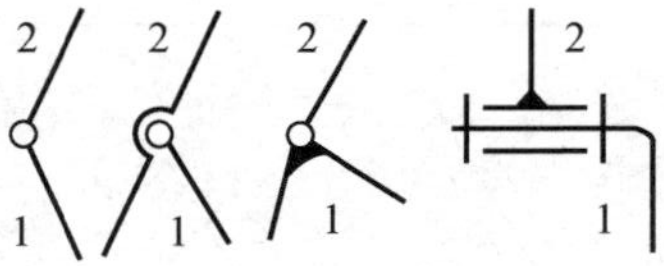	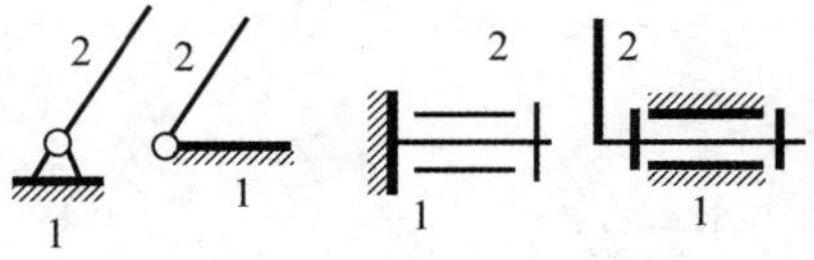
平面运动副	移动副(P)	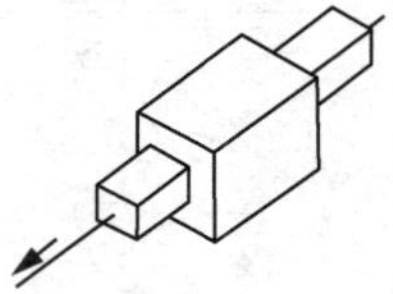	V级副 形封闭	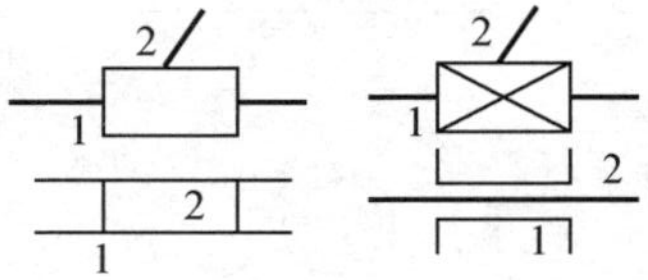	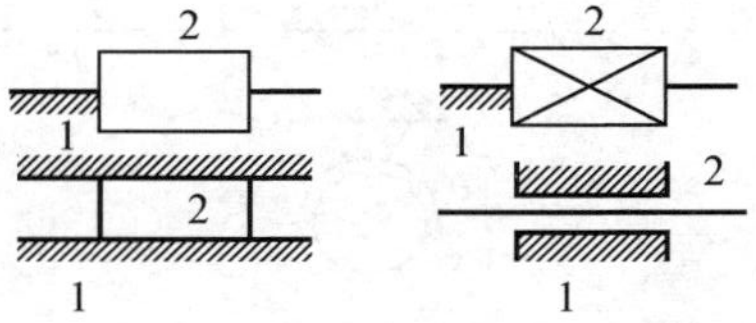
平面运动副	平面高副 (RP)	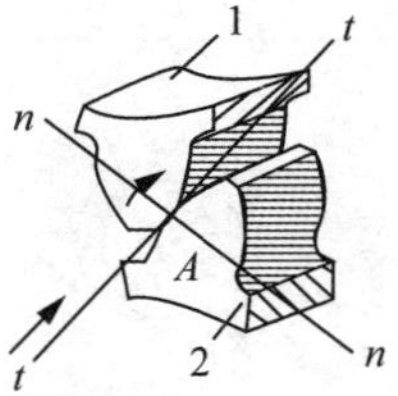	Ⅳ级副 力封闭	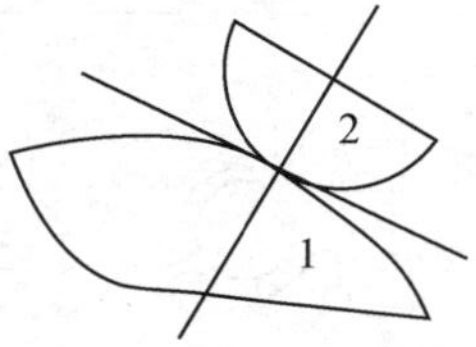	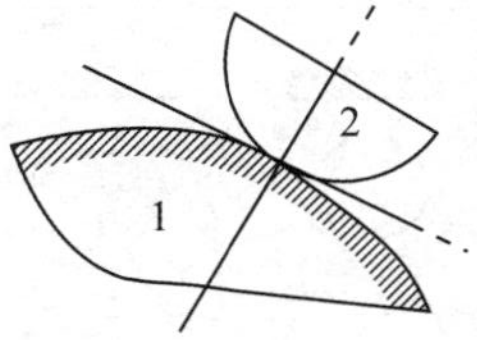
空间运动副	点高副 (RRRPP)		Ⅰ级副 力封闭	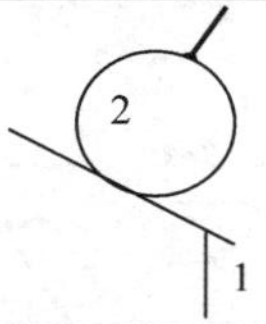	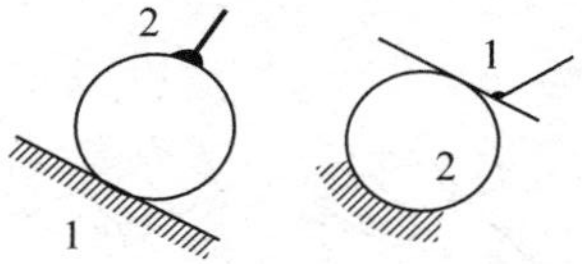
空间运动副	线高副 (RRPP)	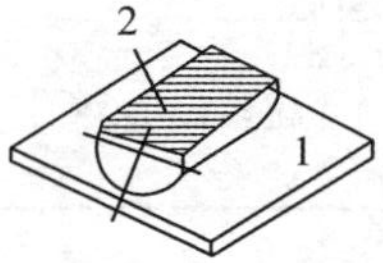	Ⅱ级副 力封闭	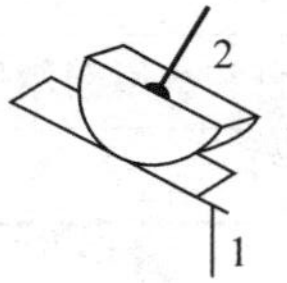	

（续表）

运动副名称及代号		运动副模型	运动副级别及封闭方式	运动副符号	
				两运动构件构成的运动副	两构件之一为固定时的运动副
空间运动副	平面副 F （RPP）	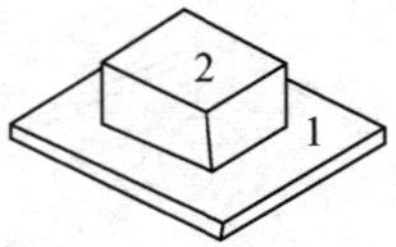	Ⅲ级副 力封闭	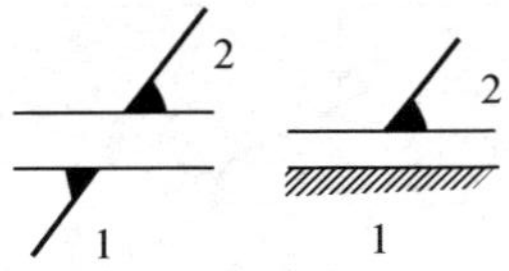	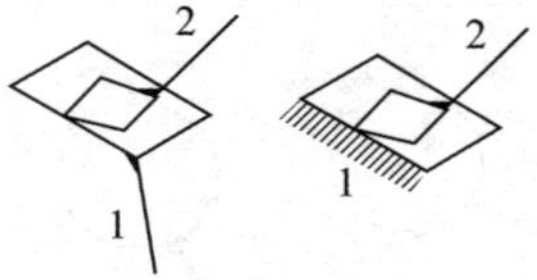
	球面副 S （RRR）	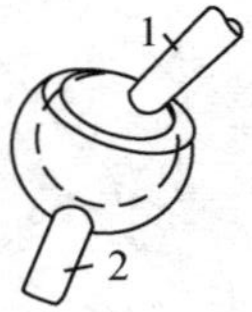	Ⅲ级副 形封闭	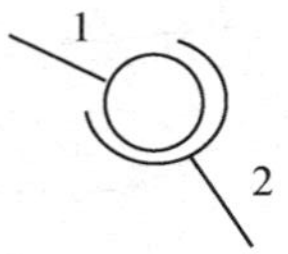	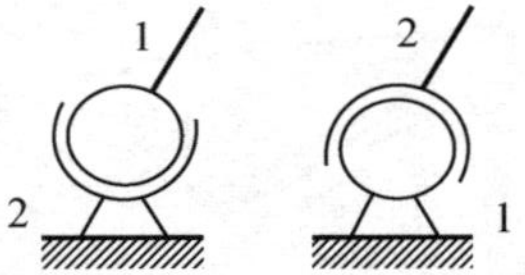
	球销副 S′ （RR）		Ⅳ级副 形封闭	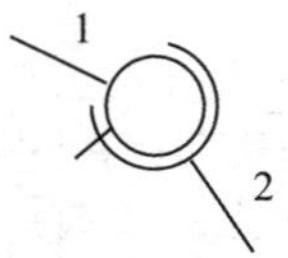	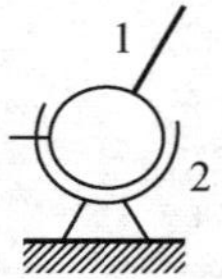
	圆柱副 C （RP）	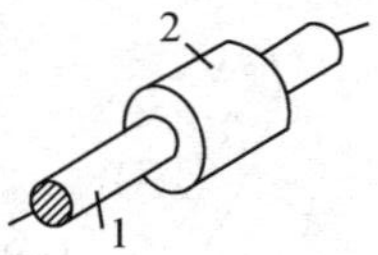	Ⅳ级副 形封闭	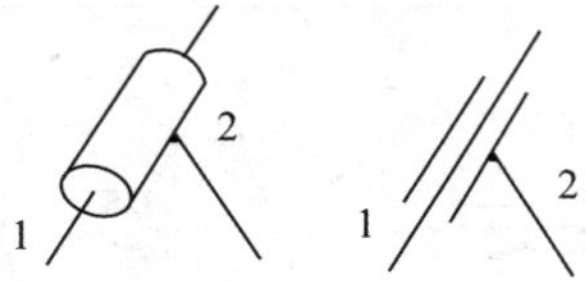	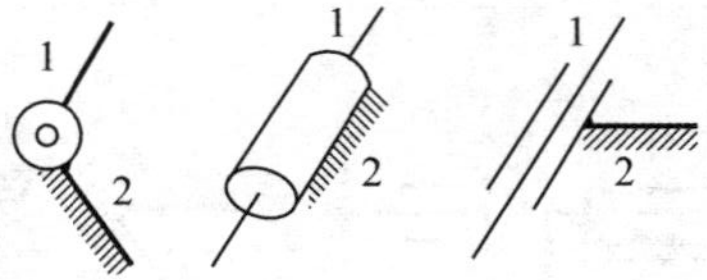
	螺旋副 H （RP）	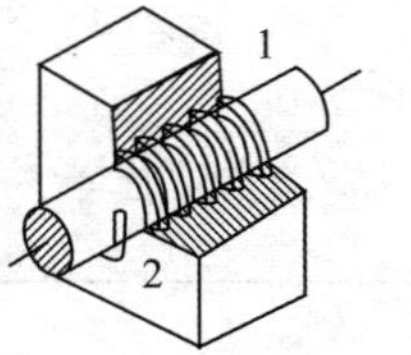	Ⅴ级副 形封闭	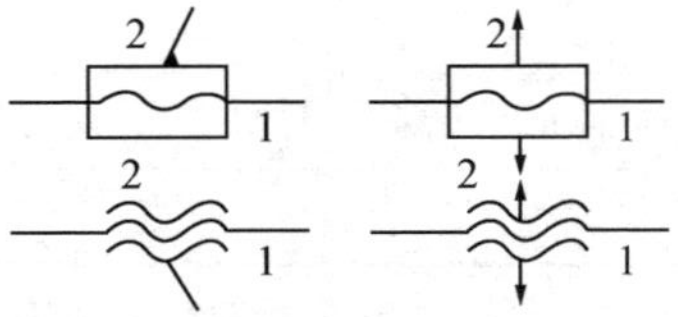	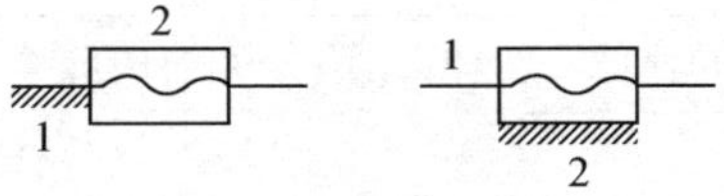

2.3　平面机构运动简图

一、机构运动简图

工程实际中，构件的外形和结构往往都很复杂，而在分析机构的运动时，可以不考虑构件的形状、组成构件的零件数目、运动副的具体构造及机架的固连方式等与运动无关的因素。机构的运动是由其原动件的运动规律、构件与构件之间的运动副和构件上用来确定运动副相对位置的尺寸共同决定的，因此机构运动简图的绘制主要是确定运动传递路线上构件与构件间的相对运动关系和构件上运动副的相对位置。参照国家标准 GB/T 4460—2013 规定的简单线条和符号来代表构件和运动副，并按一定的比例尺定出各运动副的相对位置，这种能表示机构各构件间相对运动关系的简化图形称为机构运动简图。利用机构运动简图对机械进行运动分析和动力分析，就变得十分简明和方便了。

表 2-1 列出了平面机构运动简图中运动副的表示方法，表 2-2 列出的是一般构件的表示方法。

表 2-2　一般构件的表示方法

构件名称	符号	说明
杆、轴构件		
机架	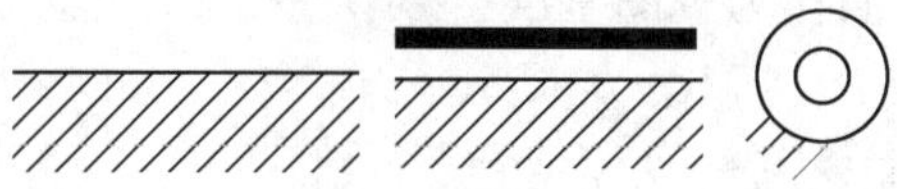	机构中相对固定的构件
同一构件	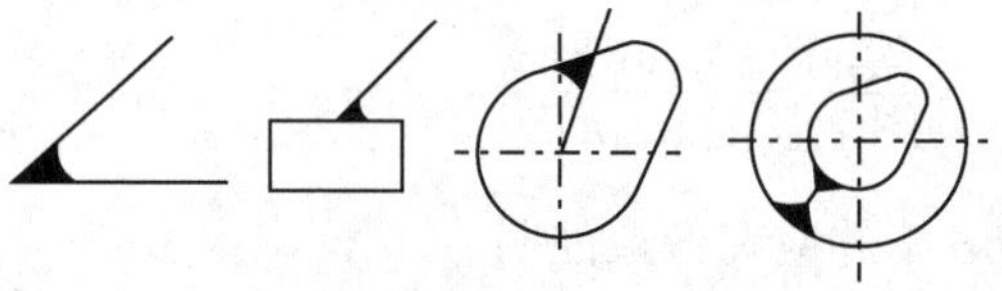	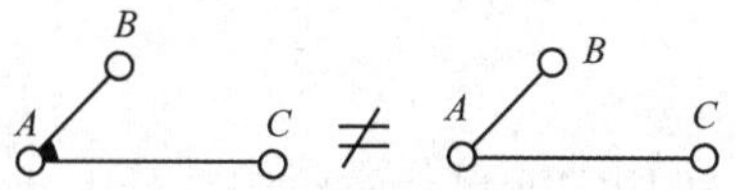
两副构件	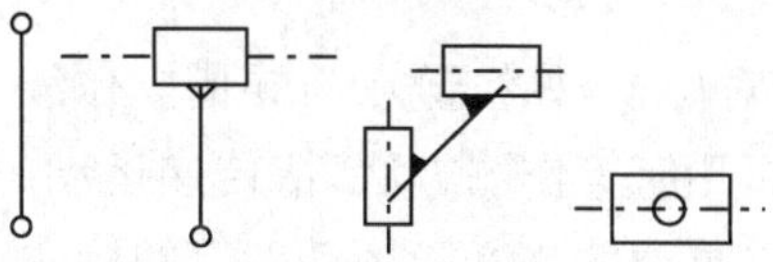	
三副构件	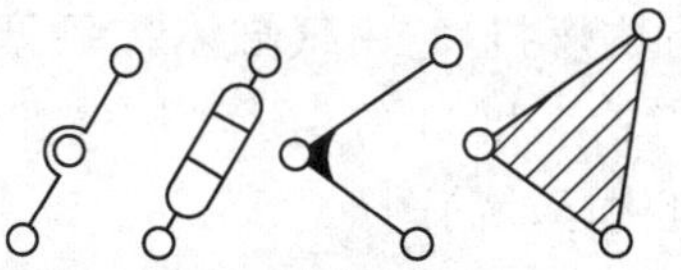	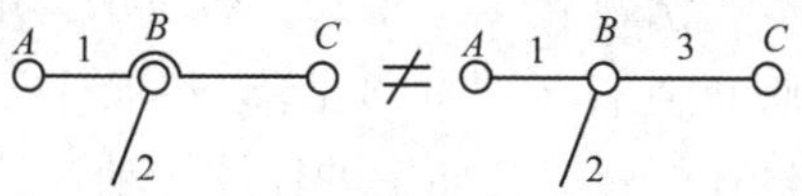

二、绘制机构运动简图的步骤

根据机构实物绘制其运动简图，是一个从具体到抽象的过程，可更清楚而又简单地反映机构的运动特性。但是，对于结构和外形比较复杂的实际机构，绘制其机构运动简图往往需要较高的技巧和反复实践。为了便于读者掌握绘制机构运动简图的技能，介绍下列方法和步骤供参考。

1. 认清机架、原动件(主动件)与从动件

机构中的构件可区分为机架、原动件和从动件：

机架(固定杆)：与基座固接，用于支承活动构件。机架在机构运动简图中的表示比较直观，可以直接在代表机架的构件加上阴影线即可，如机构上所有的固定铰链点(图 2-1 中的点 A 和 D)及固定导槽方位线等均表示机架。

原动件(主动件)：按已知运动规律独立运动的构件，在机构运动简图中通常采用添加运动箭头的方式来表示。通常，原动件运动由原动机直接输入或通过其他装置输入，故通常又称输入件。图 2-1 所示曲柄摇杆机构中的构件 1 为原动件。

从动件：机构中除原动件以外的其余活动构件。其中输出运动或动力的从动件称为输出构件。图 2-1 中构件 2 和构件 3 均为从动件，构件 3 又为输出构件。

2. 判别运动副类型及其相对位置

一般从原动件开始，遵循运动传递的顺序，仔细观察各相邻构件之间的相对运动性质，由此确定机构中各运动副的类型，并进一步确定运动副的位置。对于低副，若为转动副，应找出转动中心(铰链点)；若为移动副，应确定移动方位线，该线可任意平移。对于高副，应画出其两元素的形状。

3. 合理选择视图

为了清楚地表达各构件的相对运动关系，需要选择恰当的视图基准。对于平面机构，必须选择与各构件的运动平面相平行的平面作为视图基准。

4. 适当选择比例尺

在绘制机构运动简图时，一般将长度比例尺 μ_l 定义为

$$\mu_l=\frac{\text{实际尺寸(m)}}{\text{图上长度(mm)}}$$

按机构实际尺寸及给定图纸大小确定 μ_l，并应在旁边注明。

5. 按一定的顺序绘图

用长度比例尺 μ_l，先确定运动副的相对位置，如铰链点与导槽方位线之间的相对位置；然后选择原动件运动的某一位置，应用平面几何等作图方法，依传递运动的顺序按照构件及同一构件的表示方法画出各从动件，并完成原动件、构件、运动副等的标注。

例题 2-1 图 2-8(a)所示为单缸四冲程内燃机，它由气缸体 8、活塞 7、进气阀 10、排气阀 9、连杆 2、曲轴 3、凸轮 4、顶杆 5、顶杆 6、齿轮 1 和 11 等组成。燃气推动活塞作往复移动，经连杆转变为曲轴的连续转动。试绘制其机构运动简图。

解： 此内燃机的主体机构是由气缸 8、活塞 7、连杆 2 和曲轴 3 所组成的曲柄滑块机构。此外，还有齿轮机构、凸轮机构等。在燃气的压力作用下，活塞 7 首先运动，然后通过连杆 2 使曲轴 3 输出回转运动；为了控制进气和排气，由固结在曲轴 3 上的小齿轮 1 带动大齿轮 11 使凸轮轴回转，再由凸轮轴上的两个凸轮 4 分别推动顶杆 5 及 6 以控制进气阀和排气阀。搞清楚内燃机的构造后，再选定视图平面和比例尺，就不难绘出其机构运动简图，如图 2-8(b)所示。

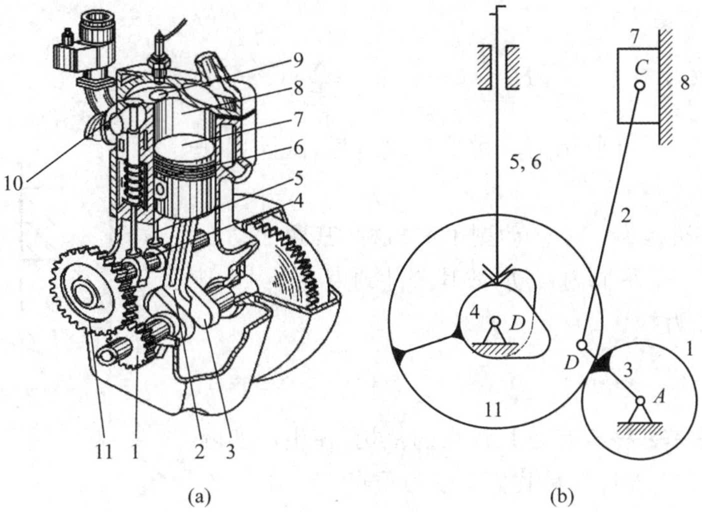

图 2-8　内燃机

值得注意的是，在绘制机构运动简图时，原动件的运动位置选择不同，所绘制的机构运动简图图形也不相同。当原动件的运动位置选择不当时，构件可能会出现重叠或交叉。为了清楚地表达各构件的相互关系，应当选择恰当的原动件运动位置进行绘图。

另外，机构示意图（或机构简图）也可以表示机构的结构组成和构件的相对运动关系。与机构运动简图不同的是：机构示意图不考虑机构中运动尺寸的比例关系，不能作为机构运动和动力分析的基础。

2.4　平面机构的自由度

为了能使组合起来的构件产生相对运动并具有运动确定性，有必要探讨机构自由度和机构具有确定运动的条件。

在空间中，一个不受任何约束的构件具有 6 个自由度，构件与构件之间通过运动副连接而形成机构后，构件就受到来自运动副的约束，运动副所能提供的约束从 1 到 5，其级别就从Ⅰ级运动副到Ⅴ级运动副。设一空间机构共有 n 个活动构件，p_1 个Ⅰ级副，p_2 个Ⅱ级副，p_3 个Ⅲ级副，p_4 个Ⅳ级副和 p_5 个Ⅴ级副，则空间机构的自由度 F 为

$$F = 6n - \sum_{i=1}^{i=5} i p_i$$

式中，i 为运动副带来的约束数目。

值得注意的是，机构有可能存在公共约束。公共约束是指机构中各个构件均受到的相同约束。当存在公共约束的时候，就不能直接从空间的角度去计算该机构的自由度数目，这主要是因为多个运动副在提供约束的时候出现了重复的约束。为了解决这个问题，并考虑到机构在运动副及构件组成不同的情况下会出现不同的公共约束数目，设公共约束数为 m，则每个构件的自由度和每个运动副的约束数同时均减少 m 个，则具有公共约束的机构自由

度计算公式为：

$$F=(6-m)n-\sum_{i=1}^{i=5}(i-m)p_i$$

例题 2-2 图 2-9 所示为一楔形滑块机构，试计算其自由度。

解： 由于该机构为一全移动副平面机构，其两活动构件被限制只能在 xy 平面内移动，故其公共约束 $m=4$，则该机构的自由度为

$$F=(6-m)n-(5-m)p_5=(6-4)\times2-(5-4)\times3=1$$

平面机构就是一种含有公共约束的机构，在生产实际中应用广泛，其自由度计算是我们的学习重点。

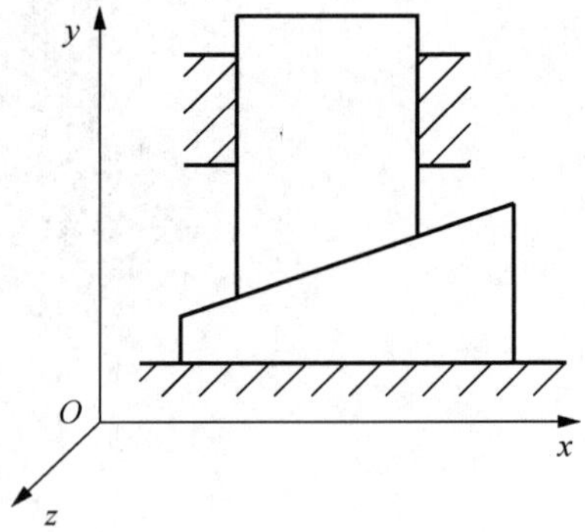

图 2-9 楔形滑块机构

一、平面机构自由度的计算

一个独立做平面运动的构件具有 3 个自由度。设某一平面运动链，共包含 N 个构件、P_L个低副和 P_H个高副。现假定其中某个构件为固定(机架)构件，则余下 $n=N-1$ 个活动构件，在未组成运动链之前，共有 $3n$ 个自由度，当组成运动链后，由于受到 $2P_L+P_H$ 个约束，整个运动链相对于机架的自由度(也就是机构自由度)为

$$F=3n-2P_L-P_H \tag{2-1}$$

式中：F——平面机构的自由度；

n——机构中的活动构件数；

P_L——机构中的低副(转动副、移动副)数；

P_H—— 机构中的高副数。

式(2-1)是运动链相对于固定构件(机架)的自由度计算公式，即机构自由度计算公式。

如图 2-1 中的织机打纬机构，由于构件 4 为机架，所以活动构件数 $n=3$，又因为只有 4 个转动副，所以 $P_L=4$，$P_H=0$，由式(2-1)可得

$$F=3n-2P_L-P_H=3\times3-2\times4-0=1$$

即机构的自由度为 1。

机构的自由度数目，表示该机构可能接受外部输入的独立运动的数目，也就是允许外部给予该机构的独立位置参数的数目。

二、机构具有确定运动的条件

由式(2-1)可知，机构要能够活动，其自由度必须大于零。如果构件组合的自由度等于零，则说明各构件之间没有相对运动，称之为刚性桁架。而如果构件组合的自由度小于零，说明约束过多，称为超静定桁架。

在设计机构之初,设计者必须根据工程目的来确定这个机构所需的独立输入数目。机构若满足设计上的要求,则其运动必须受到约束。所谓的确定性运动是指机构受到应有独立输入的运动条件驱动时,所有构件都会产生确定而可预期的运动。由于机构的自由度是使该机构产生确定运动所需的独立输入数,通常来说,当机构的自由度与其独立输入数目相同时,这个机构的运动是确定的。

如图 2-10 所示为五杆机构, $n=4$, $P_L=5$, $P_H=0$, 由式(2-1)可得

$$F=3n-2P_L-P_H=3\times4-2\times5-0=2$$

即机构的自由度为 2,如给予原动件 1、4 两个独立位置参数 φ_1、φ_4,则该机构所有构件的位置都被确定(如图 2-10(a)),机构具有确定运动。如只给原动件 1 一个独立位置参数 φ_1,则机构可处于 $ABCDE$ 位置,也可处于 $ABC'D'E$ 位置(图 2-10(b)),从动件 2、3、4 的位置不能确定,即机构不具有确定的运动。

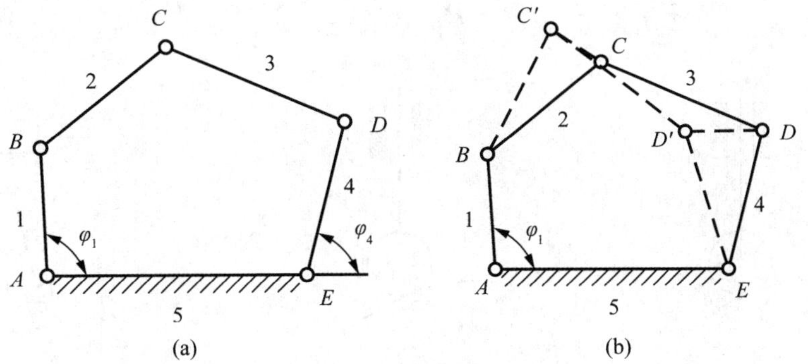

图 2-10　五杆机构

三、计算平面机构自由度时应注意的问题

在计算机构的自由度时,往往会遇到按公式计算出的自由度数与机构的实际自由度数不相符合的情况。这是因为在计算机构的自由度时,还有某些应注意的事项未能正确处理的缘故。现将应注意的主要问题简述如下。

1. 复合铰链

两个以上的构件在同一处以转动副相连接,就构成了所谓复合铰链。图 2-11(a)所示就是 3 个构件组成的复合铰链,图 2-11(b)是图 2-11(a)的左视图,由图 2-11(b)可以看出,它实际为两个转动副。同理,由 k 个构件组成的复合铰链,共有 $(k-1)$ 个转动副。在计算机构的自由度时,应注意机构中是否存在复合铰链。

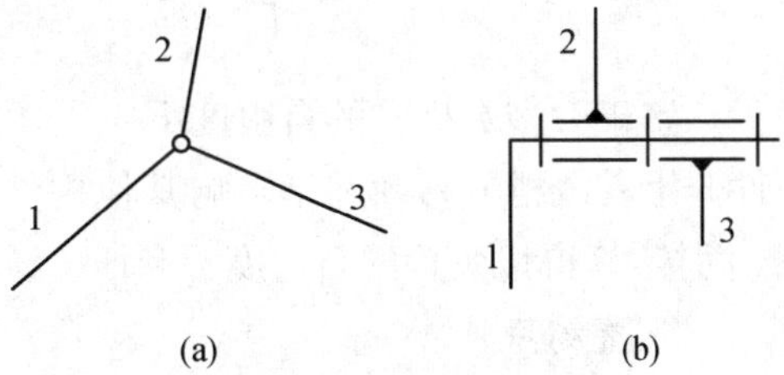

图 2-11　复合铰链

例题 2-3　试计算图 2-12 所示直线机构的自由度,其中, $\overline{BC}=\overline{BD}=\overline{DE}=\overline{CE}$, $\overline{AB}=\overline{AF}$, $\overline{CF}=\overline{DF}$。

解：此机构在铰链点 B、C、D、F 四处都是由三个构件组成的复合铰链，各具有两个转动副。故其 $n=7$，$P_L=10$，$P_H=0$，由式(2-1)得

$$F=3n-2P_L-P_H=3\times7-2\times10-0=1$$

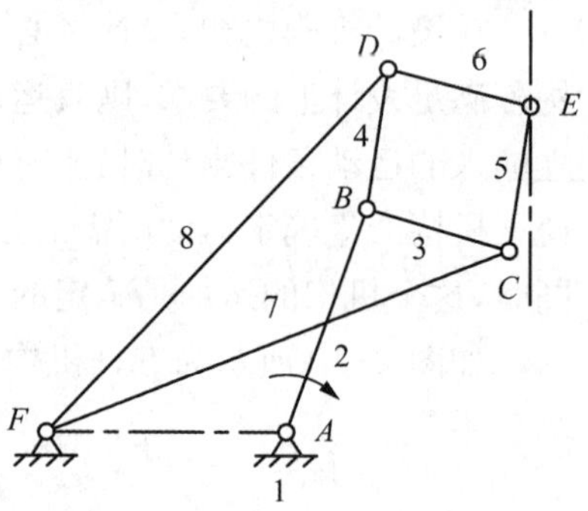

图 2-12　直线机构

2. 局部自由度

机构中某构件具有的与其他构件运动无关的自由度称为局部自由度。如图 2-13(a)所示的滚子直动从动件盘形凸轮机构，其中滚子 2 绕其中心 A 自由转动并不影响凸轮 1 和从动件 3 的运动，故滚子 2 的转动为局部自由度。在计算该机构自由度时应除去不计。这就相当于将滚子 2 固接在从动件 3 上，得图 2-13(b)所示机构。按式(2-1)计算可得

$$F=3n-2P_L-P_H=3\times2-2\times2-1=1$$

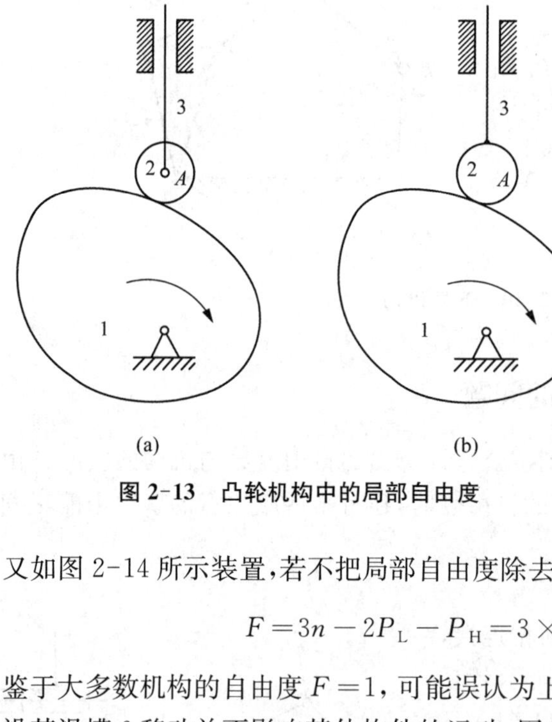

图 2-13　凸轮机构中的局部自由度

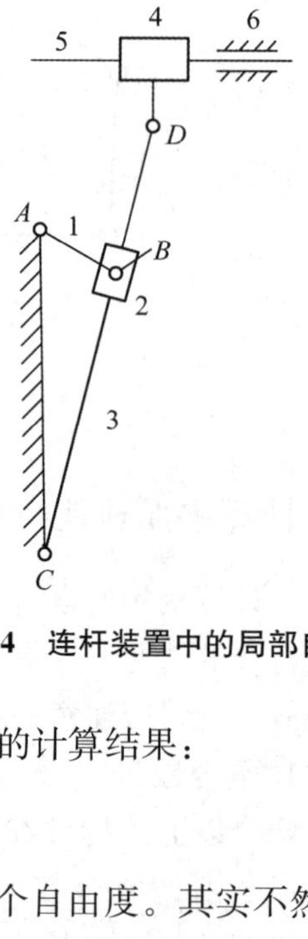

图 2-14　连杆装置中的局部自由度

又如图 2-14 所示装置，若不把局部自由度除去，就会得出这样的计算结果：

$$F=3n-2P_L-P_H=3\times5-2\times7=1$$

鉴于大多数机构的自由度 $F=1$，可能误认为上述装置具有一个自由度。其实不然，构件 5 沿其滑槽 6 移动并不影响其他构件的运动，因此为局部自由度。不妨将构件 5 与构件 4 固接，算得该装置的自由度 $F=3\times4-2\times6=0$。

3. 虚约束

在运动副进行约束时，有些约束所起的限制作用可能是重复的，这种不起独立限制作用的约束称为虚约束。常见的虚约束有以下几种情况：

1）两个构件在多处形成运动副

a）当两构件在多处形成多个移动副，且其导路互相平行（图 2-15(a)）或重合时，则只有

一个移动副起约束作用,其余都是虚约束。

b) 如果两构件在多处相配合而构成转动副,且转动轴线重合(图 2-15(b)),则只能算一个转动副。

c) 如果两构件在多处相接触而构成平面高副,且各接触点处的公法线彼此重合(图 2-16(a)),则只能算一个平面高副。但各点接触处的公法线方向并不彼此重合(图 2-16(b)、(c))时,则相当于一个低副(图 2-16(b)相当于转动副,图 2-16(c)相当于移动副)。

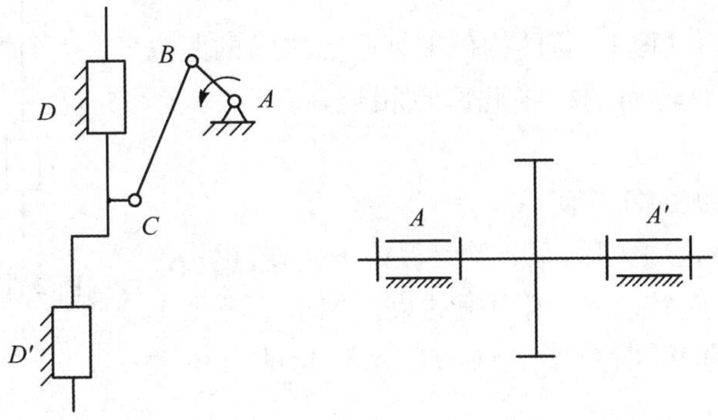

(a)　　　　(b)

图 2-15　两构件在多处组成低副

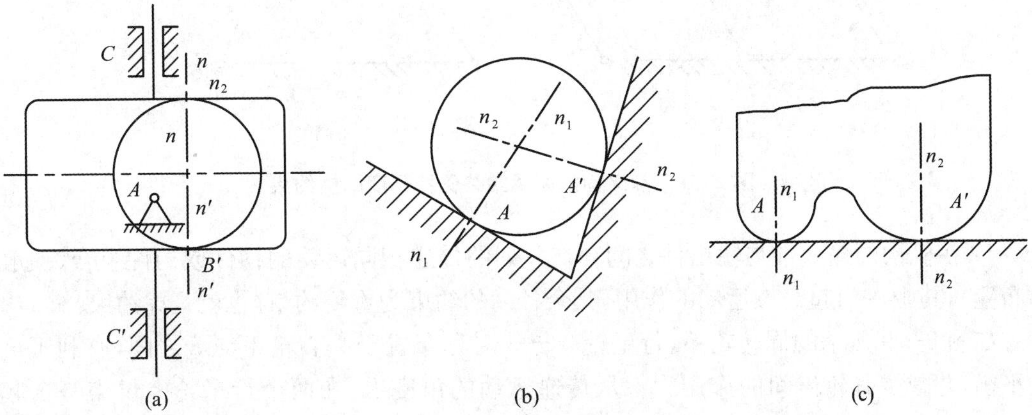

(a)　　　　(b)　　　　(c)

图 2-16　两构件在多处组成高副

2) 运动副联接前后连接点运动轨迹相同

在机构中,如果用转动副连接两构件上运动轨迹相重合的点,则该连接将带入一个虚约束。在图 2-17 所示的织机引纬机构中有这样的几何关系:$AB=BC=BD$, $AC\perp AD$。这类机构是否存在虚约束,建议采用下述任一种方法来检验。

拆副法　一般可试拆机构中某一个转动副,观察该副在两构件上的铰链点(转动副中心)的轨迹是否重合。如两者重合,则该机构存在一个虚约束。设在图 2-17 中拆除转动副 D,此时滑块 4 上的 D 点的轨迹为过 A 点垂直于 AC 的一条直线;又因该机构存在上述几何关系,故当它运动时$\triangle ACD$ 必始终保持为直角三角形,即连杆 2 上 D 点的轨迹必与滑块

4 上该点的轨迹相同。这说明该机构有一个虚约束。

拆杆法 一般可拆去机构中两个转动副的双副杆，观察余下两转动副中心间的距离是否变化。如为定值，则该机构中存在一个虚约束。设在图 2-17 中拆去双副杆 AB，当该机构余下部分运动时，直角三角形 ACD 斜边 CD 中点 B 至对顶点 A 的距离必等于斜边长度之半。这也说明该机构中有一个虚约束。

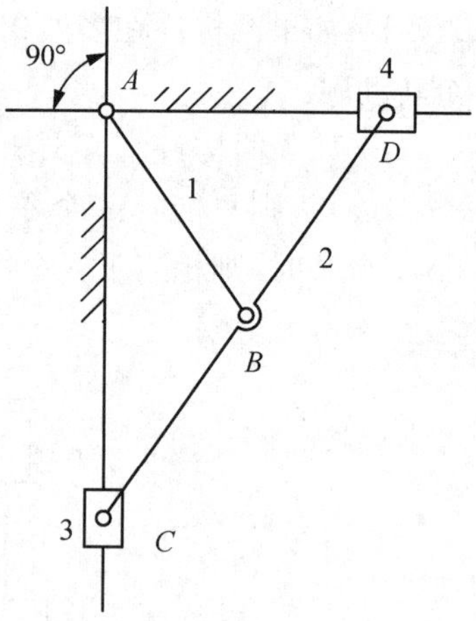

图 2-17 织机引纬机构中的虚约束

3）在机构运动的过程中，若两构件上某两点之间的距离始终保持不变，又用双转动副杆将此两点相连，将带入一个虚约束。

如图 2-18(a)增加的杆 5 使 $AB \parallel CD \parallel EF$，且 $\overline{AB}=\overline{CD}=\overline{EF}$，则 E、F 两点之间的距离始终保持不变，若用构件 5 的 E、F 两点连接成转动副，则为虚约束。如果不满足上述条件则不构成虚约束，如图 2-18(b)所示机构的自由度为 0。

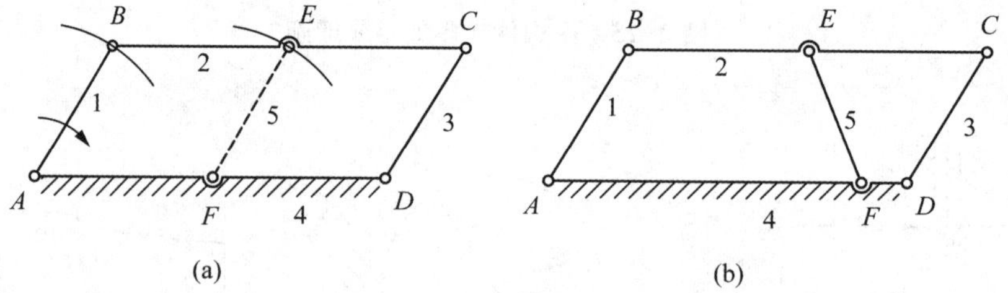

图 2-18 点之间的距离始终保持不变的虚约束

4）在机构的输入件与输出件之间存在并列的传递相同运动的构件或构件组合（一般对称布置），其中一列起约束运动的作用，其余各列的约束为重复约束，也就是虚约束。

如图 2-19 所示的周转轮系，行星轮 2 与 3 对称布置于中心轮 1 与 5 之间，有利于该机构平衡，并减少其轮齿间的作用力。从传递运动的角度看，在两个行星轮中仅需一个起作用，另一个行星轮及其上与系杆之间的低副和与两个中心轮之间的两个高副所形成的约束为虚约束。

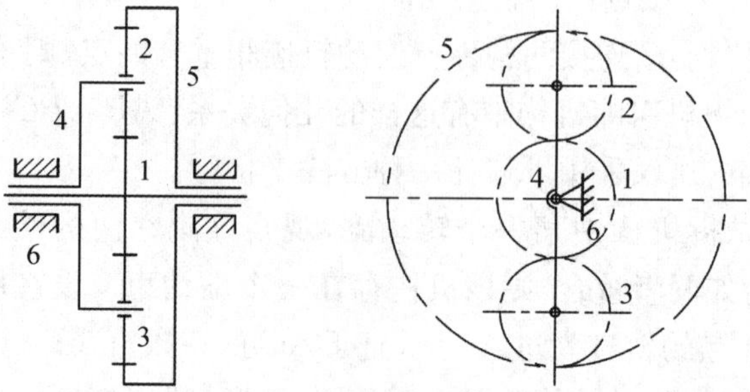

图 2-19 周转轮系中的虚约束

虚约束数目为

$$P' = | 3 \times 1 - 2 \times 1 - 1 \times 2 | = 1$$

在该周转轮系中除去上述两种虚约束后，按式(2-1)算得其自由度为

$$F = 3n - 2P_{L} - P_{H} = 3 \times 4 - 2 \times 4 - 2 = 2$$

综上，在进行平面机构自由度计算时，首先要判断机构中的复合铰链、局部自由度和虚约束三个注意事项，若存在，建议直接在图上标示出来；然后针对存在的自由度注意事项，说明采用的处理办法；再根据平面机构自由度计算公式列式计算，最后检查一下机构是否具有确定的运动。

例题 2-4　如图 2-20 所示为瑞士苏尔寿(Sulzer)剑杆织机的共轭凸轮开口机构，试计算机构的自由度。

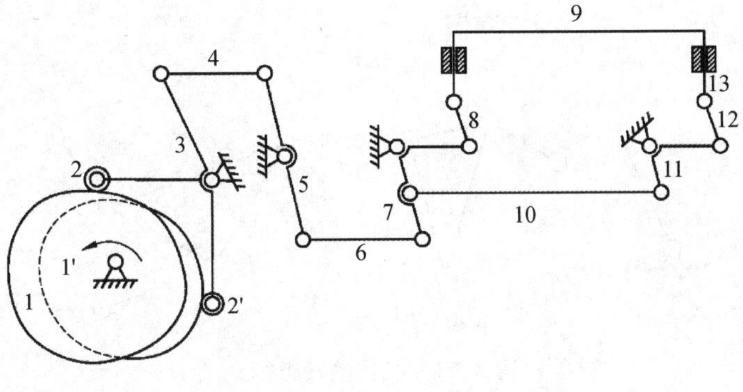

图 2-20　苏尔寿剑杆织机开口机构

解：该机构中有共轭凸轮机构，根据共轭凸轮的工作原理，其中一个凸轮与从动滚子之间的高副约束是虚约束(设凸轮与滚子 2′间高副提供 1 个虚约束)；驱动综框 9 的左右两侧连杆机构在结构上是完全对称的，其中一侧(构件 10、11、12)引入的约束是虚约束，构件 10、11、12 共引入 9 个自由度和 5 个转动副，故静引入 1($P' = 2 \times 5 - 3 \times 3$) 个虚约束。此外，两个小滚子处有 2 个局部自由度；构件 9 与机架 13 之间两处移动副导路相互平行，其中一个引入 2 个虚约束。所以机构的自由度是

$$F = 3n - (2P_{L} + P_{H} - P') - F' = 3 \times 13 - (2 \times 19 + 2 - 4) - 2 = 1$$

由于自由度数目和原动件数目相等，所以该机构具有确定的运动。

2.5　机构的组成原理与结构分析

一、平面机构的组成原理

任何机构中都包含原动件、机架和从动件系统三部分。由于机架的自由度为零，又根据机构具有确定运动的条件可知，机构的自由度数与原动件数应相等，所以从动件系统的自由

度数必然为零。这个自由度为零的从动件系统，有时还可以再拆分成更简单的自由度为零的构件组合——基本杆组。

1. 基本杆组

不可再分的自由度为零的构件组合，称为基本杆组或阿苏尔杆组。如图 2-21(a)所示的八杆机构运动简图，自由度 $F=1$，故只有一个原动件。如果将原动件 1 和机架 8 与其余构件拆开，则剩余从动件系统自由度为 0，而该部分依然可以拆成由构件 2、3 组成的基本杆组和构件 4、5、6、7 组成的基本杆组(如图 2-21(b))，它们的自由度也均为 0。

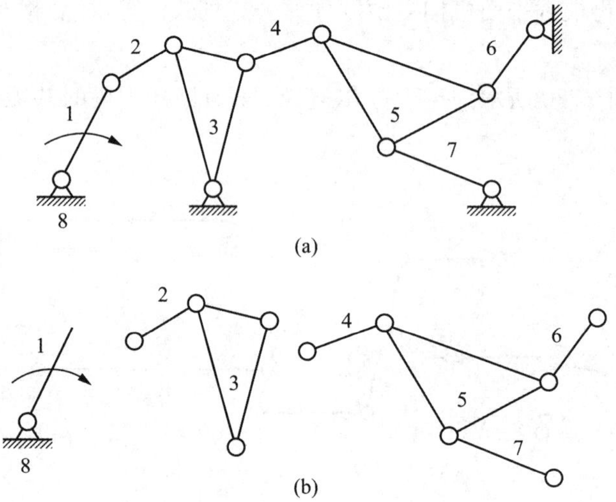

图 2-21 机构的杆组拆分

基本杆组根据式(2-1)应符合条件

$$3n-2P_{\mathrm{L}}-P_{\mathrm{H}}=0 \tag{2-2}$$

如基本杆组中的运动副全部为低副，则上式变为

$$3n-2P_{\mathrm{L}}=0 \quad 或 \quad P_{\mathrm{L}}=\frac{3}{2}n \tag{2-3}$$

由于构件数和运动副数是整数，故满足上述条件的最简单杆组为 $n=2$，$P_{\mathrm{L}}=3$，其形式如图 2-22 所示，这种基本杆组称为Ⅱ级杆组。满足式(2-3)且 $n=4$、$P_{\mathrm{L}}=6$ 的杆组称为Ⅲ级杆组，常见的Ⅲ级杆组如图 2-23 所示。

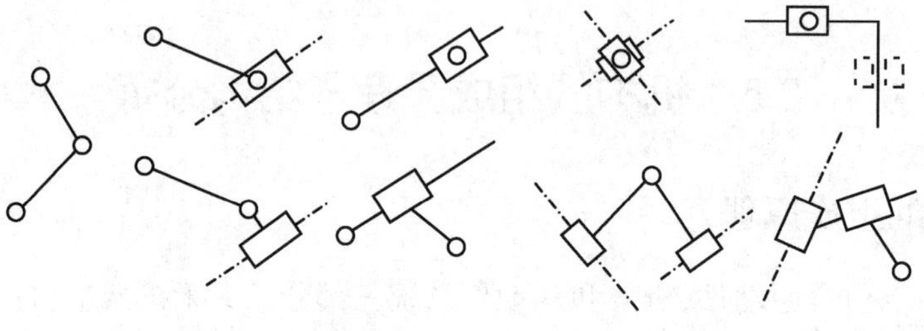

图 2-22 Ⅱ级杆组

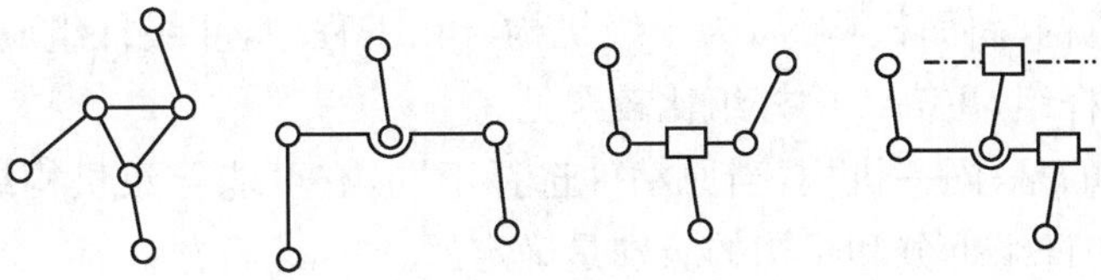

图 2-23　Ⅲ级杆组

2. 机构的组成原理

把若干个自由度为零的基本杆组依次连接到原动件和机架上，就可组成一个新的机构，其自由度数与原动件数目相等，这就是机构的组成原理。

如图 2-24 所示，首先把图 2-24(b)所示的Ⅱ级杆组 BCD 通过其外副 B、D 连接到图 2-24(a)所示的原动件 1 和机架上形成四杆机构 $ABCD$。再把图 2-24(c)所示的Ⅲ级杆组通过外副 E、I、J 依次与Ⅱ级杆组及机架连接，组成图 2-24(d)所示的八杆机构。但应注意，在杆组并接时，如果将同一杆组的各个外接运动副连接到同一构件上，如图 2-25 中杆组 4、5 中的转动副 B、F，将起不到增加杆组的作用。

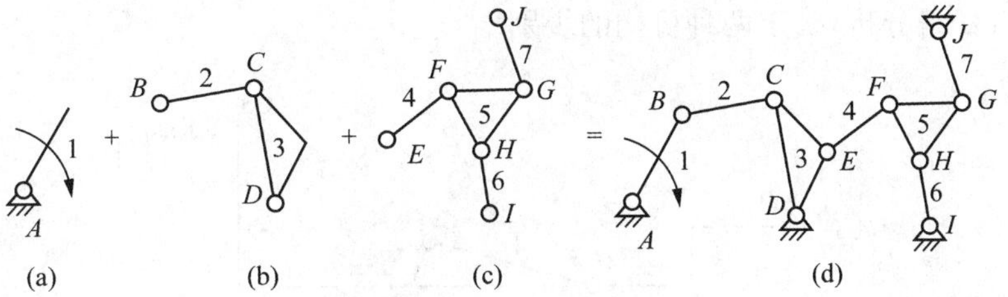

图 2-24　机构的组成

根据机构的组成原理，在进行新机械方案设计时，就可以按设计要求由杆组组成机构，进行创新设计。但设计中必须遵循一个原则，即在满足相同工作要求的前提下，机构的结构愈简单愈好，杆组的级别愈低愈好，构件和运动副的数目愈少愈好。

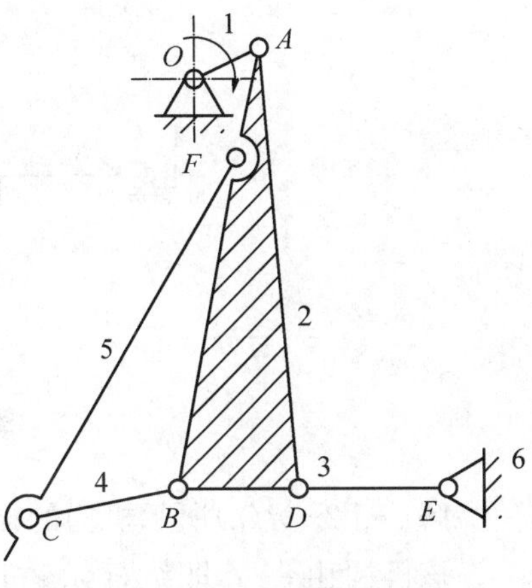

图 2-25　杆组的错误连接

二、平面机构的结构分析

对现有机构进行结构分析，需要了解机构的组成，并确定机构的级别。在对机构进行杆组拆分时，首先要正确计算机构的自由度，并确定原动件；然后从离原动件最远的构件开始拆杆组；先尝试拆Ⅱ级杆组，若不成，再拆Ⅲ级杆组，直至只剩下原动件和机架为止；最后，确定机构的级别。

在同一机构中可以包含不同级别的基本杆组，但机构的级别通常根据机构中包含杆组的最高级别来定义机构的级别。也就是说，由最高级别为Ⅱ级的基本杆组构成的机构称为Ⅱ级机构；由最高级别为Ⅲ级的基本杆组构成的机构称为Ⅲ级机构；而只由机架和原动件构成的机构(如杠杆机构、斜面机构等)为Ⅰ级机构。在工程中,Ⅱ级杆组应用最为广泛,其次为Ⅲ级杆组和Ⅳ级杆组,更高级的杆组比较罕见。

另外值得注意的是,同一机构,当原动件选择不同,有可能导致机构级别不同。但当原动件确定后,机构的杆组拆分和机构的级别是确定的。

如图 2-24 所示的机构,若令构件 7 为原动件,则对机构进行杆组拆分的结果如图 2-26 所示,该机构为Ⅱ级机构。

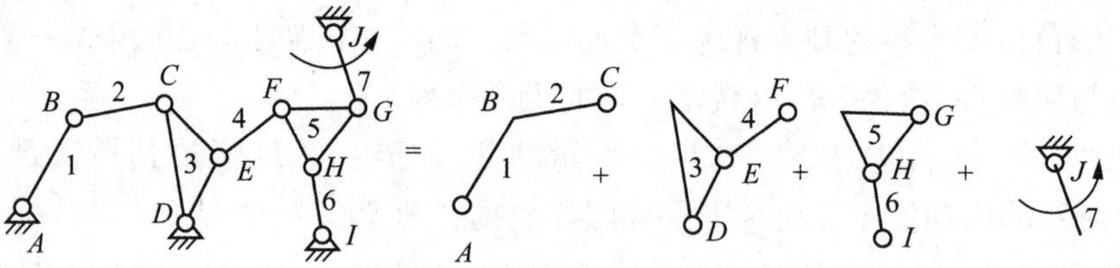

图 2-26　Ⅱ级机构

例题 2-5　如图 2-27 所示为工业缝纫机送料机构的两种形式,请计算它们的自由度,并对机构进行杆组分析,确定两种机构的级别。

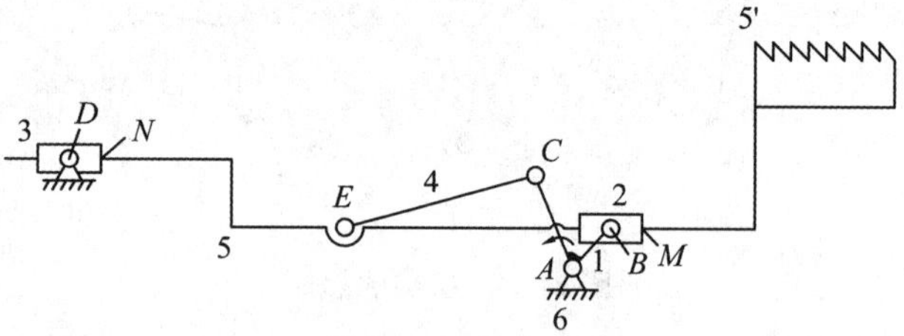

(a) 形式Ⅰ

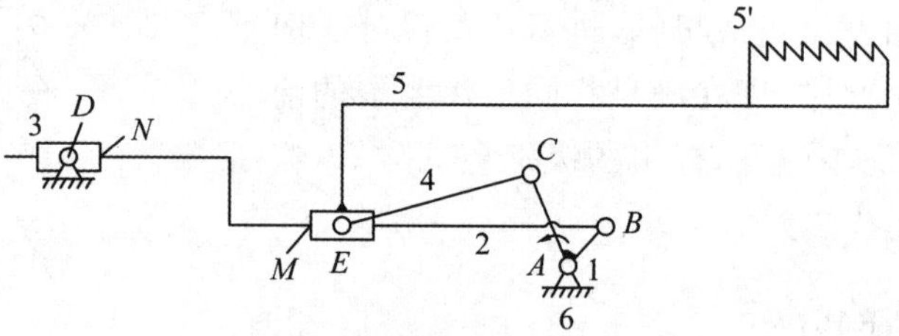

(b) 形式Ⅱ

图 2-27　工业缝纫机送料机构

解: 图 2-27(a)所示机构的自由度为: $F=3n-2P_L-P_H=3\times5-2\times7-0=1$

该机构由一个Ⅲ级杆组、机架及主动件组成,故是Ⅲ级机构。杆组分析的结果如图 2-28 所示。

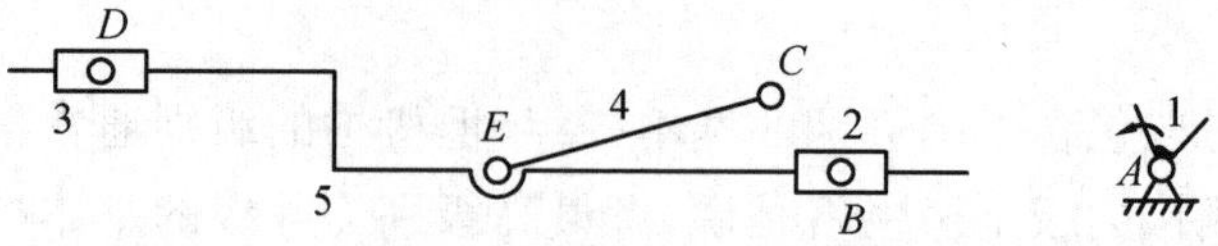

图 2-28　机构的杆组分析 1

图 2-27(b)所示机构的自由度为：$F=3n-2P_L-P_H=3\times5-2\times7-0=1$

该机构有两个Ⅱ级杆组、机架和主动件组成，故是Ⅱ级机构。机构杆组分析的结果如图 2-29 所示。

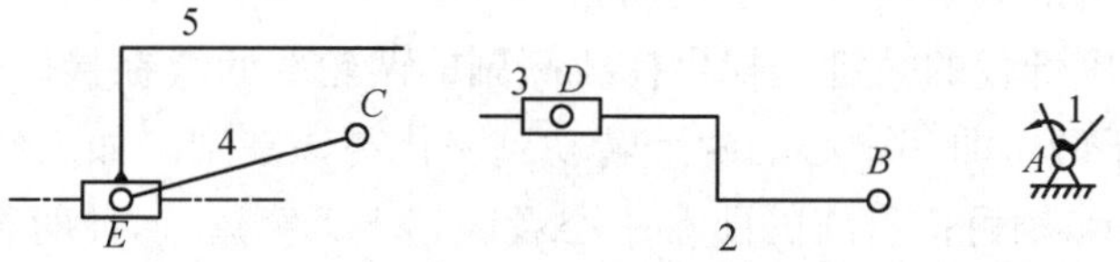

图 2-29　机构的杆组分析 2

三、平面机构的高副低代

为使平面低副机构的结构分析和运动分析方法能适用于含有高副的平面机构，可根据一定的约束条件将平面机构中的高副用低副代替，这就是所谓的高副低代，它表明了平面高副与平面低副的内在联系。

为了不改变机构的结构特性及运动特性，高副低代的条件是：

(1) 代替前后机构的自由度完全相同；

(2) 代替前后机构的瞬时运动状况(位移、速度、加速度)相同。

如图 2-30 所示，构件 1 和构件 2 分别为绕 A 和 B 转动的两个圆盘，两圆盘的圆心分别为 O_1、O_2，半径分别为 R_1、R_2，它们在 C 点构成高副，当机构运动时距离 AO_1、O_1O_2、O_2B 均保持不变。为此，设想在 O_1、O_2 间加入一个虚拟的构件 4，它在 O_1、O_2 处分别与构件 1 和构件 2 构成转动副，形成虚拟的四杆机构，如图中虚线所示。用此机构替代原机构时，替代前后机构中构件 1 和构件 2 之间的相对运动完全一样，并且替代后机构中虽增加了一个构件(增加了 3 个自由度)，但又增加了两个转动副(引入了 4 个约束)，仅相当于引入了 1 个约束，与原来 C 点处高副所引入的约束数相同，所以替代前后两机构的自由度完全相同。因此，机构中的高副 C 完全可用构件 4 和位于 O_1、O_2(曲率中心)的两个低副来代替。

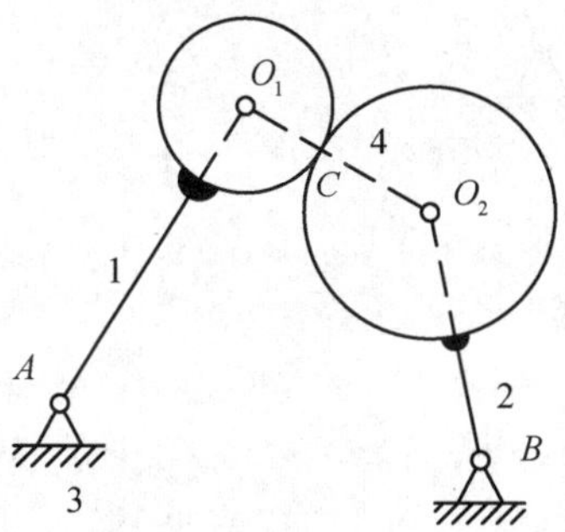

图 2-30　高副接触

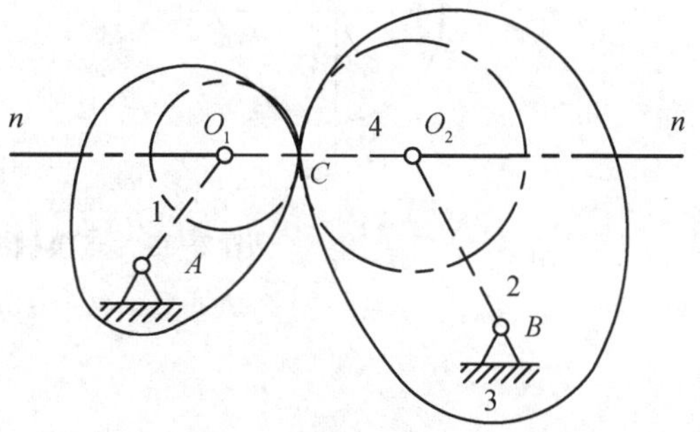

图 2-31　两曲面接触的高副低代

这里高副低代方法可以推广到各种高副。如图 2-31 所示高副机构，两高副元素是非圆曲线，假设在某运动瞬时高副接触点为 C，可以过接触点 C 作公法线 n-n，在公法线上找出两轮廓曲线在 C 点处的曲率中心 O_1 和 O_2，用在 O_1、O_2 处有两个转动副的构件 4 将构件

1、2连接起来，便可得到它的代替机构，如图中虚线所示。需要注意的是，当机构运动时，随着接触点的改变，两轮廓曲线在接触点处的曲率中心也随着改变，O_1 和 O_2 点的位置也将随之改变。因此，对于一般高副机构只能进行瞬时替代，机构在不同位置时将有不同的瞬时替代机构，但是替代机构的基本形式是不变的。

由上述可见，高副低代的关键是找出构成高副的两轮廓曲线在接触点处的曲率中心，然后用一个构件和位于两个曲率中心的两个转动副来代替该高副。如果两接触轮廓之一为直线，如图 2-32(a)所示，则可把直线的曲率中心看成趋于无穷远处，此时替代转动副演化成移动副，如图 2-32(b)所示。若两接触轮廓之一为一点，如图 2-33(a)所示，那么点的曲率半径等于零，其替代方法如图 2-33(b)所示。

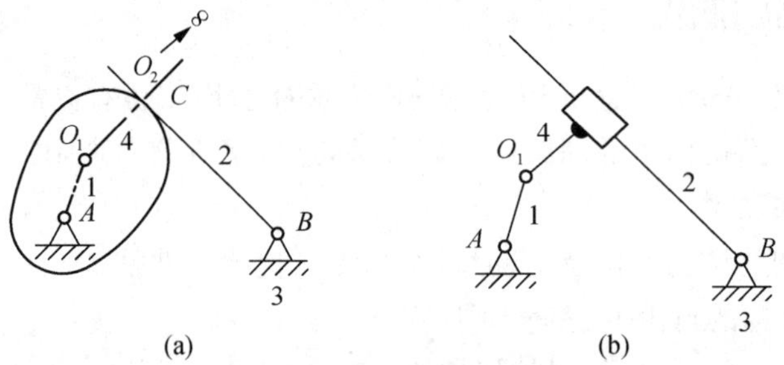

图 2-32 平面接触的高副低代

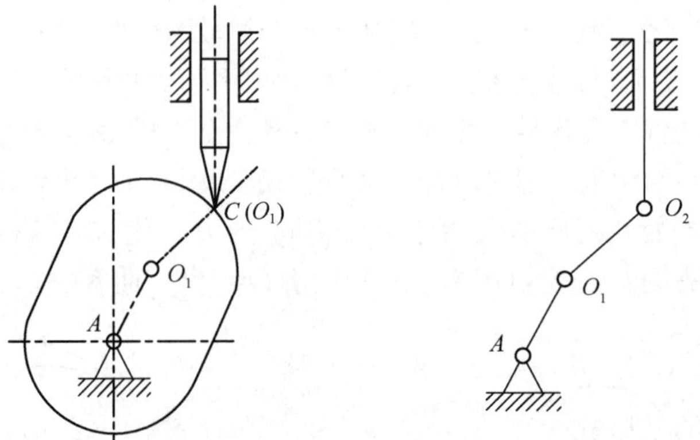

图 2-33 点接触的高副低代

第三章 平面机构的运动分析

主要内容：机构运动分析是工程技术人员认识机构和设计机构的基本内容。本章主要介绍平面机构运动分析的几种常用方法：瞬心法、矢量方程图解法和解析法。

3.1 概　　述

一、运动分析的作用

当已知机构中各构件的尺寸、所有运动副的类型以及原动件的运动规律，就可以通过运动分析得到其他构件上任意一点的运动轨迹、位移、速度和加速度，以及构件的角位移、角速度和角加速度，这就是对机构进行运动分析的基本内容。通过机构的运动分析，可以检查该机构的类型和尺寸能否满足工艺要求，同时也为机构动力学分析提供条件。

二、运动分析的方法

平面机构运动分析的方法主要有图解法和解析法。

图解法包括瞬心法和矢量方程图解法。瞬心法只能对机构进行速度分析，矢量方程图解法则可以进行速度和加速度分析。图解法简捷直观，是对机构某个瞬时的运动状态进行绘图分析，所以如果要了解机构整个运动周期的话，工作量很大，求解精度也受绘图精度的限制。

解析法进行机构运动学分析，首先建立机构运动分析的数学模型，然后借助于计算机编程，可以求出机构运动任一时刻、任何构件及构件上任意一点的运动规律，并绘制出点的运动轨迹及相应的运动曲线。同时，借助于建立的运动分析模型，还可以观察机构运动规律与构件尺寸的关系，将机构运动分析与机构尺寸综合问题联系起来，便于机构的优化设计。

本章将分别介绍如何运用上述两种方法对平面机构进行运动分析。

3.2 利用瞬心法进行平面机构的速度分析

一、速度瞬心的概念和机构中瞬心的个数

由理论力学可知，相互做平面运动的两个构件 1 和 2，在任一瞬时，总会找到一个重合点 P（P_1在构件 1 上，P_2在构件 2 上）（图 3-1），在该点处两个构件的绝对速度相等。这个重合点就是这两个构件的速度瞬心。瞬心常用符号 P_{ij} 表示，i 和 j 是构件的编号。若其中有一个构件为机架，则瞬心 P_{ij} 的速度始终为 0，称为绝对瞬心；否则称为相对瞬心。

机构中每两个构件间就有一个瞬心，对于有 N 个构件组成的机构，其瞬心总数是

$$K=N(N-1)/2 \tag{3-1}$$

注意：①N 是机构中所有构件的数目，当然也包括机架；②机构中构件的尺寸和形状是确定的，瞬心可能位于构件上，也可能在构件之外。无论如何，按机构运动简图进行运动分析时，可将代表构件的图形（直线或多边形等）视作无边无际的平面，进而把瞬心作为其关联的两构件上速度相等的重合点。

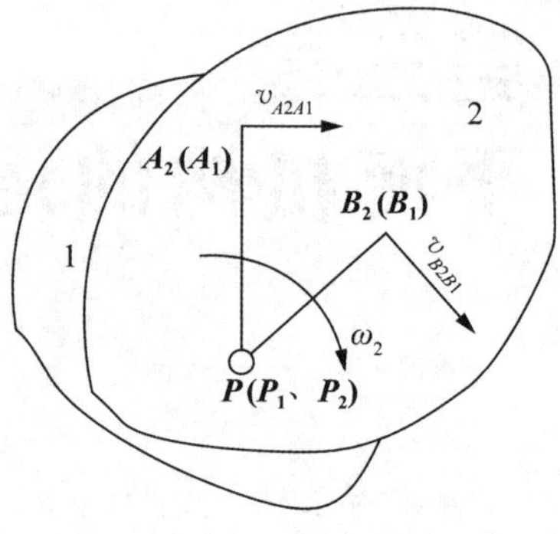

图 3-1 速度瞬心

二、速度瞬心位置的确定

1. 直接接触的两构件

两构件直接接触有三种形式：转动副接触、移动副接触和平面高副接触，见图 3-2。

(1) 当两构件之间组成转动副（铰链）时，转动副的中心就是他们的瞬心，图 3-2(a) 中构件 1 和构件 2 的瞬心就在转动副 P_{12} 处；

(2) 当两构件组成移动副时，他们的瞬心在垂直于移动副导路方向的无穷远处，图 3-2(b) 所示，此时可以看做组成移动副的两个构件是绕着无穷远的瞬心作相对转动的；

(3) 当两构件组成平面高副，构件 1 和构件 2 的瞬心必在过接触点的两构件轮廓线的公法线 n-n 上（图 3-2(c)）。当两构件间作纯滚动，接触点就是他们的瞬心（图 3-2(d)）。

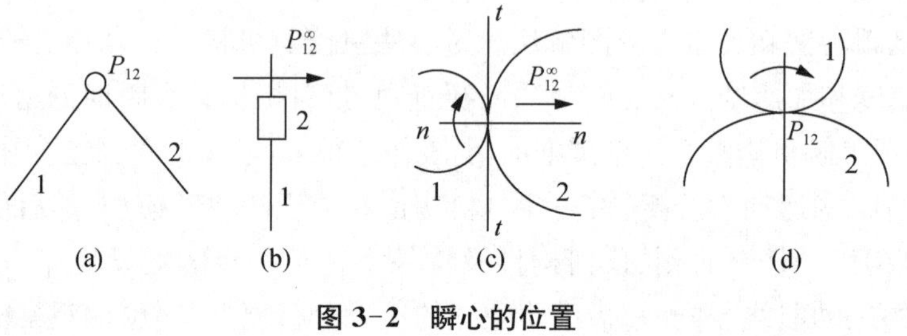

图 3-2 瞬心的位置

2. 借助三心定理确定瞬心位置

当两构件间没有运动副直接相连时，需利用三心定理确定它们的瞬心。

三心定理：三个彼此间作相对平面平行运动的构件共有三个瞬心，这三个瞬心位于同一条直线上。

证明如下：如图 3-3 所示，构件 1、2 和 3 的运动平面相互平行，令构件 3 固定为机架，构件 1 和 3 的瞬心在它们之间的转动副 P_{13}，构件 2 和 3 的瞬心在它们之间的转动副 P_{23}。构件 1 和 2 之间没

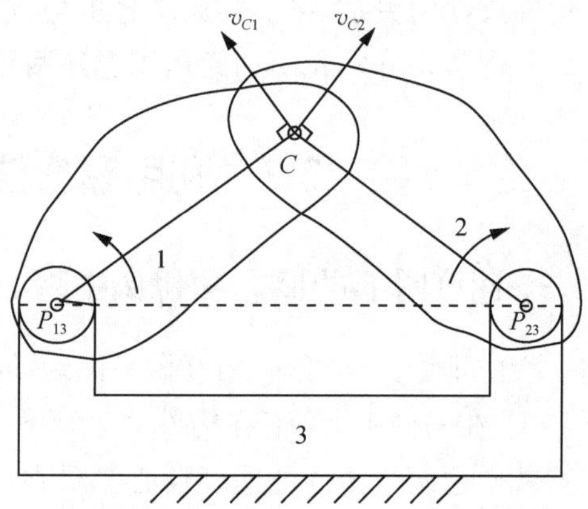

图 3-3 三心定理的证明

有运动副相连，假设他们的瞬心在如图所示的 C 点（不在直线 $P_{13}P_{23}$ 上），构件 1 和构件 2 在 C 点的速度分别是 $\overrightarrow{v_{C1}}$、$\overrightarrow{v_{C2}}$，且 $\overrightarrow{v_{C1}} \perp P_{13}C$，$\overrightarrow{v_{C2}} \perp P_{23}C$，由图知，$\overrightarrow{v_{C1}} \neq \overrightarrow{v_{C2}}$，即 C 点不可能是构件 1 和 2 的瞬心，上述假设不成立。因此瞬心 P_{12} 必在 P_{13} 与 P_{23} 的连线上。

三、用瞬心法进行机构的速度分析

利用速度瞬心是两个构件上瞬时绝对速度相等的重影点这一性质可以对机构进行速度分析，举例如下。

1. 低副机构

例题 3-1　图 3-4 所示的机构，已知各构件的尺寸和原动件 1 的角速度 ω_1，试求在图示位置构件 3 的角速度 ω_3 和构件 2 上点 R 的速度 v_R。

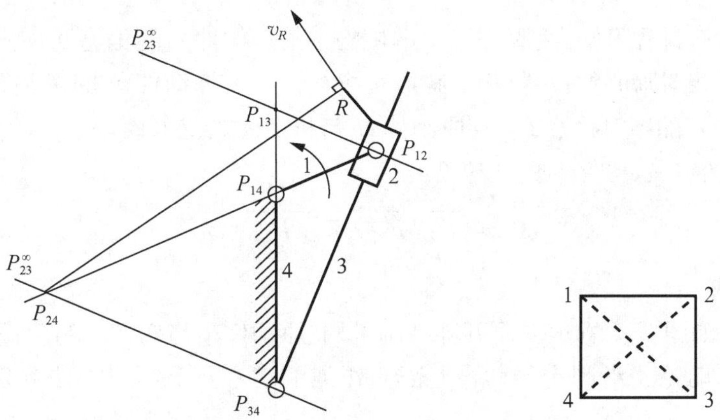

(a) 摆动导杆机构　　(b) 瞬心多边形

图 3-4　摆动导杆机构的瞬心

解　该机构共有 4 个构件，故瞬心个数是 $K=4(4-1)/2=6$ 个。

构件 4（机架）和构件 1、3 之间分别以转动副相连，他们之间的瞬心（绝对瞬心）分别在转动副 P_{14} 和 P_{34} 处，构件 1 和 2 的瞬心在转动副 P_{12} 处，构件 2 和 3 以移动副相连，所以它们的瞬心 P_{23} 在垂直于移动导路方向的无穷远处，如图 3-4(a)所示。

当机构中构件数目较多，为了防止漏掉某个瞬心和便于利用三心定理，将构件编号按顺时针或逆时针方向排列（图 3-4(b)），任意两个编号之间的连线代表这两个构件的瞬心。

通过上面的分析，P_{12}、P_{14}、P_{34} 和 P_{23} 的位置都已确定，因此在图 3-4(b)中，先将 1 和 2、1 和 4、3 和 4、及 2 和 3 各点分别用直线连接起来。根据三心定理，P_{13} 应该在 P_{12} 和 P_{23} 的连线上，同时也在 P_{14} 和 P_{34} 的连线上，因此直线 $P_{12}P_{23}$ 和 $P_{14}P_{34}$ 的交点就是 P_{13}，如图 3-4(a)所示。同样根据三心定理，瞬心 P_{24} 在 P_{12}、P_{14} 的连线上，又在 P_{34}、P_{23} 的连线上。因为 P_{23} 在垂直于移动副导路无穷远处，其方位线可以平移，所以过 P_{34} 作移动副导路的垂线，就是 P_{34}、P_{23} 的连线。上述两条辅助线的交点就是瞬心 P_{24}。

根据题意，构件 1 的角速度 ω_1 已知，故 P_{13} 的速度等于 P_{13} 到构件 1 的绝对瞬心 P_{14} 的距离乘以构件 1 的角速度 ω_1。又因为 P_{13} 的速度也等于 P_{13} 到构件 3 的绝对瞬心 P_{34} 距离

乘以构件 3 的角速度 ω_3，即

$$v_{P_{13}}=\omega_1(\overline{P_{13}P_{14}})=\omega_3(\overline{P_{13}P_{34}})$$

所以得构件 3 的角速度为

$$\omega_3=(\overline{P_{13}P_{14}}/\overline{P_{13}P_{34}})\omega_1$$

同样，构件 2 的角速度是

$$\omega_2=(\overline{P_{12}P_{14}}/\overline{P_{12}P_{24}})\omega_1$$

点 R 是构件 2 上的点，其速度等于 R 到构件 2 的绝对瞬心 P_{24} 的距离乘以构件 2 的角速度 ω_2，

$$v_R=(\overline{RP_{24}})\omega_2=(\overline{RP_{24}})(\overline{P_{12}P_{14}}/\overline{P_{12}P_{24}})\omega_1$$

由上面的求解过程可知，用瞬心法求解机构中某一构件 k 的角速度时，首先要确定两个绝对瞬心和一个相对瞬心的位置，相对瞬心是指构件 k 与原动件 m 的瞬心 P_{mk}，绝对瞬心是指构件 k 与机架 n 的绝对瞬心 P_{kn} 及原动件 m 与机架 n 的绝对瞬心 P_{mn}。上述三个瞬心找到后，根据瞬心的定义，构件 k 的角速度为

$$\omega_k=(\overline{P_{mk}P_{kn}}/\overline{P_{mk}P_{mn}})\omega_m \tag{3-1}$$

2. 高副机构

例题 3-2 如图 3-5 所示平面五杆高副机构，原动件 1 与构件 2 组成高副，构件 2 再通过构件 3 带动从动轮 4 沿固定导轨（机架）5 作纯滚动。要求用瞬心法确定构件 1 和构件 4 的角速度之比 $i_{14}=\omega_1/\omega_4$。

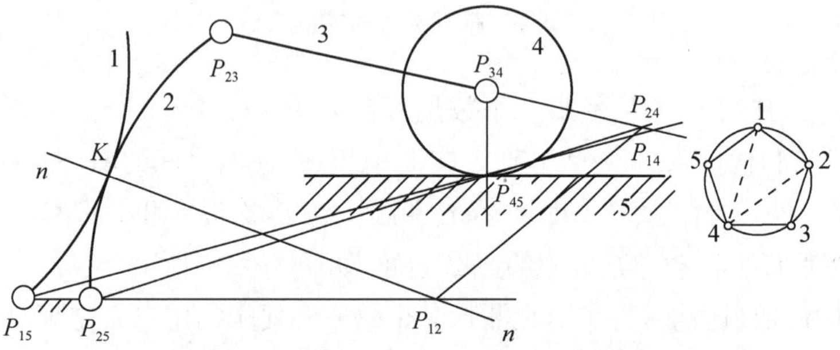

图 3-5 平面五杆高副机构的速度分析

解 为了确定 i_{14}，需先确定 1、4 及 5 三个构件之间的瞬心位置：P_{15}、P_{45} 与 P_{14}。

① 通过观察可以确定瞬心 P_{15}、P_{25}、P_{23}、P_{34} 及 P_{45}（按题意，构件 4 相对于 5 作纯滚动）；

② 构件 1 和 2 在 K 点接触，过 K 点作两个高副轮廓线的公法线 n-n，瞬心 P_{12} 应该在此公法线上；又根据三心定理，P_{15}、P_{25} 和 P_{12} 共线，故 n-n 与 $P_{15}P_{25}$ 连线的交点就是 P_{12}；

③ 根据三心定理，P_{45}、P_{25}、P_{24} 共线，P_{23}、P_{34}、P_{24} 共线，故 $P_{45}P_{25}$ 连线与 $P_{23}P_{34}$ 连线的交点就是 P_{24}；

④ 同样，根据三心定理，P_{15}、P_{45}、P_{14} 共线，P_{12}、P_{24}、P_{14} 共线，故 $P_{15}P_{45}$ 连线与

$P_{12}P_{24}$连线的交点就是 P_{14}；

⑤ 因为

$$v_{P14}=\omega_1\left(\overline{P_{14}P_{15}}\right)=\omega_4\left(\overline{P_{14}P_{45}}\right)$$

故有：

$$i_{14}=\omega_1/\omega_4=\left(\overline{P_{14}P_{45}}\right)/\left(\overline{P_{14}P_{15}}\right)$$

因为 P_{14}在 $P_{15}P_{45}$连线的延长线上，故构件 4 的角速度与构件 1 的角速度方向相同。

3.3　利用矢量方程图解法进行机构的运动分析

矢量方程图解法又叫做相对运动图解法，其依据是理论力学中的运动合成原理。在对机构进行运动分析时，首先根据运动合成原理列出机构的运动矢量方程，然后绘制矢量图进行求解。

一、同一构件上两点间的速度和加速度

图 3-6 所示的平面连杆机构，假设各构件的尺寸及原动件 1 的运动规律（即 ω_1、α_1、v_B、a_B）都已知，现要求连杆 2 的角速度 ω_2、角加速度 α_2 及连杆 2 上 C 点和 E 点的速度和加速度。

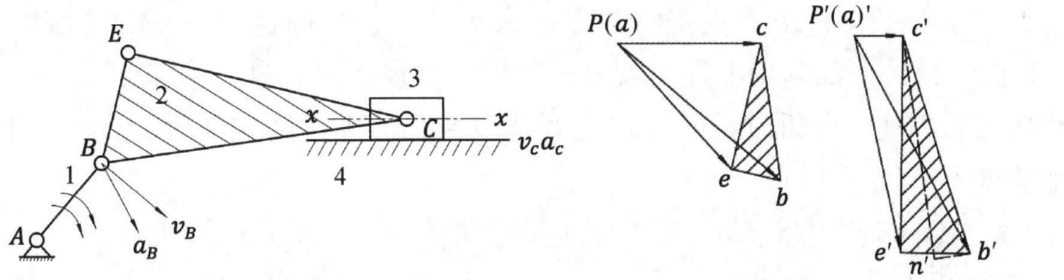

(a) 机构简图　　(b) 速度多边形　　(c) 加速度多边形

图 3-6　矢量方程法对四杆机构进行速度分析

1. 速度分析

B 点和 C 点都是连杆 2 上的点，根据运动合成原理可知，C 点的速度可以认为是由两部分合成的，分别是随基点 B 平动的速度 v_B 与绕基点 B 转动的相对速度 v_{CB}，故 C 点的速度为

$$\vec{v_C}=\vec{v_B}+\vec{v_{CB}} \tag{3-2}$$

方向	水平	$\perp AB$	$\perp BC$
大小	?	$\omega_1 l_{AB}$	?

其中，$v_B=\omega_1 l_{AB}$，方向垂直于 AB 与 ω_1 转向相同；v_C 的方向沿移动副导路（水平方向），大小未知；v_{CB} 的方向垂直于 B、C 两点的连线，大小未知。

因为速度是矢量，既有大小也有方向，因此可以用带箭头的线段来表示，其中，线段长度代表速度的大小，箭头的指向代表速度的方向。

用作图法进行机构的运动分析时，不仅要选取适当的长度比例尺 μ_l（=实际构件长度/图上构件尺寸，单位：m/mm），按给定的原动件位置准确绘制机构的运动简图，而且还必须选取适当的速度比例尺 μ_v ——图中单位长度代表速度大小，单位：(m/s)·mm^{-1}，然后按照速度矢量方程绘图进行速度求解。如图 3-6(b)所示，具体求解过程如下：

① 任选一点 p 为速度极点，作矢量 $\overrightarrow{pb} \parallel v_B$，且其长度 $\overline{pb}=v_B/\mu_v$；

② 过 p 点作与 v_C 方向相同的辅助线 pc，$pc \parallel v_C$；

③ 过 b 点作与 v_{CB} 方向相同的辅助线 bc，$bc \perp BC$；

④ 上述两条辅助线的交点就是 c 点，线段 pc 和 bc 的长度分别代表速度 v_C 和 v_{CB} 的大小，即 $v_C=\mu_v\overline{pc}$，方向由 p 指向 c，$v_{CB}=\mu_v\overline{bc}$，方向由 b 指向 c。因此构件 2 的角速度为

$$\omega_2=v_{CB}/l_{BC}=\mu_v(\overline{bc}/l_{BC})\text{，方向为逆时针}$$

2. 加速度分析

由运动合成原理可知，构件 2 上 B、C 两点的加速度关系为

$$a_C=a_B+a_{CB}=a_B+a_{CB}^n+a_{CB}^t \tag{3-3}$$

	a_C	a_B	a_{CB}^n	a_{CB}^t
大小	?	√	$\omega_{BC}^2 l_{BC}$	?
方向	水平	√	$\parallel BC$	$\perp BC$

式(3-3)中，a_{CB}^n 与a_{CB}^t 分别为点C 相对于点B 的相对法向加速度和相对切向加速度，其中 $a_{CB}^n=\omega_{BC}^2 l_{BC}$，方向沿 CB 由C 点指向 B 点；$a_{CB}^t=\alpha_{BC} l_{BC}$，方向垂直于 BC，与 BC 杆的角加速度 α_{BC} 方向一致。下面利用上述矢量方程对图 3-6 所示机构进行加速度分析。

对机构进行加速度分析时，同样，首先要选取恰当的加速度比例尺 μ_a ——图中单位长度代表加速度大小，单位：(m/s^2)·mm^{-1}。

① 任选一点 p'，作矢量 $\overrightarrow{p'b'} \parallel a_B$，且其长度 $\overline{p'b'}=a_B/\mu_a$；

② 过 b'点作代表 a_{CB}^n 的矢量 $\overrightarrow{b'n'} \parallel BC$，方向由 C 指向 B，且其长度 $\overline{b'n'}=\omega_{BC}^2 l_{BC}/\mu_a$；

③ 过 n'点作代表 a_{CB}^t 的方向线 $n'c' \perp BC$；

④ 过 p'点作代表 ac 的方向线(水平)，与 $n'c'$交于 c'点，则 C 点的加速度 $a_C=\mu_a\overline{p'c'}$，方向水平。构件 2 的角加速度 $\alpha_2=a_{CB}^t/l_{BC}=\mu_a(\overline{n'c'}/(\mu_l\overline{BC}))$，其方向的确定方法是，将代表 a_{CB}^t 的矢量 $\overline{n'c'}$ 平移至机构图上的 C 点，其绕 B 点的转向即为 α_2 的方向(逆时针)。

3. 用速度影像和加速度影像求解 E 点的速度和加速度

因为构件 2 上 B、C 两点的速度已知，故 E 点的速度可利用下面矢量方程求解

$$v_E=v_C+v_{EC}=v_B+v_{EB}$$

	v_E	v_C	v_{EC}	v_B	v_{EB}
方向	?	水平	$\perp EC$	$\perp AB$	$\perp EB$
大小	?	√	?	√	?

如图 3-6(b)所示，过 c 点作 $ce \perp CE$，过 b 点作 $be \perp BE$，be 与 ce 的交点为 e，则 e 点的速度为 $v_E=\mu_v\overline{pe}$，方向由 p 指向 e。

在图 3-6(a)和图 3-6(b)中，$\triangle bce$ 与$\triangle BCE$ 的对应边相互垂直($bc \perp BC$，$ce \perp CE$，

$be \perp BE$)，故两者相似，且两个三角形中角标字母的顺序方向也一致，将速度多边形 bce 称为构件图形 BCE 的速度影像。

通过上面可知，当已知某一构件上两点的速度，该构件上其他任意一点的速度便可以利用速度影像原理求解。如图 3-6(b)所示，当已知 bc 后，以 bc 为边作$\triangle BCE$ 的相似$\triangle bce$，且两者的角标字母顺序方向一致，就可以在速度图中求得 e 点，进而求出 v_E。这样就不需要再列矢量方程进行求解了，大大简化了求解过程。

在加速度关系中也存在和速度影像原理一致的加速度影像原理，因此，欲求 E 点的加速度 a_E，只要在加速度图中以 $b'c'$为边作$\triangle b'c'e' \backsim \triangle B'C'E'$，且两个三角形的角标字母顺序方向一致，即可在加速度图中求得 e'点，进而求得加速度 a_E。

说明：速度影像和加速度影像原理只适用于同一构件，即该构件的速度图、加速度图与其几何形状是相似的，而不适用于整体机构。由图 3-6 不难看出，机构简图、速度图、加速度图三者之间并不相似。

二、组成移动副两构件上重影点的速度和加速度

图 3-7 所示的摆动导杆机构，构件 2 与 3 构成移动副，下面讨论用矢量方程图解法对其进行运动分析。

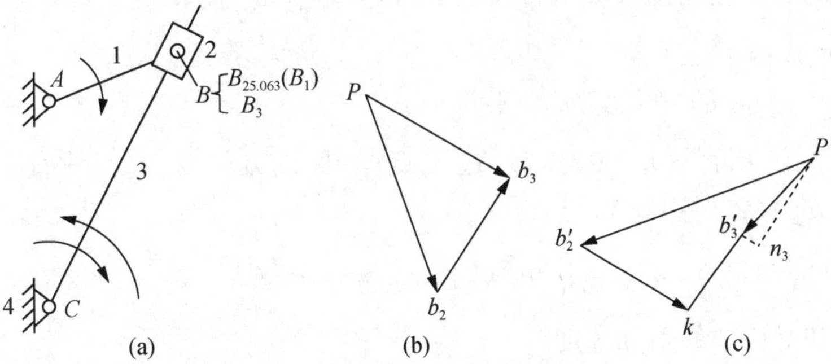

图 3-7　摆动导杆机构运动分析

1. 速度分析

根据运动合成原理，构件 2 上 B_2点的速度可以认为是由两部分合成的，一是跟随构件 3 上 B_3点一起运动的牵连速度 v_{B3}，另一个是 B_2点相对于 B_3 的相对速度 v_{B2B3}。因此，他们的速度关系如式(3-4)所示，其中 v_{B2} 是 B_2点的绝对速度，大小等于 v_{B1}，方向垂直于 AB，v_{B3} 是 B_3点的绝对速度，方向垂直于 BC；v_{B2B3} 是 B_2点相对于 B_3点的相对速度，其方向沿移动副导路(BC)。

$$\begin{array}{lcccc} & v_{B2} & = \overrightarrow{v_{B3}} & + & \overrightarrow{v_{B2B3}} \\ \text{方向} & \perp AB & \perp BC & & /\!/ BC \\ \text{大小} & \omega_1 l_{AB} & ? & & ? \end{array} \tag{3-4}$$

利用速度矢量多边形求解。取速度比例尺 μ_v，作速度图如图 3-7(b)所示，则 B_3点的速度 v_{B3} 及 B_3点相对于 B_2点的相对速度 v_{B2B3} 是

$$v_{B3}=\mu_v(\overline{pb_3})\text{，方向由 }p\text{ 指向 }b_3$$

$$v_{B2B3}=\mu_v(\overline{b_2b_3})\text{，方向由 }b_3\text{ 指向 }b_2$$

构件 3 的角速度 ω_3 为

$$\omega_3=\frac{v_{B3}}{l_{BC}}=\frac{\mu_v(\overline{pb_3})}{l_{BC}}\text{，逆时针方向}$$

因为构件 2 和构件 3 组成移动副，它们的角速度和角加速度相等，因此 $\omega_2=\omega_3$。

2. 加速度分析

根据构成移动副两构件上重影点的加速度关系可知，B_3 点的加速度 a_{B3} 等于 B_2 点加速度 a_{B2}、相对加速度 a_{B3B2}^r 与哥氏加速度 a_{B3B2}^k 的矢量和，即

$$a_{B3}=a_{B3}^n+a_{B3}^t=a_{B2}^n+a_{B2}^t+a_{B3B2}^r+a_{B3B2}^k \tag{3-5}$$

	a_{B3}^n	a_{B3}^t	a_{B2}^n	a_{B2}^t	a_{B3B2}^r	a_{B3B2}^k
大小	$\omega_3^2 l_{BC}$	?	$\omega_1^2 l_{AB}$	0	?	$2\omega_3 v_{B3B2}$
方向	$//BC$	$\perp BC$	$//BA$		$//BC$	$\perp BC$

其中，a_{B3B2}^k 方向为将 v_{B3B2} 沿 ω_3 方向回转 90°。式(3-5)中只含两个未知数，可利用加速度多边形进行求解。如图(3-7(c))所示，求解过程如下：

① 取适当的加速度比例尺 μ_a，自极点 p' 作矢量 $\overrightarrow{p'b_2'}$ 代表 a_{B2}^n，即 a_{B2}（因为 $a_{B2}^t=0$）；然后作矢量 $\overrightarrow{b_2'k}$ 代表 a_{B3B2}^k；

② 过 k 点作 a_{B3B2}^r 的方位线 kb_3'，平行于 BC；

③ 自极点 p' 作矢量 $\overrightarrow{p'n_3}$ 代表 a_{B3}^n，过 n_3 点作 a_{B3}^t 的方位线 n_3b_3'，垂直于 BC，上述两条方位线 kb_3'、n_3b_3' 的交点就是 b_3' 点；

④ 对照式(3-5)可知，$a_{B3}^t=\mu_a(\overline{n_3b_3'})$，$a_{B3B2}^r=\mu_a(\overline{kb_3'})$；

⑤ 导杆 2 和滑块 3 的角加速度

$$\alpha_2=\alpha_3=a_{B3}^t/l_{BC}=\mu_a(\overline{n_3b_3'})/l_{BC}\quad(\text{rad/s})\quad\text{逆时针方向}$$

三、图解法进行机构运动分析的例题

例题 3-3 如图 3-8 所示的平面六杆机构，已知各杆件的尺寸以及主动件 1 的角速度 ω_1。求在图示位置时构件 5 的角速度 ω_5 和角加速度 α_5。

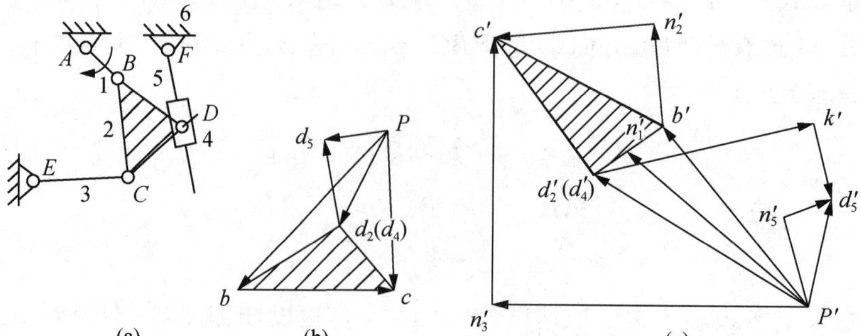

图 3-8 平面六杆机构的运动分析

解：

1. C 点的速度

已知构件 1 的角速度 ω_1，则有

$$v_B = \omega_1 l_{AB}\text{，方向垂直于 } AB \text{ 顺时针}$$

C、B 是同一刚体上点，因此有

$$\vec{v_C} = \vec{v_B} + \vec{v_{CB}}$$

	$\vec{v_C}$	$\vec{v_B}$	$\vec{v_{CB}}$
大小	?	$\omega_1 l_{AB}$	?
方向	$\perp EC$	$\perp AB$	$\perp BC$

在速度图(图 3-8b)中可以求出点 c，则 C 点的速度 $v_C = \mu_v \overline{pc}$ (m/s)，与 $\vec{pc}$ 同向。

2. 构件 5 的角速度

B、C、D 同是构件 2 上的点，用速度影像法可以在速度图中求出 d_2 点，因此 $v_{D2} = \mu_v \overline{pd_2}$。因为点 D 是构件 2、4 的铰链点，故 $v_{D2} = v_{D4}$。

构件 4 与构件 5 组成移动副，选择 D 点作为重合点进行速度分析，有如下关系：

$$\vec{v_{D5}} = \vec{v_{D4}} + \vec{v_{D5D4}}$$

	$\vec{v_{D5}}$	$\vec{v_{D4}}$	$\vec{v_{D5D4}}$
大小	?	已知	?
方向	$\perp DF$	已知	$\perp // DF$

在速度图中可以求出 d_5，因此 D_5 点的绝对速度大小为

$$v_{D5} = \mu_v \cdot \overline{pd_5}$$

构件 5 的角速度 ω_5 为

$$\omega_5 = \frac{v_{D5}}{l_{DF}}$$

3. C 点的加速度

$a_B = a_B^n + a_B^t$，$a_B^n = \omega_1^2 l_{AB}$，方向平行于 BA 且由 B 指向 A；$a_B^t = \alpha_1 l_{AB}$，方向垂直于 BA 且与 α_1 方向一致。

C 点与 B 点的加速度关系为

$$a_C = a_C^n + a_C^t = a_B^n + a_B^t + a_{CB}^n + a_{CB}^t$$

	a_C^n	a_C^t	a_B^n	a_B^t	a_{CB}^n	a_{CB}^t
大小	$\omega_3^2 l_{CE}$	?	$\omega_1^2 l_{AB}$	$\alpha_1 l_{AB}$	$\omega_2^2 l_{BC}$	?
方向	$C\to E$	$\perp CE$	$B\to A$	$\perp BA$	$C\to B$	$\perp CB$

上式中只有两个未知数，可作加速度多边形求解。如图 3-8(c)所示，取加速度比例尺 μ_a

① 自极点 p' 作矢量 $\vec{p'n'_1} // BA$，且其长度 $\overline{p'n'_1} = \omega_1^2 l_{AB}/\mu_a$；自 n_1 点作 $\vec{n'_1b'} \perp BA$，且其长度 $\overline{n'_1b'} = \alpha_1 l_{AB}/\mu_a$；再自点 b' 作 $\vec{b'n'_2} // CB$，且其长度 $\overline{b'n'_2} = \omega_2^2 l_{BC}/\mu_a$。$\vec{p'n'_1}$、$\vec{n'_1b'}$、$\vec{b'n'_2}$ 分别代表 a_B^n、a_B^t 和 a_{CB}^n；

② 过 n_2点作垂直于 CB 的直线表示 a^t_{CB} 的方位线；

③ 自极点 p' 作矢量 $\overrightarrow{p'n'_3}$ 代表 a^n_C，且其长度 $\overline{p'n'_3}=\omega_3^2 l_{CD}/\mu_a$；过 n'_3点作垂直于 CE 的直线表示 a^t_C 的方位线；

④ 上面两条方位线的交点为 c'点，因此 C 点加速度的大小为 $a_C=\mu_a\overline{p'c'}$ (m/s²)。

4. 构件 5 的角加速度 α_5

B、C、D 是同一构件 2 上的点，用加速度影像法可以在加速度图 3-8(c)中求出 D_2对应的点 d'_2(d'_4)，则 D_2(D_4)点的加速度为 $a_{D2}=a_{D4}=\mu_a\overline{p'd_2}$。

D_5与 D_4点的加速度关系为

	a^n_{D5}	+	a^t_{D5}	=	a_{D4}	+	a^r_{D5D4}	+	a^k_{D5D4}
大小	$\omega_5^2 l_{DF}$		?		$\mu_a\overline{p'd_2}$		?		$2\omega_5 v_{D4D5}$
方向	$D\rightarrow F$		$\perp DF$		√		$//DF$		$\perp DF$

上式中同样只有两个未知量，因此可解。步骤如下：

① 自极点 p' 作矢量 $\overrightarrow{p'n'_5}$ 代表 a^n_{D5}，且其长度 $\overline{p'n'_5}=\omega_5^2 l_{DF}/\mu_a$；过 n'_5 点作垂直于 DF 的直线表示 a^t_{D5} 的方位线；

② 自 d'_4(d'_2)作辅助线 $\overrightarrow{d'_2n'_4}\perp DF$，且其长度 $\overline{d'_2n'_4}=2\omega_5 v_{B4B5}/\mu_a=2\omega_5\mu_v\overline{b'_4b'_5}/\mu_a$，其方向是将速度 v_{D4D5} 沿牵连构件 5 的角速度 ω_5 的方向转过 90°之后的方向；再自 n_4作辅助线平行于 DF，代表相对加速度 a^r_{D5D4} 的方位；

③ 第 1 步和第 2 步中的两条辅助线的交点为 d'_5，因此，构件 5 的角加速度为

$$\alpha_5=a^t_{D5}/l_{DF}\mu_a\overrightarrow{n'_5d'_5}/l_{DF}\text{（方向根据图判断）}$$

3.4 利用复数矢量法进行机构的速度分析和加速度分析

解析法是先建立机构的位置方程，然后将位置方程对时间求导得速度方程和加速度方程，再利用计算机软件编程可以计算出任意一个时刻机构上某个点的位移(角位移)、速度(角速度)和加速度(角加速度)。平面机构运动分析的解析法很多，如复数矢量法、基本杆组法和矩阵法等。其中，复数矢量法更加简单直观，逻辑关系更适合于计算机编程，本书主要介绍该方法。

复数矢量法是将机构看成一个封闭的矢量多边形，并用复数的形式表示该机构的封闭矢量方程式，再将矢量方程式分别向所建立的直角坐标系投影。该方法不仅适用于闭环运动链，也适用于开式链，即串联机械手。下面分别举例说明。

一、单闭环机构——铰链四杆机构的运动分析

图 3-9 所示为平面铰链四杆机构，已知各构件杆长 l_1、l_2、l_3、l_4，原动件 1 的角位移 φ_1、角速度 $\dot{\varphi}_1$ 和角加速度 $\ddot{\varphi}_1$，以及构件 2 上 BE 与 BC 的夹角为 δ，BE 的长度为 p。

首先建立以原动件与机架之间的转动副 A 为坐标原点的直角坐标系，各构件与 x 轴正向的夹角分别为 φ_1、φ_2、φ_3、φ_4，且逆时针方向度量为正，他们的角速度和角加速度也以逆时针方向为正，顺时针方向为负。

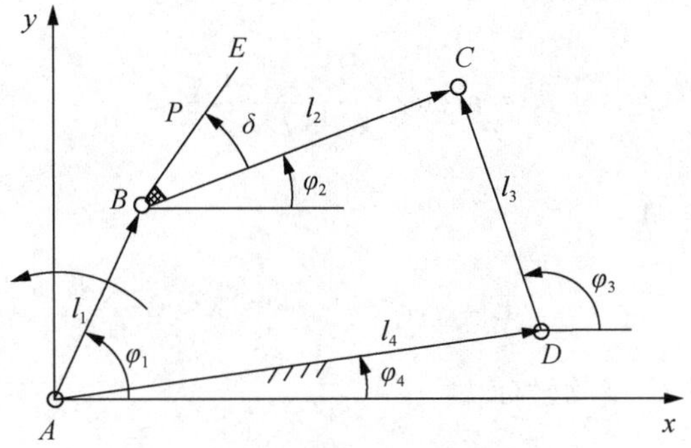

图 3-9　平面铰链四杆机构的运动分析

根据图 3-9 所示的矢量多边形，得矢量方程如下：

$$\vec{l_1}+\vec{l_2}=\vec{l_3}+\vec{l_4}$$

以复数形式表达

$$l_1e^{i\varphi_1}+l_2e^{i\varphi_2}=l_4e^{i\varphi_4}+l_3e^{i\varphi_3} \tag{3-6}$$

(1) 位移分析

分别取式(3-6)的实部和虚部

$$\begin{cases} l_1\cos\varphi_1+l_2\cos\varphi_2=l_4\cos\varphi_4+l_3\cos\varphi_3 \\ l_1\sin\varphi_1+l_2\sin\varphi_2=l_4\sin\varphi_4+l_3\sin\varphi_3 \end{cases} \tag{3-7}$$

消去 φ_2 后得

$$A\cos\varphi_3+B\sin\varphi_3+C=0 \tag{3-8}$$

式中

$$A=l_4\cos\varphi_4-l_1\cos\varphi_1$$

$$B=l_4\sin\varphi_4-l_1\sin\varphi_1$$

$$C=\frac{A^2+B^2+l_3^2-l_2^2}{2l_3}$$

又因　$$\cos\varphi_3=\frac{1-\tan^2(\varphi_3/2)}{1+\tan^2(\varphi_3/2)},\ \sin\varphi_3=\frac{2\tan(\varphi_3/2)}{1+\tan^2(\varphi_3/2)}$$

代入式(3-8)得到关于 $\tan(\varphi_3/2)$ 的一元二次方程，解方程得

$$\varphi_3=2\arctan\left(\frac{B\pm\sqrt{A^2+B^2-C^2}}{A-C}\right) \tag{3-9}$$

式(3-9)中，根号前的“±”号的选取可根据机构的初始安装情况和机构运动的连续性来决定。当$\triangle BDC$三顶点顺序为逆时针时，取“+”号，反之，取“−”号。若根号内数值小于零，表示机构相应位置无法实现。

然后根据式(3-7)可确定φ_2

$$\varphi_2 = \arctan\left(\frac{B + l_3\sin\varphi_3}{C + l_3\cos\varphi_3}\right) \tag{3-10}$$

连杆 3 上的 E 点的矢径

$$\vec{E} = l_1 e^{i\varphi_1} + p e^{i(\varphi_2+\delta)} \tag{3-11}$$

取上式的实部和虚部，得 E 点的坐标

$$\begin{cases} E_X = l_1\cos\varphi_1 + p\cos(\varphi_2+\delta) \\ E_Y = l_1\sin\varphi_1 + p\sin(\varphi_2+\delta) \end{cases} \tag{3-11a}$$

(2) 速度分析

将式(3-6)对时间取导数

$$l_1\dot{\varphi}_1 i e^{i\varphi_1} + l_2\dot{\varphi}_2 i e^{i\varphi_2} = l_3\dot{\varphi}_3 i e^{i\varphi_3} \tag{3-12}$$

式(3-12)中有两个未知量，$\dot{\varphi}_2$和$\dot{\varphi}_3$，为了便于求解，先消去$\dot{\varphi}_2$。将式(3-12)的每一项乘以$e^{-i\varphi_2}$，得

$$l_1\dot{\varphi}_1 i e^{i(\varphi_1-\varphi_2)} + l_2\dot{\varphi}_2 i = l_3\dot{\varphi}_3 i e^{i(\varphi_3-\varphi_2)}$$

取实部

$$\dot{\varphi}_3 = \dot{\varphi}_1\frac{l_1\sin(\varphi_1-\varphi_2)}{l_3\sin(\varphi_3-\varphi_2)} \tag{3-13}$$

同理，为了消去$\dot{\varphi}_3$，式(3-12)每项乘以$e^{-i\varphi_3}$

$$l_1\varphi_1 i e^{i(\varphi_1-\varphi_3)} + l_2\varphi_2 i e^{i(\varphi_2-\varphi_3)} = l_3\dot{\varphi}_3 i$$

取实部得

$$\dot{\varphi}_2 = -\dot{\varphi}_1\frac{l_1\sin(\varphi_1-\varphi_3)}{l_2\sin(\varphi_2-\varphi_3)} \tag{3-14}$$

连杆 3 上 E 点的速度$\dot{E}$可通过将式(3-11)对时间取导求解

$$\dot{E} = l_1\dot{\varphi}_1 i e^{i\varphi_1} + p\dot{\varphi}_2 i e^{i(\varphi_2+\delta)} \tag{3-15}$$

或

$$\begin{cases} E_x = -l_1\dot{\varphi}_1\sin\varphi_1 - p\dot{\varphi}_2\sin(\varphi_2+\delta) \\ E_y = l_1\dot{\varphi}_1\cos\varphi_1 + p\dot{\varphi}_2\cos(\varphi_2+\delta) \end{cases} \tag{3-16}$$

(3) 加速度分析

将式(3-12)对时间取一阶导数

$$l_1\ddot{\varphi}_1 ie^{i\varphi_1}-l_1\dot{\varphi}_1^2 e^{i\varphi_1}+l_2\ddot{\varphi}_2 ie^{i\varphi_2}-l_2\dot{\varphi}_2^2 e^{i\varphi_2}=l_3\ddot{\varphi}_3 ie^{i\varphi_3}-l_3\dot{\varphi}_3^2 e^{i\varphi_3} \tag{3-17}$$

式(3-17)中,有两个未知量 $\ddot{\varphi}_2$ 和 $\ddot{\varphi}_3$,用上面同样的消元法,为了消除 $\ddot{\varphi}_2$,每项乘以 $e^{-i\varphi_2}$

$$l_1\ddot{\varphi}_1 ie^{i(\varphi_1-\varphi_2)}-l_1\dot{\varphi}_1^2 e^{i(\varphi_1-\varphi_2)}+l_2\ddot{\varphi}_2 i-l_2\dot{\varphi}_2^2=l_3\ddot{\varphi}_3 ie^{i(\varphi_3-\varphi_2)}-l_3\dot{\varphi}_3^2 e^{i(\varphi_3-\varphi_2)}$$

取实部并整理得

$$\ddot{\varphi}_3=\frac{l_2\dot{\varphi}_2^2+l_1\ddot{\varphi}_1\sin(\varphi_1-\varphi_2)+l_1\dot{\varphi}_1^2\cos(\varphi_1-\varphi_2)-l_3\dot{\varphi}_3^2\cos(\varphi_3-\varphi_2)}{l_3\sin(\varphi_3-\varphi_2)} \tag{3-18}$$

为了消除 $\ddot{\varphi}_3$,将式(3-17)每项乘以 $e^{-i\varphi_3}$

$$l_1\ddot{\varphi}_1 ie^{i(\varphi_1-\varphi_3)}-l_1\dot{\varphi}_1^2 e^{i(\varphi_1-\varphi_3)}+l_2\ddot{\varphi}_2 ie^{i(\varphi_2-\varphi_3)}-l_2\dot{\varphi}_2^2 e^{i(\varphi_2-\varphi_3)}=l_3\ddot{\varphi}_3 i-l_3\dot{\varphi}_3^2$$

取实部并整理得

$$\ddot{\varphi}_2=\frac{l_3\dot{\varphi}_3^2-l_1\ddot{\varphi}_1\sin(\varphi_1-\varphi_3)-l_1\dot{\varphi}_1^2\cos(\varphi_1-\varphi_3)-l_2\dot{\varphi}_2^2\cos(\varphi_2-\varphi_3)}{l_2\sin(\varphi_2-\varphi_3)} \tag{3-19}$$

将式(3-15)对时间取导可确定 E 点加速度 $\ddot{E}$

$$\ddot{E}=l_1(\ddot{\varphi}_1 i-\dot{\varphi}_1^2)e^{i\varphi_1}+p(\ddot{\varphi}_2 i-\dot{\varphi}_2^2)e^{i(\varphi_2+\delta)} \tag{3-20}$$

或表示为

$$\begin{cases}\ddot{E}_x=-l_1(\ddot{\varphi}_1\sin\varphi_1+\dot{\varphi}_1^2\cos\varphi_1)-p[\ddot{\varphi}_2\sin(\varphi_2+\delta)+\dot{\varphi}_2^2\cos(\varphi_2+\delta)]\\ \ddot{E}_y=l_1(\ddot{\varphi}_1\cos\varphi_1-\dot{\varphi}_1^2\sin\varphi_1)+p[\ddot{\varphi}_2\cos(\varphi_2+\delta)-\dot{\varphi}_2^2\sin(\varphi_2+\delta)]\end{cases} \tag{3-21}$$

(4) 讨论

应用上述推导出的解析法公式进行机构分析时必须注意:

① 上列各式是在右手直角坐标系中推演而得的,各构件的角位移、角速度和角加速度均以逆时针方向为正,顺时针方向为负;若解题时建立左手直角坐标系推导,则度量方向相反。

② 各构件的角位移以实轴(x 轴)为基准度量,如实际课题中应用其它基准线,则上列公式仍可通用,但有关代号须作相应的换算。

③ 一般,矢量的方向角 φ 应在四个象限内考虑,具体在哪个象限取决于分子分母的正负号。以反正切函数值示例如下:

$$\varphi=\arctan\left(\frac{y}{x}\right) \qquad (x>0,\ y\geqslant 0)$$

$$\varphi=\arctan\left(\frac{y}{x}\right)+\pi \qquad (x<0)$$

$$\varphi=\arctan\left(\frac{y}{x}\right)+2\pi \qquad (x>0,\ y<0)$$

$$\varphi=\frac{\pi}{2} \qquad (x=0,\ y>0)$$

$$\varphi=\frac{3\pi}{2} \qquad (x=0,\ y<0)$$

例题 3-4 如 3-10 所示织布机四连杆打纬机构，表 3-1 是几种类型打纬机构的尺寸。织机正常运行时，主动曲柄 1 逆时针匀速转动。请推导摇杆 3(又叫筘座脚)的角位移、角速度和角加速度表达式，并利用计算机绘制摇杆的摆角与曲柄转角之间的关系曲线(以曲柄与连杆拉直共线的时刻为绘图起始时刻)。

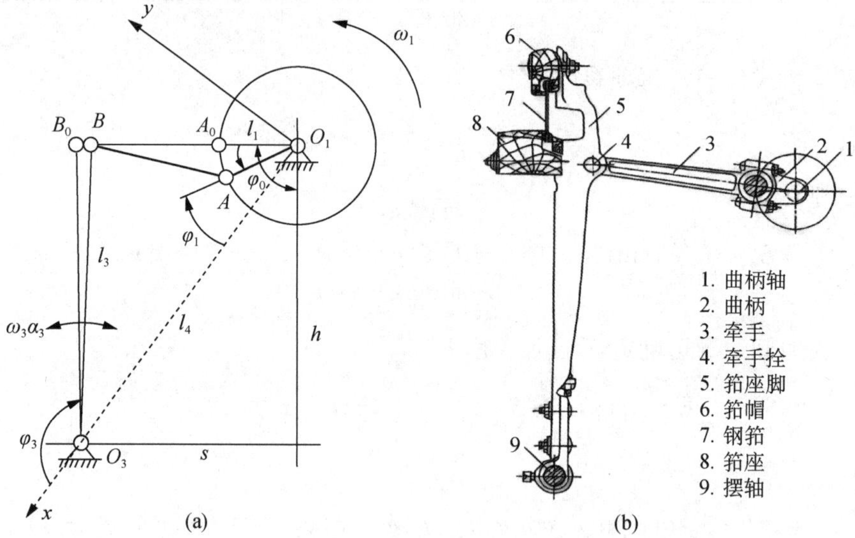

图 3-10 四连杆打纬机构

表 3-1 不同织机的四连杆打纬机构尺寸 单位：mm

机器型号	l_1	l_2	l_3	s	h	说明
1511	70	289	685	400	632	有梭棉织机
H212	82	448	745	600	625	毛织机
K252	65	525	660	635	565	丝织机
GA701	38	58	650	112	641	长筘座脚喷气织机
P75	50	75	308	268	146	短筘座脚喷气织机
Smit TP300	73.5	113	526.8	501	141	剑杆织机

解： 建立如图 3-10(a)所示的左手直角坐标系，根据表 3-1 中尺寸可以计算出机架(O_1O_3)的长度 l_4

$$l_4=\sqrt{s^2+h^2}$$

接下来就可以运用式(3-9)、(3-10)、(3-13)、(3-14)和(3-18)计算出筘座脚的角位移、角速度和角加速度。

内容	计算公式
已知	已知条件：l_1、l_2、l_3、s、h、ω_1
第一步	$l_4=\sqrt{s^2+h^2}$，$\varphi_1=\omega_1 t$ $A=l_4-l_1\cos\varphi_1$，$B=-l_1\sin\varphi_1$，$C=\dfrac{A^2+B^2+l_3^2-l_2^2}{2l_3}$
第二步，位移分析	$\varphi_3=2\arctan\left(\dfrac{B+\sqrt{A^2+B^2-C^2}}{A-C}\right)$，$\varphi_2=\arctan\left(\dfrac{B+l_3\sin\varphi_3}{C+l_3\cos\varphi_3}\right)$
第三步，速度分析	$\dot{\varphi}_3=\dot{\varphi}_1\dfrac{l_1\sin(\varphi_1-\varphi_2)}{l_3\sin(\varphi_3-\varphi_2)}$，$\dot{\varphi}_2=-\dot{\varphi}_1\dfrac{l_1\sin(\varphi_1-\varphi_3)}{l_2\sin(\varphi_2-\varphi_3)}$
第四步，加速度分析	$\ddot{\varphi}_3=\dfrac{l_2\dot{\varphi}_2^2+l_1\ddot{\varphi}_1\sin(\varphi_1-\varphi_2)+l_1\dot{\varphi}_1^2\cos(\varphi_1-\varphi_2)-l_3\dot{\varphi}_3^2\cos(\varphi_3-\varphi_2)}{l_3\sin(\varphi_3-\varphi_2)}$

以曲柄与连杆拉直共线的时刻作为画图计时起点，曲柄转角为横坐标，筘座脚的角位移为纵坐标，绘制打纬机构的运动曲线，见图 3-11。其中实线所示是 1511 有梭棉织机打纬机构筘座的角位移曲线，虚线是 P75 喷气织机打纬机构筘座的角位移曲线。角速度和角加速度曲线省略。

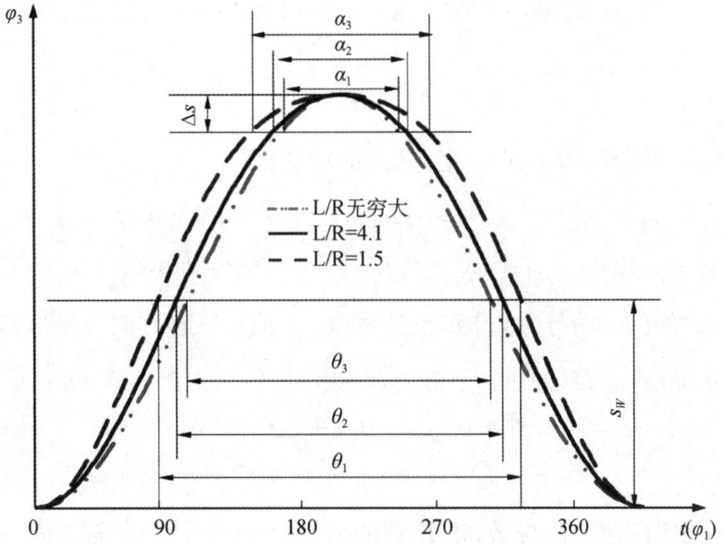

图 3-11　四连杆打纬机构的运动曲线

二、开环机构——三自由度串联机构的运动分析

随着工业自动化的发展，越来越多重复性劳动被机器替代，其中，汽车装配流水线上广泛使用的是一种串联机械手完成零件的抓取、运输和安装。这种机械手的抓取部分实际上

就是由开环运动链组成。下面说明运用矢量环方程法进行开式链机构的运动分析方法。

图 3-12 所示为具有三个转动副（*RRR* 型）的三自由度串联机械手臂，构件 1、2、3 的长度 l_1、l_2、l_3 以及关节处电机的输出运动规律 θ_1、θ_2、θ_3、$\dot{\theta}_1$、$\dot{\theta}_2$、$\dot{\theta}_3$、$\ddot{\theta}_1$、$\ddot{\theta}_2$、$\ddot{\theta}_3$ 都已知，需要确定末端执行点 E 的位置、速度、加速度。

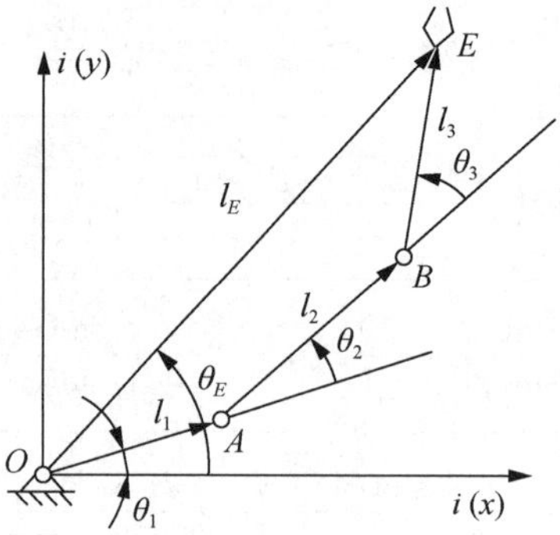

图 3-12 *RRR* 型串联机构的运动学分析

下面用复数矢量法求解 E 的位置、速度、加速度。建立图 3-12 所示的直角坐标系，坐标原点为 O 点。连接 OE，三段手臂（OA、AB、BE）及 OE 组成封闭矢量多边形，其矢量方程是

$$\vec{l_1}+\vec{l_2}+\vec{l_3}=\vec{l_E}$$

用复数表示

$$l_1 e^{i\theta_1}+l_2 e^{i(\theta_1+\theta_2)}+l_3 e^{i(\theta_1+\theta_2+\theta_3)}=l_E e^{i\theta_E} \tag{3-22}$$

取式(3-22)的实部和虚部，得 E 点的坐标（位置）表达式

$$\begin{cases} x_E=l_E\cos\theta_E=l_1\cos\theta_1+l_2\cos(\theta_1+\theta_2)+l_3\cos(\theta_1+\theta_2+\theta_3) \\ y_E=l_E\sin\theta_E=l_1\sin\theta_1+l_2\sin(\theta_1+\theta_2)+l_3\sin(\theta_1+\theta_2+\theta_3) \end{cases} \tag{3-23}$$

求方程(3-23)对时间的一阶导数，得 E 点速度（在 x 轴和 y 轴方向分量）的表达式

$$\begin{cases} \dot{x}_E=-l_1\dot{\theta}_1\sin\theta_1-l_2(\dot{\theta}_1+\dot{\theta}_2)\sin(\theta_1+\theta_2)-l_3(\dot{\theta}_1+\dot{\theta}_2+\dot{\theta}_3)\sin(\theta_1+\theta_2+\theta_3) \\ \dot{y}_E=l_1\dot{\theta}_1\cos\theta_1+l_2(\dot{\theta}_1+\dot{\theta}_2)\cos(\theta_1+\theta_2)+l_3(\dot{\theta}_1+\dot{\theta}_2+\dot{\theta}_3)\cos(\theta_1+\theta_2+\theta_3) \end{cases} \tag{3-24}$$

再将方程(3-24)对时间求一阶导数，得 E 点的加速度（在 x 轴和 y 轴方向分量）的表达式

$$\begin{cases} \ddot{x}_E=-\{l_1(\ddot{\theta}_1\sin\theta_1+\dot{\theta}_1^2\cos\theta_1)+l_2[(\ddot{\theta}_1+\ddot{\theta}_2)\sin(\theta_1+\theta_2)+(\dot{\theta}_1+\dot{\theta}_2)^2\cos(\theta_1+\theta_2)] \\ \qquad +l_3[(\ddot{\theta}_1+\ddot{\theta}_2+\ddot{\theta}_3)\sin(\theta_1+\theta_2+\theta_3)+(\dot{\theta}_1+\dot{\theta}_2+\dot{\theta}_3)^2\cos(\theta_1+\theta_2+\theta_3)]\} \\ \ddot{y}_E=l_1(\ddot{\theta}_1\cos\theta_1-\dot{\theta}_1^2\sin\theta_1)+l_2[(\ddot{\theta}_1+\ddot{\theta}_2)\cos(\theta_1+\theta_2)-(\dot{\theta}_1+\dot{\theta}_2)^2\sin(\theta_1+\theta_2)] \\ \qquad +l_3[(\ddot{\theta}_1+\ddot{\theta}_2+\ddot{\theta}_3)\cos(\theta_1+\theta_2+\theta_3)-(\dot{\theta}_1+\dot{\theta}_2+\dot{\theta}_3)^2\sin(\theta_1+\theta_2+\theta_3)] \end{cases} \tag{3-25}$$

至此,上述机械手臂末端执行器的位置、速度和加速度求解公式就全部推导出来了。

相比闭环机构的运动学分析来说,开环机构要容易得多。上述运动学分析属于正运动学求解问题,即已知输入构件的运动规律求解输出构件的运动。与之相反,若已知输出运动,要确定输入运动规律的话,属于逆运动学求解问题,这不在本书的讲授范围之内。

第四章 平面机构的力分析

主要内容:本章主要介绍机构中的各种力及这些力的分析求解方法,为机构的设计和分析打下基础。

4.1 概　　述

进行运动和力(力矩)的传递是机构的主要作用,因此,在机器工作过程中,每个构件必然会受到各种力的作用。按照力对运动的影响,可以把机构中的作用力分为驱动力和阻力两大类。

驱动力:驱使构件运动的力统称为驱动力。驱动力的方向与其作用点速度方向成锐角,所作的功为正值,称为输入功。任何机器中,原动机驱动机器运动的力都属于驱动力。

阻力:凡是阻碍机构运动的力都称为阻力。阻力的方向与其作用点速度方向成钝角,所作的功为负值,称为输出功。阻力又分为有效阻力和有害阻力。金属机床的切削阻力,织机打纬机构的打纬阻力,都是机器为进行工作而受到的阻力,称为工作阻力,又叫做有效阻力。有害阻力是阻力中除有效阻力之外的无效部分,其功对生产没有积极作用,反而会消耗输入的功,如运动副中的摩擦力。有害阻力作的功称作损失功。

除了驱动力和阻力之外,机构中还存在以下几种力:

运动副反力:当机构运转时,构件间产生相对运动,在运动副中就会有相互作用力,简称运动副的反力,用 F_{Rij} 表示,即构件 i 对构件 j 的反力。运动副反力通常可分解为两构件接触面间的法向反力 F_N(与相对运动方向垂直)和切向反力 F_f(即摩擦力)。

重力:作用在构件质心上的地球引力。当构件质心下降时,他是驱动力;反之,当质心上升时,是阻力。因各构件质心每经过一个运动循环后回复原位,所以在一个运动循环中重力所做的功的和为零。重力通常比其他各力小得多,所以在很多情况下可以忽略不计,尤其是高速机械。

惯性力:一种加在变速运动构件上的虚拟力。当构件加速运动时,构件的惯性力为阻力;反之,当构件减速运行时,其惯性力为驱动力。惯性力和重力一样,在一个运动循环中它所做的功的和为零。低速、轻质构件的惯性力一般很小,可以忽略不计,但高速机械的惯性力不能忽略。

运动副反力对整个机构而言是内力,但对于一个构件来说,它就是外力。重力、惯性力、驱动力、阻力则都是机构的外力。

4.2　构件惯性力的确定

一、一般力学方法

1. 作平面运动的构件

由理论力学知，对于作平面运动且具有平行于运动平面的对称面的刚体（本书指构件），其全部惯性力可以简化为加于构件质心 S 上的惯性力 F_i 和力矩为 M_i 的惯性力偶矩（图 4-1），且他们分别为

$$F_i = -ma_S \tag{4-1}$$

$$M_i = -J_S\alpha \tag{4-2}$$

式中，m——构件质量；

a_S——构件质心 S 的加速度；

J_S——构件对过其质心轴的转动惯量；

α——构件角加速度。

惯性力 F_i 和惯性力偶矩 M_i 可以合成为惯性力 F'_i，其大小和方向与 F_i 相同，二力作用线之间的距离 h 为

$$h = \frac{M_i}{F_i} \tag{4-3}$$

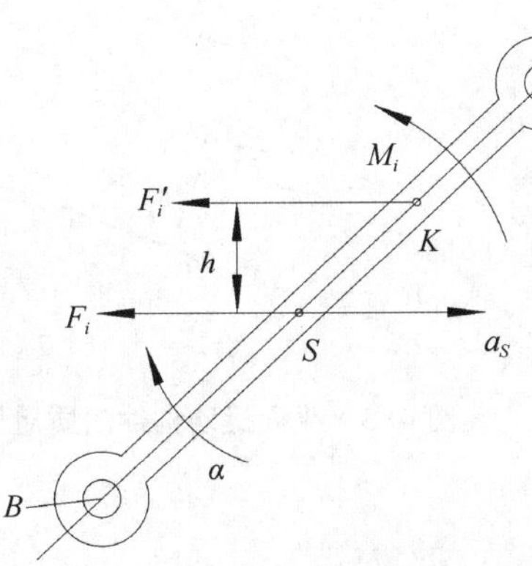

图 4-1　作平面运动构件的惯性力

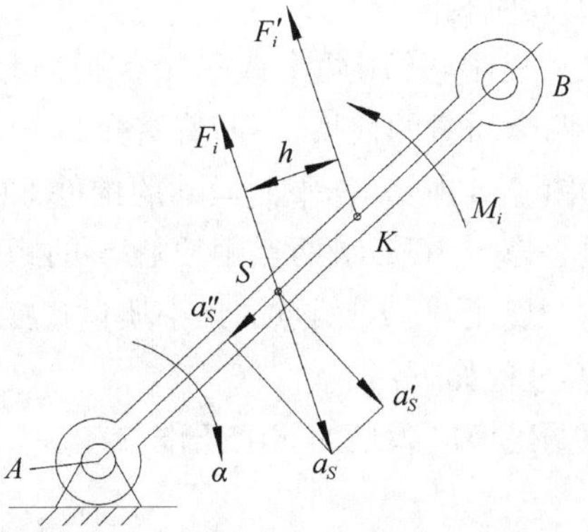

图 4-2　作定轴转动构件的惯性力

且 F'_i 对 S 之矩方向应与 M_i 方向一致。

2. 作定轴转动的构件

（1）转动轴线不经过质心

当构件绕定轴转动且轴线不通过质心时，如图 4-2 所示，构件的全部惯性力简化为施加在质心 S 上的惯性力 $F_i = -ma_S$ 和力矩为 $M_i = -J_S\alpha$ 的惯性力偶矩，进而合成为总惯性力 F'_i，方向与 F_i 相同。

(2) 转动轴线经过质心

如果定轴转动构件的转动轴线与质心中重合，因为质心固定，即 $a_{S=0}$，故惯性力 $F_i=0$；只有当其角加速度发生变化时存在惯性力矩 $M_i=-J_S\alpha$。

3. 作平动的构件

作平动的构件没有转动速度和加速度，只有当其变速平动时，有惯性力，故

$$M_i=-J_S\alpha=0,\ F_i=-ma_S$$

二、质量代换法

用一般力学的方法确定构件的惯性力和惯性力偶矩，需求出构件质心的加速度 a_S 和角加速度 α，计算繁琐。为了简化计算过程，在某些情况下，用某些选定点的假想集中质量代换构件的质量，并用这些假想质量的惯性力替代原来的惯性力系，而不需要实际求出惯性力偶矩，从而简化了对构件惯性力的计算。这种按一定条件将构件的分布质量用集中在若干点的假想质量来代换的方法称为质量代换法。假想的集中质量称为代换质量，代换质量所集中的点称为代换点。

为保证在代换前后构件的惯性力和惯性力偶矩保持不变，必须满足下面三个条件：

(1) 代换前后构件的质量相等；

(2) 代换前后构件的质心位置一致；

(3) 代换前后构件对质心的转动惯量相等。

满足条件(1)和(2)的代换叫做静代换，代换前后的惯性力不变；满足上述三个条件的叫做动代换，代换前后的惯性力和惯性力偶矩都不变，动力效应相同。

在工程中，常用两个或三个代换质量，应用较多的是两个质量的代换，下面着重介绍。

如图 4-3 所示，作平面运动的构件 CD，分布质量的质心为 S，C、D 两点距质心 S 的距离分别为 l_C 和 l_D。现用 C、K 两点的集中质量代换原分布质量，代换过程如下：

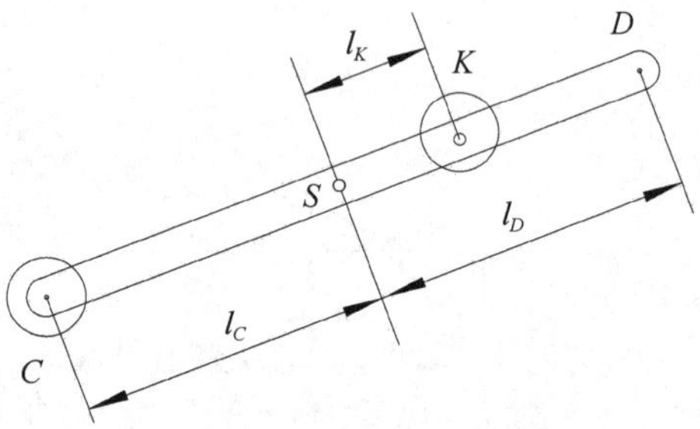

图 4-3　平面运动构件的质量代换

根据代换应满足的三个条件，有

$$\begin{cases} m_C+m_K=m \\ m_Cl_C=m_Kl_K \\ m_Cl_C^2+m_Kl_K^2=J_S \end{cases} \tag{4-4}$$

上式中，l_C、l_K、m_C 和 m_K 为未知量，工程中，一般可以先选定代换点 C 的位置，即 l_C 已知，这样其他三个未知量可解得

$$\begin{cases} m_C=ml_K/(l_C+l_K) \\ m_K=ml_C/(l_C+l_K) \\ l_K=J_S/(ml_C) \end{cases} \tag{4-5}$$

由于 $l_K = J_S/(ml_C)$，故当 C 点的位置确定后，K 点的位置不能随意确定，这给工程应用带来不便。为了便于计算，工程中常采用静代换，即只满足条件(1)和(2)的代换：

$$\begin{cases} m_C + m_K = m \\ m_C l_C = m_K l_K \end{cases} \tag{4-6}$$

l_C 和 l_K 可根据实际情况任意选定，则两个代换质量为

$$\begin{cases} m_C = ml_K/(l_C + l_K) \\ m_K = ml_C/(l_C + l_K) \end{cases} \tag{4-7}$$

因为静代换没有满足条件(3)，故惯性力偶矩会产生误差

$$\Delta M_i = -[J_S - (m_C l_C^2 + m_K l_K^2)]\alpha = -[J_S - ml_K l_C]\alpha \tag{4-8}$$

在可以容许上述误差的工程实践中，静代换方法得到广泛应用。

4.3　运动副中摩擦力的确定

平面机构中的运动副有低副(转动副、移动副)和高副两种。在平面低副中，两构件相对运动时只有滑动摩擦发生，而平面高副中的摩擦性质取决于两构件间的相对运动状态，如果组成平面高副的两构件的相对运动是纯滚动，则他们之间只存在滚动摩擦力；但如果两构件间既有相对滚动又有相对滑动，则它们之间既有滚动摩擦也有滑动摩擦，不过，因为滚动摩擦力比滑动摩擦力小得多，所以通常只考虑滑动摩擦而忽略滚动摩擦。

机械中的摩擦也有有利的方面，如摩擦传动、带传动、螺栓连接、摩擦离合器及制动器等，都是利用摩擦进行工作的。研究机械中摩擦的目的，就是尽可能有效地避免或利用摩擦，提高机械的有效利用率。

一、移动副中的摩擦力

实际机构中使用的移动副有平面和楔形面两种，下面分别进行介绍。

1. 平面摩擦

如图 4-4 所示，滑块 1 与平面 2 构成移动副，滑块 1 在水平拉力 F 的作用下相对与平面 2 匀速运动，速度 v_{12}，方向向左。设铅锤方向作用在滑块 1 上的载荷(包括自重)为 G，平面 2 作用在滑块 1 上的法向反力为 F_{N21}，则滑块 1 受到平面 2 施加的摩擦力 F_{f21} 为

$$F_{f21} = fF_{N21} = fG \tag{4-9}$$

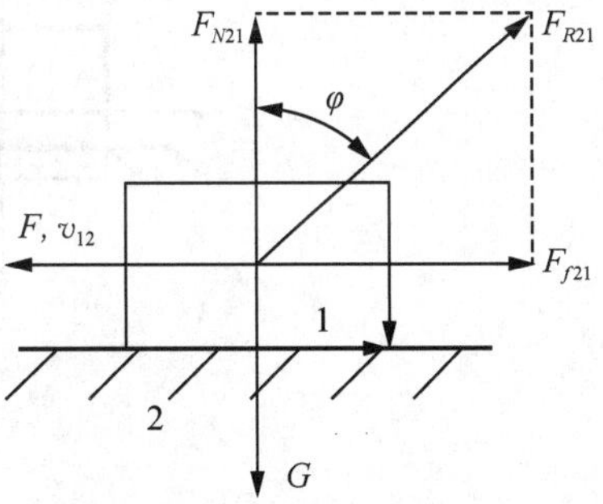

图 4-4　平面移动副中的摩擦

其方向与滑块 1 相对于平面 2 的运动速度 (v_{12}) 方向相反。f 是摩擦系数，其值取决于构成移动副的两个构件的材料。

将作用在滑块 1 上的摩擦力 F_{f21} 和法向反力 F_{N21} 的合力 F_{R21} 称为构件 2 作用于构件 1 的总反力。总反力 F_{R21} 与法向反力 F_{N21} 之间的夹角 φ 为

$$\varphi = \arctan\left(\frac{F_{f21}}{F_{N21}}\right) = \arctan f \tag{4-10}$$

夹角 φ 的值与摩擦系数 f 有关，称为摩擦角。因此可知，当构件 1 相对于构件 2 沿 v_{12} 的速度方向匀速运动时，构件 2 作用在构件 1 上的总反力 F_{R21} 的方向与 v_{12} 的方向之间的夹角为 $180° + \varphi$。

2. 楔形面摩擦

图 4-5 所示楔形滑块 1 与 V 型槽面 2 组成移动副，槽面的楔形角为 2θ，滑块与槽面之间的摩擦系数为 f。滑块上受到铅垂方向的载荷（包括自重）为 G，楔形槽的两个斜面对滑块的法向反力为 $F_{N21}/2$。根据力的平衡关系，有

$$2(F_{N21}/2)\sin\theta = G$$

因此

$$F_{N21} = 2(F_{N21}/2) = G/\sin\theta$$

若滑块 1 在水平方向拉力 F 作用下相对于槽面 2 沿速度 v_{12} 的方向匀速运动，则槽面作用于滑块 1 上的摩擦力为

$$F_{f21} = f\,F_{N21} = (f/\sin\theta)G \tag{4-11}$$

令 $f_v = f/\sin\theta$，则式(4-11)表示为

$$F_{f21} = f_v G \tag{4-12}$$

f_v 称作当量摩擦系数，其值不仅与组成摩擦副的两种材料有关，还有摩擦副的几何形状有关，与其对应的摩擦角 φ_v 称为当量摩擦角

$$\varphi_v = \arctan f_v = \arctan(f/\sin\theta) \tag{4-13}$$

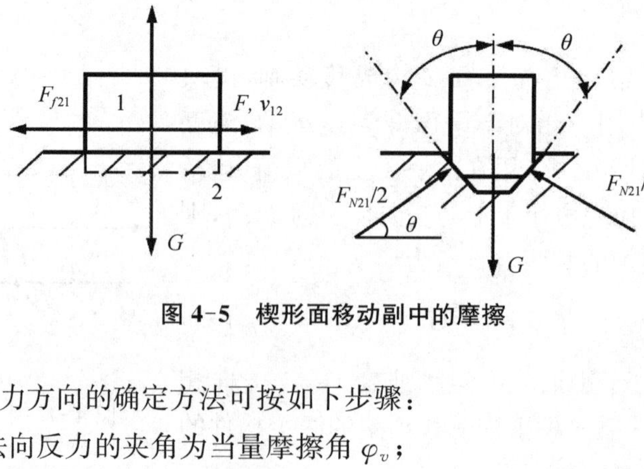

图 4-5　楔形面移动副中的摩擦

移动副中总反力方向的确定方法可按如下步骤：

1）总反力与法向反力的夹角为当量摩擦角 φ_v；

2）总反力 F_{R21} 与构件 1 相对于构件 2 的相对速度 v_{12} 的夹角是 $180° + \varphi_v$。

例题 4-1　如图 4-6 所示，在倾角为 α 的斜面 2 上有一滑块 1，斜面与滑块间摩擦系数为 f，滑块 1 上受到的铅锤载荷为 G，水平方向的力为 F。

当滑块沿斜面等速上升时(称作正行程)，相对速度 v_{12} 平行于斜面指向右上方，滑块上受到的力有铅锤载荷 G、水平方向拉力 F、以及斜面 2 作用于滑块 1 的总反力 F_{R21}，且总反力的方向与 v_{12} 的夹角是 $180°+\varphi$，与斜面的法线呈 φ 角。滑块 1 在上述三个力的作用下匀速上升，故这三力构成一封闭的矢量三角形(图 4-6(b))，其中 F 与 G 的夹角是 90°，F_{R21} 与 G 的夹角是$(\alpha+\varphi)$。由正弦定理得

$$F=G\tan(\alpha+\varphi) \tag{4-14}$$

当滑块沿斜面等速下滑时(称作反行程)，相对速度 v_{12} 平行于斜面指向左下方，此时滑块 1 上受到的三个力构成的矢量三角形见图 4-6(d)，由正弦定理得

$$F'=G\tan(\alpha-\varphi) \tag{4-15}$$

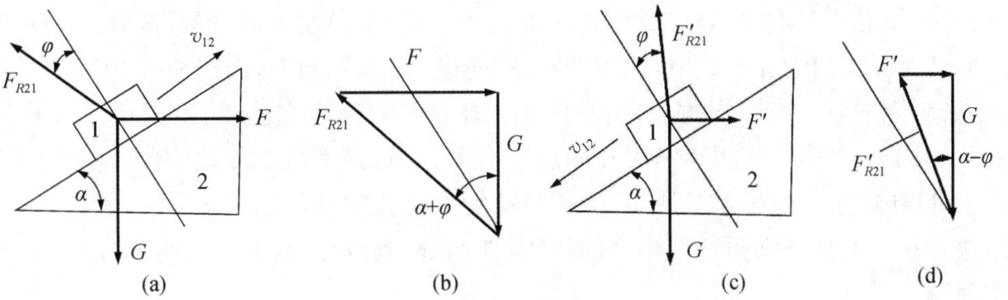

图 4-6　斜面机构

比较式(4-14)和(4-15)可以发现，当滑块上受到同样的铅锤载荷，其沿斜面匀速上升和匀速下降分别应施加的水平作用力 F 和 F' 都与外载荷 G、斜面倾角 α 以及材料摩擦系数 f 有关。两式不同之处仅在于摩擦角 φ 前面的正负号。这表明，当已求出机构某一行程的推力分析公式，只要将摩擦角前面的符号改变，就可以得到其相反行程的推力分析公式。这个结论对其他机构的力分析公式也适用。

由式(4-15)可以看出，当 $\alpha>\varphi$ 时，$F'>0$，说明此时的水平拉力向右，阻止滑块沿斜面加速下滑；当 $\alpha<\varphi$ 时，$F'<0$，说明此时的水平拉力向左，变成驱动力，其作用是促使滑块沿斜面匀速下滑。这意味着由于斜度较小，无论 G 多大，滑块在斜面上都不会自动下滑，需要 F' 推动才能等速下滑，此时 F' 已转化为驱动力。这种现象称为斜面的反行程自锁现象，自锁条件是 $\alpha<\varphi$。

例题 4-2　图 4-7 所示为压力机中的斜面机构，在滑块 2 上作用水平驱动力 F 后，通过其与滑块 3 之间的斜面接触，驱使滑块 3 向上运动压紧物体 4。设被压物体作用在滑块 3 上的铅垂力为 G，斜面倾角为 α，滑块 2 与 3 之间、两滑块与导槽之间的摩擦系数皆为 f，摩擦角皆为 φ。若不计两滑块的重量，试确定：

(1) 为克服铅垂载荷 G 而压紧物体 4，需要在滑块 2 上施加多大的水平驱动力 F？

(2) 为防止滑块 2、3 反向运动而使物体 4 松脱，在滑块 2 上需要施加多大的水平力 F？

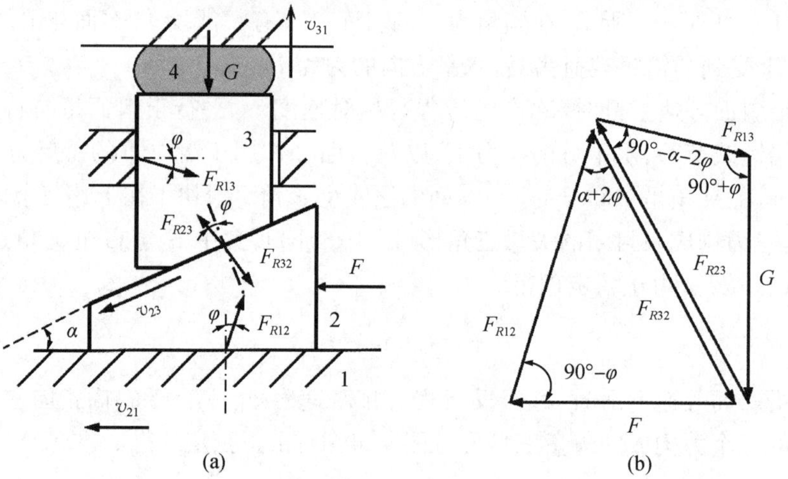

图 4-7　压力机斜面机构的力分析

解:(1) 要压紧物体 4,需要滑块 3 向上运动,滑块 2 向左运动,因此滑块 3 相对于滑槽 1 的速度 v_{31}竖直向上,滑块 2 相对于滑槽 1 的速度 v_{21}水平向左,而滑块 3 相对于滑块 2 的速度 v_{23}沿斜面向下,因此,根据移动副中总反力方向的确定方法,可得滑槽 1 作用于滑块 3 的总反力 F_{R13}、滑槽 1 作用于滑块 2 的总反力 F_{R12}、以及滑块 2、3 之间的相互作用总反力 F_{R23}、F_{R32}的方向分别如图 4-7 所示,他们与接触面法线的夹角皆为 φ。

滑块 2 和 3 上都分别受到三个力的作用,他们分别构成封闭的力三角形(图 4-7(b)),由正弦定理得

$$\frac{F}{\sin(\alpha+2\varphi)}=\frac{F_{R32}}{\sin(90^\circ-\varphi)}$$

$$\frac{G}{\sin(90^\circ-\alpha-2\varphi)}=\frac{F_{R23}}{\sin(90^\circ+\varphi)}$$

所以

$$\frac{F}{\sin(\alpha+2\varphi)}=\frac{G}{\sin(90^\circ-\alpha-2\varphi)}$$

$$F=G\tan(\alpha+2\varphi) \tag{4-16}$$

(2) 如果撤掉力 F,滑块 3 在力 G 的作用下可能会向下滑动,挤压滑块 2 水平向右滑动,于是各构件接触面间的摩擦力方向改变,总反力将偏于法线的另一侧,如图 4-8 所示。根据正弦定理得

$$\frac{F}{\sin(\alpha-2\varphi)}=\frac{F_{R32}}{\sin(90^\circ+\varphi)}$$

$$\frac{G}{\sin[90^\circ-\alpha+2\varphi)}=\frac{F_{R23}}{\sin(90^\circ-\varphi)}$$

即

$$\frac{G}{\sin(90°-\alpha+2\varphi)}=\frac{F}{\sin(\alpha-2\varphi)}$$

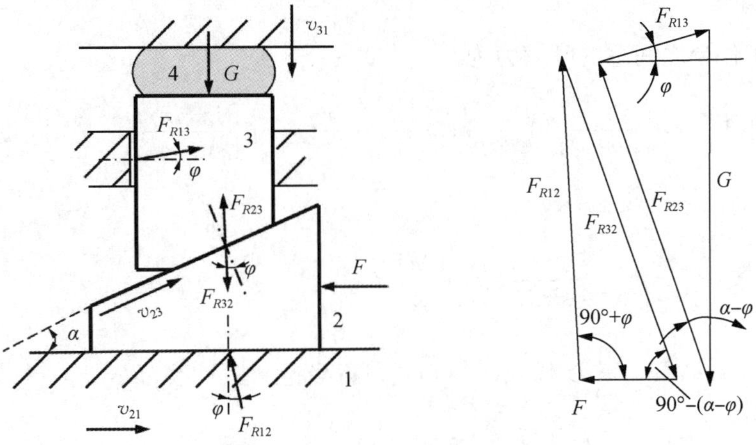

图 4-8　撤掉力 F 之后的受力分析

因此,此时在滑块 2 上需要施加的水平力 F 为

$$F=G\tan(\alpha-2\varphi) \tag{4-17}$$

提示:由例题 4-1 和 4-2 可以得出:对于移动副构成的斜面机构,如果知道某一行程中驱动力与工作阻力的关系,要求另一个行程的关系式,只需改变摩擦角前面的符号即可。如式(4-14)和(4-15)、式(4-16)和(4-17)。

例题 4-3　组合移动副　如图 4-9 所示,机床滑板的运动方向垂直于纸面,滑板与机床台面间的摩擦系数是 f。请推导滑板与台面间的当量摩擦系数表达式,并计算当 $f=0.12$, $\beta=60°$, $x=L/3$ 时,当量摩擦系数是多少?

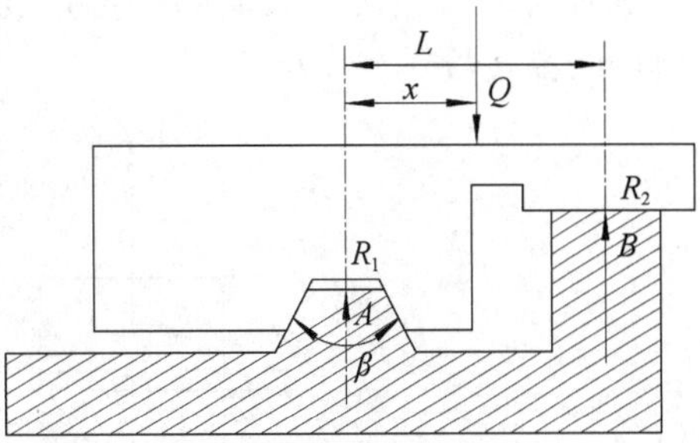

图 4-9　机床滑板

解: 工作台对滑板的支撑力可简化到 A、B 两点的 R_1 和 R_2,R_1 是楔形支撑面两侧法向支撑反力在竖直方向的合力,R_2 是右侧平面的支撑反力。根据力的平衡原理,有

$$\begin{cases}R_1=\left(1-\dfrac{x}{L}\right)Q\\[2mm]R_2=\dfrac{x}{L}Q\end{cases}$$

则在左侧楔形面处产生的摩擦阻力 F_{f1} 为

$$F_{f1}=f_{v1}\cdot R_1=\frac{f}{\sin(\beta/2)}\left(1-\frac{x}{L}\right)Q$$

在右侧平面处产生的摩擦力 F_{f2} 为

$$F_{f2}=f_{v2}\cdot R_2=f\cdot\frac{x}{L}Q$$

因此,滑板与工作台之间总的摩擦力为

$$F_f=F_{f1}+F_{f2}=\frac{f}{\sin(\beta/2)}\left(1-\frac{x}{L}\right)Q+f\cdot\frac{x}{L}Q=f\left[\frac{1-x/L}{\sin(\beta/2)}+\frac{x}{L}\right]\cdot Q=f_v\cdot Q$$

当量摩擦系数为

$$f_v=\left[\frac{1-x/L}{\sin(\beta/2)}+\frac{x}{L}\right]f \tag{4-18}$$

将 $f=0.15$, $\beta=60^\circ$, $x=\frac{1}{3}L$ 代入(5-11)式可得当量摩擦系数为

$$f_v=\left[\frac{1-x/L}{\sin(\beta/2)}+\frac{x}{L}\right]=\left[\frac{1-1/3}{\sin 30^\circ}+1/3\right]\times 0.15=0.25$$

3. 圆柱面摩擦

若两构件沿一圆柱面接触(图 4-10),在外力作用下(包括重力),两个圆柱面的最大作用范围不超过 180°。因其各接触点的法线均指向圆柱轴心,故法向反力的总和可表示为 kG。此时,摩擦力

$$F_{f21}=fkG=f_vG \tag{4-19}$$

其中,k 是与接触面接触情况有关的系数,取值范围 $k=1\sim\pi/2$。当两圆柱面为点接触或线接触时,$k=1$;当两个表面的接触角度为 180°时,$k=\pi/2$;其余情况,k 介于 1 与 $\pi/2$ 之间。当量摩擦系数 $f_v=kf$。

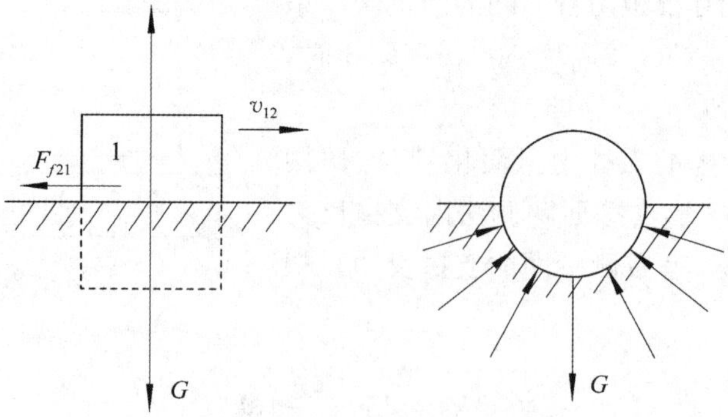

图 4-10 圆柱面摩擦

二、螺旋副中的摩擦力

螺杆与螺母组成螺旋副,在工作中,构成螺旋副的两螺纹面之间产生摩擦力。由于螺杆可以看作斜面缠绕在圆柱体上所形成的,而螺母则可以看作沿斜面滑动的滑块,所以可将螺

旋副摩擦简化为滑块在斜面上的摩擦来分析。下面分别讨论矩形螺纹和三角形螺纹的摩擦。

1. 矩形螺旋摩擦

如图 4-11 所示，代表螺母的滑块 2 与螺杆 1 组成矩形螺纹螺旋副。G 为作用在螺母上的轴向载荷；M 为驱使螺母沿螺杆等速运动的力矩，M 可以表示为作用在螺纹中径 r_2 处的圆周力 F 对其轴线的力矩，即 $M = Fr_2$。

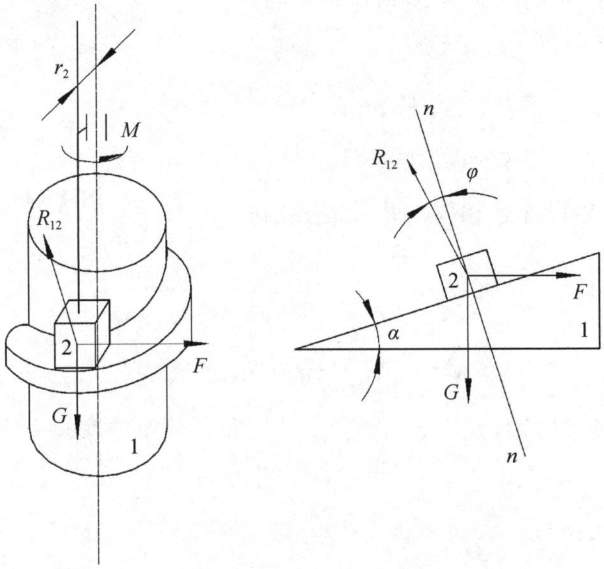

图 4-11　螺旋副中的摩擦

当螺母在驱动力矩的作用下被拧紧（逆时针上升），相当于滑块的正行程，因此需要施加的驱动力为

$$F=G\tan(\alpha+\varphi)$$

应施加的驱动力矩为

$$M=Fr_2=Gr_2\tan(\alpha+\varphi) \tag{4-20}$$

反之，当放松螺母时，相当于滑块反行程运动，根据前面总结的规律可知，此时需要施加的力及力矩分别如下

$$F=G\tan(\alpha-\varphi)$$

$$M'=Fr_2=Gr_2\tan(\alpha-\varphi) \tag{4-21}$$

当 $\alpha>\varphi$ 时，M'为正值，表明如不存在外力矩，该螺纹连接将自动松脱；当 $\alpha<\varphi$ 时，M'为负值，表明必须改变 M'的方向才能松开螺纹副，也就是说，单靠 G 的作用，无论其多大都不能松开螺纹。具有这种特征的螺纹连接称为自锁螺纹。

实际应用中，用于连接的螺纹必须要具有自锁功能，即 $\alpha<\varphi$；而用于螺旋传动的螺纹，

为减小螺纹副中的摩擦，提高传动效率，应满足 $\alpha>\varphi$。

2. 三角形螺旋摩擦

三角形螺纹与矩形螺纹的区别，仅在于螺纹接触面的几何形状不同。图 4-12 为牙型角为 2β 的三角形螺纹，螺杆上作用有轴向载荷 G，其可以看作是楔形角为 $2(90°-\beta)$ 的楔形面摩擦副。当量摩擦系数和当量摩擦角分别为

$$f_v=f/\sin(90°-\beta)=f/\cos\beta \quad (4-22)$$

$$\varphi_v=\arctan f_v=\arctan(f/\cos\beta) \quad (4-23)$$

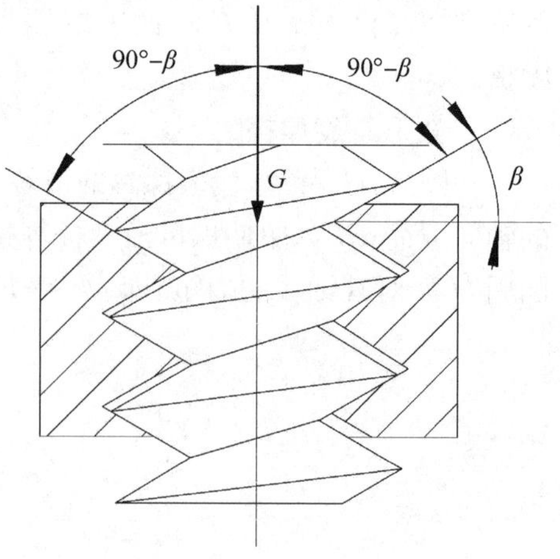

图 4-12 三角形螺纹副

代入式(4-20)、(4-21)得拧紧和放松螺母需要的拧紧力矩分别是

$$M=Fr_2=Gr_2\tan(\alpha+\varphi_v) \quad (4-24)$$

$$M'=Fr_2=Gr_2\tan(\alpha-\varphi_v) \quad (4-25)$$

由式(4-22)和(4-23)知，$f_v>f$，$\varphi_v>\varphi$，故三角形螺纹的摩擦力比矩形螺纹大，反向自锁性好。

三、转动副中的摩擦力

机械中两个有相互旋转运动的构件之间都是通过轴承连接的，有滚动轴承和滑动轴承之分。构成滑动轴承的两构件（轴颈、轴瓦）间的摩擦属于滑动摩擦，而滚动轴承中滚子与轴承内、外圈的摩擦属于滚动摩擦。根据承载面的不同，滑动轴承又分径向滑动轴承和端面滑动轴承。当轴颈上受到的载荷沿半径方向，称为径向滑动轴承（图 4-13(a)）；当受到的载荷沿轴线方向，则称为端面滑动轴承（图 4-13(b)）。本节主要研究两种滑动轴承中的摩擦。

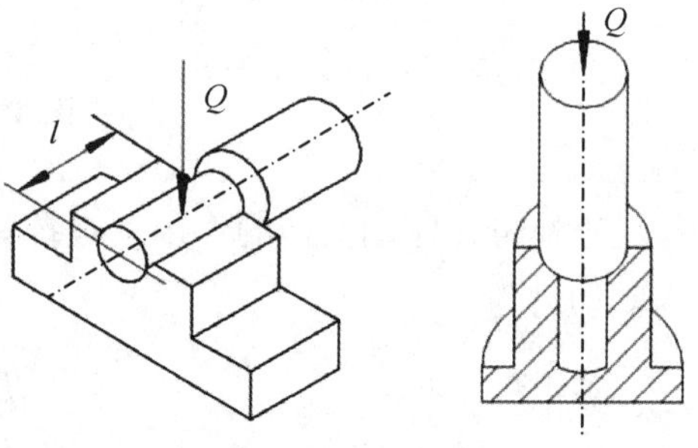

(a) 径向滑动轴承　　(b) 端面滑动轴承

图 4-13 滑动轴承

1. 径向滑动轴承

如图 4-14 所示径向滑动轴承，轴颈上受到铅垂方向的载荷 G，并在驱动力矩 M_d 的作用下在轴瓦内匀速转动。此时，轴瓦对轴颈的摩擦力将阻止轴颈转动。

轴瓦作用于轴颈上的法向反力为 F_{N21}（指向轴心），摩擦力 F_{f21}（与轴颈相切）（如图 4-15 所示），他们的合力（即总反力）F_{R21}（$=\sqrt{F_{N21}^2+F_{f21}^2}$）。根据前面所述，两圆柱面间的摩擦力 $F_{f21}=f\,F_{N21}=fkG=f_vG$，摩擦力 F_{f21} 对轴颈的摩擦力矩为

$$M_f=F_{f21}r=f_vGr=F_{R21}\rho \quad (4-26)$$

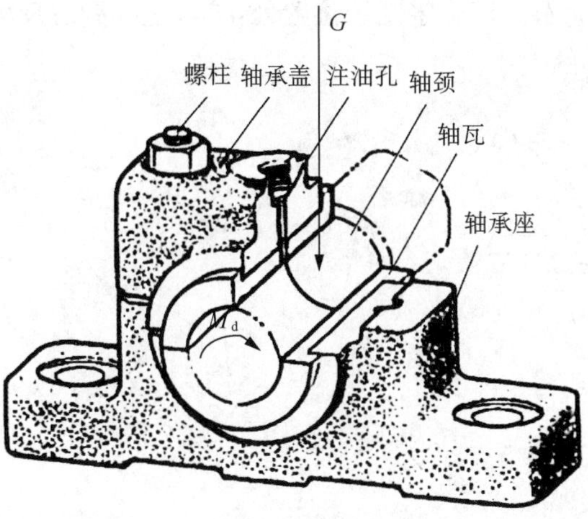

图 4-14　径向滑动轴承

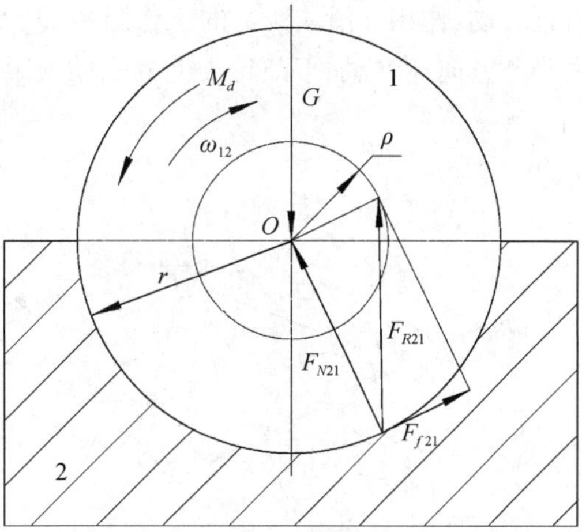

图 4-15　径向滑动轴承轴颈受力

其中，$f_v=(1\sim\pi/2)f$，大小取决于轴颈和轴瓦的配合紧密程度。对于未经磨损、配合紧密的轴颈和轴瓦，f_v取较大值；而对于有较大间隙的配合，取较小值。ρ 为 F_{R21}到轴颈中心的距离。

对于轴颈，根据力和力矩的平衡关系，有

$$\Sigma F_Y=0,\ \Sigma M_O=0,\text{即 } F_{R21}=-G,\ M_d=-M_f \tag{4-27}$$

由式(4-26)和(4-27)得 $\rho=f_v r$。以轴颈的轴心为圆心，ρ 为半径所画的圆称为摩擦圆，ρ 是摩擦圆半径。总反力 F_{R21} 永远与摩擦圆相切。摩擦圆半径取决于滑动轴承轴颈与轴瓦之间的当量摩擦系数 f_v 以及轴颈大小 r。

径向滑动轴承中总反力的方位确定步骤如下：

1) 根据力平衡条件，确定不考虑摩擦情况下总反力的方向；

2) 考虑摩擦时，总反力与摩擦圆相切；

3) 构件 i 作用于构件 j 的总反力 F_{Rij} 对轴心之矩的方向与 ω_{ji} 方向相反。

例题 4-4　图 4-16 所示的凸轮连杆机构，已知各构件的尺寸，转动副处的摩擦圆半径 ρ、移动副及凸轮高副 A 处的摩擦角 φ。若凸轮为主动件，驱动力矩 M_1，转动角速度 ω_1，逆

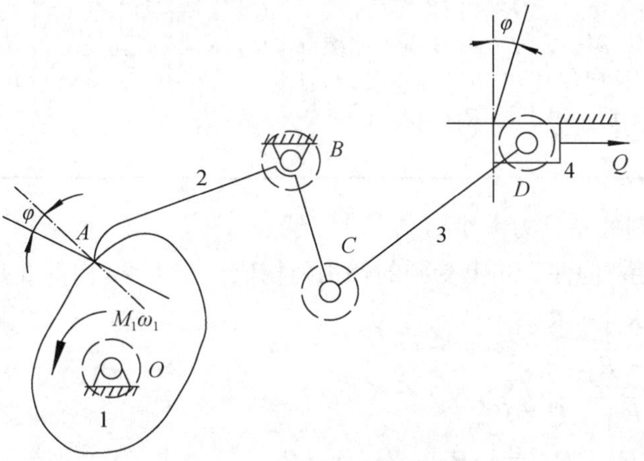

图 4-16　凸轮连杆机构

时针转动，作用在滑块 4 上的工作阻力 Q 水平向右。请确定图示位置处：①各运动副总反力大小和方向；②施加于凸轮 1 上的驱动力矩 M_1 的大小。

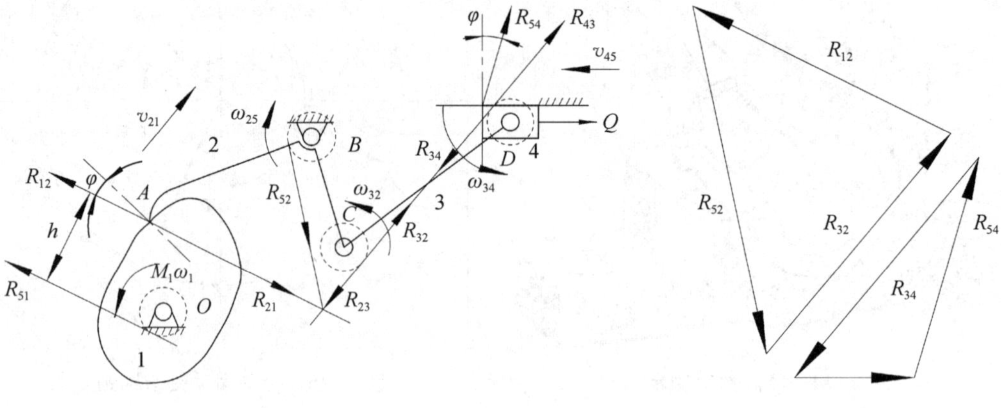

(a) 运动副中总反力 (b) 力三角形

图 4-17 凸轮连杆机构受力分析

解：机构在凸轮受驱动力矩 M_1、滑块受阻力 Q 的条件下处于平衡状态，因此各构件受到的力达到平衡。

(1) 确定运动副总反力的方向

① 各构件间相对运动方向的确定：凸轮逆时针旋转，构件 2 与构件 1 在 A 点接触相对滑动，图 4-17(a)所示位置时，v_{21} 沿 A 点切线方向；构件 2 绕 B 点顺时针转动，构件 3 将逆时针旋转，滑块 4 水平向左运动，v_{21}、ω_{25}、ω_{32}、ω_{34} 及 v_{45} 的方向如图 4-17(a)所示。

② 各构件受到的力及方向：不计构件的重量和惯性力，各构件受到的力(力矩)如下表所示。

表 4-1 各构件受到的力(力矩)

	构件 1	构件 2	构件 3	构件 4
力(矩)	M_1、R_{51}、R_{21}	R_{12}、R_{52}、R_{32}	R_{23}、R_{43}	R_{54}、R_{34}、Q
方向	R_{21} 与 v_{21} 夹角为 $(90°+\varphi)$； R_{51} 与 O 点处摩擦圆相切，与 ω_1 反向、与 R_{21} 平行且反向	R_{12} 与 R_{21} 反向 R_{32} 与 R_{23} 反向 R_{52} 与 B 点处摩擦圆相切，与 ω_{25} 反向，且与 R_{12}、R_{32} 汇交于一点	R_{23} 与 R_{32} 反向 R_{43} 与 R_{34} 反向 R_{23}、R_{43} 反向且共线	R_{54} 与 v_{45} 夹角 $(90°+\varphi)$，由构件 5 指向构件 4 R_{34} 与 R_{43} 反向 R_{54}、R_{34}、Q 三力汇交于一点

(2) 确定运动副处总反力大小

根据力平衡关系，构件 2、4 上受到的作用力构成汇交力系，构件 3 是二力杆，有

构件 2：$\boldsymbol{R}_{12}+\boldsymbol{R}_{32}+\boldsymbol{R}_{52}=0$

构件 3：$\boldsymbol{R}_{23}=-\boldsymbol{R}_{43}$

构件 4：$\boldsymbol{R}_{34}+\boldsymbol{R}_{54}+\boldsymbol{Q}=0$

又有：$\boldsymbol{R}_{23}=-\boldsymbol{R}_{32}$，$\boldsymbol{R}_{34}=-\boldsymbol{R}_{43}$，$\boldsymbol{R}_{23}=-\boldsymbol{R}_{43}$

根据上述关系,选取恰当的力比例尺 μ_F(N/mm),从已知 Q 开始,绘制力多边形,如图 4-17(b)所示,量取表示各力的线段长度,即可求出各力的大小:

$$\boldsymbol{R}_{ij} = l_{Rij}\mu_F \quad (i=1,\ 2,\ 3,\ 4,\ 5;\ i \neq j)$$

(3) 凸轮 1 上需要施加的驱动力矩

凸轮 1 受到力 $\boldsymbol{R}_{51}$、$\boldsymbol{R}_{21}$之外,还受到驱动力矩 $\boldsymbol{M}_1$的作用达到平衡,因此有,

$$\begin{cases}\boldsymbol{R}_{21} = \boldsymbol{R}_{51} \\ \boldsymbol{M}_1 = \boldsymbol{R}_{21} \cdot h \cdot \mu_F\end{cases}$$

式中,h 为图上 $\boldsymbol{R}_{21}$与 $\boldsymbol{R}_{51}$之间的距离,μ_F 为绘图比例尺。

2. 轴端的摩擦

推力滑动轴承主要用于承受轴向载荷。如图 4-18 所示,轴端 1 与止推轴承 2 接触并绕轴线旋转时,接触面将产生摩擦力 F_f,摩擦力对轴线的力矩为摩擦力矩 M_f。

轴上受到轴向推力为 Q,轴端与轴承座的接触面是一圆环,内径 d_1(半径 r_1),外径 d_2(半径 r_2),轴颈与轴承的摩擦系数为 f。

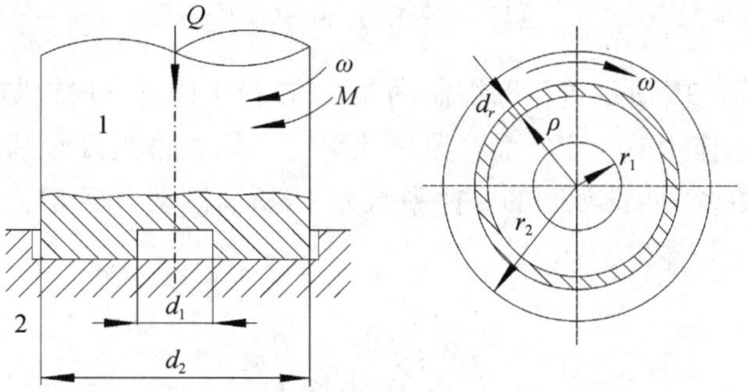

图 4-18 推力滑动轴承

设接触面上的压强 p 处处相等,

$$p = \frac{Q}{S} = \frac{Q}{\pi(r_2^2 - r_1^2)} \tag{4-28}$$

其中,S 为轴端接触面的面积,$S = \pi(r_2^2 - r_1^2)$

取接触面上径向宽度为 $\mathrm{d}r$ 的圆环,其面积是 $\mathrm{d}s = 2\pi r \mathrm{d}r$,上面受到的推力 $\mathrm{d}F = p2\pi r \mathrm{d}r$,摩擦力为 $\mathrm{d}F_f = fp2\pi r \mathrm{d}r$,对轴承回转轴心产生的摩擦力矩为

$$\mathrm{d}M_f = r\mathrm{d}F_f = fp2\pi r^2 \mathrm{d}r \tag{4-29}$$

将式(4-29)积分,就可以求出作用在轴颈上的总的摩擦力矩

$$M_f = \int_{r_1}^{r_2} \mathrm{d}M_f = 2\pi f \int_{r_1}^{r_2} pr^2 \mathrm{d}r = \frac{2\pi fp}{3}(r_2^3 - r_1^3) \tag{4-30}$$

对于新轴端或很少相对运动的轴端,可假设压强 p = 常数,则将式(4-29)代入

式(4-30),得

$$M_f=\frac{2\pi fp}{3}(r_2^3-r_1^3)=\frac{2fQ}{3}\frac{(r_2^3-r_1^3)}{(r_2^2-r_1^2)} \tag{4-31}$$

当轴端经过一段时间工作、磨合之后,由于外圈相对速度大,磨损快,使该处的紧密程度和压强随之降低;内圈相对速度小,材料磨损较轻,从而接触的紧密程度和压强增大。因此,跑合后轴端接触面上的压强分布不能再认为是处处相等的,而是符合 $pr=$常数的规律,作用在轴颈上的总的摩擦力矩为

$$M_f=\int_{r_1}^{r_2}\mathrm{d}M_f=2\pi f\int_{r_1}^{r_2}pr^2\,\mathrm{d}r=\frac{2\pi f(pr)}{2}(r_2^2-r_1^2)=\pi f(pr)(r_2^2-r_1^2) \tag{4-32}$$

而此时,轴向推力

$$Q=2\pi(pr)\int_{r_1}^{r_2}dr=2\pi(pr)(r_2-r_1) \tag{4-33}$$

将式(4-33)代进(4-32)后得

$$M_f=\frac{1}{2}Q(r_2+r_1)f \tag{4-34}$$

例题 4-5 如图 4-19 所示锥面摩擦制动器,动锥盘 1 通过导向键与待制动的转轴连接,该锥盘在轴向力 Q 的作用下与定锥盘 2 紧密接触。已知两锥盘接触圆锥大、小端的直径分别为 d_2和 d_1,锥顶角 2θ,两锥盘间的摩擦系数为 f,所需制动力矩 M_f。请确定需要施加在动锥盘上的轴向力 Q 是多少?

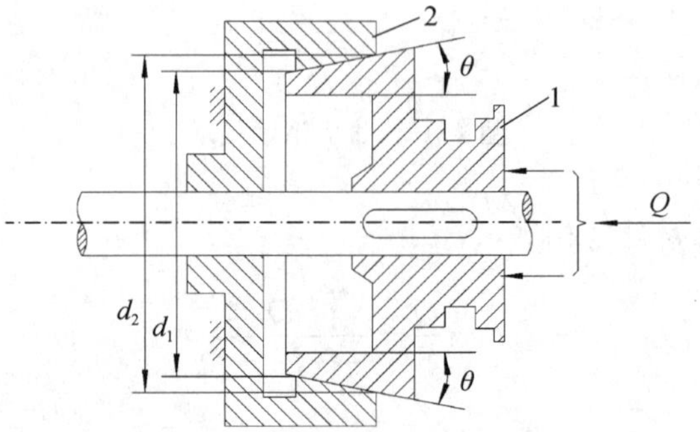

图 4-19 锥面摩擦制动器

解:锥形面摩擦相当于楔形面摩擦,当量摩擦系数 $f_v=f/\sin\theta$,从而将其简化为端面摩擦。考虑其工作频繁,拟按跑合状态的推力轴承对待。根据式(4-34)得

$$M_f=\frac{(d_2+d_1)}{4}Qf_v=\frac{(d_2+d_1)}{4\sin\theta}Qf$$

故需要施加的轴向推力 Q 为

$$Q=\frac{4M_f\sin\theta}{f(d_2+d_1)}$$

第五章
机械的效率和自锁

主要内容:本章在对机械中的力进行分析的基础上研究机械效率的计算方法和机械自锁的条件。

5.1 机械效率的定义及表达

机器在工作时,其驱动力所作的功称为输入功,表示为 W_d;克服工作阻力所作的功称为输出功(或有效功),表示为 W_r;克服有害阻力所作的功称为损失功,表示为 W_f。机器在稳定运行阶段,其输入功等于输出功与损失功之和,即

$$W_d = W_r + W_f$$

机械效率 η 定义为机械的输出功与输入功之比,即

$$\eta = \frac{W_r}{W_d} = \frac{W_d - W_f}{W_d} = 1 - \frac{W_f}{W_d} = 1 - \zeta \tag{5-1}$$

用功率的形式表示为

$$\eta = \frac{P_r}{P_d} = \frac{P_d - P_r}{P_d} = 1 - \frac{P_r}{P_d} = 1 - \zeta \tag{5-2}$$

式中,P_d、P_r、P_f 分别为输入功率、输出功率和损失功率,ζ 为损失率。$\eta + \zeta = 1$。
机械效率还可以用力和力矩来表示,即

$$\eta = \frac{\text{理想驱动力}}{\text{实际驱动力}} = \frac{\text{理想驱动力矩}}{\text{实际驱动力矩}} \tag{5-3}$$

或

$$\eta = \frac{F_0}{F} = \frac{M_0}{M} \tag{5-4}$$

式中,F 和 M 分别为实际驱动力和驱动力矩,F_0 和 M_0 分别为理想驱动力和驱动力矩。

公式(5-4)的证明如下:图 5-1 为一机械传动系统,主动轮 1 在驱动力 F 的作用下以角速度 ω_1 转动,从而克服从动轮 2 上的工作阻力 Q,使从动轮以角速度 ω_2 转动。根据机械效率定义

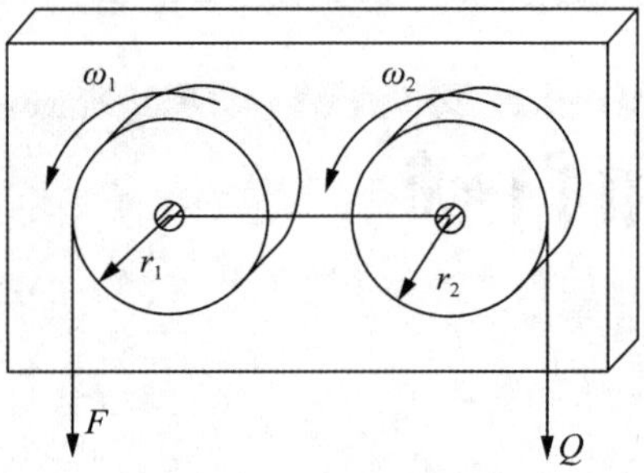

图 5-1 机械传动系统

$$\eta=\frac{P_r}{P_d}=\frac{Q\omega_2 r_2}{F\omega_1 r_1} \tag{5-5}$$

在不考虑摩擦所产生的能耗的理想情况下，输入的功(功率)将全部用于克服生产阻力，因此理想情况下的功率为

$$\eta_0=\frac{P_r}{P_{d0}}=\frac{Q\omega_2 r_2}{F_0\omega_1 r_1}=1 \tag{5-6}$$

即

$$Q\omega_2 r_2=F_0\omega_1 r_1$$

F_0 为理想情况下为克服生产阻力 Q 所施加的驱动力，称为理想驱动力。将上式代入(5-5)得

$$\eta=\frac{P_r}{P_d}=\frac{F_0\omega_1 r_1}{F\omega_1 r_1}=\frac{F_0}{F}$$

同理也可以证明得

$$\eta=\frac{\text{实际驱动力下能克服的生产阻力}}{\text{理想驱动力下能克服的生产阻力}}=\frac{\text{实际驱动力下能克服的生产阻力矩}}{\text{理想驱动力下能克服的生产阻力矩}}$$

或

$$\eta=\frac{Q}{Q_0}=\frac{M}{M_0} \tag{5-7}$$

5.2 机器(组)的机械效率

一台机器(或称机组)，是由若干个机构组合而成的，机构的组合方式有串联、并联和混联三种形式，每种连接方式的机械效率计算方法如下。

一、串联机组的效率

如图 5-2 所示，设机组由 k 个机构串联组成，每个机构的效率依次是 η_1、η_2、η_3、…、

η_k，机组的输入功率 P_d，每个机构输出功率依次是 P_1、P_2、P_3、…、P_k，其中 P_k 为最终输出功率。有

$$\eta_1=\frac{P_1}{P_d},\ \eta_2=\frac{P_2}{P_1},\ \eta_3=\frac{P_3}{P_2},\ \cdots,\ \eta_k=\frac{P_k}{P_{k-1}}$$

且

$$\eta=\eta_1\eta_2\eta_3\cdots\eta_k=\frac{P_1}{P_d}\frac{P_2}{P_1}\frac{P_3}{P_2}\cdots\frac{P_k}{P_{k-1}}=\frac{P_k}{P_d} \tag{5-8}$$

即，串联机组的总效率等于各机构效率的连乘积。因为各机构效率 $\eta_i(i=1,\ 2,\ 3,\ \cdots,\ k)<1$，所以，机组的总效率必小于其中任一机构效率，且机组中串联的机构越多，总效率就越低。

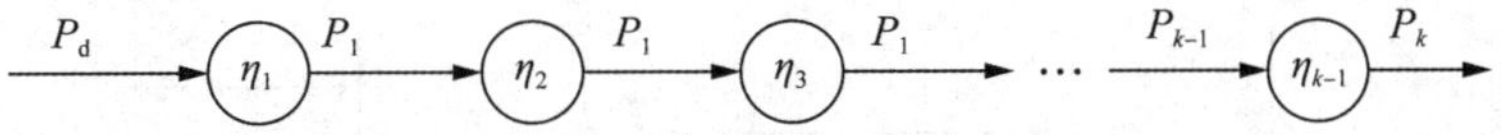

图 5-2　串联机组的功率流

二、并联机组的效率

如图 5-3 所示，整个机组由 k 个机构并联而成。设机组的输入功率为 P_d，其中每个机构的输入功率分别是 P_1、P_2、P_3、…、P_k，输出功率分别是 P'_1、P'_2、P'_3、…、P'_k，效率依次是 η_1、η_2、η_3、…η_k，有

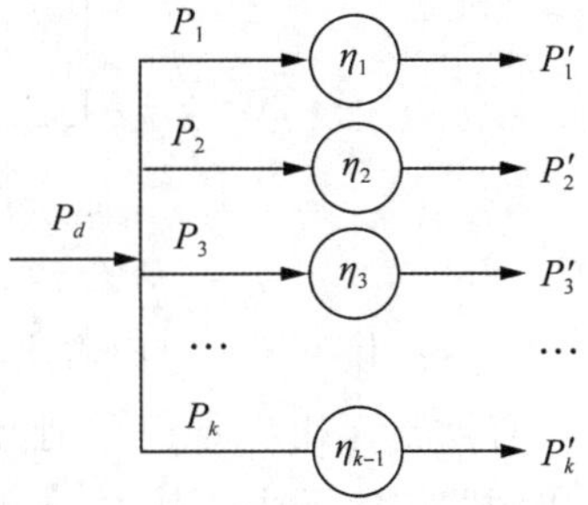

图 5-3　并联机组的功率流

$$\eta_1=\frac{P'_1}{P_1},\ \eta_2=\frac{P'_2}{P_2},\ \eta_3=\frac{P'_3}{P_3},\ \cdots,\ \eta_k=\frac{P'_k}{P_k}$$

$$P_d=P_1+P_2+P_3+\cdots+P_k$$

$$P_r=P'_1+P'_2+P'_3+\cdots+P'_k$$

因此

$$\eta=\frac{P_r}{P_d}=\frac{\eta_1P_1+\eta_2P_2+\eta_3P_3+\cdots+\eta_kP_k}{P_1+P_2+P_3+\cdots+P_k} \tag{5-9}$$

由式(5-9)可以看出：

(1) 串联机组的效率不仅与各个机构的效率有关，还与各个机构传递的功率有关；

(2) 串联机组的效率介于各机构的最大效率和最小效率之间；

(3) 传递功率大的机构若其效率也高，机组的效率就高，故应着重提高大功率机构的效率。

三、混联机组的效率

混联机组中含有串联机组和并联机组，计算混联机组的机械效率应遵循下面程序：

(1) 分清功率从输入端到输出端的传输路线，画出混联机组功率流程图；

(2) 从输入端着手，计算各支路中串联机组或并联机组的效率；

(3) 将混联机组简化为与其相当的单纯并联机组或串联机组，再按式(5-8)或(5-9)计算机组的总效率。

例题 5-1 如图 5-4 所示，电机 M 通过齿轮减速器传动工作机 A 和 B。设每对圆柱齿轮和圆锥齿轮的效率分别是 0.95 和 0.92，工作机 A 和 B 的输出功率分别是 $P_A=2$ kW，$P_B=1$ kW，效率分别是 $\eta_A=0.7$，$\eta_B=0.8$。请问，电机 M 至少需要多大的功率？

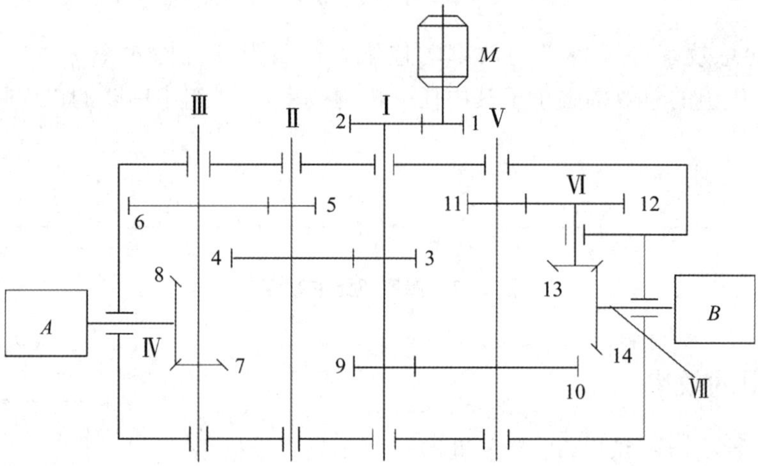

图 5-4 齿轮减速器

解： 由图 5-4 可以看出，与电机 M 同轴的齿轮 1 与齿轮 2 啮合使轴Ⅰ旋转，在轴Ⅰ上还配有齿轮 3 和 9，他们分别与轴Ⅱ上的齿轮 4 啮合、与轴Ⅴ上的齿轮 10 啮合，从而将运动分成两路传递下去。其中，左侧一路，齿轮 3 与 4 啮合将运动传递给轴Ⅱ，再通过轴Ⅱ上的齿轮 5 与轴Ⅲ上的齿轮 6 啮合，使轴Ⅲ转动，轴Ⅲ上的锥齿轮 7 与轴Ⅳ上的锥齿轮 8 啮合，将运动传递给轴Ⅳ，最终驱动工作机 A 工作。右侧一路，齿轮 9 与 10 啮合使轴Ⅴ转动，再通过轴Ⅴ上的齿轮 11 与轴Ⅵ上的齿轮 12 啮合，将运动传递给轴Ⅵ；在轴Ⅵ上的锥齿轮 13 与轴Ⅶ上的锥齿轮 14 啮合，将运动传递给轴Ⅶ，最终驱动工作机 B。因此，该减速器的功率流如图 5-5 所示。

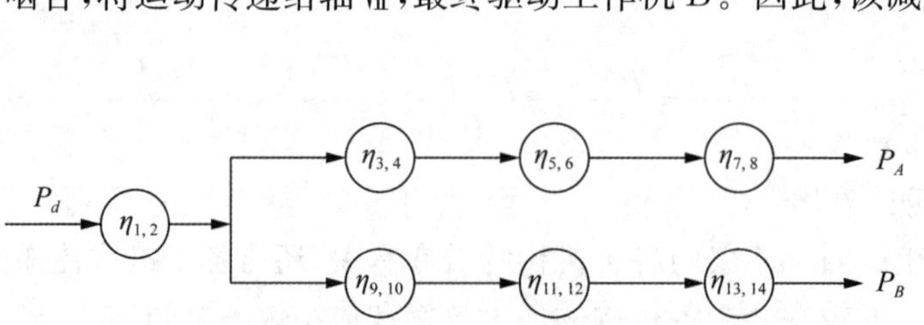

图 5-5 功率流

输出功率

$$P_r = P_A + P_B$$

且

$$P_d\eta_{1,2}=\left(\frac{P_A}{\eta_{3,4}\eta_{5,6}\eta_{7,8}}+\frac{P_B}{\eta_{9,10}\eta_{11,12}\eta_{13,14}}\right)$$

因此

$$P_d=\left(\frac{P_A}{\eta_{3,4}\eta_{5,6}\eta_{7,8}}+\frac{P_B}{\eta_{9,10}\eta_{11,12}\eta_{13,14}}\right)\Big/\eta_{1,2}=\left(\frac{2}{0.95^2\times0.92}+\frac{1}{0.95^2\times0.92}\right)\Big/0.95=3.8\ \mathrm{kW}$$

即，电机最少需要 3.8 kW 的功率。

5.3　机械的自锁

实际机械中，由于摩擦力的存在，会出现无论驱动力如何增大，也无法使机械运动起来的现象，这种现象叫做机械的自锁。因此，机械自锁的实质是，作用在构件上的驱动力的有效分力总是小于由其所引起的同方向上的最大摩擦力。

研究机械自锁现象在机械工程中具有十分重要的意义，因为有些机械必须具有自锁性能（如夹具、螺纹连接等），而有些机械要避免发生自锁，还有的机械要求其反行程要能够自锁，但正行程不能发生自锁（如千斤顶和具有自锁性能的蜗杆蜗轮）。

一、单自由度机构自锁的条件

单自由度机构，当机构中某一运动副发生自锁，那么该机构也必发生自锁。

1. 移动副自锁的条件

移动副中，如果驱动力作用于摩擦角之内（即 $\beta\leqslant\varphi$，其中 β 为传动角），则该移动副自锁。证明如下：

如图 5-6 所示，构件 1 与 2 组成移动副，2 静止不动。外 F 作用于构件 1，使其相对于 2 向右匀速运动，外 F 与竖直方向之间的夹角是 β，1、2 间的相对速度为 v_{12}，摩擦系数为 f。

外力 F 可分解为垂直于移动副表面的法向力 F_n 和与 v_{12} 同向的有效驱动力 F_t，即

$$\vec{F}=\vec{F_n}+\vec{F_t}$$

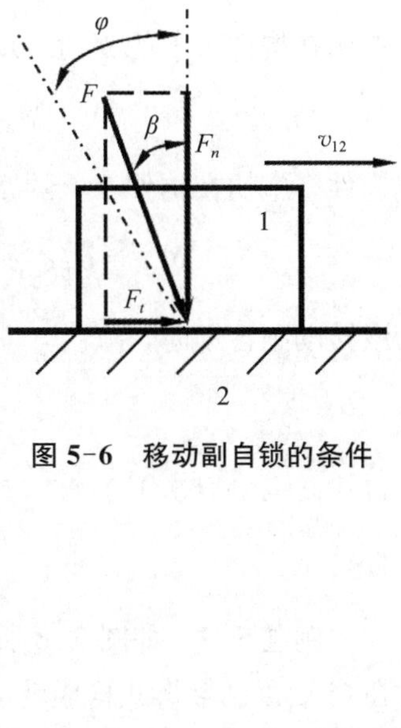

图 5-6　移动副自锁的条件

且

$$\tan\beta=\frac{F_t}{F_n}$$

即

$$F_t=F_n\tan\beta \tag{5-10}$$

根据力的平衡原理，构件 2 作用于构件 1 的法向反力 F_{n21} 与 F_n 大小相等、方向相反，即

$F_{n21}=-F_n$，则构件 2 对构件 1 的摩擦力为

$$F_{f21}=fF_{n21} \tag{5-11}$$

若有效驱动力 F_t 小于等于摩擦力 F_{f21}，则无论驱动力 F 有多大，构件 1 都不会运动，该移动副发生自锁，即

$$F_t \leqslant F_{f21} \tag{5-12}$$

将式(5-10)、(5-11)代入(5-12)得

$$\tan\beta \leqslant f=\tan\varphi$$

因此，移动副自锁的条件是

$$\beta \leqslant \varphi（\varphi \text{ 为摩擦角}）$$

2. 转动副自锁的条件

转动副中，若驱动力相对于转动副转动中心的距离小于摩擦圆半径，也就是驱动力作用在摩擦圆之内（$a \leqslant \rho$，其中 a 为驱动力到转动中心的距离），该转动副自锁。证明如下：

如图 5-7 所示，构件 1 与构件 2 组成转动副，构件 1 受到驱动力 F 的作用绕轴线 O 以角速度 ω_{12} 相对于构件 2 匀速旋转，构件 2 静止不动，力 F 距离 O 点的距离为 a。

根据力的平衡条件，构件 1 受到构件 2 的总反力 F_R 与驱动力 F 大小相等、方向相反，

$$F_R=-F \tag{5-13}$$

作用在构件 1 上的驱动力矩

$$M_d=Fa \tag{5-14}$$

构件 2 施加在构件 1 上的摩擦力矩

$$M_f=F_R\rho（\rho \text{ 为摩擦圆半径}） \tag{5-15}$$

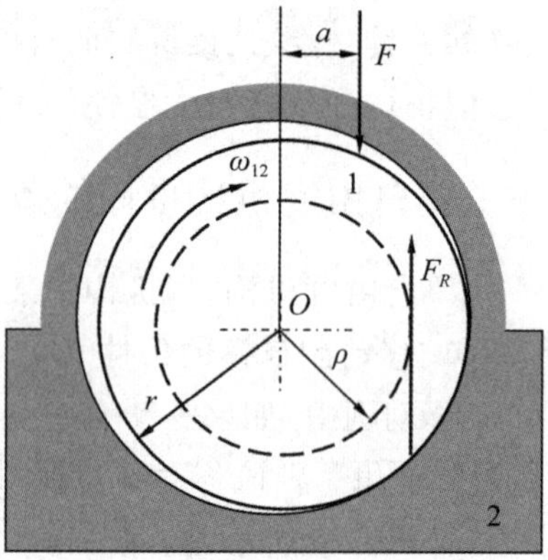

图 5-7　转动副自锁的条件

该转动副自锁时，有

$$M_d \leqslant M_f \tag{5-16}$$

将式(5-13)、(5-14)、(5-15)代入(5-16)，得

$$a \leqslant \rho \tag{5-17}$$

例题 5-2　如图 5-8 所示的偏心夹具，夹具体 3 是半径为 R 的偏心圆盘，该圆盘与机架在 O 处以销轴形式构成转动副，夹具手柄上作用有外力 F，由于偏心作用可将工件 2 夹紧在偏心圆盘 3 和工作台 1 之间，以便于对工件加工。偏心圆盘的偏心距为 $OA=e$，销轴半径为 r，各接触面的摩擦系数皆为 f。试求当撤掉外力 F 后仍能可靠夹紧工件（偏心圆盘不松脱）的楔紧角 δ（OA 与竖直方向所夹的锐角）。

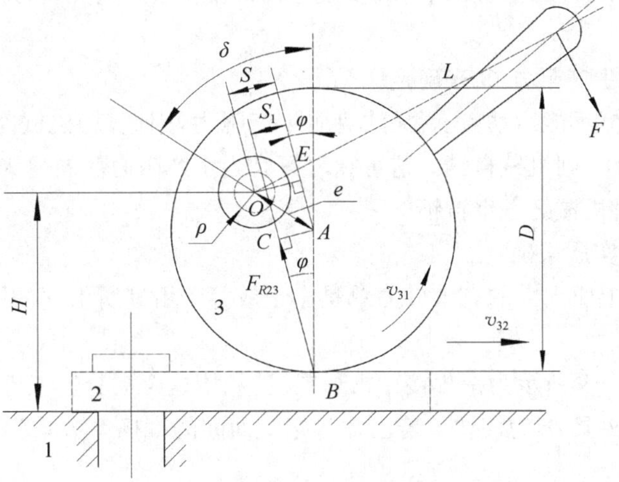

图 5-8　偏心夹具的受力分析

解：以 O 为圆心，$\rho=rf$ 为半径作摩擦圆。不考虑重力情况下，当撤掉外力 F 之后，作用在偏心圆盘 3 上的力除了有转动副中的总反力 F_{R13} 之外，还有工件 2 在 B 点处（移动副）施加的总反力 F_{R23}。若偏心圆盘松脱，则 3 相对于 2 的速度（v_{32}）方向水平向右，3 相对于机架 1 的转动方向（ω_{31}）为逆时针。此时 F_{R23} 成为驱使偏心圆盘逆时针转动的驱动力，其作用线通过 B 点且与 v_{32} 的夹角为 $90°+\varphi$。

根据转动副自锁的条件，当 F_{R23} 距离转动副 O 的距离小于摩擦圆半径 ρ 时，偏心圆盘就不会松脱，即

$$s-s_1\leqslant\rho \tag{5-18}$$

在直角 $\triangle OAE$ 和直角 $\triangle ABC$ 中，

$$s=\overline{OE}=\overline{OA}\sin(\delta-\varphi)=e\sin(\delta-\varphi) \tag{5-19}$$

$$s_1=\overline{AC}=\overline{AB}\sin\varphi=R\sin\varphi \tag{5-20}$$

将式（5-19）、（5-20）代入（5-18）并整理，可得出当撤掉外力 F 后仍能可靠夹紧工件的楔紧角 δ 应满足的条件是

$$\delta\leqslant\arcsin\left(\frac{R\sin\varphi+\rho}{e}\right)+\varphi=\arcsin\left(\frac{R\sin\varphi+rf}{e}\right)+\varphi \tag{5-21}$$

二、机械自锁的条件

对于一个机械来说，其自锁的条件还可以用下面方法判定。

1. 根据机械效率来确定

当机械自锁时，驱动力所做的功 W_d 总是不足以克服其所能引起的损失功 W_f，根据式（5-1）可知，此时 $\eta\leqslant0$。因此，当机械的驱动力无论多大，其效率总是小于或等于零（即 $\eta\leqslant$

0)，则机械自锁。此时 η 已没有原来效率的意义，而只表明机械自锁的程度，η 负值越大说明自锁越可靠。

2. 根据克服的生产阻力 G 来确定

由于自锁的机械不能运动，也就无法克服生产阻力，因此，若机械克服的生产阻力 G 小于或等于零($G\leqslant 0$)，则机械自锁。这意味着只有当生产阻力反向变为驱动力后，才可使机械运动，实际上此时机械已发生自锁。

3. 根据自锁的实质来确定

若作用在构件上驱动力的有效分力总是小于或等于由其所引起的同方向上的最大摩擦力，则机械自锁。

例题 5-3　图 5-9 所示为一焊接用楔形夹具，利用这个夹具把工件 1 和 1′预先夹妥，以便焊接。图中 2 为夹具，3 为楔块。若已知各接触面间的摩擦系数均为 f，试确定此夹具的自锁条件。

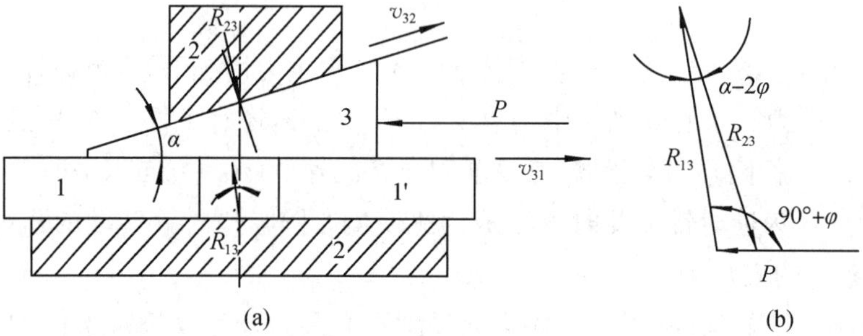

图 5-9　楔形夹具自锁条件

解：下面用三种方法对上述问题求解

解法 1：根据反行程时 $\eta'\leqslant 0$ 的条件

设楔块向左运动夹紧工件为正行程，反行程时楔块将松脱。取楔块 3 为分离体，其受工件 1(及 1′) 和夹具 2 的反作用力 R_{13}、R_{23} 以及外力 P 的作用。反行程时，构件 3 相对于构件 2 的速度 v_{32} 和相对于构件 1(1′) 的速度 v_{31} 方向如图 5-9(a)所示，因此，R_{13} 和 R_{23} 的方向也就确定出来。根据楔块 3 的受力平衡条件，作力封闭三角形如图 5-9(b)所示。

反行程时 R_{23} 为驱动力，由正弦定理可得

$$R_{23}=P\frac{\cos\varphi}{\sin(\alpha-2\varphi)}$$

当 $\varphi=0$(不考虑摩擦)时，得理想驱动力为

$$R_{230}=\frac{P}{\sin\alpha}$$

于是可得此机构反行程的机械效率为

$$\eta=\frac{\text{理想驱动力}}{\text{实际驱动力}}=\frac{R_{230}}{R_{23}}=\frac{\sin(\alpha-2\phi)}{\sin\alpha\cos\phi}$$

令 $\eta \leqslant 0$，可得自锁条件为：$\alpha \leqslant 2\varphi$

解法 2：根据反行程时生产阻力小于或等于零的条件

滑块反行程运动时，外力 P 为阻力。根据楔块 3 的力三角形，由正弦定理有

$$P = R_{23}\frac{\sin(\alpha - 2\varphi)}{\cos\varphi}$$

若楔块 3 不自动松脱，则应使 $P \leqslant 0$，即得自锁条件为：$\alpha \leqslant 2\varphi$。

解法 3：根据运动副的自锁条件

由于工件被夹紧后 P 力就被撤消，楔块 3 受到的力只有 R_{13} 和 R_{23}，此时楔块 3 就如同一个受到 R_{23}（驱动力）作用而沿水平面移动的滑块。故只要 R_{23} 作用在 3 与 1 接触面的摩擦角 φ 之内，楔块 3 即发生自锁。

由图 5-9(a)可知，R_{23} 与垂直方向之间的夹角是 $\alpha - \varphi$，要使 R_{23} 作用在楔块 3 与工件 1(1′) 接触面的摩擦角 φ 之内，需

$$\alpha - \varphi < \varphi$$

所以，楔块 3 发生自锁的条件是：$\alpha \leqslant 2\varphi$

总结：可见，用上面三种方法得出的结论是一致的。因此，具体选用什么方法可根据题目的已知条件进行选择。

第六章 平面连杆机构及其设计

本章主要内容：平面连杆机构是由若干个构件通过低副连接而成的平面机构，又称为平面低副机构。平面四杆机构是平面连杆机构的基础机构，本章主要介绍平面四杆机构的类型、特点及应用，以及平面四杆机构的几种设计方法。

6.1 概　　述

连杆机构是常用的主要机构之一，尤其在工作机构和操纵装置中应用广泛。连杆机构能够实现多种运动形式的转换，如将原动件的转动转换为输出构件的往复摆动、往复移动、变速转动等；反之，也能将往复移动或摆动转换为从动件的连续转动。此外，在连杆机构中，连杆上各点的轨迹是各种不同形状的曲线，称为连杆曲线（图 6-1），其形状还随着各构件相对长度的改变而改变，从而可以得到形式众多的连杆曲线，工程上可以利用这些曲线来满足不同轨迹的设计要求。

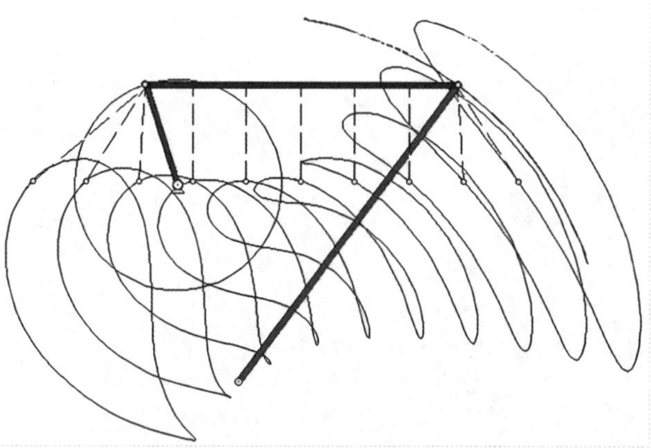

图 6-1　连杆曲线

连杆机构中的运动副都为低副，元素间以面接触，传动时压强小，故可承受较大的载荷；同时接触面间容易存储润滑油，可有效降低磨损；此外，运动副元素的几何形状简单（平面或圆柱面），便于加工制造。

连杆机构也存在缺点：1）其所能够实现的运动规律有一定的局限性，难以准确地实现任意的运动规律。2）连杆机构的传动链较长，易产生较大的误差积累，故运动精度受到限制，同时机械效率也降低。3）连杆机构在运动过程中，连杆及滑块的质心都在作变速运动，所产生的惯性力难于用一般平衡方法进行消除，因而会增加机构的动载荷，所以连杆机构不宜用于高速运动。

6.2 平面四杆机构的基本类型及演化

平面四杆机构有三种类型：所有运动副都为转动副的铰链四杆机构、含有一个移动副的四杆机构和含有两个移动副的四杆机构，见表 6-1 所示。

一、铰链四杆机构

所有运动副都是转动副的平面四杆机构称为铰链四杆机构，是平面四杆机构的最基本形式，其他形式的四杆机构都可以看作铰链四杆机构的演化机构。

铰链四杆机构中，与机架相连的构件叫作连架杆，不与机架连接的构件称为连杆。两个构件之间若能够绕它们之间的转动副作整周转动，此转动副称为整转副，否则叫作摆转副。如果连架杆与机架之间的转动副是整转副，连架杆可绕该转动副转动，称为曲柄，否则称为摇杆。

根据含有曲柄的数目，铰链四杆机构有曲柄摇杆机构、双曲柄机构和双摇杆机构三种。

表 6-1 常用平面四杆机构

铰链四杆机构	曲柄摇杆机构	双曲柄机构	曲柄摇杆机构	双摇杆机构
	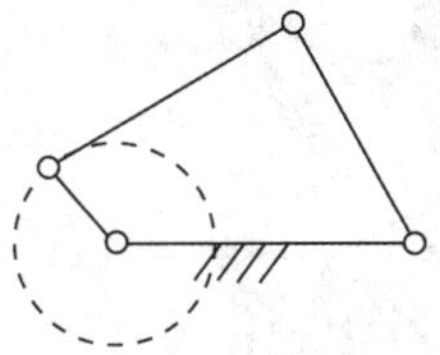	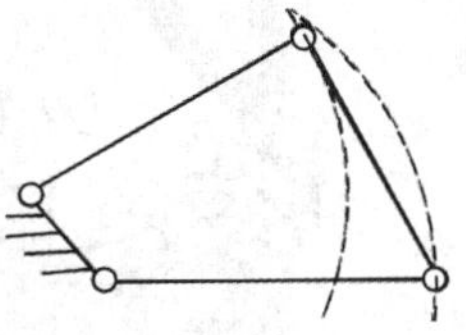	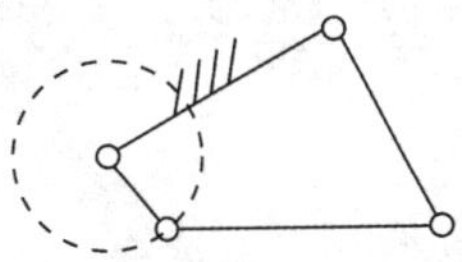	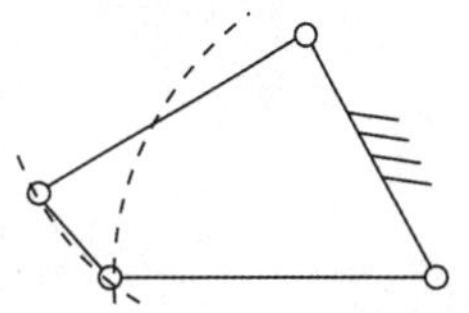
含有一个移动副	曲柄滑块机构	转动导杆机构	曲柄摆块机构	移动导杆机构
	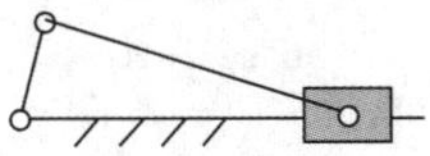	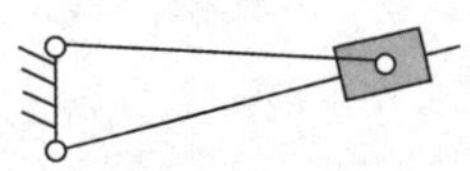	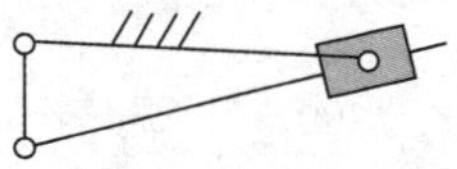	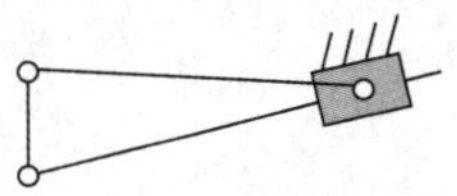
含有两个移动副	曲柄移动导杆机构（正弦机构）	摆动导杆滑块机构（正切机构）	双转块机构（十字滑块机构）	双滑块机构（椭圆仪机构）
	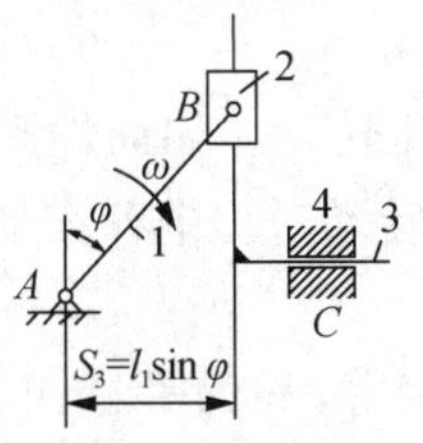	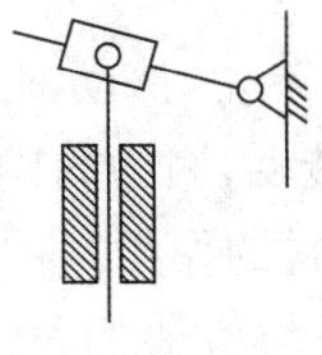	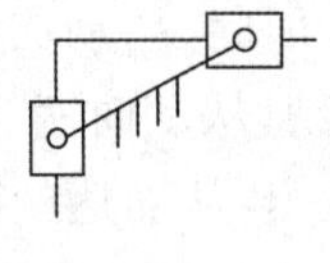	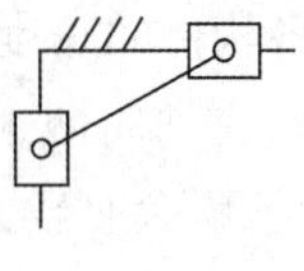

1. **曲柄摇杆机构**

铰链四杆机构中，若只有一个连架杆是曲柄，另一个是摇杆，该机构称为曲柄摇杆机构。

通常情况下，曲柄为主动件，可以将曲柄的连续转动转换为摇杆的往复摆动。如织机的四连杆打纬机构(图 6-2)，曲柄跟随织机主轴连续转动，筘座脚即是摇杆，带动上面的钢筘往复摆动实现打纬运动。若以摇杆为原动件，可将摇杆的往复摆动转换为曲柄的连续转动，此种机构在以人力为动力的机械中应用较多。如家用缝纫机的脚踩踏板(摇杆)往复摆动，就可以驱动带轮(曲柄)连续转动，进而驱动其他机构工作(图 6-3(a))；古代的纺线机也是将脚踏板的摆动转换为线轮的旋转运动(图 6-3(b))。

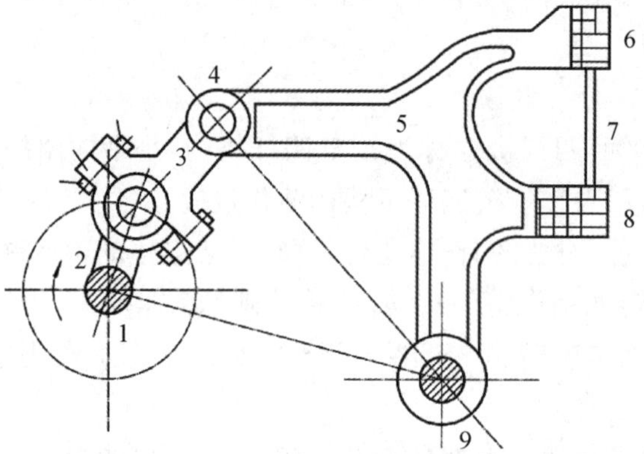

1. 曲柄轴
2. 曲柄
3. 牵手(连杆)
4. 牵手栓
5. 筘座脚(摇杆)
6. 筘帽
7. 钢筘
8. 筘座
9. 摆轴

图 6-2　织机四连杆打纬机构

(a) 缝纫机脚踏板

(b) 古代纺线机

图 6-3　摇杆为主动件的工程应用

2. 双曲柄机构

若铰链四杆机构中两个连架杆都为曲柄，该机构称为双曲柄机构。一般的双曲柄机构中，各构件的长度不相等，因此，主动曲柄匀速转动，从动曲柄变速转动。如惯性筛机构(图 6-4)，主动曲柄 1 匀速转动，从动曲柄 3 变速转动，因为曲柄 3 在转动过程中存在加速度，故筛子 6 将会有较大的惯性力，从而达到筛分物料的作用。

若双曲柄机构中两曲柄的长度相等，连杆与机架的长度也相等，称为平行四边形机构(图 6-5)，此时两个曲柄的运动规律完全相同，且连杆作平动。这两个特性在工程中也广泛应用。如火车车轮的联动机构(图 6-6)就利用了两个曲柄运动规律完全相同的特性，而摄影平台的升降机构则是利用了连杆作平动的特性(图 6-7)。

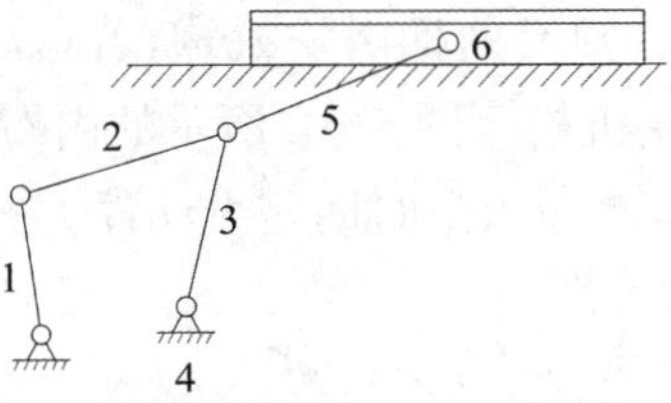

图 6-4　惯性筛机构简图

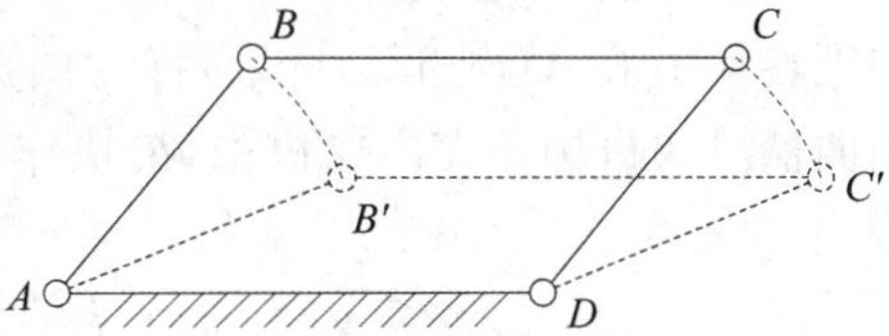

图 6-5　平行四边形机构

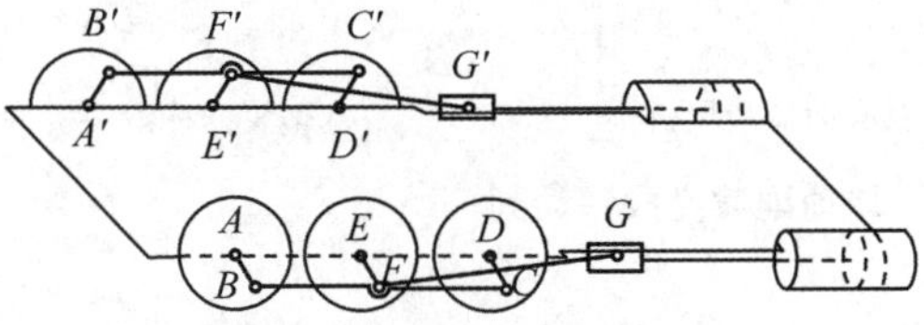

图 6-6　火车车轮的联动机构

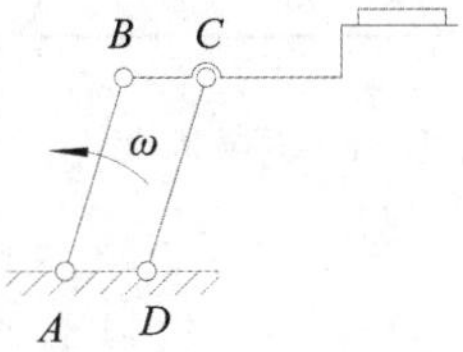

图 6-7　摄影云台

若双曲柄机构中相对杆的长度相等但不平行(图 6-8)，为逆平行四边形机构或反平行四边形机构。当以其长边作为机架时，两个短边(曲柄)的转向永远相反。图 6-9 所示的车门开闭机构就是利用这一特性，可以实现两个车门同时开启和闭合。

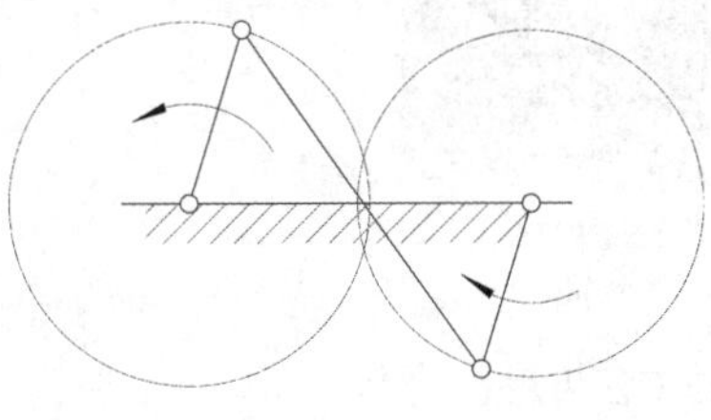

图 6-8　逆平行四边形机构

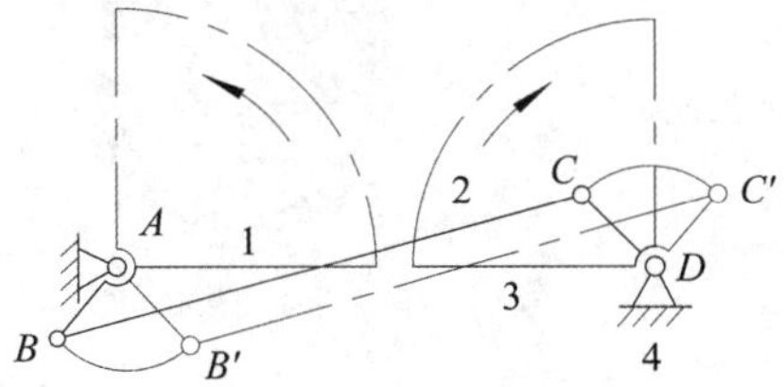

图 6-9　车门开闭机构

3. 双摇杆机构

若铰链四杆机构中的两个连架杆都是摇杆，称为双摇杆机构。双摇杆机构在工程中应用也十分广泛，如图 6-10 所示的鹤式起重机中，$ABCD$ 四杆机构即为双摇杆机构，当主动摇杆 AB 摆动时，从动摇杆 DC 也随之摆动，使悬挂在连杆上 E 点的重物在近似水平的直线 EE' 上运动，避免重物重心不必要的升降而消耗能量。

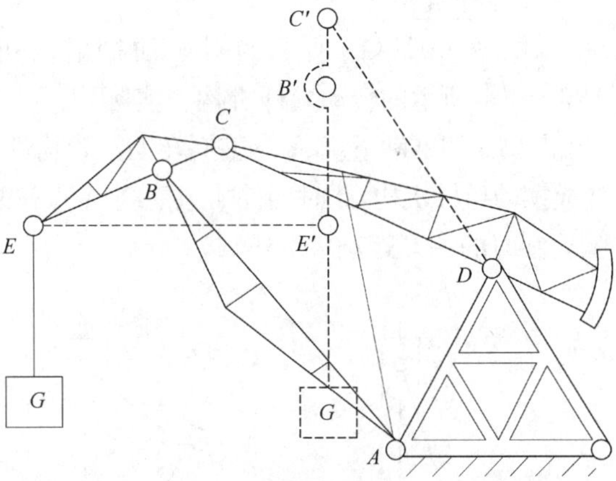

图 6-10　鹤式起重机

二、含有一个移动副的平面四杆机构

1. 曲柄滑块机构

如图 6-11 所示，当(a)图中铰链点 D 在竖直方向的无穷远处，摇杆 CD 无限长，C 点的运动轨迹是绕无穷远处 D 点的圆弧，也就是一条直线。此时，原铰链四杆机构就演变成图(b)所示的曲柄滑块机构，当主动曲柄作整周转动时，从动滑块作直线往复运动。若滑块的移动导路经过曲柄的转动中心A(图6-11(b)),称为对心曲柄滑块机构;若移动副导路不经过曲柄转动中心A(图6-11(c)),称为偏置曲柄滑块机构。图6-12所示的内燃机、冲床等都用到曲柄滑块机构。在内燃机中,滑块作为主动件,而冲床中曲柄是主动件。

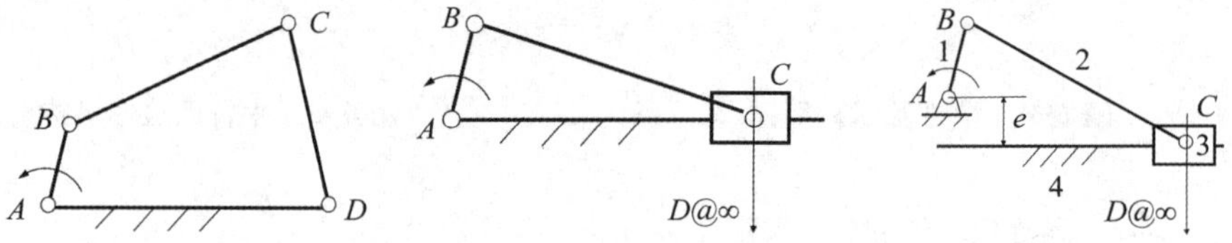

(a) 曲柄摇杆机构　(b) 对心曲柄滑块机构　(c) 偏置曲柄滑块机构

图6-11　转动副演变成移动副

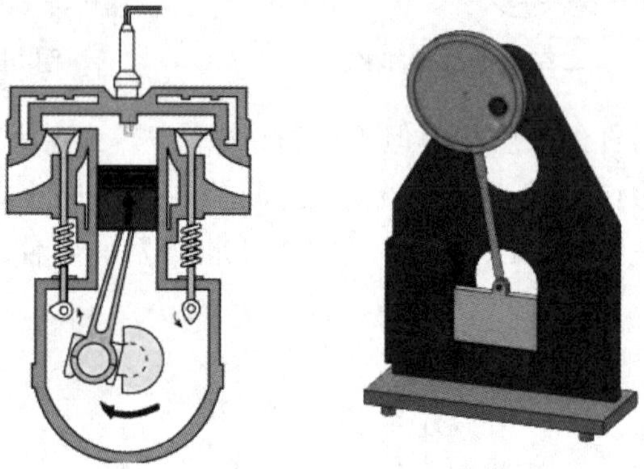

(a) 内燃机　(b) 冲床

图6-12　曲柄滑块机构的工程应用

2. 导杆机构

对于图6-11(b)所示的对心曲柄滑块机构,如果将构件AB固定为机架,则演化成图6-13(a)所示的转动导杆机构。实际应用中,通常构件2为主动件,当其连续转动时,构件4在滑块3的推动下绕A点整周转动。若构件1的长度大于构件2的长度(图6-13(b)),则演变成摆动导杆机构,此时构件4只能绕A点往复摆动。牛头刨床机构就是利用摆动导杆机构驱动刨刀的往复运动(图6-14)。

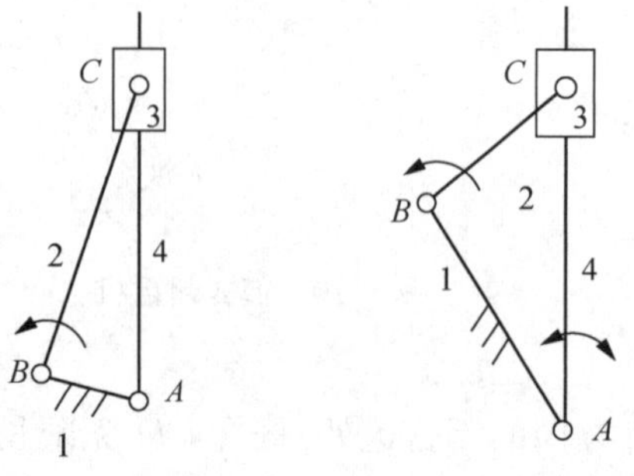

(a) 转动导杆机构　(b) 摆动导杆机构

图6-13　导杆机构

图6-14　导杆机构在牛头刨床上的应用

3. 摆块机构

图 6-11(b)所示的曲柄滑块机构,如果将构件 BC 固定作为机架,机构就演变为摆块机构(图 6-15),此时构件 3 不再是能够作移动的滑块,而是只能绕固定铰链点 C 摆动的摆块了。图 6-16 是摆块机构在货车车斗运动控制中的应用(图 6-16)。

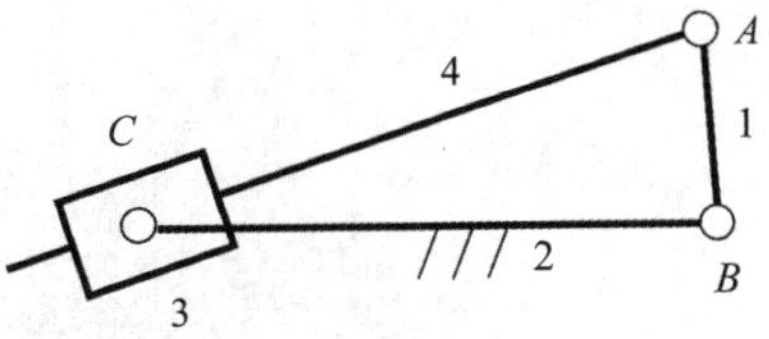

图 6-15　摆块机构

图 6-16　汽车车斗控制机构

4. 定块机构

如果将图 6-11(b)所示的曲柄滑块机构中的滑块固定作为机架,就演变成定块机构(或称移动导杆机构)(图 6-17)。此时构件 3 固定不动,构件 4 在其内部移动。移动导杆机构也可以看作是将图 6-11(b)的曲柄滑块机构中滑块与机架的包容关系互换而成的。图 6-18所示的农村抽水用的唧筒就是移动导杆机构,其主动件为图 6-17 中的连杆 AB。

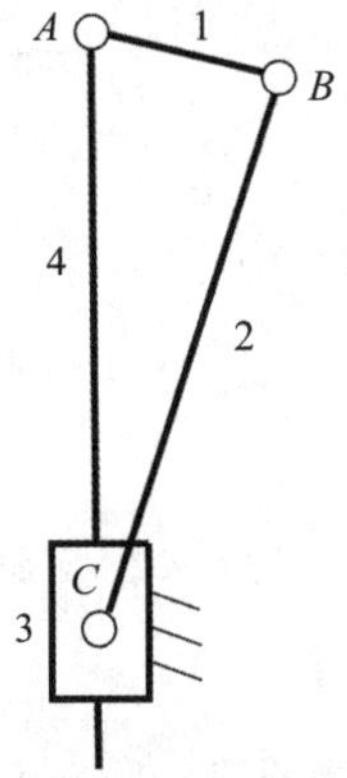

图 6-17　定块机构

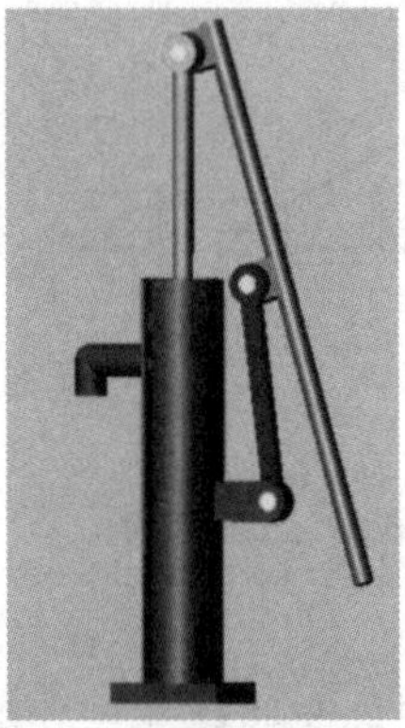
图 6-18　唧筒

三、含有二个移动副的平面四杆机构

1. 双滑块机构

图 6-11(b)的曲柄滑块机构,若将转动副 A 也演化成移动副,得到图 6-19 所示的双滑块机构。机构中,滑块 1 和滑块 3 分别沿导路作直线移动,连杆 2 及其延长线上点的运动轨迹为椭圆(见图 6-20)。

2. 曲柄移动导杆机构(正弦机构)

将图 6-19 中的构件 3 固定为机架,得到曲柄移动导杆机构(图 6-21)。其中,构件 2 为曲柄,构件 4 为移动导杆,构件 1 与 4 之间相对滑动,且 B、C 两点的垂直距离 y 与构件 2、4 之间的夹角 φ 及构件 2 的长度 l_2 满足 $y=l_2\sin\varphi$,故该机构又叫做正弦机构。

3. 正切机构

如果将图 6-19 所示机构中构件 1 与构件 4 的包容关系互换，得到图 6-22(a)所示形式，再将构件 2、3 之间的转动副用移动副替换，构件 3 与 4 之间用转动副替换，得到图 6-22 所示机构，此时有 $y=l_4\tan\varphi$，称为正切机构。

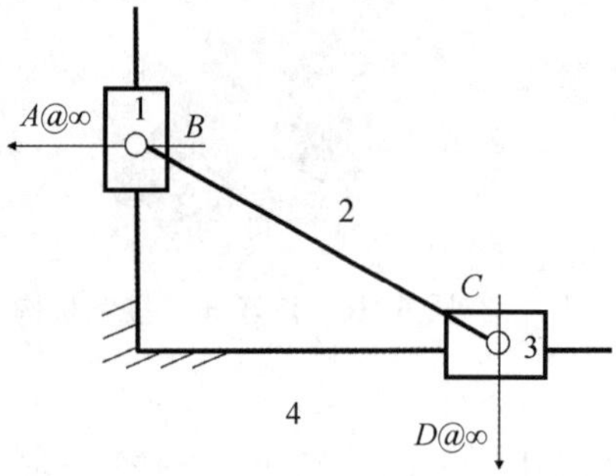

图 6-19　双滑块机构

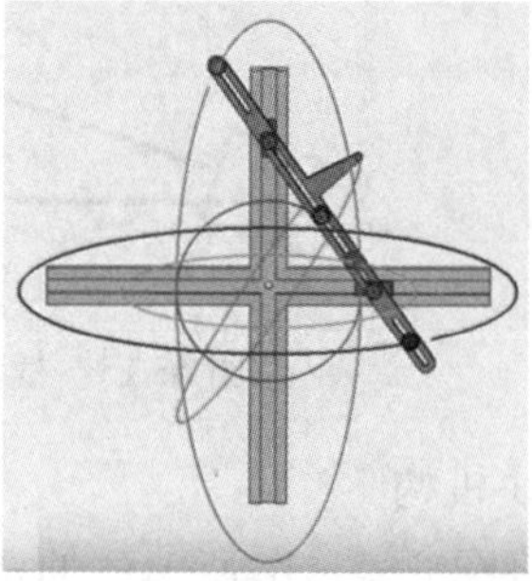

图 6-20　椭圆仪

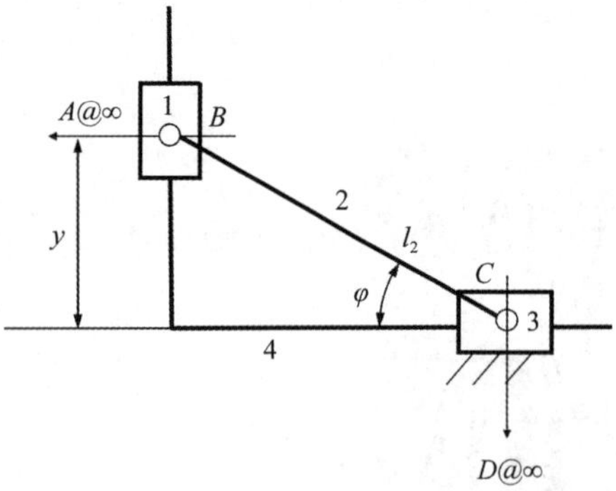

图 6-21　曲柄移动导杆机构(正弦机构)

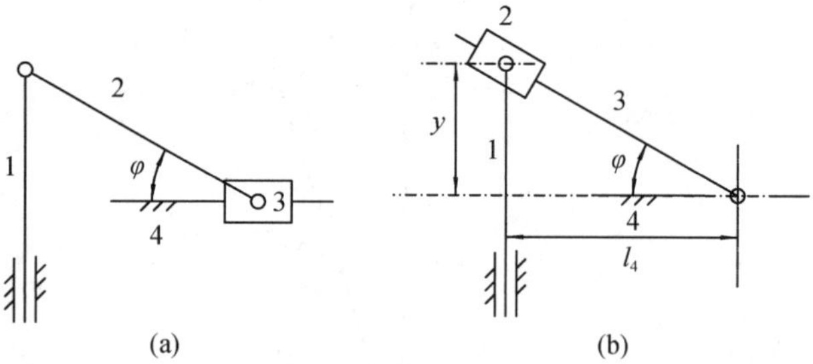

图 6-22　正切机构

4. 双转块机构

若将图 6-19 所示的曲柄移动导杆机构中构件 2 作为机架，如图 6-23 所示，得到双转块机构。机构中，构件 1、4、3 的转动角速度始终相等，且转向相同。工程中常用双转块机构进行平行轴间的运动传递，1、3 分别是待连接的轴，它们分别与中间连接件 4(十字滑块)以移动副相连，这样，当其中一根轴转动时，另外一根轴就会同步转动，即使轴 1 和轴 3 轴线不重合也能保证正常传动(图 6-24)。

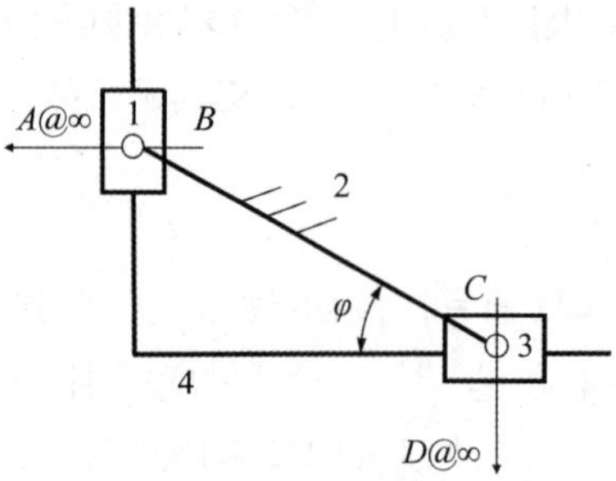

图 6-23　双转块机构

图 6-24　十字滑块机构

6.3　平面四杆机构的基本知识

一、平面四杆机构有曲柄的条件

工程实际中，驱动机构运动的原动机有作整周转动的旋转电机，也有作直线往复移动的直线电机。如果是旋转电机作为原动机，则机构的原动件必须也能够作整周转动，即主动件是曲柄。

对于平面四杆机构，与机架以转动副相连的连架杆是否能够成为曲柄，与机构中各构件的尺寸有关。本节将讨论几种常用平面四杆机构曲柄存在的条件。

1. 铰链四杆机构曲柄存在的条件

图 6-25 所示的铰链四杆机构，各构件的长度分别为 l_1、l_2、l_3 和 l_4。

设 $l_1 \leqslant l_4$。当 AB 绕固定铰链点 A 转动时，B、D 两点间的距离 f 随之变化，它受到另外两个构件长度 l_2、l_3 的制约。若 AB 能够整周转动，B 点须两次与机架共线。显然，当 B 点运动到 A、D 两点连线的延长线上 B' 点时，f 为最大值（$f_{\max}=l_4+l_1$），当 B 点运动到与 AD 连线重合的 B'' 时，f 为最小值（$f_{\min}=l_4-l_1$），见图 6-26。

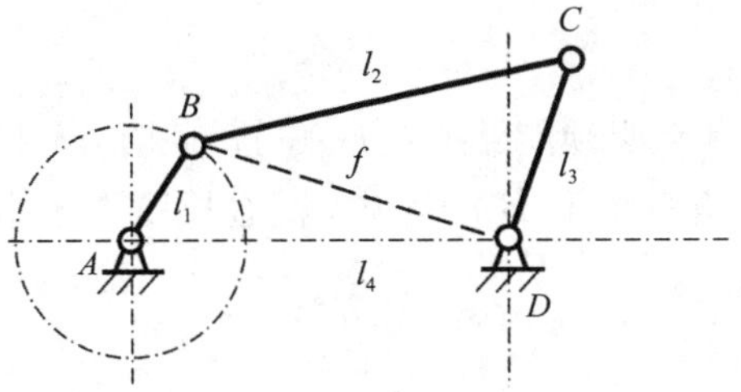

图 6-25　铰链四杆机构

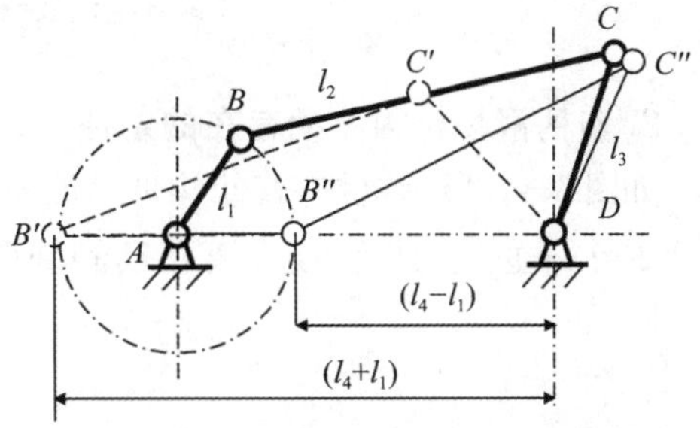

图 6-26　连架杆整周回转的两个关键位置

在 $\triangle B'C'D$ 中，有

$$l_1+l_4 \leqslant l_2+l_3 \tag{6-1}$$

在 $\triangle B''C''D$ 中，有

$$l_2 \leqslant (l_4-l_1)+l_3 \text{ 即 } l_1+l_2 \leqslant l_4+l_3 \tag{6-2}$$

$$l_3 \leqslant (l_4-l_1)+l_2 \text{ 即 } l_1+l_3 \leqslant l_4+l_2 \tag{6-3}$$

将上述三式分别两两相加可得

$$l_1 \leqslant l_2,\ l_1 \leqslant l_3,\ l_1 \leqslant l_4 \tag{6-4}$$

即 AB 为最短杆。

若设 $l_4 \leqslant l_1$，同理可以得出，为了保证铰链点 A 为整转副必须满足

$$l_4 \leqslant l_2,\ l_4 \leqslant l_3,\ l_4 \leqslant l_1 \tag{6-5}$$

即构件 AD 为最短杆。

总结上述分析，可得出铰链四杆机构有整转副的条件是：

(1) 最长杆与最短杆的长度之和应小于等于其他两杆长度之和；

(2) 组成转动副的两杆之一为最短杆。

铰链四杆机构各杆尺寸如满足上述条件，表明其中存在整转副；不满足上述条件(1)，则不存在整转副。在满足条件(1)的情况下，最短杆两端的转动副应为整转副，此时机构中是否存在曲柄则取决于选取哪个构件为机架：

(1) 若以最短杆为机架，与其相连的两个连架杆都能整周转动，机构有两个曲柄(图 6-27(b))；

(2) 若以最短杆的邻边为机架，则最短杆为曲柄，另一个连架杆为摇杆(图 6-27(a)、(c))；

(3) 若以最短杆的对边为机架，则机构中不存在曲柄(图 6-27(d))。

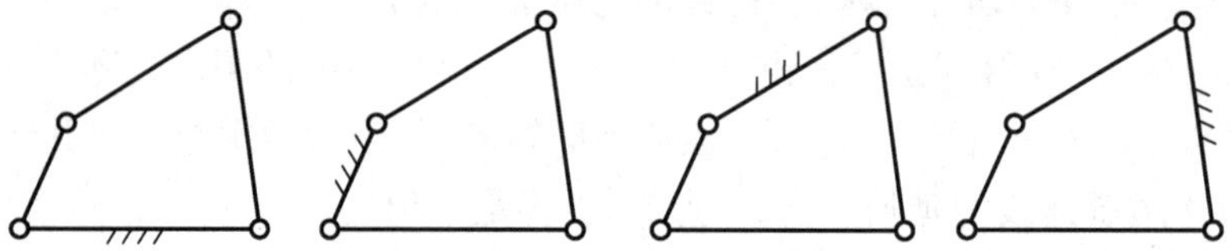

(a) 曲柄摇杆机构　(b) 双曲柄机构　(c) 曲柄摇杆机构　(d) 双摇杆机构

图 6-27　有整转副的铰链四杆机构

2. 曲柄滑块机构曲柄存在的条件

如图 6-28 所示机构，若使构件 AB 为曲柄，则 B 点必须能够通过 B' 位置，此时 AB 杆与移动副导路垂直，且 B 点远离移动副导路。在直角三角形 $B'DC'$ 中，斜边长度大于直角边，即

$$l_2 > l_1 + e$$

考虑到 $B'C'$ 与 $B'D$ 重合的极限情况，得曲柄存在的条件是

$$e \leqslant l_2 - l_1 \tag{6-6}$$

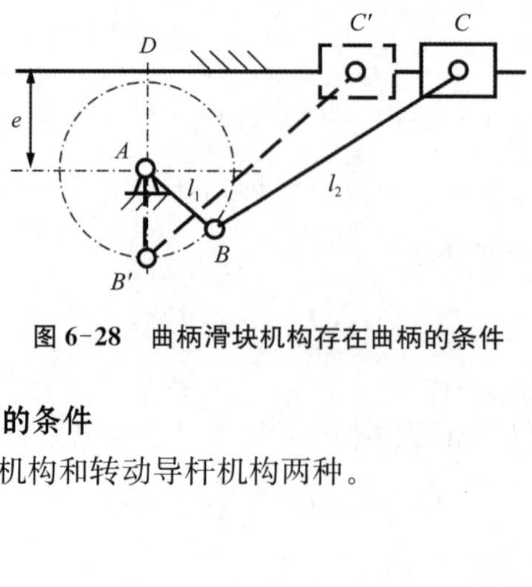

图 6-28　曲柄滑块机构存在曲柄的条件

3. 导杆机构曲柄存在的条件

导杆机构有摆动导杆机构和转动导杆机构两种。

(1) 曲柄摆动导杆机构

图 6-29(a)所示的导杆机构，$l_4 > l_1$，若使该机构有曲柄存在，曲柄 AB 的长度 l_1 应最短，且机构能够顺利通过 B 点与 AD 共线的位置 B'，在三角形 $DN'B$ 中，

$$l_4 - l_1 > e$$

考虑到 $N'D$ 与 $B'D$ 重合的极限情况，得曲柄存在的条件是

$$l_1 \leqslant l_4 - e \tag{6-7}$$

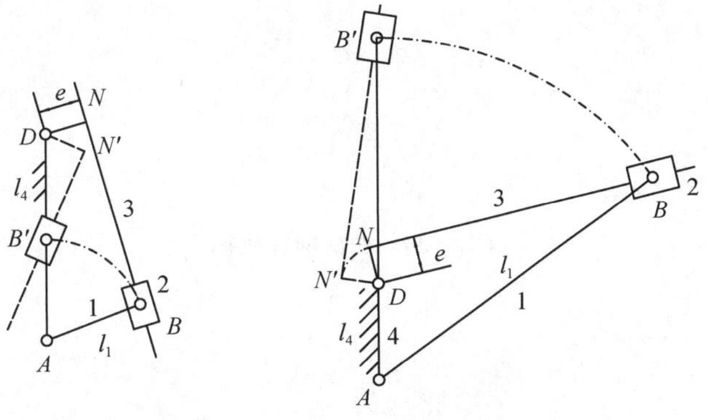

(a) 曲柄摆动导杆机构　(b) 曲柄转动导杆机构

图 6-29　曲柄导杆机构存在曲柄的条件

(2) 曲柄转动导杆机构

如图 6-29(b)所示的导杆机构，$l_4 < l_1$，若使该机构成为曲柄转动导杆机构，AD 应为最短杆，且机构能够顺利通过 B 与 AD 共线的位置 B'。在三角形 $DB'N'$ 中，

$$l_1 - l_4 > e$$

考虑到 $N'D$ 与 $B'D$ 重合的极限情况，得曲柄存在的条件是

$$l_4 + e \leqslant l_1 \tag{6-8}$$

二、行程速比系数和急回运动特性

1. 行程速比系数

如图 6-30 所示的曲柄摇杆机构，当曲柄 AB 为原动件并逆时针匀速转动时，摇杆 CD 为从动件并绕 D 点往复摆动。在曲柄回转一周的过程中与连杆 BC 有两次共线的时刻(AB_1C_1 和 B_2AC_2)，这时摇杆分别位于摆动的极限位置 DC_1 和 DC_2。当摇杆由 C_1D 摆动到 C_2D 的过程中，曲柄转过的角度是 Φ_1；而当摇杆由 C_2D 摆回到 C_1D 的过程中，曲柄转过的角度是 Φ_2，且 $\Phi_1 > \Phi_2$。因为曲柄是匀速转动，角速度为 ω，因此，摇杆由 C_1D 摆动到 C_2D 和由 C_2D 摆回到 C_1D 两个行程所用的时间分别是

$$t_1 = \frac{\overset{\frown}{C_1C_2}}{v_1} = \frac{\Phi_1}{\omega}, \quad t_2 = \frac{\overset{\frown}{C_1C_2}}{v_2} = \frac{\Phi_2}{\omega} \tag{6-9}$$

C 点在两个行程中的平均速度分别是

$$v_2=\frac{\widehat{C_1C_2}}{t_2},\ v_1=\frac{\widehat{C_1C_2}}{t_1}$$

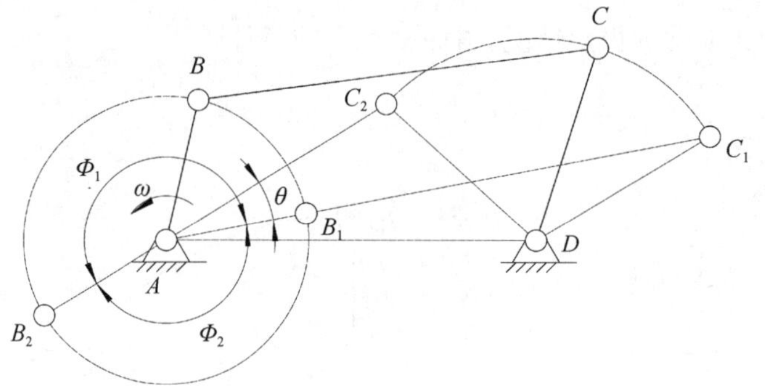

图 6-30　曲柄摇杆机构

两个行程的平均速度之比为

$$K=\frac{v_2}{v_1}=\frac{\Phi_1}{\Phi_2} \tag{6-10}$$

由图 6-30 可以看出，$\Phi_1=180°+\theta$，$\Phi_2=180°-\theta$，θ 是从动摇杆快行程中主动曲柄转角的补角，称为极位夹角。因此有

$$t_1>t_2,\ v_1<v_2$$

式(6-10)变为

$$K=\frac{v_2}{v_1}=\frac{\Phi_1}{\Phi_2}=\frac{180°+\theta}{180°-\theta} \tag{6-11}$$

式(6-11)所示的摇杆快行程与慢行程平均速度之比称作摇杆的行程速比系数，K 是一个大于等于 1 的数。

2. 急回运动特性

由式(6-9)可知，摇杆由 C_1D 摆动到 C_2D 是慢行程，而由 C_2D 摆回到 C_1D 的是快行程。工程上为了提高生产效率，通常将不做工的空回行程设置成快行程，这就是连杆机构的急回特性。

值得注意的是，连杆机构的急回特性与主动件的转向有关。当图 6-30 中曲柄改为顺时针旋转时，摇杆由 C_1D 摆动到 C_2D 是快行程，对应曲柄转角为 $180°-\theta$，而由 C_2D 摆回到 C_1D 是慢行程，对应曲柄转角为 $180°+\theta$，即快、慢行程互换了。因此，在实际利用急回运动特性时要特别注意。

3. 曲柄滑块机构的急回运动特性

如图 6-31 所示偏置曲柄滑块机构，曲柄 AB 与连杆 BC 重叠共线时，C 点在最左侧位置 C_2；而当曲柄 AB 与连杆 BC 拉直共线时，C 点在最右侧位置 C_1，机构的极位夹角 $\theta=$

$\angle B_1AC_2$。若要使滑块从左向右移动的行程为工作行程，曲柄应顺时针转动，其在工作行程转过的角度为$180°+\theta$，而滑块回程对应的曲柄转角为$180°-\theta$，行程速比系数为$K=(180°+\theta)/(180°-\theta)$，机构具有急回运动。

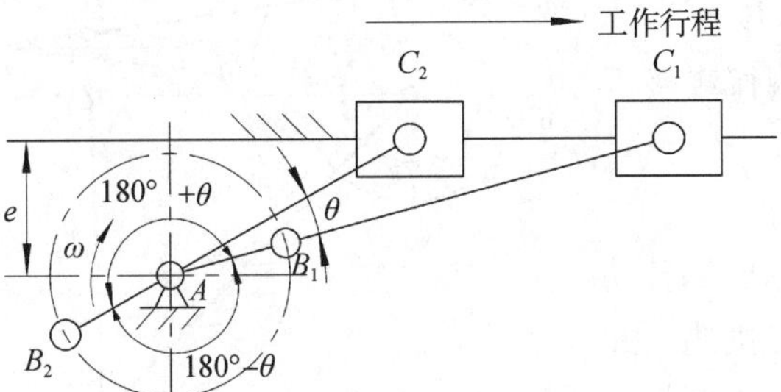

图 6-31　偏置曲柄滑块机构

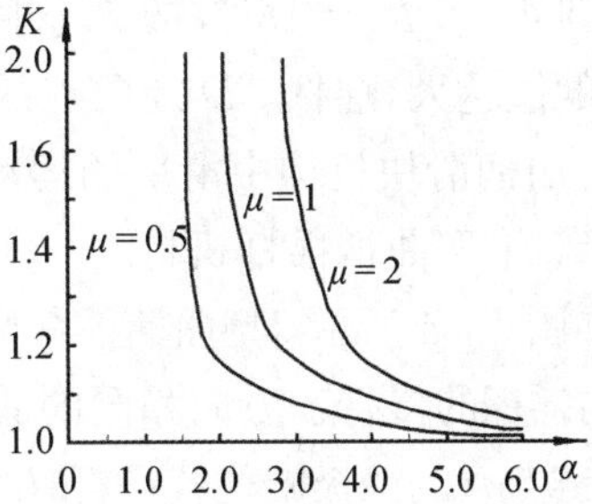

图 6-32　偏置曲柄滑块机构急回特性

由图 6-31 可知

$$\begin{aligned}\theta&=\arccos\frac{e}{l_{BC}+l_{AB}}-\arccos\frac{e}{l_{BC}-l_{AB}}\\&=\arccos\frac{\mu}{a+1}-\arccos\frac{\mu}{a-1}\end{aligned} \tag{6-12}$$

其中，$a=l_{BC}/l_{AB}$，$\mu=e/l_{AB}$。由图 6-32 可知，当a较小时，μ对K的影响显著；当a较大时，μ对K的影响甚微。由于曲柄滑块机构中，通常$a\geqslant 3$，所有偏置曲柄滑块机构的急回运动特性不是很显著，常用$K\leqslant 1.2$。

请思考：对心曲柄滑块机构，即滑块的移动导路经过曲柄转动中心，机构是否有急回运动特性?

4. 曲柄摇杆机构的急回运动特性

根据各构件杆长之间的关系，曲柄摇杆机构分对心曲柄摇杆机构、Ⅰ型偏置曲柄摇杆机构和Ⅱ型偏置曲柄摇杆机构。

(1) 对心曲柄摇杆机构

图 6-33 所示的曲柄摇杆机构，摇杆在两极限位置时，如果铰链点C的两位置C_1和C_2的连线经过曲柄的转动中心，称为对心曲柄摇杆机构。

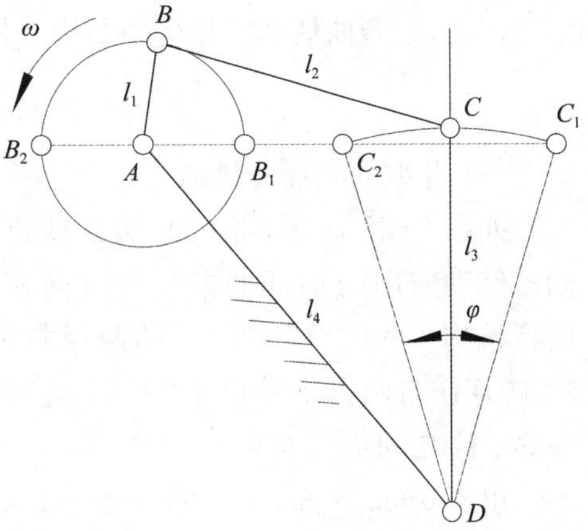

图 6-33　对心曲柄摇杆机构

由图 6-33 可知，

$$\cos\angle C_1AD=\frac{(l_2+l_1)^2+l_4^2-l_3^2}{2l_4(l_2+l_1)}=\frac{(l_2-l_1)^2+l_4^4-l_3^3}{2l_4(l_2-l_1)} \tag{6-13}$$

经简化后得

$$l_1^2+l_4^2=l_2^2+l_3^2 \tag{6-14}$$

式(6-14)为对心曲柄摇杆机构的杆长条件，其中 l_1、l_2、l_3 和 l_4 分别为四个构件的长度。该机构中，摇杆往返两行程对应的曲柄转动角度都是 180°，即 $\Phi_1=\Phi_2=180°$，故无急回特性（$K=1$）。l_3/l_1 的值越大，摇杆 CD 及 C 点的运动规律越接近于对心曲柄滑块机构中滑块的运动规律。

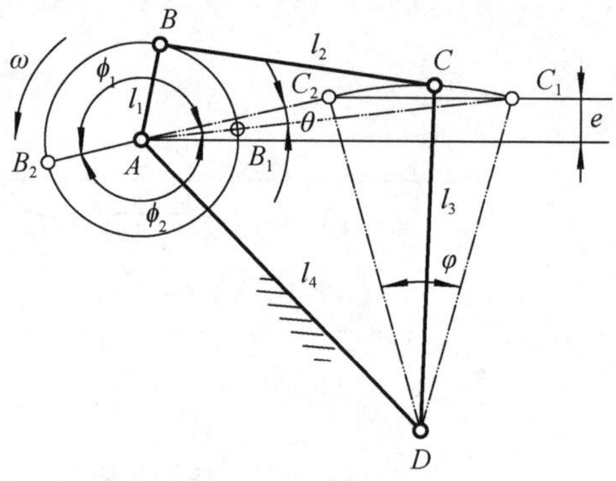

图 6-34 Ⅰ型曲柄摇杆机构

(2) Ⅰ型曲柄摇杆机构

如图 6-34 所示，Ⅰ型曲柄摇杆机构是指曲柄转动方向与摇杆的慢行程方向相同的曲柄摇杆机构。此时，铰链点 C 的两极限位置 C_1 和 C_2 的连线与两固定铰链点 D、A 连线的交点落在 DA 延长线上。

由图 6-34 可知，$\angle C_2AD>\angle C_1AD$，即

$$\arccos\frac{(l_2-l_1)^2+l_4^2-l_3^2}{2l_4(l_2-l_1)}>\arccos\frac{(l_2+l_1)^2+l_4^2-l_3^2}{2l_4(l_2+l_1)} \tag{6-15}$$

因此有

$$\frac{(l_2-l_1)^2+l_4^2-l_3^2}{l_2-l_1}<\frac{(l_2+l_1)^2+l_4^2-l_3^2}{l_2+l_1}$$

整理得

$$(l_2^2-l_1^2+l_3^2-l_4^2)(l_2+l_1)>(l_2^2-l_1^2+l_3^2-l_4^2)(l_2-l_1)$$

因此，Ⅰ型曲柄摇杆机构中各构件长度满足

$$l_1^2+l_4^2<l_2^2+l_3^2 \tag{6-16}$$

(3) Ⅱ型曲柄摇杆机构

如图 6-35 所示，Ⅱ型曲柄摇杆机构是指曲柄的转动方向与摇杆的慢行程方向相反的曲柄摇杆机构。此时，铰链点 C 的两极限位置 C_1 和 C_2 的连线与两固定铰链点 D、A 连线的交点落在 A、D 之间。

由图 6-35 可知，$\angle C_2AD<\angle C_1AD$，即

$$\arccos\frac{(l_2-l_1)^2+l_4^2-l_3^2}{2l_4(l_2-l_1)}<\arccos\frac{(l_2+l_1)^2+l_4^2-l_3^2}{2l_4(l_2+l_1)} \tag{6-17}$$

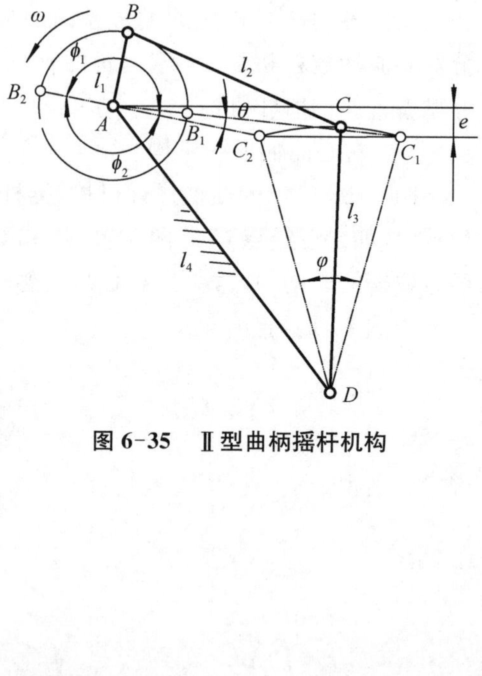

图 6-35 Ⅱ型曲柄摇杆机构

因此有

$$\frac{(l_2-l_1)^2+l_4^2-l_3^2}{l_2-l_1}>\frac{(l_2+l_1)^2+l_4^2-l_3^2}{l_2+l_1}$$

整理得

$$(l_2^2-l_1^2+l_3^2-l_4^2)(l_2+l_1)<(l_2^2-l_1^2+l_3^2-l_4^2)(l_2-l_1) \tag{6-18}$$

因为，$l_2-l_1>0$，$l_2+l_1>0$，所以要使式(6-18)成立，只有

$$l_2^2-l_1^2+l_3^2-l_4^2<0$$

即Ⅱ型曲柄摇杆机构中各构件长度满足

$$l_1^2+l_4^2>l_2^2+l_3^2 \tag{6-19}$$

Ⅰ型和Ⅱ型曲柄摇杆机构均有急回运动特性，行程速比系数 $K>1$。可利用余弦定理求出其极位夹角

$$\begin{aligned}\theta &= |\arccos\angle C_1AD-\arccos\angle C_1AD| \\ &= \left|\arccos\frac{(l_2+l_1)^2+l_4^2-l_3^2}{2l_4(l_2+l_1)}-\arccos\frac{(l_2-l_1)^2+l_4^4-l_3^3}{2l_4(l_2-l_1)}\right| \\ &= \left|\arccos\frac{(a+1)^2+c^2-b^2}{2c(a+1)}-\arccos\frac{(a-1)^2+c^2-b^2}{2c(a-1)}\right|\end{aligned} \tag{6-20}$$

其中，$a=l_2/l_1$，$b=l_3/l_1$，$c=l_4/l_1$。

Ⅰ型和Ⅱ型曲柄摇杆机构中，急回特性虽然显著，但缩短了摇杆回程的时间，影响机构传动平稳性。通常，K 的常用值为：Ⅰ 型，$K\leqslant 1.25$；Ⅱ 型，$K\leqslant 1.2$。

值得指出的是，影响铰链四杆机构运动特性的三个尺寸参数 a、b、c 的关系比较复杂，难以用简单的线图表达。b 的值较大时，C 点的运动轨迹接近于直线，此时Ⅰ型和Ⅱ型曲柄摇杆机构近似为偏置曲柄滑块机构。

请思考： 单个的双曲柄机构和双摇杆机构是否有急回运动特性？

5. 曲柄摆动导杆机构的急回运动特性

工程上需要较大的急回运动特性，可利用曲柄摆动导杆机构。如图 6-36(a)所示，该机构中，曲柄长度 l_1 小于机架长度 l_4，B_1、B_2 是导杆的两个极限位置，此时，曲柄 AB 与导杆垂直。由图可知，摇杆从右极限位置摆动到左极限位置时，曲柄逆时针转过 $180^\circ+\theta$；而从左极限位置摆动到右极限位置时，曲柄逆时针转过 $180^\circ-\theta$。因此该机构有急回运动特性。极位夹角等于

$$\theta=2\arcsin(l_1/l_4)=2\arcsin(1/c) \tag{6-21}$$

图 6-36(b)给出了行程速比系数 K 与机构尺寸 $c(=l_4/l_1)$ 之间的关系，该机构可获得比曲柄摇杆机构大的 K 值，即急回特性比较显著。

图 6-37 给出了 $c(=l_4/l_1)$ 分别等于 1.25，1.5，2，3，5 时导杆 3 与曲柄 1 的角速度比 $i_{31}(=\omega_3/\omega_1)$ 的曲线。可以看出，该机构在慢行程时，导杆几乎匀速摆动；但当 c 值接近于

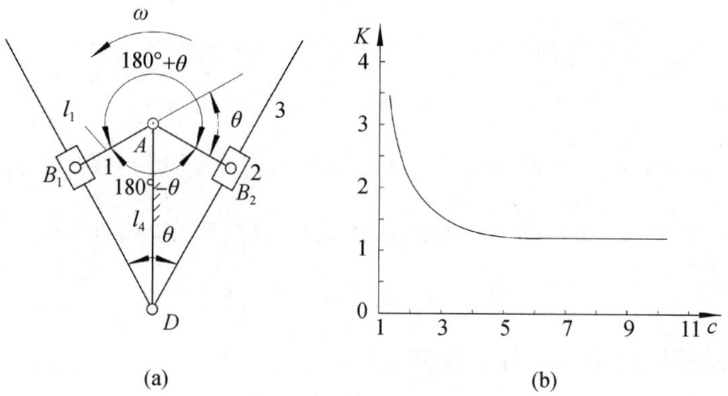

图 6-36　曲柄摆动导杆机构

1时，K 值显著增加，说明导杆角速度变化剧烈，对传动不利。因此，在曲柄摆动导杆机构中，关键参数的取值范围一般为：$c \geqslant 2$，$\theta \leqslant 60°$，$K \leqslant 2$。

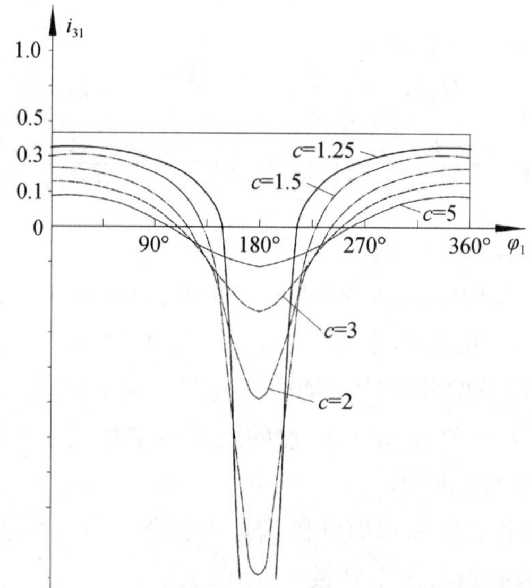

图 6-37　曲柄摆动导杆机构的角速比曲线

请思考：曲柄转动导杆机构是否有急回运动特性？

三、机构的压力角和传动角

如图 6-38 所示的曲柄摇杆机构，曲柄为主动件，若不考虑运动副中摩擦力及构件的重力和惯性力的影响，主动曲柄 AB 经连杆传递到从动件 CD 上 C 点的力 F 将沿 BC 方向，力 F 与 C 点绝对速度方向之间的夹角称为机构在此位置的压力角，用 α 表示。α 角的余角称为机构在此位置的传动角，用 γ 表示。因此，$\alpha + \gamma = 90°$。

由图 6-38 可知，力 F 沿 C 点绝对速度方向的分力 $F' = F\cos\alpha$，该力是驱动 CD 杆转动的有效分力。在 F 一定的情况下，α 越小，γ 越大，有效分力 F' 越大，机构的传力性能越好。

在曲柄转 360°的过程中，机构的压力角和传动角是变化的，为了保证机构具有良好的传力性能，应保证 $\gamma_{\min} \geqslant 40° \sim 50°$；对于一些受力很小或不常使用的操纵机构，则允许传动角在不发生自锁的前提下可以小些。

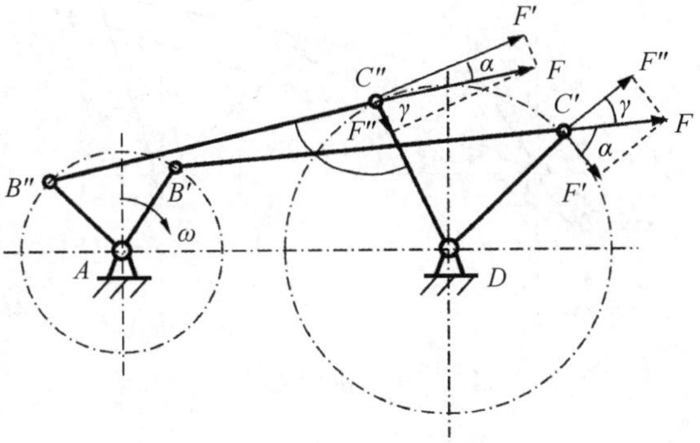

图 6-38　机构的压力角和传动角

图 6-38 显示，当连杆和摇杆之间的夹角为锐角时（位置 $AB'C'D$），传动角 γ 是 $\angle B'C'D$ 的对顶角，此时有 $\gamma = \angle B'C'D$；当连杆和摇杆之间的夹角为钝角时（位置 $AB''C''D$），传动角 γ 是 $\angle B''C''D$ 的补角，即 $\gamma = 180° - \angle B''C''D$。故曲柄摇杆机构最小传动角 $\gamma_{\min}$ 出现在 $\angle B'C'D$ 最小或 $\angle B''C''D$ 最大的位置。而 AB' 与 AD 重叠共线的时刻 $\angle B'C'D$ 最小，AB'' 与 AD 拉直共线的时刻 $\angle B''C''D$ 最大。分别有

$$\gamma_1 = \angle B'C'D = \arccos \frac{b^2 + c^2 - (d-a)^2}{2bc} \tag{6-22}$$

$$\gamma_2 = \angle B''C''D = \arccos \frac{b^2 + c^2 - (d+a)^2}{2bc} \tag{6-23}$$

其中，a、b、c 和 d 分别是 AB、BC、CD 和 AD 的长度。则机构的最小传动角 $\gamma_{\min} = \min\{\gamma_1, \gamma_2\}$。

需要注意的是，机构的传动角一般在运动链最终一个从动件上度量，如图 6-39 所示的插床机构，机构的传动角在最终的滑块上度量。

请思考：曲柄滑块机构的传动角什么时候最小？其值与各杆件几何尺寸的关系如何？曲柄导杆机构的传动角又有什么规律？

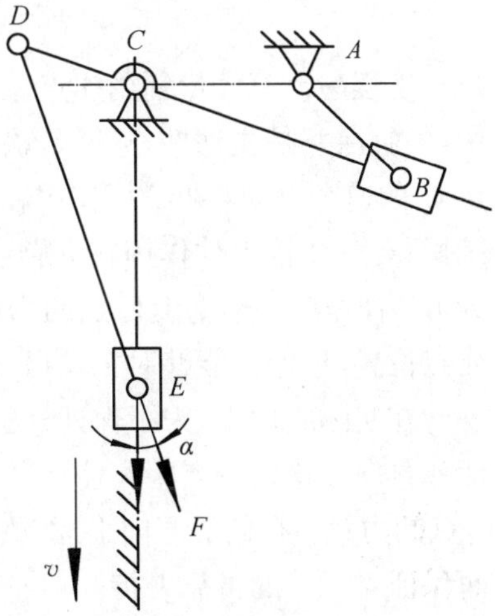

图 6-39　插床机构

四、死点位置

图 6-40 所示曲柄摇杆机构，若以摇杆 DC 为主动件，当连杆 BC 与曲柄 AB 共线（AB_1C_1 和 AB_2C_2）时，连杆作用在曲柄 B 点上的力 F 经过曲柄转动中心 A，由于力

臂为0，因此，不管力F有多大，其对A点的力矩始终为0，构件AB将无法绕A点转动，机构的这个位置称为死点位置。

对于曲柄滑块机构，若滑块为主动件，连杆与曲柄共线的时刻也是机构的死点位置。

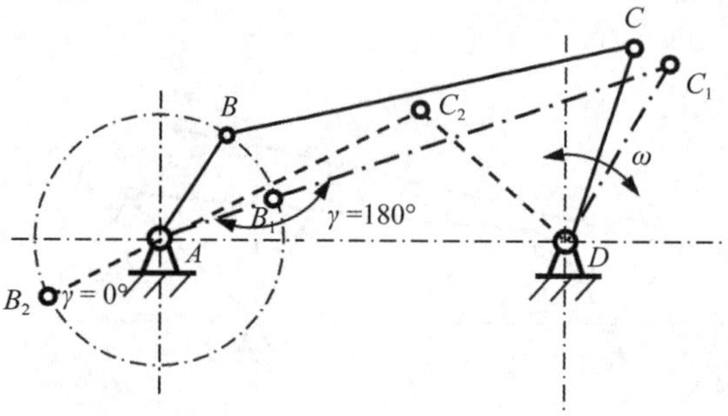

图 6-40 机构的死点

在工程中，为了使机构能够顺利通过死点位置，利用构件的惯性力是最常见的一种方法。通常在曲柄上安装飞轮，利用飞轮的惯性力冲过死点，如缝纫机脚踏板机构的皮带轮(图 6-3(a))；也可以将两组以上的同样机构组合使用，而使各机构的死点相互错开排列，例如火车车轮的联动机构(图 6-6)和多缸发动机的活塞机构(图 6-41)。

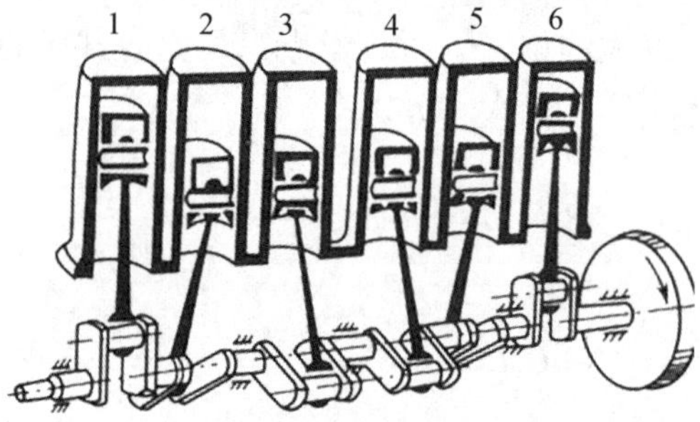

图 6-41 六缸发动机活塞机构

工程中也有大量利用死点位置的应用。如图 6-42 所示的气动夹具，对工件夹紧的过程中，气缸活塞是主动件，夹臂是输出构件。当连杆BC与气缸垂直(图 6-42(b))，活塞上铰链点C的速度方向与BC杆作用在C点的力的方向相互垂直，工件被夹紧，可实施对工件的加工操作。此时，工件作用在夹臂上的力是驱动力，夹臂变为输入构件，活塞为输出构件。因为BC杆作用于活塞上C点的力的方向与活塞的运动方向垂直，即压力角$\alpha=90°$，机构处于死点位置，理论上能够对工件可靠夹紧。

在实际应用中，为了保证气缸不施加向上推力的情况下也对工件可靠夹紧，通常还要让活塞再向上移动一点距离使夹臂与水平成0°～2°的夹角(图 6-42(c))。这样，BC杆作用在C点的力F_{BC}有使活塞向上运动的分力，因此就算没有气缸的推力，活塞也不会向下运动，从而保证对工件的可靠夹持。

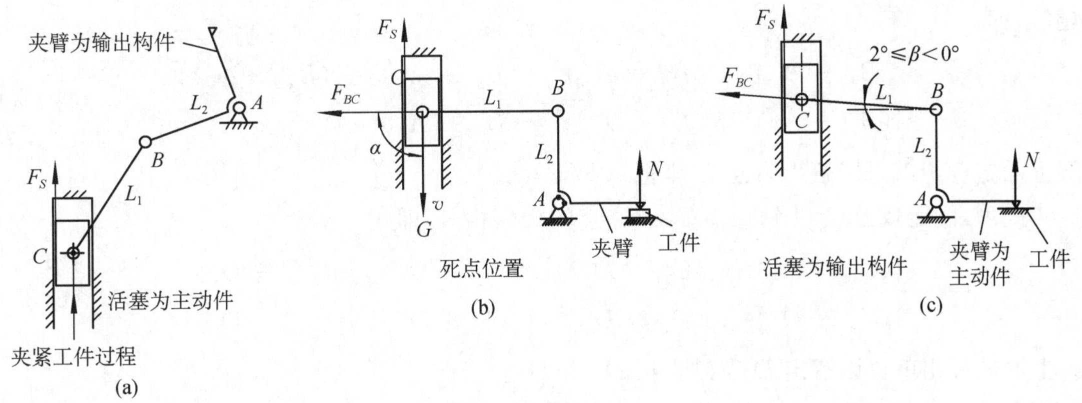

图 6-42　气动夹紧机构

6.4　平面四杆机构的设计

一、已知连杆的位置设计铰链四杆机构

根据连杆的位置设计四杆机构有两种情况，一是已知连杆上活动铰链点的位置，二是已知连杆上任意两点的位置及固定铰链点的位置。

1. 已知连杆上活动铰链点的位置

如图 6-43 所示，已知铰链四杆机构 $ABCD$ 中连杆 BC 的三个位置 B_1C_1，B_2C_2 和 B_3C_3，要求固定铰链点 A、D 的位置。

(1) 图解法

由刚体运动特点知，同一刚体 MN 上 M 点相对于 N 点的运动是以 N 为圆心，MN 长度为半径的圆弧。所以铰链四杆机构 $ABCD$ 在运动的过程中，B 点相对于 A 点的运动、C 点相对于 D 点的运动分别是以 A、D 为圆心，AB 和 CD 长度为半径的圆弧。现在分别已知 B 点和 C 点的三个位置，则 A 点应该在 B_1、B_2 和 B_3 所在圆弧的圆心；同样，D 点应该在 C_1、C_2 和 C_3 所在圆弧的圆心。

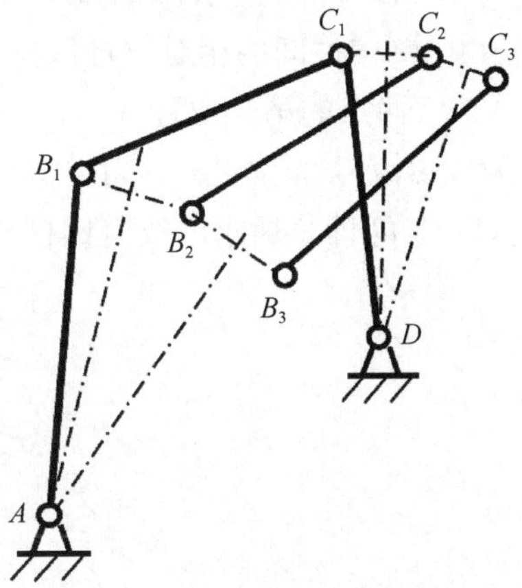

图 6-43　已知活动铰链点的位置设计四杆机构

如图 6-43 所示，分别作 B_1、B_2 连线的垂直平分线和 B_2、B_3 连线的垂直平分线，这两条直线的交点就是 B 点所在圆弧的圆心，即固定铰链点 A。同样，分别作 C_1、C_2 连线的垂直平分线和 C_2、C_3 连线的垂直平分线，这两条直线的交点就是 C 点所在圆弧的圆心，即固定铰链点 D。

(2) 解析法

建立直角坐标系，活动铰链点 B、C 的三组位置都已知，即(B_{x1}，B_{y1})、(B_{x2}，B_{y2})、(B_{x3}，B_{y3})和(C_{x1}，C_{y1})、(C_{x2}，C_{y2})、(C_{x3}，C_{y3})。固定铰链点 A 到 B_1、B_2、B_3 点的距离

相等，即

$$\begin{cases}(B_{x1}-A_x)^2+(B_{y1}-A_y)^2=(B_{x2}-A_x)^2+(B_{y2}-A_y)^2\\(B_{x1}-A_x)^2+(B_{y1}-A_y)^2=(B_{x3}-A_x)^2+(B_{y3}-A_y)^2\end{cases}\tag{6-24}$$

解上面方程组就可以解出 A 点的坐标 A_x 和 A_y。

同理，固定铰链点 D 到 C_1、C_2、C_3 点的距离相等，即

$$\begin{cases}(C_{x1}-D_x)^2+(C_{y1}-D_y)^2=(C_{x2}-D_x)^2+(C_{y2}-D_y)^2\\(C_{x1}-D_x)^2+(C_{y1}-D_y)^2=(C_{x3}-D_x)^2+(C_{y3}-D_y)^2\end{cases}\tag{6-25}$$

解上面方程组就可以解出 D 点的坐标 D_x 和 D_y。

若只给定连杆的两个位置，则 A、D 原则上由无穷个解，此时要结合实际约束条件确定固定铰链点的最终位置。

2. 已知连杆上任意两点的位置及固定铰链点的位置

已知固定铰链点 A、D 的位置，以及连杆上某两点（E、F）在运动过程中占据的位置 E_1F_1、E_2F_2 和 E_3F_3，活动铰链点 B、C 的确定方法如下。

分析：根据同一刚体上两点之间的相对运动一定是圆弧这一规律，对于连架杆 AB，A 点相对于 B 点的轨迹是一圆弧，圆心为 B 点；同理，连架杆 CD 上 D 点相对于 C 点的运动也是圆弧，圆心是 C 点。因此，如果机构以 BC 杆为机架的话，A、D 就变为活动铰链点，B、C 是固定铰链点。这种以不同构件为机架的变换方法叫做机构倒置。

如图 6-44 所示，固定 E_1F_1 为机架位置，将四边形 AE_2F_2D 和四边形 AE_3F_3D 分别视为刚体（构件间的相对位置保持不变）进行移动，使 E_2F_2、E_3F_3 均与 E_1F_1 重合，则可得到 A、D 两点的第二位置 A'、D' 及第三个位置 A''、D''。由 A、A' 及 A'' 三点所确定的圆心即为铰链点 B 的位置 B_1；同样，由 D、D' 及 D'' 三点所确定的圆心即为铰链点 C 的位置 C_1。AB_1C_1D 即是所求的铰链四杆机构。

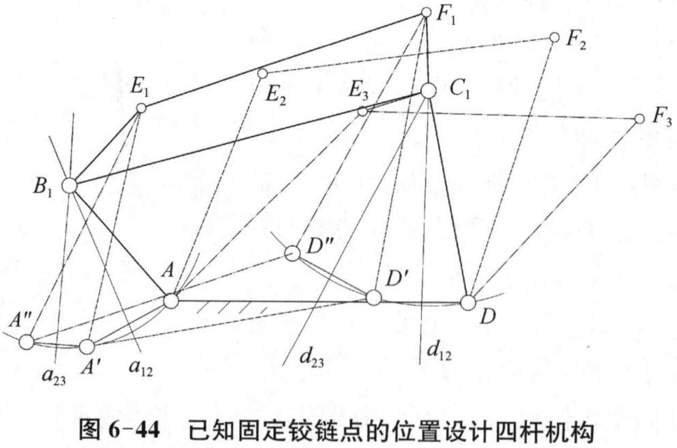

图 6-44　已知固定铰链点的位置设计四杆机构

二、按给定的行程速比系数 K 设计四杆机构

平面四杆机构中，具有急回运动特性的有Ⅰ型、Ⅱ型曲柄摇杆机构、偏置曲柄滑块机构

和曲柄摆动导杆机构。下面逐一介绍它们的设计方法。

1. 曲柄摇杆机构的设计

(1) 图解法

已知摇杆 CD 杆长，摆角 Ψ_0 及机构的行程速比系数 K，曲柄摇杆机构的设计过程如下。

① 计算 $\theta=180°(K-1)/(K+1)$；

② 如图 6-45 所示，任取一点 D，作等腰三角形 DC_1C_2，腰长为 CD，夹角为 Ψ_0；

③ 作 $C_2P \perp C_1C_2$（或 $C_1P \perp C_1C_2$），再作 C_1P 使 $\angle C_2C_1P=90°-\theta$（或作 C_2P 使 $\angle C_1C_2P=90°-\theta$），两辅助线交于 P 点；

④ 作直角三角形 PC_1C_2 的外接圆，则固定铰链点 A 必在此圆上；

⑤ 结合其他约束条件，在上述圆上选定 A 点，连接 AC_1、AC_2，有

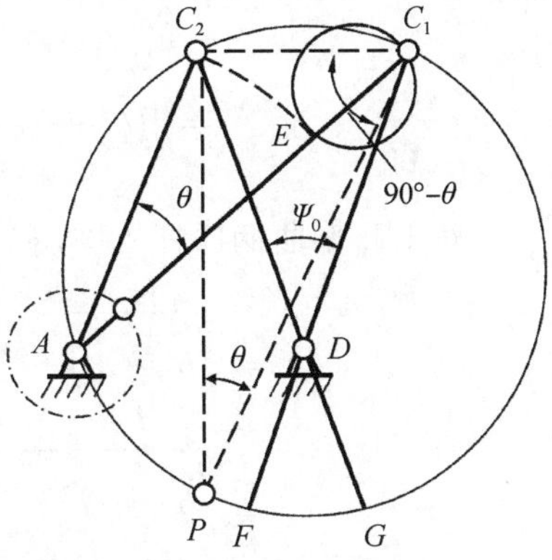

图 6-45　曲柄摇杆机构的设计

$$AC_1=AB+BC,\ AC_2=BC-AB$$

所以，

$$AB=(AC_1-AC_2)/2,\ BC=(AC_1+AC_2)/2$$

设计时应注意：

① A 点不应该选在 $\overset{\frown}{FG}$ 劣弧段上，否则机构将不满足运动连续性要求。因为这时机构的两极限位置 DC_1 和 DC_2 将分别在两个不联通的区域。

② A 点应选在 $\overset{\frown}{C_1G}$ 和 $\overset{\frown}{C_2F}$ 两段弧上，且适当远离 G 点和 F 点。因为，A 越靠近这两点，机构的最小传动角 $\gamma_{\min}$ 越小，当与 G 点或 F 点重合时，机构的最小传动角为零。

(2) 解析法

在设计时，一般给定行程速比系数 K，摇杆摆角 Ψ_0 和连杆与曲柄的长度比值 a。

设 $a=l_2/l_1$，$b=l_3/l_1$，$c=l_4/l_1$，其中 l_1、l_2、l_3、l_4 分别为曲柄、连杆、摇杆和机架的长度，见图 6-46 和图 6-47。根据已知条件，先计算出极位夹角 $\theta=180°\times(K-1)/(K+1)$，然后利用下面各式最终计算出 b 和 c。

设 l_1 为单位长度，则有 $l_2=a$，$l_3=b$，$l_4=c$，因此

$$H=\overline{B_1B_2}=\sqrt{(a+1)^2+(a-1)^2-2(a+1)(a-1)\cos\theta} \tag{6-26}$$

$$b=\frac{H}{2\sin\left(\frac{\Psi_0}{2}\right)} \tag{6-27}$$

$$\beta=\arccos\frac{H^2+(a-1)^2-(a+1)^2}{2H(a-1)}=\arccos\frac{H^2-4a}{2H(a-1)} \tag{6-28}$$

对于Ⅰ型曲柄摇杆机构，有

$$
\begin{aligned}
c &= \sqrt{b^2+(a-1)^2-2b(a-1)\cos\left[\beta-\left(90^\circ-\frac{\Psi_0}{2}\right)\right]} \\
&= \sqrt{b^2+(a-1)^2-2b(a-1)\sin\left(\beta+\frac{\Psi_0}{2}\right)}
\end{aligned}
\tag{6-29a}
$$

对于Ⅱ型曲柄摇杆机构，有

$$
\begin{aligned}
c &= \sqrt{b^2+(a-1)^2-2b(a-1)\cos\left[360^\circ-\beta-\left(90^\circ-\frac{\Psi_0}{2}\right)\right]} \\
&= \sqrt{b^2+(a-1)^2+2b(a-1)\sin\left(\beta-\frac{\Psi_0}{2}\right)}
\end{aligned}
\tag{6-29b}
$$

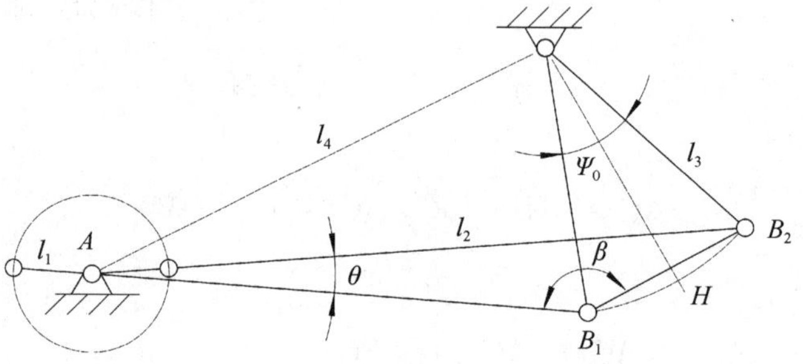

图 6-46　Ⅰ型曲柄摇杆机构

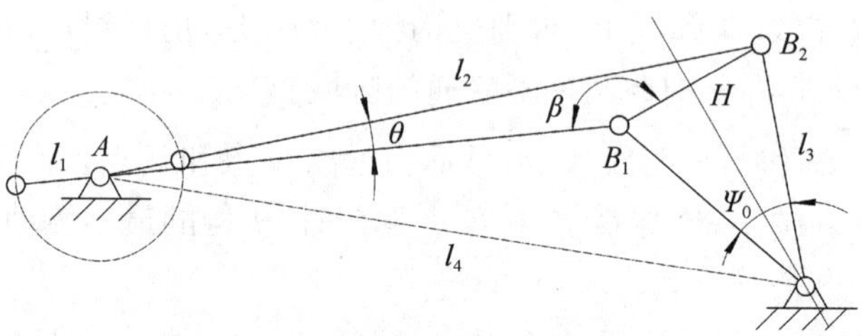

图 6-47　Ⅱ型曲柄摇杆机构

可以证明，Ⅰ型机构中 $\gamma_{\min}$ 比 $\gamma_{\max}$ 更多偏离 90°，故需检查 $\gamma_{\min}$；而在Ⅱ型机构中，$\gamma_{\max}$ 比 $\gamma_{\min}$ 更多偏离 90°，故需检查 $\gamma_{\max}$。$\gamma_{\max}$ 和 $\gamma_{\min}$ 的计算式如下：

$$\gamma_{\min}=\arccos\frac{a^2+b^2-(c-1)^2}{2ab} \tag{6-30}$$

$$\gamma_{\max}=\arccos\frac{a^2+b^2-(c+1)^2}{2ab} \tag{6-31}$$

设计出各构件的长度之后，分别验算Ⅰ型机构的 $\gamma_{\min}$ 和 Ⅱ 型机构的 $\gamma_{\max}$。

如给定 K 和 Ψ_0，而改变 a 值，按公式(6-30)和(6-31)算得不同的 $\gamma_{\min}$（或 $\gamma_{\max}$）值，也就是说，$\gamma_{\min}$ 可视作 a 的函数，即 $\gamma_{\min}=f(a)$ 或 $f(a)-\gamma_{\min}=0$。设 $\gamma_{\min}$ 为定值，上式为含有变

量 a 的一元方程式，应用弦位法即可解出 a 值。对于Ⅰ型机构，取 $\gamma_{min}=[\gamma_{min}]=40°$，从而解出在各组 Ψ_0 和 K 值时的一系列 a 值，据此画出如图 6-48 所示的线图。对于Ⅱ型机构，取 $\gamma_{max}=[\gamma_{max}]=140°$，同理可解出在各组 Ψ_0 和 K 值时相应的 a 值，由此画出如图 6-49 所示的线图。在给定 Ψ_0 和 K 的情况下，按这两张线图确定 a 值能够保证 $\gamma_{min}\geqslant 40°$ 或 $\gamma_{max}\leqslant 140°$，这样可以节省因传动角不佳而需反复计算的工作量。

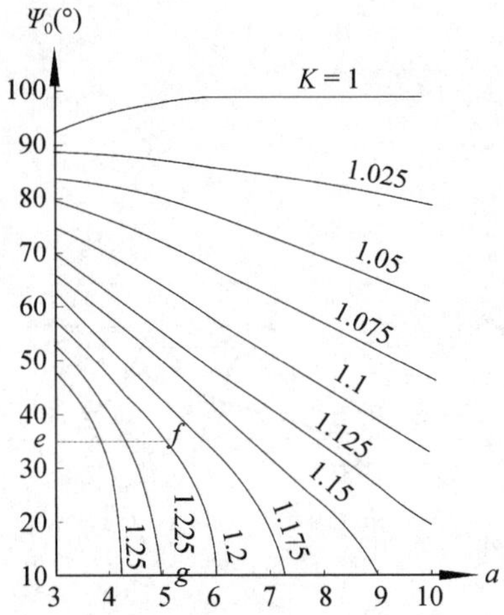

图 6-48　Ⅰ型机构的 K-ψ_0-a 曲线（$\gamma_{min}=40°$）

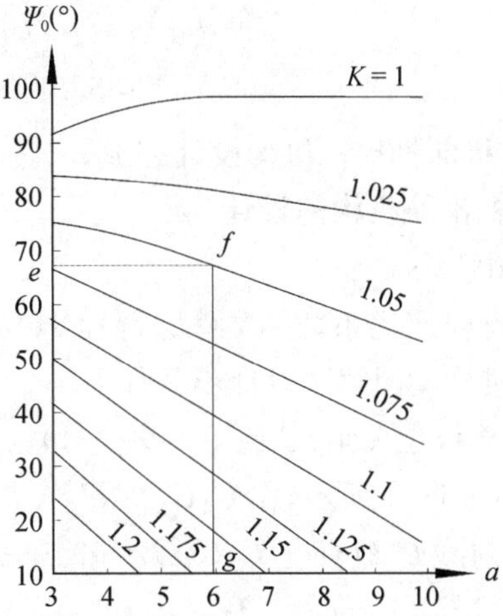

图 6-49　Ⅱ型机构的 K-ψ_0-a 曲线（$\gamma_{min}=140°$）

应该指出，图 6-48 的每一条曲线对应某个 K 值，该曲线上的任一点都是按 $\gamma_{min}=40°$ 的条件确定的。相邻两条曲线，例如 $K=1.075$ 和 $K=1.1$，取他们之间的点来实现 $K=1.075$ 是允许的，此时 $\gamma_{min}>40°$；但是用他来实现 $K=1.1$，是不许可的，因为此时 $\gamma_{min}<40°$。所以，对应于某 K 值曲线上的点或其左下方的区域的 a 值，可供设计者选用。这个结论也适用于图 6-49 所示的曲线，不再赘述。

例题 6-1　碎矿机中曲柄摇杆机构的设计。如图 6-50 所示，设已知摇杆 CD 的摆角 $\Psi_0=35°$，机构的行程速比系数 $K=1.2$，曲柄和摇杆的中心距 $AD=l_4=400$ mm。要求确定该机构曲柄 AB、连杆 BC 和摇杆 DC 的长度。

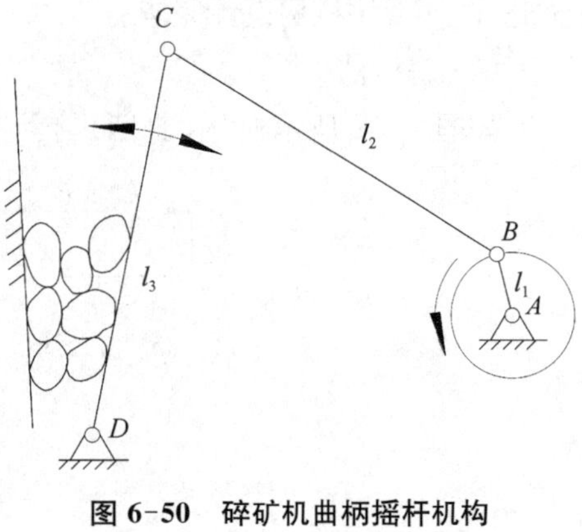

图 6-50　碎矿机曲柄摇杆机构

解：在同样 K、Ψ_0 和 a 的条件下，Ⅰ型曲柄摇杆机构和Ⅱ型曲柄摇杆机构中从动件的运动规律相差不大，但Ⅰ型机构的受力条件通常优于Ⅱ型机构。对于碎矿机来说，应优先选用Ⅰ型曲柄摇杆机构，从动杆在工作行程的转向与曲柄转向相同。

对于Ⅰ型曲柄摇杆机构，主要受最小传动角 γ_{min} 的限制，应查图 6-48 所示曲线。在纵坐标轴上找到 $\Psi_0=35°$ 的 e 点，自该点作水平线与 $K=1.2$ 的曲线交于 f 点，再自此点作垂线与横坐标轴交于 g 点，该点代表 $a=5.2$。按上述，

为了满足 $\gamma_{\min} \geqslant 40°$，取 $a \leqslant 5.2$，现取 $a=5$。

按式(6-26)～(6-29a)依次算得：

$$\theta=16.363\,64°,\ H=2.438\,101,\ b=4.053\,964,\ \beta=136.106\,1°,\ c=4.244\,698$$

进一步计算 l_1、l_2、l_3 和 l_4 如下：

$$l_1=l_4/c=400/4.244\,698=94.235\,2(\mathrm{mm})$$

$$l_2=al_1=471.176(\mathrm{mm})$$

$$l_3=bl_1=382.026(\mathrm{mm})$$

至此，碎矿机曲柄摇杆机构设计完成。

2. 曲柄滑块机构的设计

(1) 图解法

已知行程速比系数 K，滑块行程 H 及偏距 e，曲柄滑块机构的图解法设计步骤如下。

① 计算极位夹角：$\theta=180°(K-1)/(K+1)$；

② 如图 6-51 所示，作 $C_1C_2=H$；

③ 作射线 C_1O 使 $\angle C_2C_1O=90°-\theta$，作射线 C_2O 使 $\angle C_1C_2O=90°-\theta$；

④ 以 O 为圆心，C_1O 为半径作圆，在该圆上，C_1C_2 所对应的圆周角等于 θ；

⑤ 作与 C_1C_2 距离为 e 的偏距线，其与上面所作圆弧的交点即为 A 点，且

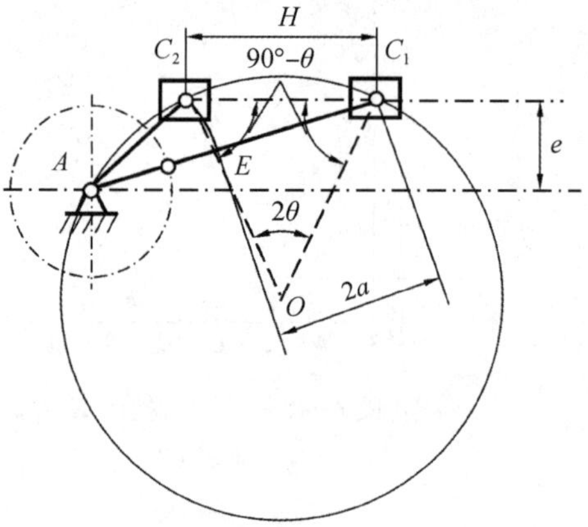

图 6-51　曲柄滑块机构的设计

$$AC_1=AB+BC,\ AC_2=BC-AB$$

所以，

$$AB=(AC_1-AC_2)/2,\ BC=(AC_1+AC_2)/2$$

至此，曲柄滑块机构设计完毕。

(2) 解析法

如图 6-52 所示机构，曲柄 1 自 O_AA_1 逆时针方向回转 ϕ_1 角至 O_AA_2，滑块 3 自位置

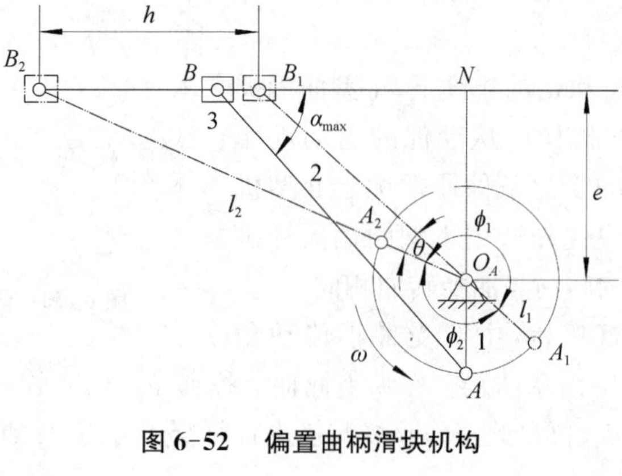

图 6-52　偏置曲柄滑块机构

B_1 运动至 B_2；该曲柄继续转动 ϕ_2 角至 O_AA_1，滑块 3 也随之返回原处。O_AA_1 和 O_AA_2 所夹的锐角 θ 与行程速比系数 K 间的关系为

$$\theta = 180^\circ \frac{K-1}{K+1} \tag{6-32}$$

该机构中，滑块的行程 h 由下式计算：

$$\begin{aligned} h &= \sqrt{(l_2+l_1)^2+(l_2-l_1)^2-2(l_2+l_1)(l_2-l_1)\cos\theta} \\ &= l_1\sqrt{(a+1)^2+(a-1)^2-2(a+1)(a-1)\cos\theta} \end{aligned} \tag{6-33}$$

式中，$a=l_2/l_1$。当偏距 $e=0$，则 $\theta=0$，$K=1$，$h=2l_1$；若 $e\neq 0$，则 $\theta\neq 0$，$K>1$，h 略大于 $2l_1$。

该机构的最大压力角 $\alpha_{\max}$ 发生在曲柄销 A 距离滑块 3 的导路 B_1B_2 最远的位置（图中 A 点），有

$$\sin\alpha_{\max} = \frac{l_1+e}{l_2} = \frac{1+\mu}{a} \leqslant \sin[\alpha] \tag{6-34}$$

又

$$\theta = \arccos\frac{e}{l_2+l_1} - \arccos\frac{e}{l_2-l_1} = \arccos\frac{\mu}{a+1} - \arccos\frac{\mu}{a-1} \tag{6-35}$$

式中，$\mu=e/l_1$。因机构中包含移动副，其许用压力角 $[\alpha]$ 应比曲柄摇杆机构小一些，通常取 $[\alpha]$ 为 40° 左右。设 $[\alpha]=40^\circ$，$a=3$，依次代入式(6-34)、(6-35) 和(6-11)，分别算得：$\mu\leqslant 0.928\ 36$，$\theta\leqslant 14.237^\circ$，$K\leqslant 1.171\ 8$。这表明，偏置曲柄滑块机构具有较小的行程速比系数。

例题 6-2　设计一曲柄滑块机构，给定行程速比系数 $K=1.15$，滑块行程 $h=200$ mm，许用压力角 $[\alpha]=40^\circ$，要求确定曲柄长度 l_1、连杆长度 l_2 及偏距 e。

解：由式(6-34)知 $\mu=a\sin[\mu]-1$，代入(6-35)得

$$\theta = \arccos\frac{a\sin[\alpha]-1}{a+1} - \arccos\frac{a\sin[\alpha]-1}{a-1}$$

以 $K=1.15$ 代入式(6-32)，算得 $\theta=12.588\ 1^\circ$。将 θ 和 $[\alpha]$ 值代入上式得含有未知数 a 的一元方程式，解该方程得：$a=4.536\ 35$。然后，按式(6-33)和(6-34)分别算得

$$l_1=89.972\ 8\ \text{mm},\ \mu=1.915\ 91$$

则

$$l_2=al_1=408.148\ \text{mm},\ e=\mu l_1=172.379\ \text{mm}$$

3. 曲柄摆动导杆机构的设计

(1) 图解法

已知机架长度 l_4 和行程速比系数 K，要求设计该机构。

在摆动导杆机构中，极位夹紧 θ 与导杆摆角 Ψ 相等，故设计此机构时，仅需要确定曲柄 l_1。曲柄摆动导杆机构的图解法设计过程如下：

① 计算 $\theta=180°(K-1)/(K+1)$；

② 如图 6-53 所示，任选 D 点并过 D 点作两条辅助线 Dm 和 Dn，使 $\angle mDn=\Psi=\theta$；

③ 在 $\angle mDn$ 的角平分线上取 A 点，使 $AD=l_4$，然后过 A 点作 Dm 和 Dn 的垂线，垂足为 B_1 和 B_2，则：

$$l_1=AB=l_4\sin(\Psi/2)$$

至此，曲柄摆动导杆机构设计完成。

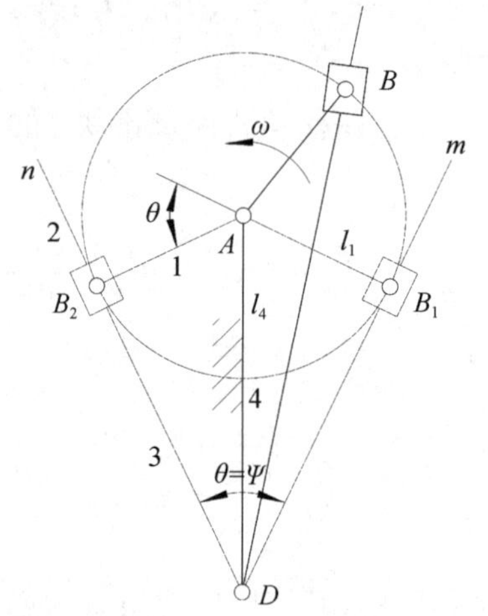

图 6-53 摆动导杆机构

(2) 解析法

对于摆动导杆机构，其极位夹角 θ 等于导杆的摆角 Ψ。如图 6-53，在直角三角形 $\triangle AB_1D$ 中，有：

$$\sin\frac{\theta}{2}=\frac{l_1}{l_4}=\tau \tag{6-36}$$

按给定 K 值设计摆动导杆机构时，应先计算 θ 和 $\tau(=l_1/l_4)$。τ 为确定该机构运动特性的尺寸参数。摆动导杆机构中 τ、K 和 θ 的推荐值：$\tau\leqslant0.5$，$\theta\leqslant60°$，$K\leqslant2$。如超出上述范围，导杆角速度的变化将趋向剧烈，对传动不利。

三、按两连架杆预定的位置设计四杆机构

对于同一个运动链，取不同构件为机架时，根据相对运动原理，各构件间的相对运动关系不会改变，只是各构件的"绝对运动"发生了变化。利用这一特性，在设计连杆机构时选择原来某一活动构件为机架，而释放原先的机架，再利用已知连杆的位置设计四杆机构的方法进行设计，这就是机构的倒置。

已知固定铰链点 A、D 的位置，连架杆 AB 长度，以及两连架杆的三组对应位置 AB_1、

AB_2、AB_3 和 DE_1、DE_2、DE_3，要求设计该铰链四杆机构。

本设计的关键是要确定连杆与摇杆的铰链点 C 的位置。显然，在连架杆 DE 上任取一点作为 C 点是不行的，因为如果 E 点与 C 点不重合的话，在一般情况下，$BE_1 \neq BE_2 \neq BE_3$。由于 C 点是活动铰链点，因此运用机构倒置法求解。具体设计过程如下：

① 固定 DE 为机架，选 DE_1 为倒置后机架的位置，则 AB 转换为连杆，AD 和 BC 为连架杆；

② 如图 6-54 所示，连接 B_2、E_2、D 得 $\triangle B_2E_2D$；

③ 将 $\triangle B_2E_2D$ 绕 D 旋转 $(\varphi_1-\varphi_2)$ 角得 B_2' 点；

④ 连接 B_3、E_3、D 得 $\triangle B_3E_3D$；

⑤ 将 $\triangle B_3E_3D$ 绕 D 旋转 $(\varphi_1-\varphi_3)$ 角得 B_3' 点；

⑥ 由 B_1、B_2'、B_3' 三点求圆心 C_1；

AB_1C_1D 就是该铰链四杆机构的第一个位置，从图上可以量得每个杆件的长度。

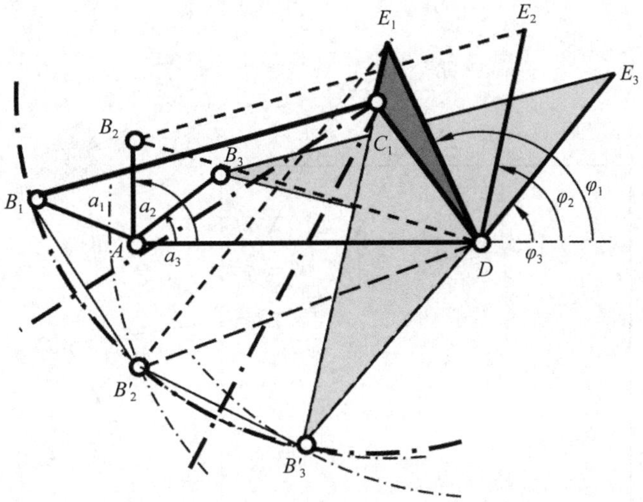

图 6-54　按两连架杆预定的位置设计四杆机构

例题 6-3　有一铰链四杆机构 $ABCD$，其连杆上铰链点 B、C 为容器上的两点，且 BC 能够依次经过图 6-55 所示三个位置 B_1C_1，B_2C_2，B_3C_3，从而将容器在位置 1 处装满的液体

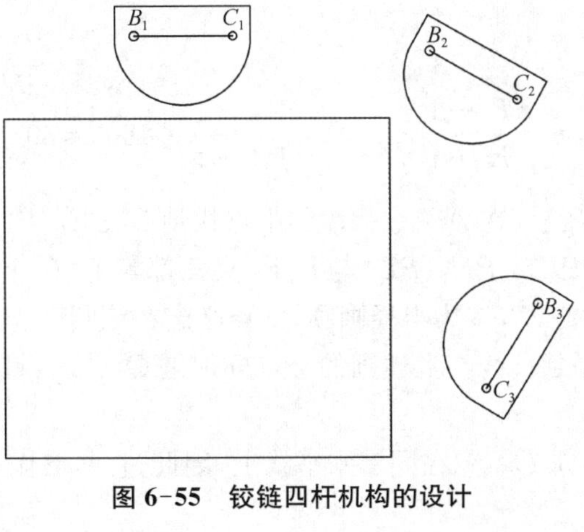

图 6-55　铰链四杆机构的设计

运送到位置 3 处倒掉。

(1) 请确定铰链四杆机构 $ABCD$ 中固定铰链点 A、D 的位置；

(2) 在构件 AB 的中点处设置一铰链 E，铰接 RRR 二级杆组 OFE，使 $OFEA$ 构成一曲柄摇杆机构，其中 OF 是主动曲柄，AB_1、AB_3 为摇杆的极限位置。若该曲柄摇杆的行程速比系数为 $K=1.4$，且固定铰链点 O 与 A 都在方形箱体上的同一水平线上。请确定 O 点的位置及曲柄 OF 和连杆 FE 的长度。

解：

(1) 第一问是已知连杆上活动铰链点的三个位置求固定铰链点位置的问题。如图 6-56 所示，分别作 B_1B_2 和 B_2B_3 连线的垂直平分线 nn、mm，nn、mm 的交点就是铰链点 A(因为 B 相对于 A 的运动是以 A 为圆心，半径等于 AB 的圆弧)。同理，作 C_1C_2、C_2C_3 的垂直平分线 kk、qq，他们的交点就是固定铰链点 D。

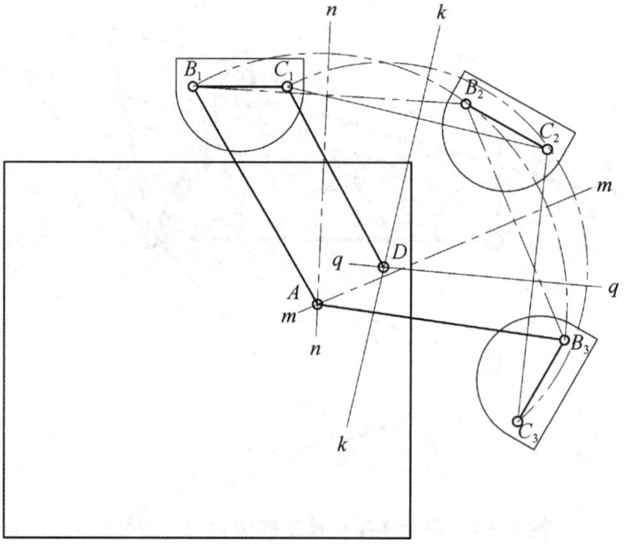

图 6-56　确定固定铰链点位置

(2) 第二问属于已知行程速比系数 K 和摇杆的极限位置设计铰链四杆机构的问题。具体设计过程如下：

第一步，计算极位夹角：

$$\theta=\frac{K-1}{K+1}\times 180^\circ=\frac{1.4-1}{1.4+1}\times 180^\circ=30^\circ$$

第二步：如图 6-57 所示，在 AB_1、AB_3 的中点找到 E_1、E_3 点并连接它们，过 E_3 点作直线 PE_3，过 E_1 点做直线 PE_1，PE_1、PE_3 与 E_1E_3 夹角都等于 $90^\circ-30^\circ=60^\circ$，$PE_3$ 与 PE_1 的交点为 P。以 P 点为圆心，PE_1 为半径画圆，O 点必定在该圆上。

第三步：PE_1、PE_3 延长线与上述圆的交点分别是 Q_1、Q_3，铰链点 O 应该选取在优弧段 Q_1E_3 或 Q_3E_1 上。

第四步：因为题目要求 O、A 在同一水平线上，因此过 A 点作一水平辅助线，其与两段

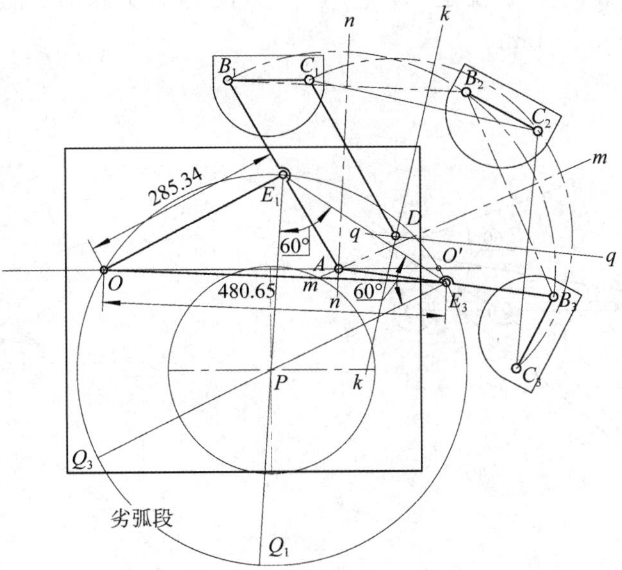

图 6-57　确定固定铰链点位置及曲柄和连杆长度

优弧分别交与 O 和 O'，其中只有 O 点在方型机架上，故这就是所求的 RRR 二级杆组 OFE 的 O 点。

第五步：因为：

$$\begin{cases} OE_1 = EF - OF \\ OE_2 = EF + OF \end{cases}$$

故

$$\begin{cases} OF = (OE_2 - OE_1)/2 = 97.66 \\ EF = (OE_1 + OE_2)/2 = 382.99 \end{cases}$$

例题 6-4　如图 6-58 所示飞机起落架机构，实线是机构在飞机降落时的姿态，虚线是在飞机飞行中的姿态。已知 $l_{AD} = 522$ mm，$l_{CD} = 340$ mm，$\angle C_1DC_2 = 90°$，$\angle ADC_2 = 10°$，$\angle B_2AC_1 = 60°$。下面分别用图解法和解析法求构件 l_{AB} 和 l_{BC} 的长度。

解：(1) 图解法：

根据问题和题目的已知条件可以判断，此题目的关键是确定铰链点 B 的位置。因为 B 点是活动铰链点，所以要采用机构倒置法进行求解。

根据同一刚体上两点间相对运动始终不变的特性，不管哪个构件为机架，C 点相对于 B 点的运动都是以 B 为圆心，l_{BC} 为半径的圆弧。因为 C 点的两个位置已知，因此，进行机构倒置，选择 AB_1（即 AC_1，因为 A、B_1、C_1 共线）或 AB_2 为固定构件，将 B 点固定，该问题就变成已知 C 的位置求 B 点了。

本例将 AB_2 固定，如图 6-59 所示，将 $\triangle ADC_1$ 绕 A 点顺时针选择 60°，使 AC_1 与 AB_2 重合，则得到 C_1 点反转后的位置 C_1' 和 D 点反转后的位置 D'。作 C_2 和 C_1' 连线的垂直平分

线，其与 AB_2 方向线的交点就是 B_2 点，在图上测得 AB 和 BC 的长度分别为 $l_{AB}=380.74$ mm，$l_{BC}=288.14$ mm。

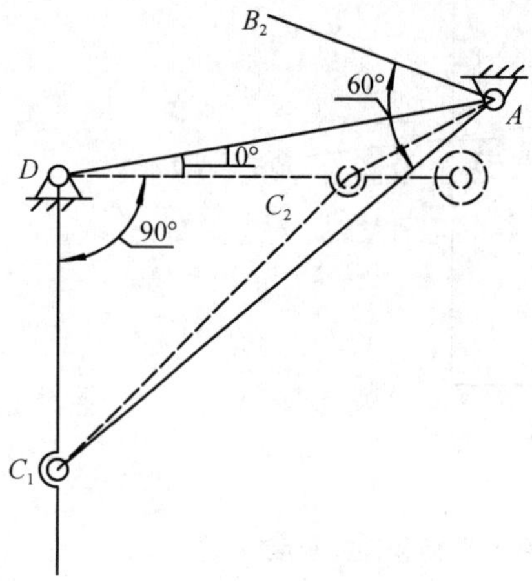

图 6-58 飞机起落架的两个姿态

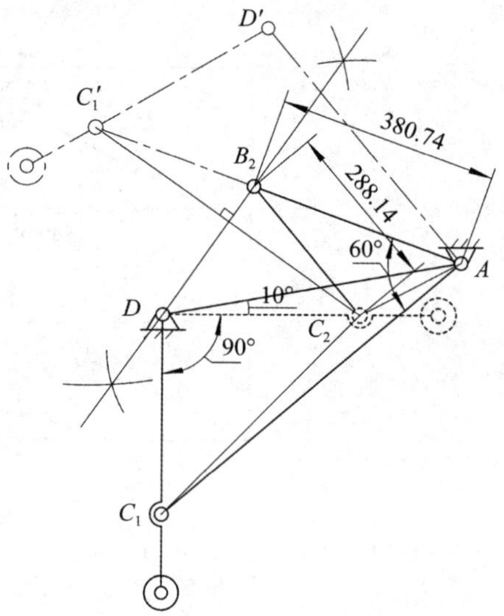

图 6-59 飞机起落架机构

(2) 解析法：根据图 6-58，在 $\triangle ADC_1$ 中，

$$l_{AC_1}=\sqrt{l_{DC_1}^2+l_{AD}^2-2l_{DC_1}l_{AD}\cos(90^\circ+10^\circ)}$$
$$=\sqrt{340^2+522^2-2\times340\times522\times\cos 100^\circ}=670.61$$

在 $\triangle ADC_2$ 中，

$$l_{AC_2}=\sqrt{l_{DC_2}^2+l_{AD}^2-2l_{DC_2}l_{AD}\cos(10^\circ)}$$
$$=\sqrt{340^2+522^2-2\times340\times522\times\cos 10^\circ}=196.26$$

$$\angle DAC_2=\cos^{-1}\left(\frac{l_{AC_2}^2+l_{AD}^2-l_{DC_2}^2}{2l_{AC_2}l_{AD}}\right)=\cos^{-1}\left(\frac{196.26^2+522^2-340^2}{2\times196.26\times522}\right)=17.51^\circ$$

在 $\triangle AC_1C_2$ 中，

$$l_{C_1C_2}=l_{DC}\sqrt{2}=340\sqrt{2}=480.83$$

$$\angle C_1AC_2=\cos^{-1}\left(\frac{l_{AC_2}^2+l_{AC_1}^2-l_{C_1C_2}^2}{2l_{AC_2}l_{AC_1}}\right)=\cos^{-1}\left(\frac{196.26^2+670.61^2-480.83^2}{2\times196.26\times670.61}\right)=12.45^\circ$$

因此，

$$\angle C_2AB_2=\angle C_1AB_2-\angle C_1AC_2=60^\circ-12.45^\circ=47.55^\circ$$

在 $\triangle AC_2B_2$ 中，

$$(l_{BC})^2=l_{AB}^2+(l_{AC_2})^2-2\times l_{AB}l_{AC_2}\cos(\angle C_2AB_2)$$

其中，
$$l_{BC}=l_{AC_1}-l_{AB}=670.71-l$$
代入上式：
$$(670.71-l_{AB})^2=l_{AB}^2+196.26^2-2\times196.26\times l_{AB}\times\cos(47.55°)$$
求解上述方程得
$$l_{AB}=382.11\ \text{mm},\ l_{BC}=288.66\ \text{mm}$$

6.5　平面多杆机构的应用

平面四杆机构是平面连杆机构的基础机构，在工程上应用十分广泛。但平面四杆机构所能实现的运动和功能有较大的局限性，相比于四杆机构，多杆机构功能就增加许多。

一、扩大从动件的动程或摆角

1. 扩大从动件动程

在曲柄滑块机构中，曲柄长度随滑块行程的增加而必须加大，但连杆与曲柄的长度必须保持一定的比值不变，因此机构占据的空间就会随之扩大。所以，用这种机构来实现从动件的大动程很不经济。此时，可以在曲柄摇杆机构的基础上连接一个 *PPR* 型 Ⅱ 级杆组来满足这种要求。如图 6-60 所示，滑块上 *F* 点的动程主要与曲柄 *AB* 的长度以及比值 l_{DE}/l_{DC} 有关，机构的行程速比系数 *K* 则取决于曲柄摇杆机构。

在工程实际中，如需要实现较显著的急回运动特性以及较大的从动件行程，还可以在摆动导杆机构上连接一个Ⅱ级杆组。如图 6-61 所示，在摆动导杆机构的导杆 3 及机架 6 上连接由构件 4、5 构成的 *PRP* 型 Ⅱ 级杆组，组成平面六杆机构，它能使从动滑杆 5 获得较大的行程，机构的行程速比系数取决于摆动导杆机构 *ABD*。

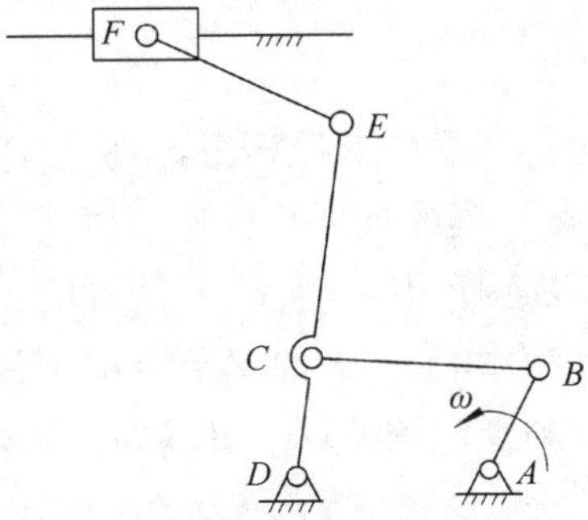

图 6-60　在曲柄摇杆机构上连接Ⅱ级杆组

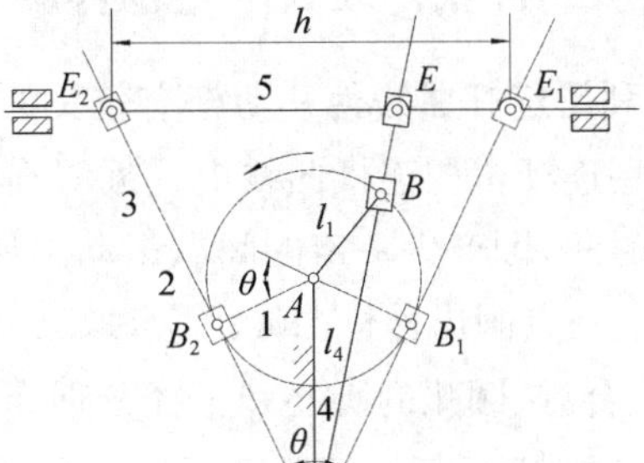

图 6-61　在摆动导杆机构上连接Ⅱ级杆组

2. 扩大从动杆摆角

在曲柄摇杆机构中，摇杆摆角 Ψ 受许用压力角$[\alpha]$等条件的限制，一般 $\Psi_{max}\leqslant 100°$。为了使从动件获得更大的摆角，可采用六连杆机构。图 6-62 所示的机构中，在曲柄摇杆机构 *ABCD* 的基础上添加 Ⅱ 级杆组 5-6，构件 3、5、6 和机架 4 组成导杆机构，即曲柄摇杆机构和导杆机构串联成六杆机构。当曲柄 AB 连续转动时，摇杆 CD 摆动某一角度，从而使从动摆杆 EF 获得更大的摆角。

3. **大幅度调节从动杆摆角**

在连杆机构中，适当调节某固定铰链点位置可改变从动杆摆角或动程。例如缝纫机送料装置中的六杆机构（图 6-63），机构运转时，构件 PGD（构件 6）被锁住作为机架，D 点相当于固定铰链点。如果缝纫机需要减小针脚密度，则将构件 PGD 绕 G 点顺时针转过一角度，即改变了 D 点位置，$\angle DCE(\beta)$ 随之增大，便可以满足减小针脚密度的要求。反之，若需要增大针脚密度，可以将 PGD 绕 G 点逆时针转过一定角度，β 角减小，从而缩短了从动杆 3 上 E 点的动程，杆 5 的摆角也随之减小。

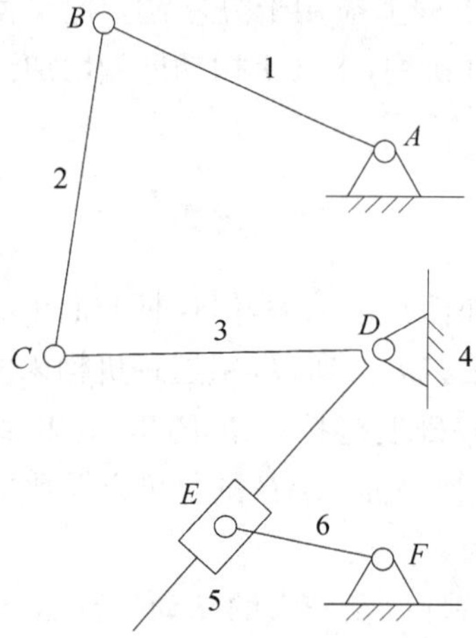

图 6-62 扩大从动杆摆角的六连杆机构（缝纫机摆梭机构）

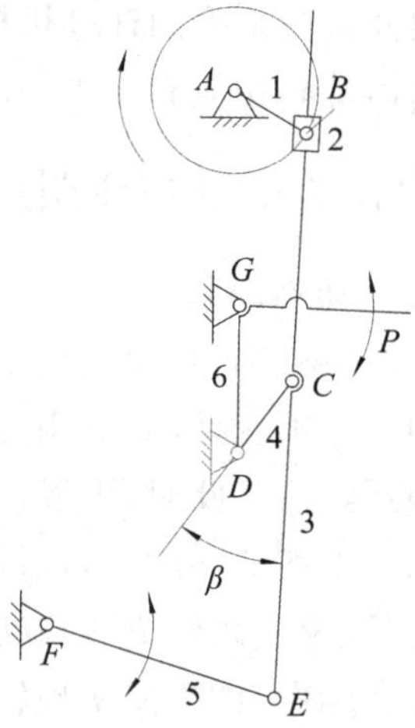

图 6-63 变固定铰链点位置调节从动杆摆角

二、使从动件获得较长的近似停歇时间

1. **利用连杆曲线使从动杆有较长的近似停歇时间**

利用连杆机构连杆曲线上的近似圆弧或直线部分，适当配置Ⅱ级杆组，使从动杆有较长的停歇时间，即产生一定的间歇运动。如图 6-64(a)所示，当曲柄摇杆机构 $ABCD$ 运动时，连杆 2 上 E 点画出连杆曲线 δ。今取某一段圆弧，使其与连杆曲线 δ 上 E_4 点附件的一段曲线 E_3E_5 重合，该圆弧的圆心和半径分别为 δ 在 E_4 点的曲率中心 F_4 和曲率半径 E_4F_4。然后，在 E 处铰接杆 4，其长度等于 E_4F_4，再用直线连接 F 点和固定铰链点 G，FG 即为从动杆 5。这样，当该六连杆机构的 E 点经过 $\overset{\frown}{E_3E_4}E_5$ 这段曲线时，杆 4 将绕 $F_4(F_3，F_5)$ 点转动，杆 5 相应地处于近似停歇位置。图 6-64(b)为该机构从动件 5 的角位移曲线。

2. **利用几个四杆机构的极限位置增大从动杆的近似停歇时间**

图 6-65 所示机构是由两个铰链四杆机构串联而成，一个是由构件 1、2、3 和机架 6 组成的曲柄摇杆机构，其中构件 1 为曲柄；另一个是由构件 3、4、5 和机架 6 组成的双摇杆机构。在 $ABCD$ 中，AB_0C_0 是曲柄 AB 与连杆 BC 拉直共线的时刻。当曲柄从 AB_1 顺指针转

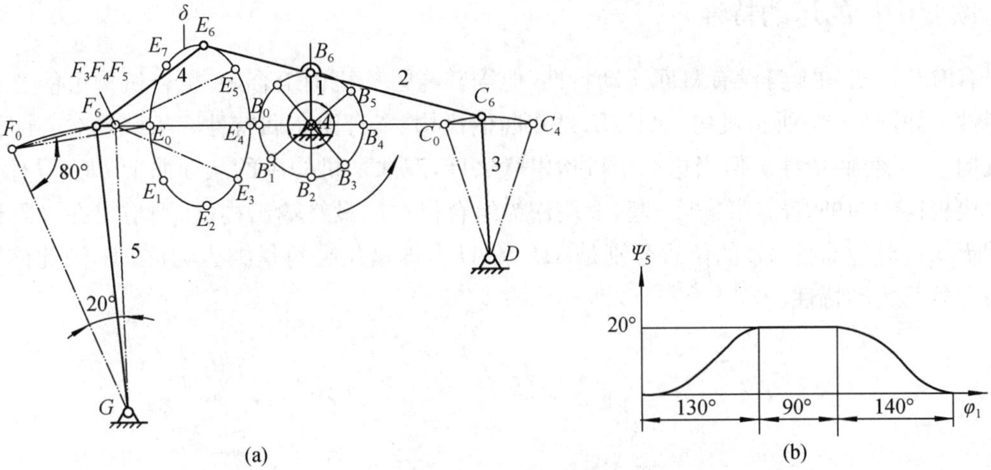

图 6-64　利用连杆曲线实现近似停歇

动 140°运动到 AB_5 位置的过程中,铰链点 C 将依次经过 C_1、C_2、C_3、C_4、C_5(其中,C_4 与 C_2、C_5 与 C_1 重合),即摇杆 DC 往复摆动一定角度。在双摇杆机构 $DCEF$ 中,连杆处在 C_2E_2(C_4E_4)位置时与摇杆 C_2D(C_4D)拉直共线。当摇杆 DC 摆动 $\angle C_1DC_3$($=\angle C_5DC_3$,C_1 与 C_5 重合)角度时,铰链点 E 的位置 E_1、E_3、E_5 接近与 E_2(E_4)重合。就是说,在图 6-65(a)所示的六杆机构中,当曲柄 AB 自 AB_1 顺时针方向转动到 AB_5 的过程中,从动摇杆 FE 将在 FE_2 处近似停歇。图 6-65(b)为该六杆机构从动件 FE 的角位移曲线,横坐标是曲柄 AB 的转角。

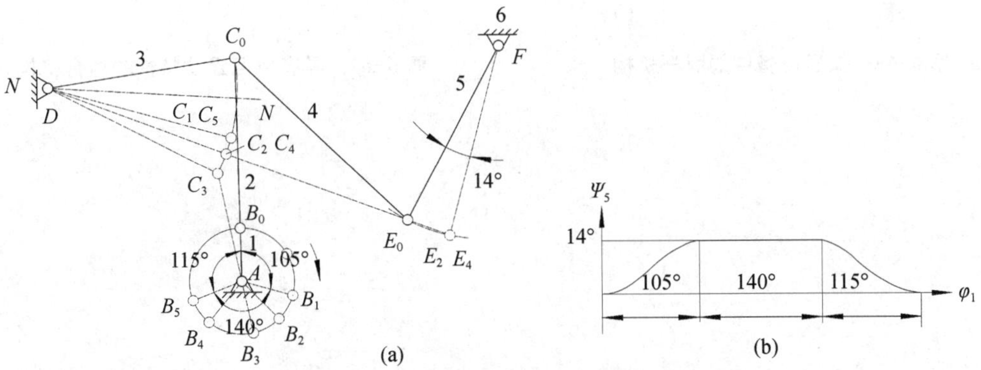

图 6-65　利用极限位置实现近似停歇

三、获得较大的机械效益

图 6-66 所示的机构是广泛应用于锻压设备中的肘杆机构。曲柄 1 为原动件,滑块 5 为输出构件(冲头),当构件 3 和 4 拉直共线时,由于速比 v_B/v_5 很大,故可用较小的力 F 产生很大的锻压力 G,就是说可获得很大的机械效益,以满足锻压工作的需要。

四、改变构件的运动特性

有时某一机构本身没有急回运动特性，但当其与另一机构组合后，组合机构可能会有急回特性。如图 6-67 所示机构，$ABCD$ 是双曲柄机构，本身无急回特性；DEF 是对心曲柄滑块机构，也无急回特性。但当这两个机构串联之后，双曲柄机构中的从动曲柄 DC 与对心曲柄滑块机构的曲柄 DE 固结在一起，滑块作为组合机构的最终输出构件，则滑块在极限位置 F' 和F''时，对应曲柄AB 的位置分别是AB' 和AB''，即极位夹角是θ，因为$\theta>0$，因此该组合机构有急回运动特性。

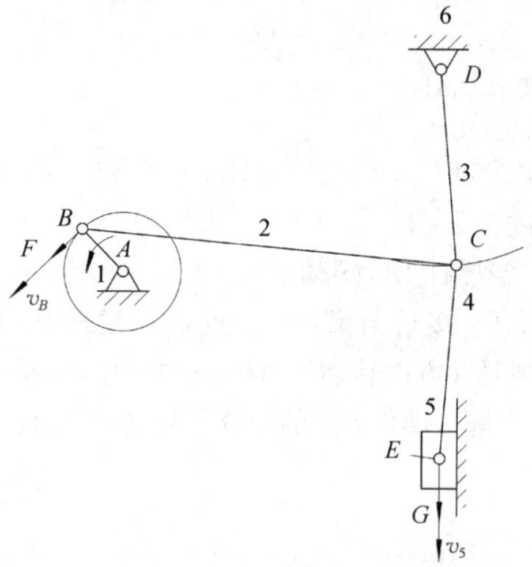

图 6-66 锻压设备中的肘杆机构

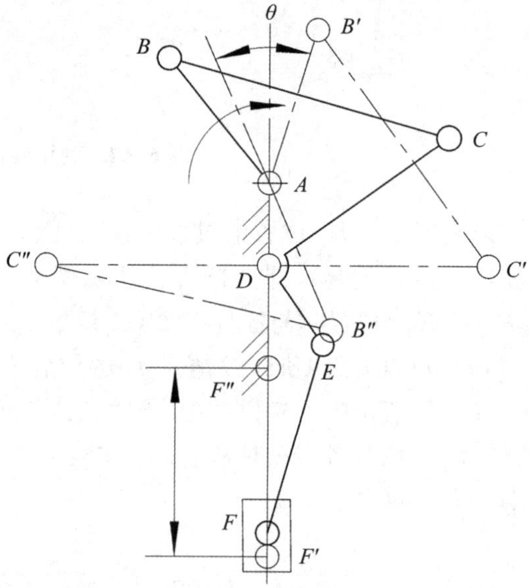

图 6-67 具有急回运动特性的组合机构

第七章 凸轮机构及其设计

本章主要内容：凸轮机构属于高副机构，分为平面凸轮机构与空间凸轮机构两大类。本章将介绍凸轮的类型和作用，从动件常用的几种运动规律和特点供设计时选用，以及平面凸轮机构设计方法和设计过程中要注意的问题。

7.1 概　　述

凸轮机构一般由凸轮、从动件和机架三个基本构件组成。凸轮是一个具有曲线轮廓或凹槽的构件，其在凸轮机构中通常作为主动件，一般作等速连续转动，也有作摆动、直线往复运动或复杂运动等。在凸轮机构中，从动件的运动一般为连续或间歇的往复移动或摆动。

凸轮机构结构紧凑、设计简单，只要设计出适当的凸轮轮廓尺寸并进行加工和装配，得到的凸轮机构便可使从动件按预定规律进行运动。凸轮机构在纺织、印刷、包装等各种自动化机械设备中得到广泛应用。但是，凸轮与从动件间为点或线接触，接触压强较大，接触部位易于磨损；部分凸轮轮廓的加工要求比较高，费用昂贵。

凸轮机构的设计方法有图解法和解析法。本章在介绍图解法时，将通过运动倒置法阐明凸轮轮廓设计中的基本概念。在介绍解析法时，将综合应用速度瞬心法和坐标变换法，力求推导方法统一，便于掌握，并使所得结果具有通用性。

在凸轮机构中，凸轮轮廓形状不仅取决于从动件的运动规律，还与该机构的基本尺寸和安装位置的空间结构有关。本章将讨论凸轮机构的基本尺寸与其压力角之间关系，并就如何合理确定凸轮机构基本尺寸提供指导性意见。

最后，本章对高速凸轮机构作简要介绍，以便读者了解凸轮机构是否视作高速凸轮机构处理，以及在设计高速凸轮机构时注意的问题。

7.2 凸轮机构的分类及封闭方式

一、凸轮机构的分类

凸轮机构的分类形式较多，一般可按凸轮和从动件的运动进行分类。按凸轮运动可分为转动凸轮和移动凸轮，转动凸轮如盘形凸轮、圆柱凸轮等；移动凸轮的回转中心趋于无穷远处，凸轮相对于机架做直线运动，该凸轮一般属于盘形凸轮，见表 7-1 所示。

按从动件的运动形式来分，有直动从动件和摆动从动件；按从动件与凸轮接触部分的形式分，有尖底从动件、滚子从动件及平底从动件，见表 7-2。按上述分类方法，表 7-1 中自左至右的凸轮机构分别称为平底直动从动件盘形凸轮机构、滚子摆动从动件圆柱凸轮机构与尖底直动从动件移动凸轮机构。

表 7-1 凸轮形式

转动凸轮		移动凸轮
盘形凸轮	圆柱凸轮	
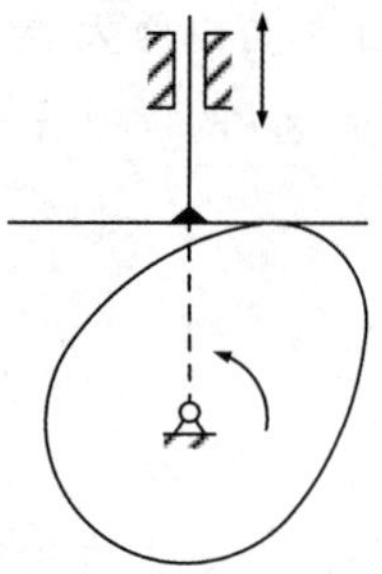	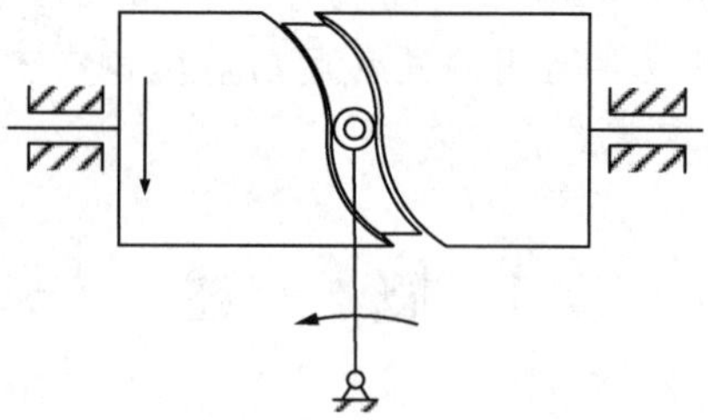	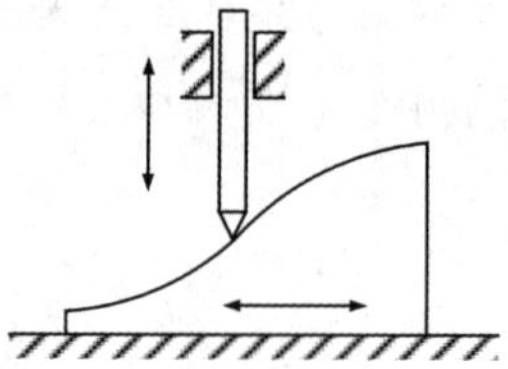

表 7-2 从动件形式

从动件	直动	摆动
尖底	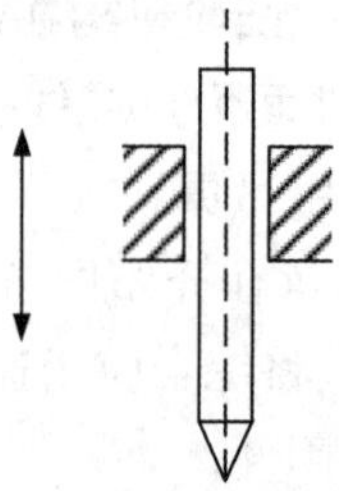	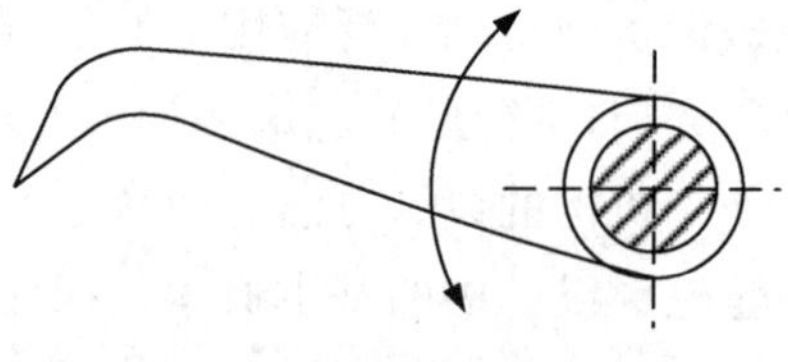
滚子	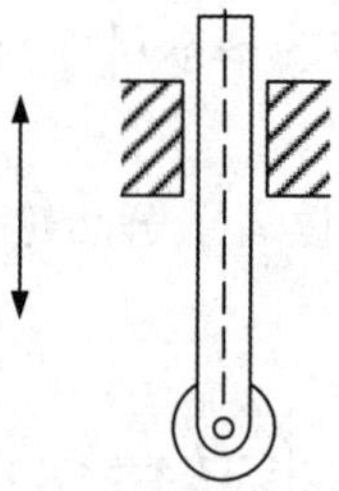	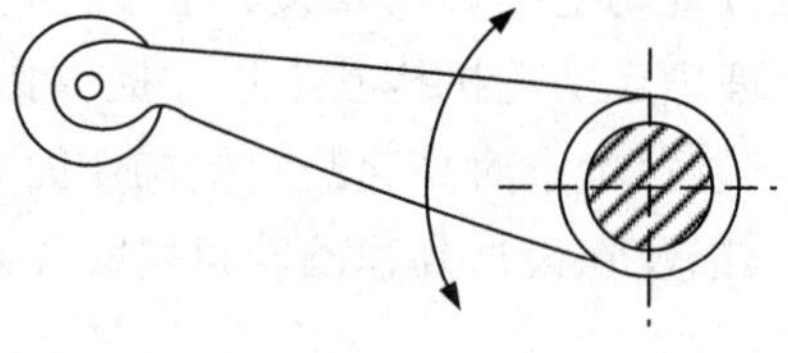
平底	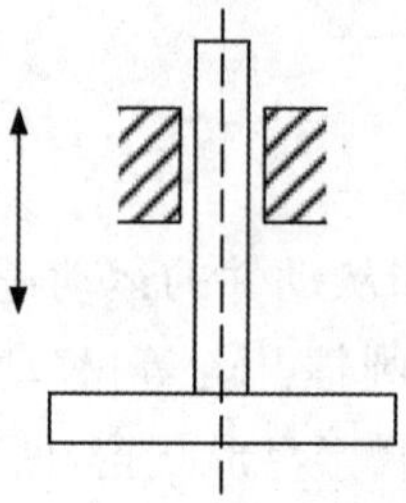	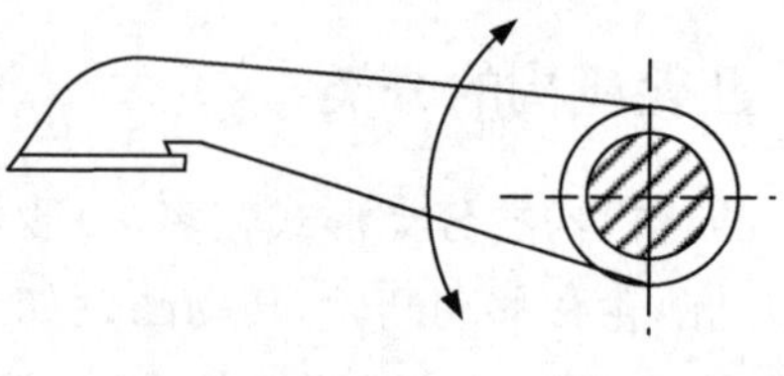

在盘形凸轮机构中，直动从动件的运动方向与凸轮轴线垂直，摆动从动件的运动平面与凸轮轴线垂直；而在圆柱凸轮机构中，从动件的运动平面则与凸轮轴线平行。所以，盘形凸轮机构及圆柱凸轮机构分别属于平面机构和空间机构。凸轮轴线与从动件运动方向或运动平面的相对位置关系，是确定选用不同类型凸轮机构的重要依据。

对从动件的不同形式，也要根据具体情况选用。尖底从动件结构简单，但易磨损，故在实际生产中应用相对较少。滚子从动件可改善其与凸轮间的接触条件，其应用最为广泛。平底从动件结构较简单，且可改善它与凸轮间的受力情况，但这种从动件只能与轮廓全部外凸的盘形凸轮相配合，一般在润滑相当充足的条件下使用比较适宜。

二、凸轮与从动件的封闭方式

为了使凸轮机构能正常工作，设计时要保证凸轮轮廓与从动件之间在工艺运动范围内始终相接触，这种作用称为封闭（又称锁合）。凸轮与从动件间的封闭方式见表 7-3。

表 7-3　凸轮机构的封闭方式

力封闭	形封闭			
	沟槽凸轮	等宽凸轮	等径凸轮	共轭凸轮
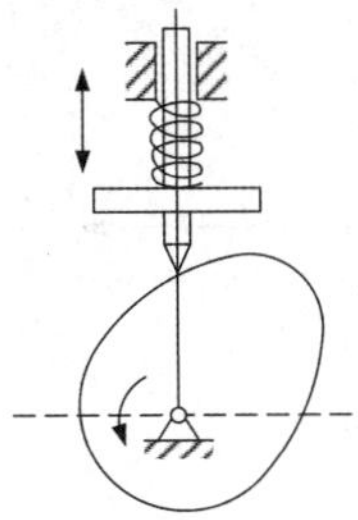	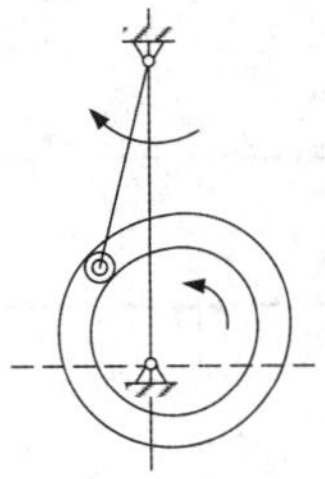	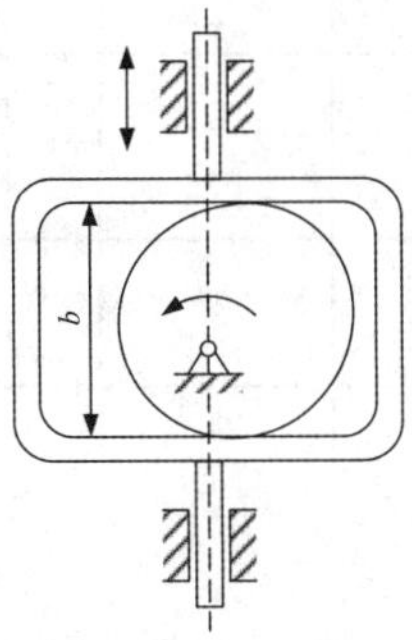	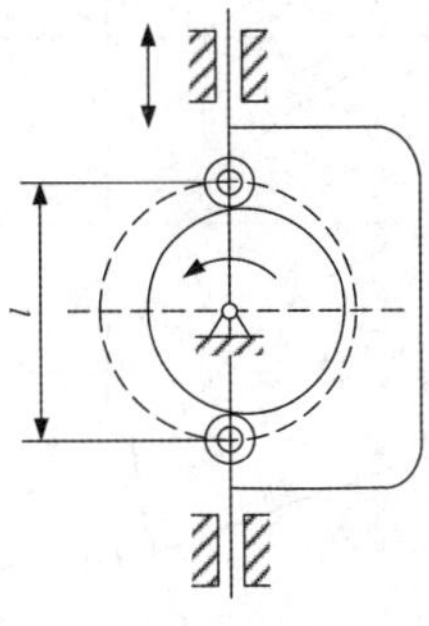	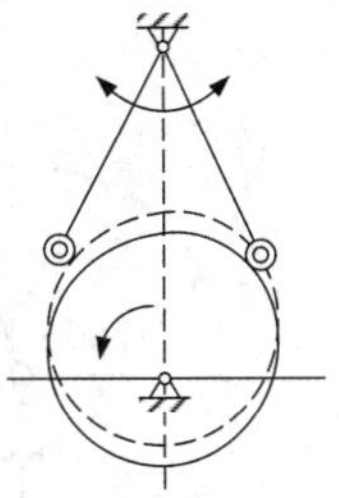

1. 力封闭

这种封闭方式是利用从动件的重力、弹簧力或其他外力使从动件与凸轮轮廓始终保持接触。

2. 形封闭

形封闭是依靠凸轮与从动件的特殊几何结构来保持两者始终接触。常见的有：

（1）沟槽凸轮。依靠凸轮沟槽的两边使从动件与凸轮保持接触。

（2）等宽凸轮。从动件做成框架形状，而凸轮轮廓上任意两条平行切线间的距离总是等于框架内边的宽度 b，从而使凸轮与从动件始终接触。该凸轮在 180°范围内的轮廓可按从动件运动规律设计，而余下部分的轮廓需根据等宽的条件来确定。

（3）等径凸轮。凸轮理论轮廓上相反的两向径值之和为常数的滚子从动件盘形凸轮。从动件上装有相距为 l 的两个相同滚子，其中心连线通过凸轮轴心，凸轮轮廓应始终保持与两滚子接触，以推动从动件往复运动。与等宽凸轮类似，等径凸轮在 180°范围内的轮廓，可按从动件的运动规律设计，而其余 180°的轮廓需根据等径条件确定。

(4) 共轭凸轮。为了克服上述两种凸轮只能在180°转角范围内实现从动件预期运动规律的缺点，出现了共轭凸轮(或称主回凸轮)，它由彼此固结在一起的一对凸轮组成，主凸轮和副凸轮分别控制从动件的推程和回程，使从动件与凸轮保持锁合。通常，主凸轮轮廓可全部根据从动件的运动规律设计，而副凸轮轮廓则应以主凸轮轮廓为基准予以确定。

7.3 凸轮机构的基本名词术语

图7-1(a)所示凸轮机构，从动件处于开始上升的位置，当凸轮沿逆时针方向转动Φ_0角($\angle BOB'$)，从动件运动至最高位置，其动程为h；凸轮再转动$\Phi_s(=\theta_s)$角，从动件在上面静止；凸轮继续转动Φ_0'角，从动件下降h；凸轮再转动$\Phi_s'(=\theta_s')$角，从动件在下面静止。从动件位移曲线如图7-1(b)所示，其横坐标为凸轮的角位移φ或时间t(设凸轮角速度ω为常数)，纵坐标为从动件位移s。下面根据该图介绍凸轮机构的名词术语。

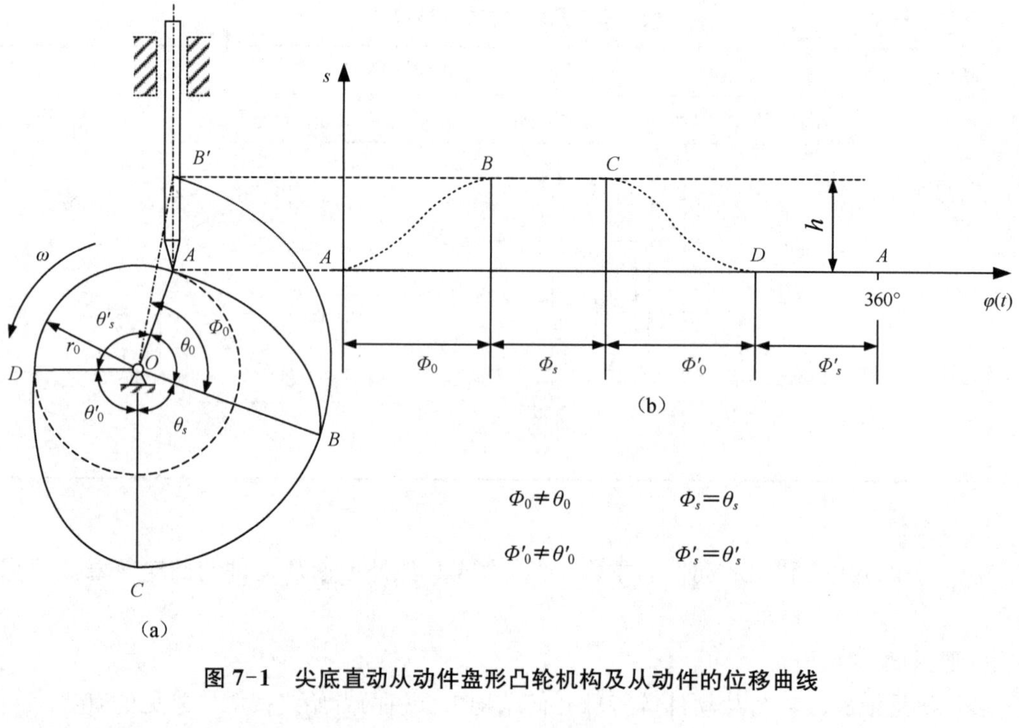

图7-1 尖底直动从动件盘形凸轮机构及从动件的位移曲线

凸轮基圆：以凸轮转动轴心为圆心、凸轮理论轮廓上与转动轴心最短距离为半径(即：最小向径)所画的圆称为该凸轮的基圆；r_0为基圆半径。

从动件推程：从动件远离凸轮轴心的行程。

从动件回程：从动件趋向凸轮轴心的行程。

推程运动角：与从动件推程相对应的凸轮转角，用Φ_0表示。

回程运动角：与从动件回程相对应的凸轮转角，用Φ_0'表示。

近休止角：从动件在距凸轮轴心最近处停歇时凸轮对应的转角，以Φ_s'表示。

远休止角：从动件在距凸轮轴心最远处停歇时凸轮对应的转角，以Φ_s表示。

升-停-回-停运动：从动件的近休止角和远休止角均不等于零的双停歇运动（$\Phi_s \neq 0$，$\Phi_s{}' \neq 0$）。

升-停-回运动：从动件近休止角等于零的单停歇运动（$\Phi_s \neq 0$）。

升-回-停运动：从动件远休止角等于零的单停歇运动（$\Phi_s' \neq 0$）。

升-回运动：从动件行程两端均无停歇的运动（$\Phi_s = \Phi_s' = 0$）。

请注意凸轮轮廓的向径角与其转角的区别。前者是凸轮轮廓曲线的极坐标值之一，仅取决于其廓线；后者属于运动学范畴，它不仅取决于凸轮廓线，还与凸轮机构形式及其结构尺寸有关。在一般情况下，凸轮廓线的向径角与其对应转角的数值是不相等的。如图 7-1 所示凸轮机构，凸轮廓线自 A 点至 B 点的向径角为 θ_0，凸轮相应的转角为 Φ_0，$\Phi_0 \neq \theta_0$；同理，$\Phi_0' \neq \theta_0'$。但是，凸轮廓线上的远休止弧 $\overset{\frown}{BC}$ 和近休止弧 $\overset{\frown}{DA}$ 所对的圆心角 θ_s 和 θ_s' 与凸轮相应的转角 Φ_s 和 Φ_s' 分别相等，即 $\Phi_s = \theta_s$，$\Phi_s' = \theta_s'$。

7.4　常用的从动件运动规律

凸轮机构设计的基本任务包括：1）根据机器工作要求选择凸轮机构的类型，2）确定机构的结构尺寸，3）拟定从动件的运动规律，4）根据从动件运动规律曲线设计凸轮轮廓。因此，按照机器的工艺要求确定从动件的运动规律是凸轮轮廓设计的基础。本节主要介绍常用的几种运动规律的特点、解析式及其选用原则。

一、基本运动规律

1. 等速运动规律

从动件在推程时的位移、速度和加速度方程式分别为

$$\left.\begin{aligned} s &= \frac{h\varphi}{\Phi_0} \\ v &= \frac{h\omega}{\Phi_0} \\ a &= 0 \end{aligned}\right\} \tag{7-1}$$

式中：h 为从动件动程；Φ_0 为凸轮推程运动角；ω 为凸轮角速度（常数）。与式（7-1）相对应的从动件运动规律曲线如图 7-2 所示。

这种运动规律虽有稳定的速度，但在从动件行程的始末位置有正负无穷大的加速度，理论上产生无穷大的惯性力，出现极大的冲击，通常称为刚性

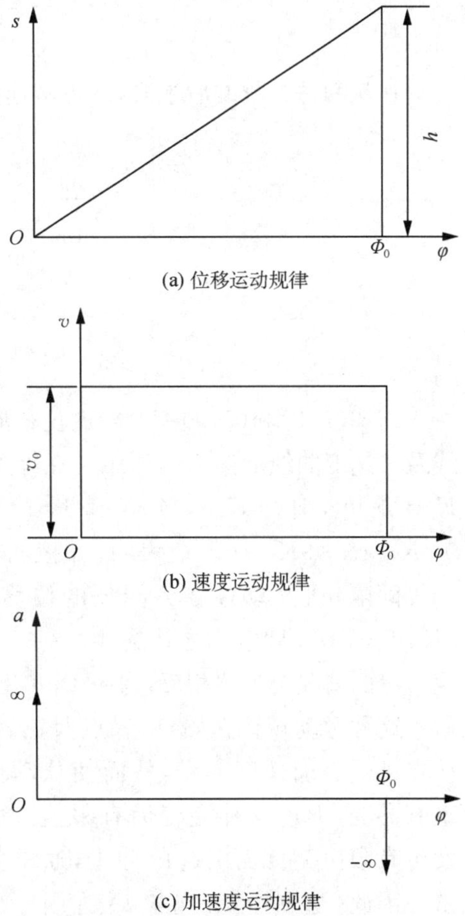

图 7-2　等速运动规律

冲击。在正无穷大加速度时，从动件对凸轮的压力将骤然加大；在负无穷大加速度时，从动件与凸轮之间可能造成瞬间脱离，必然增加锁合构件的受力。所以，等速运动规律只适用于低速运转的凸轮机构。

2. 等加速等减速运动规律

为了保证从动件行程始末两端的速度为零，这种运动规律由等加速和等减速两段组成。通常，加速度与减速度的绝对值相等。在这种条件下，从动件速度由零加速到末速 v_{max} 所用的时间，必须等于从动件减速时由初速 v_{max} 减速至零所用的时间，即各为 $T_0/2$；从动件在加速和减速段所完成的位移也必相等，即各为 $h/2$。设凸轮匀速转动，则与上述两阶段对应凸轮转角也随之相等，即各为 $\Phi_0/2$。

在从动件推程的前半段，即等加速阶段位移、速度与加速度的方程式分别为

$$\left.\begin{aligned} s &= 2h\left(\frac{\varphi}{\Phi_0}\right)^2 \\ v &= 4h\omega\frac{\varphi}{\Phi_0^2} \\ a &= \frac{4h\omega^2}{\Phi_0^2} \end{aligned}\right\} \quad (0 \leqslant \varphi \leqslant \Phi_0/2) \tag{7-2}$$

在从动件推程的后半段，即等减速阶段位移、速度与加速度的方程式分别为

$$\left.\begin{aligned} s &= h - \frac{2h}{\Phi_0^2}(\Phi_0-\varphi)^2 \\ v &= \frac{4h\omega}{\Phi_0^2}(\Phi_0-\varphi) \\ a &= -\frac{4h\omega^2}{\Phi_0^2} \end{aligned}\right\} \quad (\Phi_0/2 \leqslant \varphi \leqslant \Phi_0) \tag{7-3}$$

与式(7-2)和(7-3)相对应的位移曲线、速度曲线及加速度曲线如图 7-3 所示。在等加速阶段，令 $K=2h/\Phi_0^2$，则 $s=K\varphi^2$，当 $\varphi=0, 1, 2, 3, \cdots$ 时，$s=0, K, 4K, 9K, \cdots$。这表明，如把凸轮转角分成相等间隔，则从动件在各间隔的位移依次为 K，$3K$，$5K$，…，即它们之比为 1∶3∶5∶…。等减速阶段的情况与上述相反，为…∶5∶3∶1。

这种运动规律在始点、末点及正、负加速度交接点处仍有加速度突变，从而使从动件的惯性力也有突变，不过这种突变为有限值。由于加速度发生有限值突变而引起的冲击，通常称为柔性冲击。因此，这种运动规律只适用于低、中速的场合。

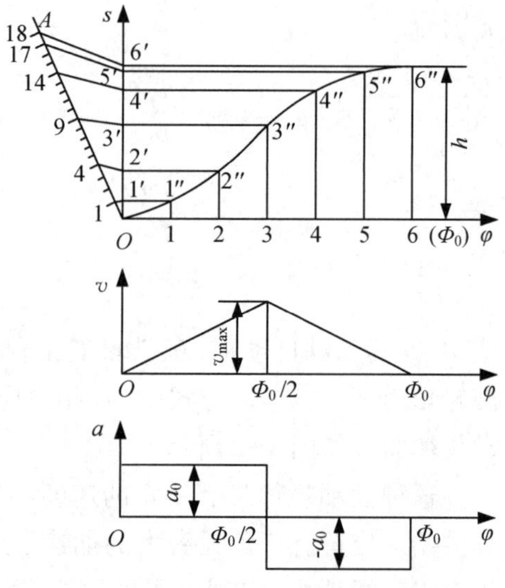

图 7-3　等加速等减速运动规律

3. **余弦加速度运动(简谐运动)规律**

曲柄移动导杆机构中导杆能实现简谐运动，对其每一行程，曲柄相应转角为180°。如欲使从动件实现简谐运动，而原动件转角非180°，则可采用凸轮机构来实现。设从动件动程为h，凸轮推程运动角为Φ_0，它对应于曲柄移动导杆机构中曲柄的转角180°(π)，则凸轮与曲柄对应的角位移φ与φ_1有如下关系：$\varphi:\varphi_1=\Phi_0:\pi$，即

$$\varphi_1=\frac{\pi}{\Phi_0}\varphi \tag{7-4}$$

将式(7-4)及$l_1=h/2$代入式$s=l_1(1-\cos\varphi_1)$，并对时间依次求一阶、二阶导数，得凸轮机构中从动件作简谐运动的位移、速度和加速度方程分别为

$$\left.\begin{aligned}s&=\frac{h}{2}\left(1-\cos\frac{\pi}{\Phi_0}\varphi\right)\\v&=\frac{\pi h\omega}{2\Phi_0}\sin\frac{\pi}{\Phi_0}\varphi\\a&=\frac{\pi^2h\omega^2}{2\Phi_0^2}\cos\frac{\pi}{\Phi_0}\varphi\end{aligned}\right\} \tag{7-5}$$

余弦加速度运动的运动规律曲线如图7-4所示。

由式(7-5)及图7-4知，余弦加速度运动规律在始末两点加速度有突变，也会引起柔性冲击，一般只适用于中速场合。当从动件作余弦加速度的升-回运动时，如推程运动角与回程运动角相等，即$\Phi_0=\Phi_0'=180°$，则仍可获得连续的加速度曲线，避免了柔性冲击。这种凸轮机构与曲柄移动导杆机构的运动特性相同，此时已无必要采用凸轮机构。

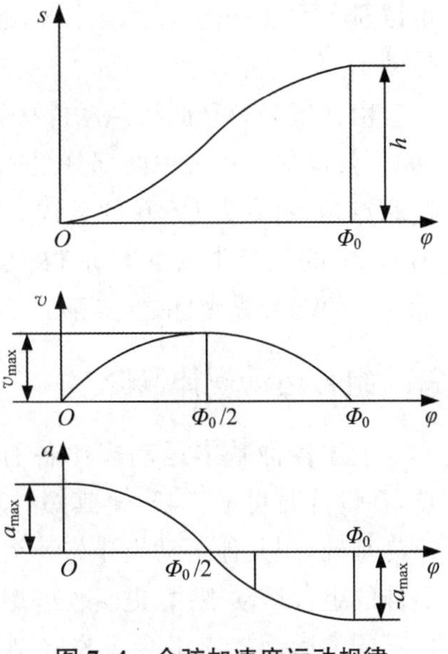

图7-4　余弦加速度运动规律

4. **正弦加速度运动规律**

这种运动规律的加速度方程是整周期的正弦曲线，即

$$\left.\begin{aligned}a&=C_1\sin\frac{2\pi}{T_0}t\\v&=\int a\,\mathrm{d}t=-C_1\frac{T_0}{2\pi}\cos\frac{2\pi}{T_0}t+C_2\\s&=\int v\,\mathrm{d}t=-C_1\frac{T_0{}^2}{4\pi^2}\sin\frac{2\pi}{T_0}t+C_2t+C_3\end{aligned}\right\} \tag{7-6}$$

式中系数C_1、C_2和C_3由从动件推程时的边界条件确定；当$t=0(\varphi=0)$时，$s=0$，$v=0$，则

$$C_2=\frac{C_1T_0}{2\pi};\ C_3=0$$

又当 $t=T_0(\varphi=\Phi_0)$ 时，$s=h=C_2T_0$，则

$$C_2=\frac{h}{T_0};\ C_1=\frac{2\pi h}{T_0^2}$$

代入式(7-6)，并以 φ/ω、Φ_0/ω 分别代替 t、T_0，经演化后得

$$\left.\begin{aligned}s&=h\left(\frac{\varphi}{\Phi_0}-\frac{1}{2\pi}\sin\frac{2\pi}{\Phi_0}\varphi\right)\\v&=\frac{h\omega}{\Phi_0}\left(1-\cos\frac{2\pi}{\Phi_0}\varphi\right)\\a&=\frac{2\pi h\omega^2}{\Phi_0^2}\sin\frac{2\pi}{\Phi_0}\varphi\end{aligned}\right\}\tag{7-7}$$

正弦加速度规律的运动曲线如图 7-5 所示。由此知，从动件作正弦加速度运动时其加速度无突变，可以避免柔性冲击及刚性冲击，故比较适用于高速传动。

由式(7-7)可知，当从动件按正弦加速度规律运动时，其位移方程式由两部分组成：第一部分代表通过原点 O、斜率为 h/Φ_0 的直线，第二部分代表振幅为 $h/2\pi$ 的正弦曲线。从动件的位移曲线上的纵坐标为这两部分纵坐标之差(第二部分有正负值)。

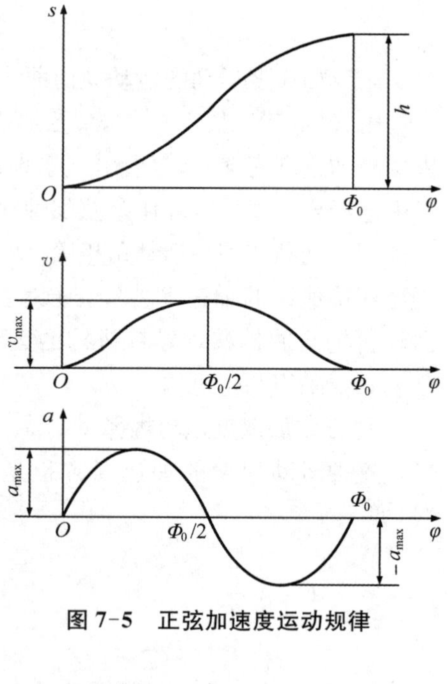

图 7-5 正弦加速度运动规律

二、组合运动规律简介

上述各种基本运动规律各有一定的优点和缺点，在设计时可取其长，避其短，以某种基本运动规律为基础，用其他运动规律与其组合，从而获得性能更佳的组合运动规律(也叫改进型运动规律)。当采用不同的运动规律组合成改进型运动规律时，必须满足的边界条件是，两种运动规律在连接点处的位移、速度和加速度应分别相等。下面介绍几种典型的组合运动规律。

1. 改进型等速运动规律

由前所述，等速运动规律在始末两点存在刚性冲击，故须加以改进。图 7-6 所示为正弦加速度与等速运动规律组合而成的改进型等速运动规律，凸轮的推程运动角 Φ_0 分为三段：φ_1 段和 φ_3 段为半个周期的正弦加速度运动规律，φ_2 段为等速运动规律。这种组合运动规律无刚性冲击和柔性冲击。通常取 $\varphi_1=\varphi_3=\varphi_2/2=\Phi_0/4$。

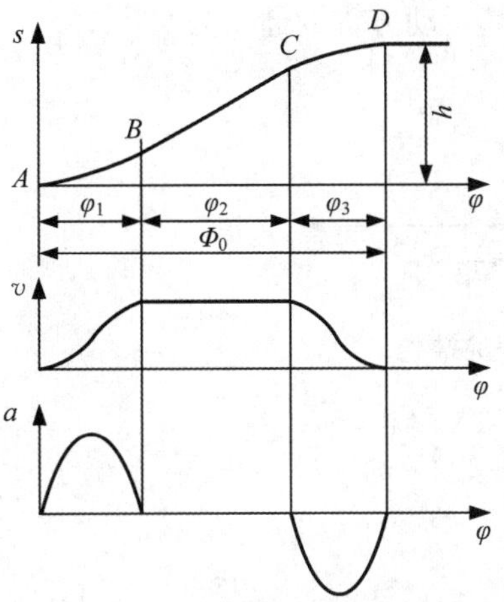

图 7-6　正弦加速度与等速运动规律组合的改进型等速运动规律曲线

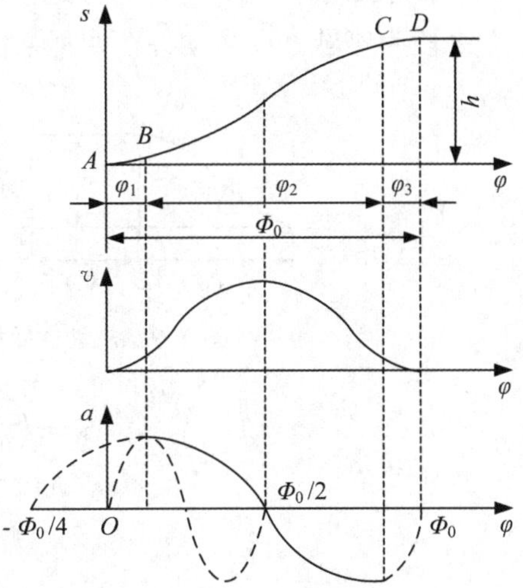

图 7-7　改进型正弦加速度运动曲线

2. 改进型正弦加速度运动规律

正弦加速度运动规律始末两点的加速度均为零，在其附近运动十分缓慢，必然提高从动件行程中间的速度(最大速度)。为了改进这一点，我们将其行程始末两端及中间部分采用不同周期的正弦加速度运动规律光滑衔接，成为改进型正弦加速度运动规律。这种运动规律的位移、速度和加速度曲线如图 7-7 所示。凸轮推程运动角 Φ_0 分为三段：φ_1、φ_2 和 φ_3，通常取 $\varphi_1=\varphi_3=\varphi_2/6=\Phi_0/8$。此时，$\varphi_1$、$\varphi_3$ 段分别为周期等于 $\Phi_0/2$ 的正弦加速度运动规律的第一象限曲线和第四象限曲线，φ_2 段为周期等于 $3\Phi_0/2$ 的第二、第三象限曲线。

3. 改进型梯形加速度运动规律

等加速等减速运动规律在其始末两点以及正负加速度交接处加速度突变，存在柔性冲击。为了克服这一缺点，可在其始末两端及中间交接处用适当的正弦加速度运动规律光滑过渡，组成改进型梯形加速度运动规律，如图 7-8 所示。AB 段为周期等于 $\Phi_0/2$ 的正弦加速度运动规律第一象限曲线，BC 段为等加速曲线，CD 段为周期等于 $\Phi_0/2$ 的正弦加速度运动规律第二、第三象限曲线，DE 段为等减速曲线，EF 段为周期等于 $\Phi_0/2$ 的正弦加速度运动规律第四象限曲线。

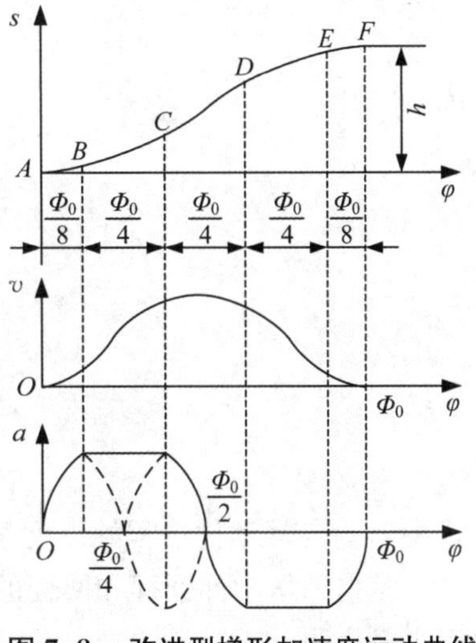

图 7-8　改进型梯形加速度运动曲线

三、从动件升-停-回-停运动的方程

升-停-回-停运动为从动件运动的一般情况，其他如升-停-回、升-回-停与升-回运动均为其特例。上列式(7-1)～(7-7)适用于从动件推程。对于回程方程，也可采用类似推程方程的推导方法求得，但比较麻烦。下面介绍回程方程更简捷的推导方法。

图 7-9 所示为从动件作升-停-回-停运动的位移曲线，AB 段为推程，BC 段为停歇，CD 段为回程，DA 段为停歇。设从动件在回程某位置 K，其运动方程的通式为

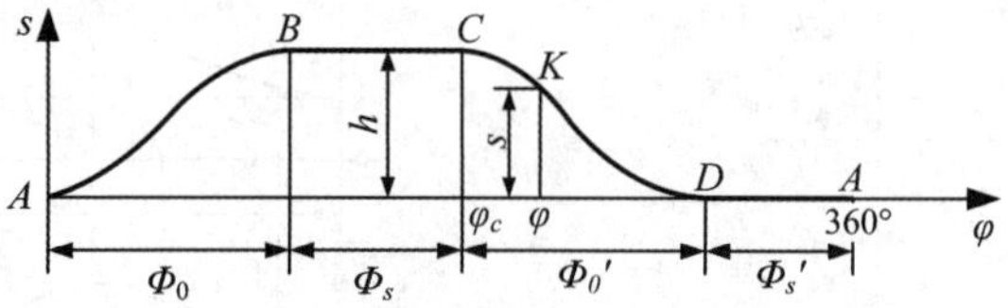

图 7-9　从动件回程位移方程的推导

$$\left.\begin{aligned} s_{回} &= h - s_{升} \\ v_{回} &= -v_{升} \\ a_{回} &= -a_{升} \end{aligned}\right\} \tag{7-8}$$

式中：$s_{升}$、$v_{升}$ 和 $a_{升}$ 按相同运动规律升程时的方程式(7-1)、(7-2)、(7-3)、(7-5)或(7-7)确定，但其中 Φ_0 用 Φ_0' 代替，φ 用 $\varphi-\varphi_c$ 代替，φ_c 为回程起始时凸轮转角，$\varphi_c=\Phi_0+\Phi_s$。

例如，与式(7-7)相对应的正弦加速度规律回程运动方程可直接按式(7-8)导出

$$\left.\begin{aligned} s &= h - h\left[\frac{\varphi-\Phi_0-\Phi_s}{\Phi_0'} - \frac{1}{2\pi}\sin\frac{2\pi}{\Phi_0'}(\varphi-\Phi_0-\Phi_s)\right] \\ v &= -\frac{h\omega}{\Phi_0'}\left[1-\cos\frac{2\pi}{\Phi_0'}(\varphi-\Phi_0-\Phi_s)\right] \\ a &= -\frac{2\pi h\omega^2}{\Phi_0'^2}\sin\frac{2\pi}{\Phi_0'}(\varphi-\Phi_0-\Phi_s) \end{aligned}\right\}$$

即

$$\left.\begin{aligned} s &= h\left[1-\frac{\varphi-\Phi_0-\Phi_s}{\Phi_0'} + \frac{1}{2\pi}\sin\frac{2\pi}{\Phi_0'}(\varphi-\Phi_0-\Phi_s)\right] \\ v &= -\frac{h\omega}{\Phi_0'}\left[1-\cos\frac{2\pi}{\Phi_0'}(\varphi-\Phi_0-\Phi_s)\right] \\ a &= -\frac{2\pi h\omega^2}{\Phi_0'^2}\sin\frac{2\pi}{\Phi_0'}(\varphi-\Phi_0-\Phi_s) \end{aligned}\right\} \tag{7-8a}$$

式中 φ 为自从动件推程始点度量的凸轮转角。

掌握了从动件推程和回程的运动方程，很易确定其在一个运动周期中的运动方程。下面举例说明。

例题 7-1　摆动从动件作升-停-回-停运动。当凸轮回转 120°，从动件以等加速等减速运动规律向外摆动 30°；凸轮再回转 60°，从动件静止；凸轮继续回转 120°，从动件以正弦加速度运动规律摆回 30°；凸轮再回转 60°，从动件又静止。试确定从动件在一个运动周期中的位移、速度和加速度方程。

解： 建立从动件运动方程，主要是为了应用计算机辅助设计凸轮轮廓。为此，凸轮转角

φ 应统一自同一起点度量(一般取推程始点),以弧度计。

(1) 从动件推程运动方程　本题为摆动从动件,将式(7-2)、(7-3)中的 h、s、v 和 a 分别更换为动程角 β_m、角位移 β、角速度 Ω 和角加速度 α。根据题意,$\Phi_0=2\pi/3$,$\beta_m=\pi/6$,代入得

$0\leqslant\varphi\leqslant\pi/3$ 等加速段:

$$\left.\begin{aligned}\beta&=\frac{\pi}{3}\left(\frac{3\varphi}{2\pi}\right)^2\\\Omega&=\left(\frac{3\varphi}{2\pi}\right)\omega\\\alpha&=\frac{3}{2\pi}\omega^2\end{aligned}\right\}$$

$\pi/3\leqslant\varphi\leqslant 2\pi/3$ 等减速段:

$$\left.\begin{aligned}\beta&=\frac{\pi}{6}\left[1-2\left(1-\frac{3\varphi}{2\pi}\right)^2\right]\\\Omega&=\left(1-\frac{3\varphi}{2\pi}\right)\omega\\\alpha&=-\frac{3}{2\pi}\omega^2\end{aligned}\right\}$$

(2) 从动件远休止阶段

$2\pi/3\leqslant\varphi\leqslant\pi$:$\beta=\pi/6$,$\Omega=0$,$\alpha=0$。

(3) 从动件回程运动方程　将式(7-8(a))中的 h、s、v 和 a 分别更换为 β_m、β、Ω 和 α,根据题意,以 $\Phi_0=2\pi/3$,$\Phi_s=\pi/3$,$\Phi_0'=2\pi/3$ 和 $\beta_m=\pi/6$ 代入得

$\pi\leqslant\varphi\leqslant 5\pi/3$:

$$\left\{\begin{aligned}\beta&=\frac{\pi}{6}\left[\frac{5}{2}-\frac{3\varphi}{2\pi}+\frac{1}{2\pi}\sin 3(\varphi-\pi)\right]\\\Omega&=\frac{1}{4}[\cos 3(\varphi-\pi)-1]\omega\\\alpha&=-\frac{3}{4}\omega^2\sin 3(\varphi-\pi)\end{aligned}\right.$$

(2) 从动件近休止阶段

$5\pi/3\leqslant\varphi\leqslant 2\pi$:$\beta=0$,$\Omega=0$,$\alpha=0$。

四、从动件运动规律的选择

在选择从动件的运动规律时,除了要考虑刚性冲击与柔性冲击以外,还应当对各种运动规律所产生的最大速度 v_{max}、最大加速度 a_{max} 及其影响加以分析和比较。v_{max} 越大,从动件系统的动量越大,其在启动、停车或突然受阻时,将产生很大的冲击力。a_{max} 越大,从动件系统的惯性力越大。由惯性力引起的运动副中的动压力,对机构的振动、强度及磨损都有较大

的影响。

对于重载凸轮机构，考虑到从动件系统质量很大，为了控制其动量的最大值，应选择 v_{max} 较小的运动规律；对于高速凸轮机构，为了减小从动件系统的最大惯性力，应选择 a_{max} 较小的运动规律。表 7-4 列出了上述几种常用运动规律的 v_{max}、a_{max} 及冲击特性，并给出它们的应用范围，供选择从动件运动规律时参考。

表 7-4 几种常用运动规律特性比较

运动规律	v_{max} $\frac{h\omega}{\Phi_0}\times$	a_{max} $\frac{h\omega^2}{\Phi_0^2}\times$	冲击	应用
等速	1.00	∞	刚性	低速轻负荷
改进型等速(正弦)	1.33	8.38	—	低速重负荷
等加速等减速	2.00	4.00	柔性	中速轻负荷
余弦加速度	1.57	4.93	柔性	中低速中负荷
正弦加速度	2.00	6.28	—	中高速轻负荷
改进型正弦加速度	1.76	5.53	—	中高速重负荷
改进型梯形加速度	2.00	4.89	—	高速轻负荷

7.5 用图解法设计盘形凸轮轮廓

设计凸轮轮廓的方法有图解法和解析法。图解法直观性强，作图误差较大，适用于精度要求较低的凸轮设计中。通过图解法能进一步理解凸轮轮廓设计原理及一些基本概念。

一、尖底从动件盘形凸轮

1. 尖底直动从动件盘形凸轮

已知：从动件位移曲线(图 7-10(a))，从动件尖底导路 B_0y 相对于凸轮轴心 O 的偏距 e，凸轮基圆半径 r_0 及其转向为顺时针。要求：设计凸轮轮廓。

设计步骤：

(1) 在从动件位移曲线的横坐标上，将代表凸轮转角的线段 $\overline{OB}$ 分成若干等分得 0，1，2，3，… 各点，过这些点作一系列垂直线与位移曲线相交，即得从动件对应的位移 $11'$，$22'$，$33'$，…。

(2) 据给定的偏距 e 和基圆半径 r_0，确定凸轮轴心 O 位置。以 O 为圆心、$r_0(\overline{OB_0})$ 为半径画基圆。以 O 为圆心、$e(\overline{OK_0})$ 为半径画偏距圆(图 7-10(b))。

(3) 按运动倒置法(反转法)设计凸轮轮廓。将凸轮固定而释放从动件导槽，此时从动件一方面随其导槽以 $-\omega$ 方向回转，另一方面按给定位移曲线沿导槽作相对位移，尖底 B 的轨迹即为所求凸轮轮廓。据此，以偏距圆半径 OK_0 为基准线等分凸轮转角，与位移曲线图上横坐标相对应，得到 OK_1，OK_2，OK_3，…，它们的标号顺序与凸轮转向相反。

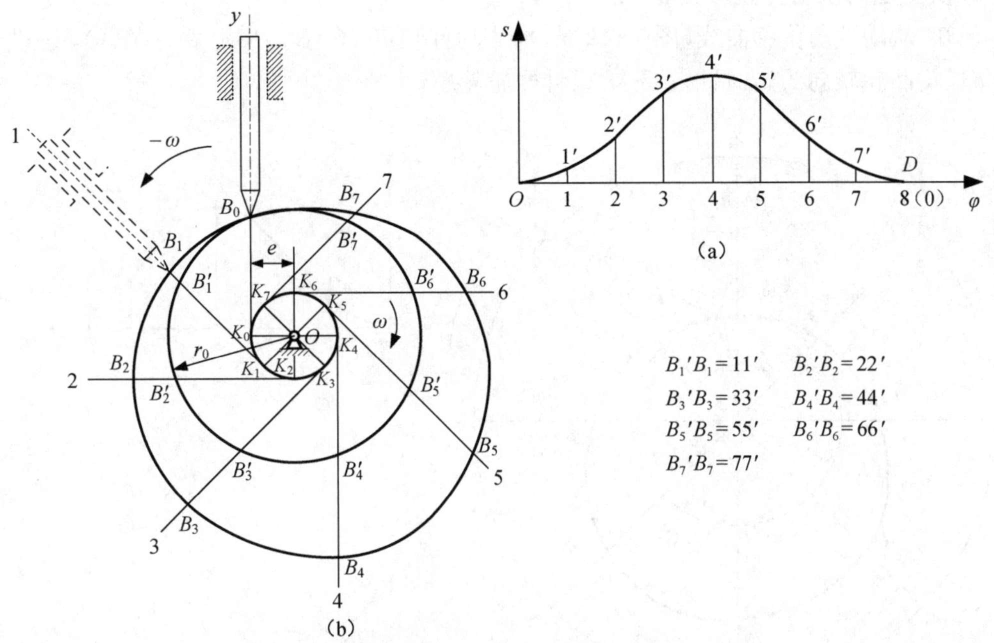

图 7-10　用运动倒置法(反转法)设计盘形凸轮轮廓

(4) 过 K_1，K_2，K_3，… 各点作偏距圆的切线 K_1B_1，K_2B_2，K_3B_3，…，并沿各切线从基圆向外取 $B_1'B_1=11'$，$B_2'B_2=22'$，$B_3'B_3=33'$，…，得点 B_1，B_2，B_3，…，用曲线板光滑连接之，即得所求凸轮轮廓。

注意：应用运动倒置法设计凸轮轮廓，其基准线可按工作需要任选。上面选偏距圆半径 OK_0 为基准线，如 OK_0 较小，则很难直接作偏距圆切线。在图 7-11 中，另选基圆半径 OB_0 为基准线等分凸轮转角，得一组径向线 $O1$，$O2$，$O3$，…，它们的标号顺序与凸轮转向相反，分别与基圆交于点 B'_1，B'_2，B'_3…。分别以点 B'_1，B'_2，B'_3… 为圆心，B_0K_0 为半径作圆弧，与偏距圆交于点 K_1，K_2，K_3…。直线 $K_1B'_1$，$K_2B'_2$，$K_3B'_3$… 分别为偏距圆切线。余下作图步骤同上，不再赘述。

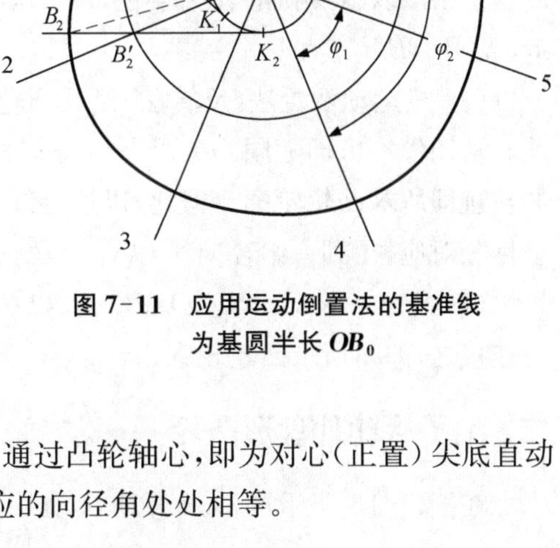

图 7-11　应用运动倒置法的基准线为基圆半长 OB_0

重申：凸轮转角与其向径角是分别属于运动学与几何学的两个不同概念；通常情况下，凸轮转角不等于其相应的向径角。如图 7-11 所示位置 1，凸轮转角为 φ_1，凸轮轮廓工作的向径角为 θ_1，$\varphi_1\neq\theta_1$。只有当尖底直动从动件的导路 B_0y 通过凸轮轴心，即为对心(正置)尖底直动从动件时，B_0y 与 Oy 重合，此时凸轮转角与其对应的向径角处处相等。

2. 尖底摆动从动件盘形凸轮

已知：从动件角位移曲线(图 7-12(a))，从动件长度 $l(AB)$，中心距 $a(OA)$，基圆半径 $r_0(OB_0)$，凸轮转向为逆时针。要求：设计凸轮轮廓。

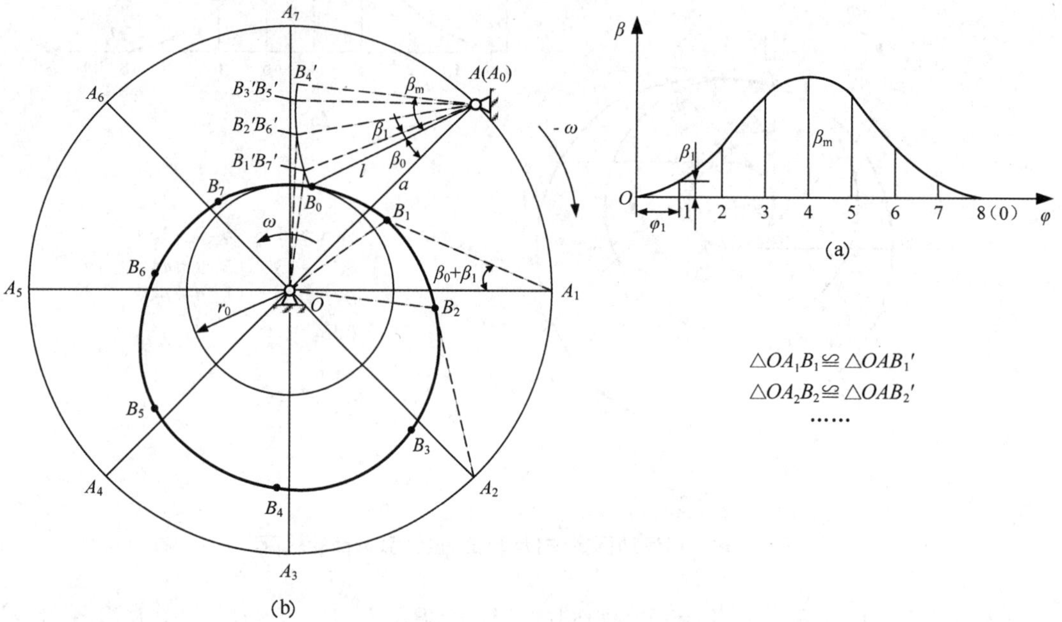

图 7-12　应用运动倒置法的基准线为连心线 OA

设计步骤：

(1) 在从动件角位移曲线的横坐标上，将代表凸轮转角的线段 $\overline{O8}$ 分成若干等分得 O，1，2，3，… 各点，过这些点作一系列垂直线与位移曲线相交，得到凸轮转过角度 φ_1，φ_2，φ_3，… 时，从动件相应的角位移为 β_1，β_2，β_3，…。

(2) 按给定的中心距 a、从动件长度 l 和基圆半径 r_0 确定 A、O、B_0 三点相对位置。以 O 为圆心、r_0 为半径作基圆。以 O 为圆心、a 为半径作大圆，此圆即是从动件摆动中心反转后的轨迹圆。以 A 为圆心，l 为半径，作出从动件一系列位置 AB_1'，AB_2'，AB_3'，其中，$\angle B_0OB_1'=\beta_1$，$\angle B_0OB_2'=\beta_2$，…。

(3) 按运动倒置法(反转法)设计凸轮轮廓。将凸轮固定而释放连心线 OA(代表机架)，此时从动件一方面随同 OA 以 $-\omega$ 方向转动，另一方面按给定角位移相对 OA 转动，尖底 B 的轨迹即所求凸轮轮廓。据此，以连心线 $OA(OA_0)$ 为基准线等分凸轮转角，与位移图中横坐标相对应，得到一组径向线 OA_1，OA_2，OA_3，…，标号顺序与凸轮转向相反。

(4) 作 $\triangle OA_1B_1 \cong \triangle OAB_1'$，$\triangle OA_2B_2 \cong \triangle OAB_2'$，…，得点 B_1，B_2，…，用曲线板光滑连接之，即得所求凸轮轮廓。

二、滚子从动件盘形凸轮

在图 7-13 所示的滚子直动从动件盘形凸轮机构中，滚子与从动件铰接，故滚子中心的运动规律即为从动件的运动规律。如果把滚子中心视作尖底从动件的尖底，则按前述方法可以求出一条凸轮轮廓，称为该凸轮的理论轮廓。该凸轮的实际轮廓称为工作轮廓。

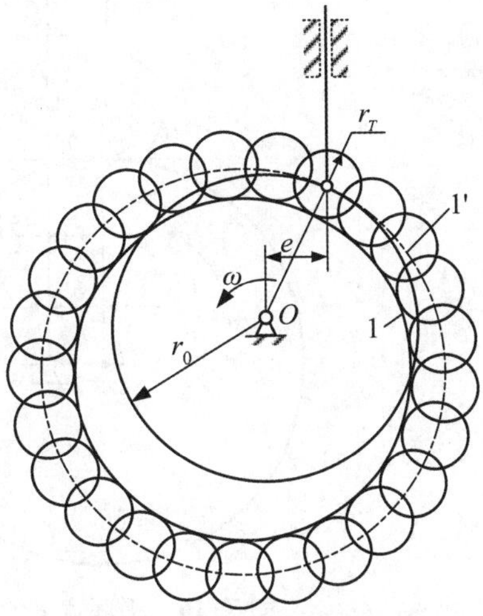

图 7-13　由凸轮理论轮廓 1′ 求其工作轮廓 1

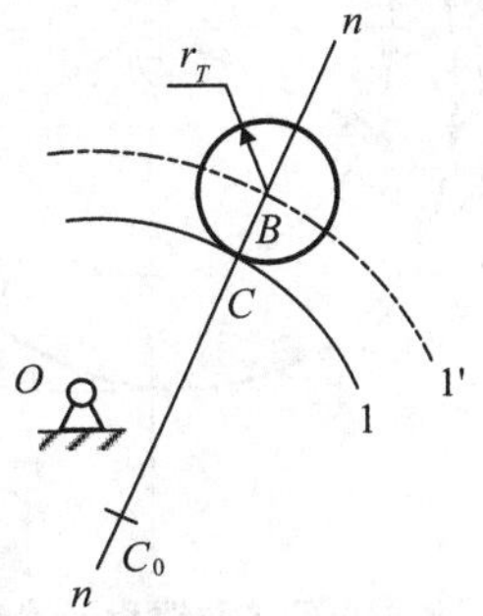

图 7-14　凸轮的理论轮廓 1′和工作轮廓 1 为沿法向的等距曲线

在设计滚子从动件盘形凸轮时，先用上述方法确定凸轮的理论轮廓，然后由理论轮廓求工作轮廓：以理论轮廓上各点为圆心、滚子半径 r_T 为半径作一系列的圆弧，这些圆弧的公共切线(包络线) 即为凸轮的工作轮廓。所以，凸轮的理论轮廓和工作轮廓沿其法线 n-n 方向的距离处处相等，该距离为滚子半径 r_T，如图 7-14 所示；凸轮的理论轮廓 1′ 与工作轮廓 1 为沿法向的等距曲线，两者在对应点具有同一曲率中心 C_0。

对于滚子摆动从动件盘形凸轮，也可将滚子中心视作尖底从动件的尖底，设计该凸轮的理论轮廓，然后按上述同样方法求其工作轮廓。

在滚子从动件盘形凸轮机构中，设滚子半径为零，则该机构转化为尖底从动件盘形凸轮机构，即尖底从动件是滚子从动件的特例。

为了改善从动件与凸轮之间磨损情况，应尽可能采用滚子从动件。尖底从动件在实际生产中虽应用甚少，但按此情况确定的凸轮轮廓——理论轮廓与从动件运动规律有直接的联系，故凸轮的理论轮廓是分析和设计滚子从动件凸轮机构的基础。在滚子从动件凸轮机构中，凸轮理论轮廓和工作轮廓分别具有基圆。在本书中，如不标明，凸轮基圆是指其理论轮廓的基圆，凸轮基圆半径为其理论轮廓的最小半径。

三、平底从动件盘形凸轮

如图 7-15 所示的平底从动件盘形凸轮，可取平底 H 与从动件导路 B_0y 的交点 B 视作尖顶，应用运动倒置法按从动件位移曲线确定该点的一系列位置 B_1，B_2，B_3，…；然后，过这些点作相应的平底(与导路夹角为 $\gamma=90°$ 的直线)，这些直线的包络线即为凸轮的工作轮廓。

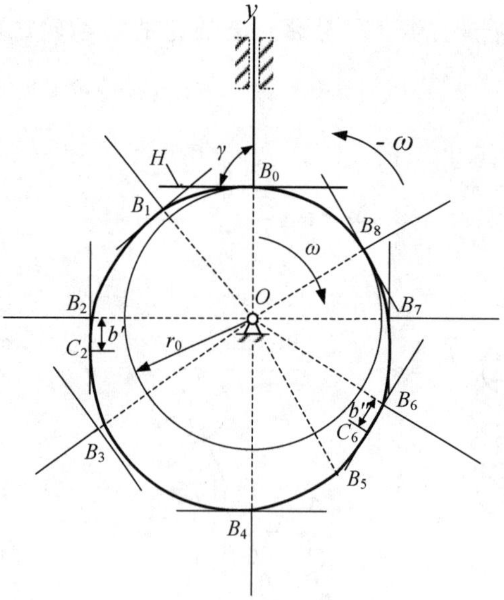

图 7-15　平底从动件盘形凸轮轮廓的设计

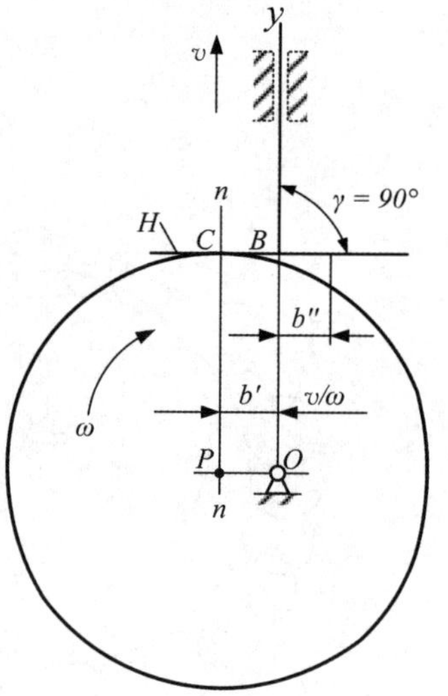

图 7-16　平底宽度的确定

例题 7-2　在平底直动从动件盘形凸轮机构中，已知：从动件动程 $h=100$ mm，$\gamma=90°$，凸轮推程运动角 $\Phi_0=180°$，运动规律为等加速等减速，远休止角 $\Phi_s=0°$，回程运动角 $\Phi'_0=120°$，运动规律为余弦加速度，近休止角 $\Phi'_s=60°$，试计算该机构中从动件平底宽度的最小值 $b_{\min}$。

解： 如图 7-16 所示，过凸轮轮廓与平底 H 的切点 C 作公法线 n-n，又过凸轮轴心 O 作从动件导路 By 的垂线，两直线的交点 P 为凸轮与从动件的相对速度瞬心。所以，凸轮与从动件在该点具有相同的速度，

$$v=v_P=\omega\cdot OP\text{；即，}OP=b'=\frac{v}{\omega}$$

则

$$b'_{\max}=\frac{v'_{\max}}{\omega}$$

同理

$$b''_{\max}=\frac{v''_{\max}}{\omega}$$

式中 $v'_{\max}$ 和 $v''_{\max}$ 分别为从动件推程和回程的最大速度值。平底的最小宽度 $b_{\min}=b'_{\max}+b''_{\max}$ 应取 $b>b_{\min}$，一般取 $b=2\max\{b'_{\max},\ b''_{\max}\}+(5\sim7)$mm。查表 7-4 得

$$b'_{\max}=\frac{v_{\max}}{\omega}=\frac{2h}{\Phi_0}=\frac{2\times100}{\pi}=63.66(\text{mm})$$

$$b''_{\max}=\frac{v''_{\max}}{\omega}=\frac{1.57h}{\Phi'_0}=\frac{1.57\times100\times3}{2\pi}=74.96(\text{mm})$$

所以

$$b_{\min}=b'_{\max}+b''_{\max}=63.66+74.96=138.62(\mathrm{mm})$$

取 $$b=2\times 74.96+(5\sim 7)=154.92\sim 156.92(\mathrm{mm})$$

7.6 用解析法设计盘形凸轮轮廓

应用解析法设计凸轮轮廓，必须导出其方程式，然后按与图解法相同的给定条件精确地计算凸轮轮廓上各点坐标值。本节综合应用速度瞬心法和坐标变换公式推导盘形凸轮轮廓方程，该法具有方法统一和推演简便等特点。

一、凸轮轮廓方程的统一推导方法

(1) 选取两个平面直角坐标系 XAY 和 xBy 分别与凸轮和从动件固结(图 7-17)，列出这两个坐标系的变换公式：

$$\left.\begin{aligned}X&=d_{11}x+d_{12}y+X_B\\Y&=d_{21}x+d_{22}y+Y_B\end{aligned}\right\}\tag{7-9}$$

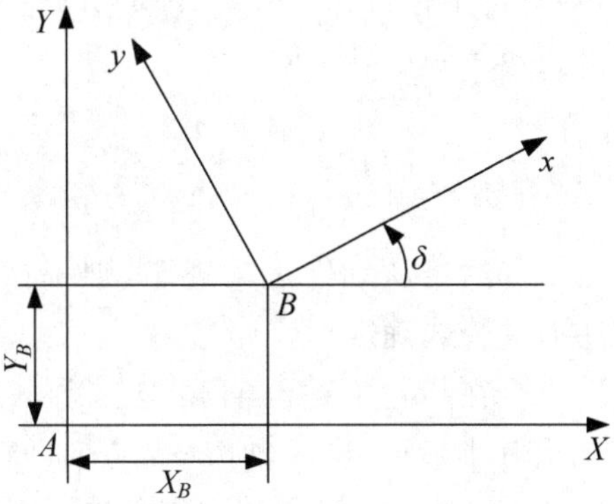

图 7-17 两平面直角坐标系的变换

式中：d_{11}、d_{12} 表示 X 轴分别与 x 轴、y 轴的方向余弦，$d_{11}=\cos\delta$，$d_{12}=-\sin\delta$；d_{21}、d_{22} 表示 Y 轴分别与 x 轴、y 轴的方向余弦，$d_{21}=\sin\delta$，$d_{22}=\cos\delta$；X_B、Y_B 表示坐标系 xBy 的原点分别在 X 轴、Y 轴上的坐标。

(2) 求凸轮与从动件的接触点在坐标系 xBy 中的坐标 x、y 以及 X_B、Y_B、d_{11}、d_{12}、d_{21}、d_{22}。

(3) 将上列诸值代入式(7-9)，即得凸轮轮廓的直角坐标参数方程式。

(4) 按下式可求凸轮轮廓的极坐标值 ρ 和 θ：

$$\rho=\sqrt{X^2+Y^2}$$

$$\left.\begin{aligned}&\theta=\mathrm{arctg}(Y/X) &&(X>0,\ Y>0)\\&\theta=\pi+\mathrm{arctg}(Y/X) &&(X<0)\\&\theta=2\pi+\mathrm{arctg}(Y/X) &&(X>0,\ Y<0)\end{aligned}\right\}\tag{7-10}$$

(5) 应用线性插值法确定均分向径角的向径值：

$$\rho=\rho_i+\frac{\theta-\theta_i}{\theta_{i+1}-\theta_i}(\rho_{i+1}-\rho_i)\tag{7-11}$$

式中：θ_i、θ_{i+1}—— 由式(7-10) 确定的相邻两向径角；

ρ_i、ρ_{i+1}—— 由 θ_i、θ_{i+1} 对应的向径值。

各种盘形凸轮轮廓方程都可按上述统一方法推导。下面仅介绍工程上常用的滚子直动从动件盘形凸轮和滚子摆动从动件盘形凸轮轮廓方程的推导过程。

二、滚子直动从动件盘形凸轮轮廓方程式

如图 7-18 所示，凸轮轴心 A 偏于从动件滚子中心 B 导路的右侧，凸轮顺时针方向回转 φ 角，推动从动件向上位移 s。过该凸轮轮廓与滚子的切点 C 作公法线 n-n，即为凸轮给从动牛的法向力作用线，它与从动件速度 v 的夹角 α 为该凸轮机构中的压力角。又过凸轮轴心 A 作 v 的垂线与 n-n 交于 P 点，该点为从动件与凸轮的相对速度瞬心。所以，这两个构件在 P 点具有相同的线速度，由此得 $v=\omega \cdot AP$，即

$$AP=\frac{v}{\omega}=\frac{\mathrm{d}s}{\mathrm{d}\varphi}=s' \qquad (7\text{-}12)$$

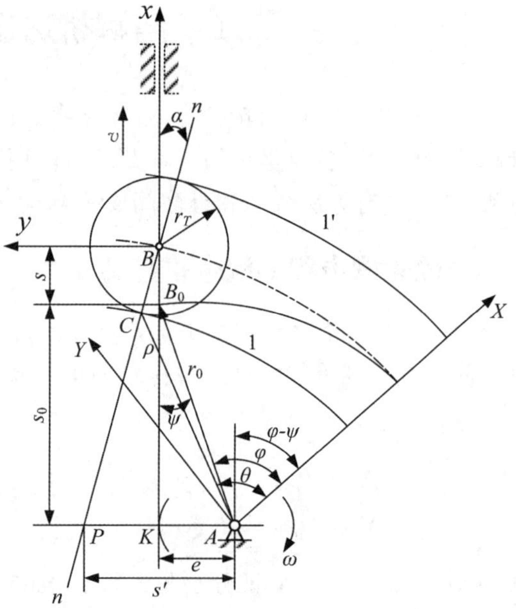

图 7-18 滚子直动从动件盘形凸轮轮廓方程的推导

如给定从动件运动规律，则 s' 按 7.4 节中有关公式确定。

今在凸轮上建立直角坐标系 XAY，X 轴沿其小半径，将 X 轴按 $-\omega$ 方向回转 90° 得 Y 轴。又在从动件上建立直角坐标系 xBy。xBy 与 XAY 应同为右手坐标系或左手坐标系。此时，从图 7-18 中可看出：

$$\left.\begin{aligned} d_{11}&=\cos(\varphi-\psi)\\ d_{12}&=\cos(90^\circ+\varphi-\psi)=-\sin(\varphi-\psi)\\ d_{21}&=\cos[90^\circ-(\varphi-\psi)]=\sin(\varphi-\psi)\\ d_{22}&=\cos(\varphi-\psi)\end{aligned}\right\} \qquad (7\text{-}13)$$

$$\left.\begin{aligned} X_B&=r_0\cos\varphi+s\cos(\varphi-\psi)\\ Y_B&=r_0\sin\varphi+s\sin(\varphi-\psi)\end{aligned}\right\} \qquad (7\text{-}14)$$

上式为该凸轮理论轮廓的直角坐标参数方程式。又 C 点在坐标系 xBy 中的坐标为

$$x_C=-r_T\cos\alpha,\ y_C=r_T\sin\alpha$$

代入式(7-9)得该凸轮工作轮廓上 C 点在直角坐标系 XAY 中直角坐标参数方程式(7-15)。

$$\left.\begin{aligned} X_C&=-Mr_T\cos(\varphi-\psi-\alpha)+r_0\cos\varphi+s\cos(\varphi-\psi)\\ Y_C&=-Mr_T\sin(\varphi-\psi-\alpha)+r_0\sin\varphi+s\sin(\varphi-\psi)\end{aligned}\right\} \qquad (7\text{-}15)$$

式中

$$\alpha=\arctan\left(\frac{s'-Ne}{s_0+s}\right)=\arctan\left(\frac{s'-Ne}{\sqrt{r_0^2-e^2}+s}\right) \tag{7-16}$$

$$\psi=\arctan\left(\frac{Ne}{s_0}\right)=\arctan\left(\frac{Ne}{\sqrt{r_0^2-e^2}}\right)$$

式(7-15)、(7-16)中的 M 和 N 为符号系数，为了使该式适用于滚子直动从动件盘形凸轮机构的各种情况而引入的：当凸轮轮廓外侧与滚子相切(图 7-18 中轮廓 1)，$M=1$；当凸轮轮廓内侧与滚子相切(轮廓 $1'$)，$M=-1$。当凸轮上 K 点(从动件导路与偏距圆的切点)速度方向与从动件推程速度方向相同时，$N=1$；相反时，$N=-1$。

需要指出，由于压力角 α 已引入上列凸轮轮廓方程式，故在计算其坐标 X_C 和 Y_C 的过程中必然同时求得相应的压力角 α，这样可一举两得。

三、滚子摆动从动件盘形凸轮轮廓方程式

在图 7-19 所示的凸轮机构中，从动件推程转向与凸轮转向相同。过凸轮轮廓与滚子的切点 C 作公法线 n-n，它与连心线 BA 延长线交于 P 点，此点为从动件与凸轮的相对速度瞬心。凸轮与从动件在 P 点具有相同的线速度，即

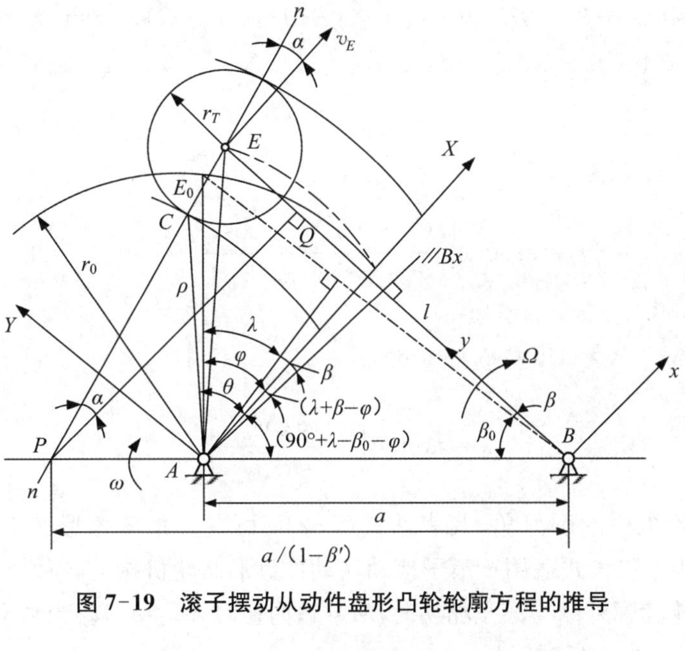

图 7-19　滚子摆动从动件盘形凸轮轮廓方程的推导

$$\omega\cdot AP=\Omega\cdot BP\text{，或 }\omega(BP-a)=\Omega\cdot BP$$

整理得

$$BP=\frac{a\omega}{\omega-\Omega}=\frac{a}{1-\dfrac{\Omega}{\omega}}=\frac{a}{1-\beta'} \tag{7-17}$$

其中：β' 可按 7.4 节有关公式确定。

在凸轮和从动件上分别建立直角坐标系 XAY 和 xBy，此时式(7-9)中各系数分别为

$$\left.\begin{aligned} d_{11}&=\cos(\lambda+\beta-\varphi)\\ d_{12}&=\cos[90^\circ-(\lambda+\beta-\varphi)]=\sin(\lambda+\beta-\varphi)\\ d_{21}&=\cos[90^\circ+(\lambda+\beta-\varphi)]=-\sin(\lambda+\beta-\varphi)\\ d_{22}&=\cos(\lambda+\beta-\varphi)\end{aligned}\right\} \tag{7-18}$$

$$\left.\begin{aligned} X_B&=a\cos(90^\circ+\lambda-\beta_0-\varphi)=-a\sin(\lambda-\beta_0-\varphi)\\ Y_B&=-a\sin(90^\circ+\lambda-\beta_0-\varphi)=-a\cos(\lambda-\beta_0-\varphi)\end{aligned}\right\} \tag{7-19}$$

又 C 点 xBy 中的坐标为

$$x_C=-r_T\cos\alpha,\ y_C=l-r_T\sin\alpha$$

将上述格式代入式(7-9)得该凸轮工作轮廓上 C 点在坐标系 XAY 中的坐标参数方程式(7-20)。

$$\left.\begin{aligned} X_C&=l\sin(\lambda+\beta-N\varphi)-Mr_T\cos(\lambda+\beta-N\varphi-\alpha)-a\sin(\lambda-\beta_0-N\varphi)\\ Y_C&=N[l\cos(\lambda+\beta-N\varphi)+Mr_T\sin(\lambda+\beta-N\varphi-\alpha)]-a\cos(\lambda-\beta_0-N\varphi)\end{aligned}\right\} \tag{7-20}$$

式中

$$\alpha=\arctan\left[\frac{l(1-N\beta')-a\cos(\beta_0+\beta)}{a\sin(\beta_0+\beta)}\right] \tag{7-21}$$

$$\beta_0=\arccos\left(\frac{a^2+l^2-r_0^2}{2al}\right)$$

$$\lambda=\arctan\left(\frac{l-a\cos\beta_0}{a\sin\beta_0}\right)$$

α 角为该凸轮机构的压力角，其表达式(7-21)可在直角三角形 $\triangle PQE$ 中按 $\tan\alpha=EQ/PQ$ 导出。为了将该式适用于滚子摆动从动件盘形凸轮机构的各种情况，特引入符号系数 M 和 N：当凸轮轮廓外侧与滚子相切时，$M=1$；内切时，$M=-1$。当从动件推程转向与凸轮转向相同时，$N=1$；相反时，$N=-1$。

四、注意事项

(1) 当凸轮顺时针方向转动时，取 XAY 为右手坐标系；当凸轮逆时针方向转动时，取 XAY 为左手坐标系。这样，按式(7-15)或式(7-20)及式(7-10)算得的凸轮轮廓的极坐标值

均逆凸轮转向度量，符合凸轮轮廓标记惯例。

(2) α 角作为凸轮轮廓方程中的参数，按式(7-16)或式(7-21)算得的可为正值或负值。α 角作为凸轮机构的压力角，仅需考虑该角的绝对值，应保证其绝对值小于或等于许用压力角，即 $|\alpha| \leqslant [\alpha]$。

(3) 为凸轮轮廓加工部门提供直角坐标值还是极坐标值，与凸轮加工方法和机床有关，设计者可一并算出，供给凸轮加工部门。

(4) 计算凸轮轮廓上均分向径角的极坐标值，向径角间隔一般取 0.5°或 1°；设所需向径值的有效数字为小数点后 K 位，则为式(7-10)提供的原始数据的有效数字可取小数点后 $K+1$ 位。

例题 7-3　设计等径凸轮轮廓，如图 7-20 所示，已知：基圆半径 $r_0=40$ mm，滚子半径 $r_T=10$ mm，从动件动程 $h=20$ mm。从动件的运动过程为：当凸轮顺时针回转 120°，从动件上升 h(推程)；凸轮再转 60°，从动件静止；凸轮继续转 120°，从动件下降 h(回程)；凸轮再转 60°，从动件静止。试求：(1)若从动件推程为正弦加速度规律，其推程与回程的位移 s 及 $\mathrm{d}s/\mathrm{d}\varphi(s')$ 的表达式；(2)凸轮理论轮廓与工作轮廓方程式；(3)当凸轮转角 $\varphi=60°$时，凸轮理论轮廓与工作轮廓的坐标值(直角坐标和极坐标)以及压力角值。

解：(1) 等径凸轮机构属于对心直动滚子从动件盘形凸轮机构。设等径凸轮回转 φ 角从动件推程位移为 s_1(图 7-20(a))，当其继续回转 180°后(图 7-20(b))，从动件回程位移为

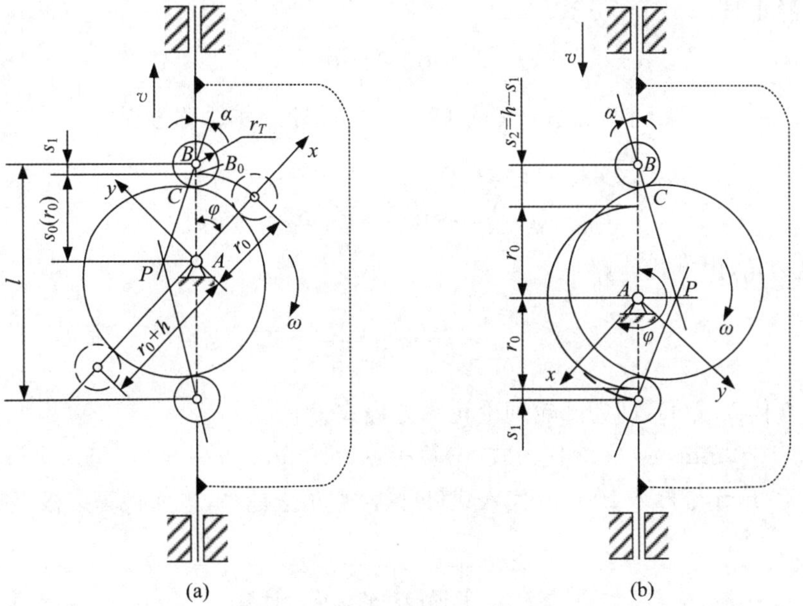

图 7-20　等径凸轮轮廓设计

$$s_2 = l - 2r_0 - s_1$$

在该机构中，当 $\varphi=0°$时，凸轮的小半径、大半径分别与上、下两滚子接触，此时有

$$l = 2r_0 + h$$

代入上式得

$$s_2 = h - s_1 \tag{a}$$

当从动件推程以正弦加速度规律运动时，按式(7-7)导出 s 及 s' 的方程式为

从动件推程时，$0 \leqslant \varphi \leqslant 2\pi/3$

$$\left.\begin{aligned} s &= \frac{h}{2\pi}(3\varphi - \sin 3\varphi) \\ s' &= \frac{3h}{2\pi}(1 - \cos 3\varphi) \end{aligned}\right\} \tag{b}$$

从动件静止时，$2\pi/3 \leqslant \varphi \leqslant \pi$

$$s = h,\ s' = 0 \tag{c}$$

按式(a)与(b)导出从动件回程时 s 及 s' 的方程式为

从动件回程时，$\pi \leqslant \varphi \leqslant 5\pi/3$

$$\left.\begin{aligned} s &= h - \frac{h}{2\pi}[3(\varphi - \pi) - \sin 3(\varphi - \pi)] \\ s' &= -\frac{3h}{2\pi}[1 - \cos 3(\varphi - \pi)] \end{aligned}\right\} \tag{d}$$

从动件静止时，$5\pi/3 \leqslant \varphi \leqslant 2\pi$

$$s = 0,\ s' = 0 \tag{e}$$

(2) 以 $e=0$，$M=1$ 代入式(7-15)、(7-16)的凸轮工作轮廓方程式：

$$\left.\begin{aligned} X_C &= (r_0 + s)\cos\varphi - r_T\cos(\varphi - \alpha) \\ Y_C &= (r_0 + s)\sin\varphi - r_T\sin(\varphi - \alpha) \end{aligned}\right\} \tag{f}$$

式中：α 为压力角，由下式计算

$$\alpha = \arctan\frac{s'}{r_0 + s} \tag{g}$$

把 $r_T=0$ 代入式(f)，即为凸轮理论轮廓方程式。

(3) 以 $h=20$ mm，$\varphi=\pi/3$ 代入式(b)算得：$s=10$ mm，$s'=60/\pi=19.1$ mm/rad。再以 s、s' 及 $r_0=40$ mm 与 $r_T=10$ mm 代入式(f)算得直角坐标系，进而换算成极坐标值，一并列于表 7-5。

表 7-5 等径凸轮轮廓设计计算

凸轮转角 φ(°)	凸轮理论轮廓		凸轮工作轮廓		压力角 α(°)
	X_B	Y_B	X_C	Y_C	
60	25	43.301 3	17.238 9	36.995 3	20.905 5
	向径角(°)	向径(mm)	向径角(°)	向径(mm)	
	60	50	65.015 6	40.814 6	

例题 7-4　如图 7-21 所示沟槽凸轮机构，问：该凸轮轮廓设计能否应用式(7-20)、(7-21)？

解：能。关键在于确定式中的符号系数 M 和 N。凸轮轮廓 1：$M=1$，$N=-1$；凸轮轮廓 1′：$M=-1$，$N=-1$。

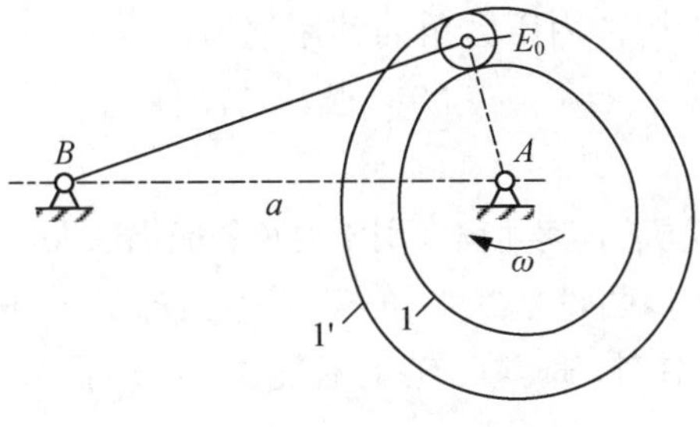

图 7-21　沟槽凸轮机构

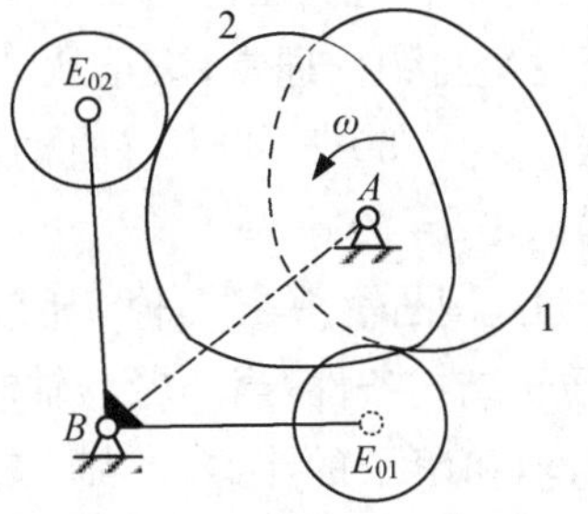

图 7-22　共轭凸轮机构

例题 7-5　如图 7-22 所示共轭凸轮（主回凸轮）机构，问：这一对凸轮轮廓设计能否应用式(7-20)、(7-21)？

解：能。关键在于确定式中的符号系数 M 和 N。凸轮轮廓 1：$M=1$，$N=-1$；凸轮轮廓 2：$M=1$，$N=1$。

7.7　盘形凸轮机构基本尺寸的确定

一、滚子直动从动件盘形凸轮机构

由 7.5 节及凸轮轮廓方程式(7-15)、(7-16)知，当已知从动件动程 h，凸轮推程运动角 Φ_0、回程运动角 Φ_0' 及从动件运动规律，凸轮远休止角 Φ_s 和近休止角 Φ_s'，要设计凸轮的工作轮廓时，尚需预先确定该机构的下列基本尺寸：凸轮基圆半径（其理论轮廓最小半径）r_0、偏距 e 及滚子半径 r_T。

1. 机构基本尺寸的讨论

① 偏距 e

凸轮 1 给从动件 2 的法向作用力 F_{12} 与从动件受力点速度（取滚子中心 B 点速度）v 的夹角 α 为该机构压力角，如图 7-23 所示。压力角 α 与基本尺寸的关系已由式(7-16) 给出。由该式知，在其他条件相同的情况下，取符号系数 $N=1$，可减小推程压力角 α，对机构受力情况有利。$N=1$ 表示凸轮上 K 点（滚子中心导路与偏距圆的切点）速度方向与从动件推程方向一致。但是，e 值不能取得过大，当 $|s'-e|>s'$ 时，$|\alpha|$ 值增大，反而对传动不利。

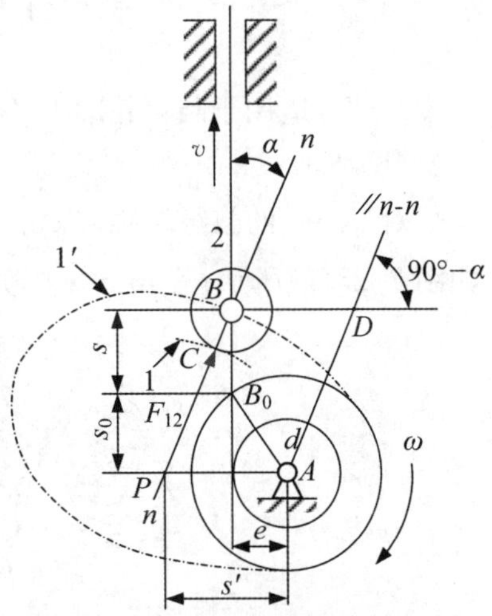

图 7-23　凸轮机构的符号系数 $N=1$ 的情况

② 基圆半径

凸轮尺寸在很大程上取决于基圆半径 r_0，减小 r_0 可使凸轮结构紧凑，但主要受到下列三个因素制约。

a) 许用压力角 $[\alpha]$：由式(7-16)知，在其他条件相同时，减小基圆半径 r_0，必增大压力角 α。凸轮机构运转时其压力角 α 非定值，但应满足 $\alpha_{max} \leqslant [\alpha]$，否则将使机构受力情况恶化，有时甚至发生自锁。通常，滚子从动件凸轮机构许用压力角的荐用值为

推程：$[\alpha]=30° \sim 38°$。（直动从动件）；$[\alpha]=40° \sim 50°$（摆动从动件）。

回程：$[\alpha]=70° \sim 80°$。

对于如沟槽凸轮、等径凸轮等形锁合的凸轮机构，其回程许用压力角一般仍取推程时的数值。

b) 凸轮结构条件：当凸轮与轴制成一体时，凸轮基圆半径 r_0 应满足：$r_0 > r_z + r_T$，r_z 和 r_T 分别为轴和滚子的半径。当凸轮单独制造时，通常凸轮上有轮毂，此时凸轮基圆半径 r_0 应满足：$r_0 > r_g + r_T$，r_g 为轮毂半径。

c) 滚子半径 r_T：由 7.5 节所述，在滚子从动件盘形凸轮机构中，凸轮理论轮廓 1′ 和工作轮廓 1 为沿法向的等距曲线，如图 7-24 所示，它们在法线 n-n 上对应点 B 和 C 的曲率半径 ρ_B 和 ρ_C 的关系为

$$\rho_C = \rho_B \mp r_T \tag{7-22}$$

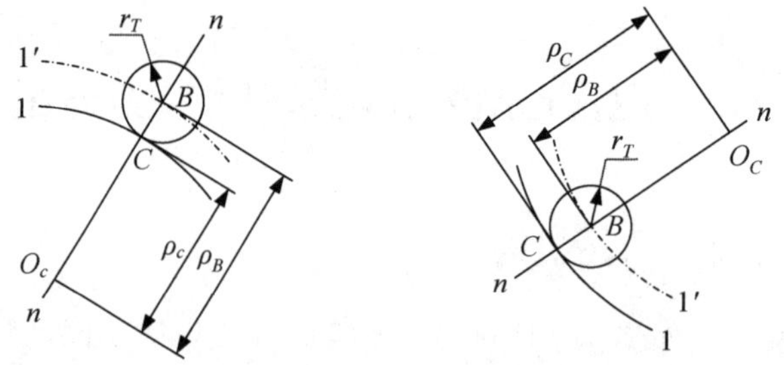

(a) 凸缘轮廓　　(b) 凹缘轮廓

图 7-24　凸轮理论轮廓和工作轮廓曲率半径关系

式中“－”号适用于凸轮轮廓上的凸缘部分，如图 7-24(a)所示；“＋”号适用于凹缘部分，如图 7-24(b)所示。

对于凸轮的凸缘轮廓，若 $\rho_B < r_T$，则与凸轮理论轮廓相对应的工作轮廓将发生自交，如图 7-25(a)所示；若 $\rho_B = r_T$，则凸轮工作轮廓上将出现尖点，如图 7-25(b)所示。上述两

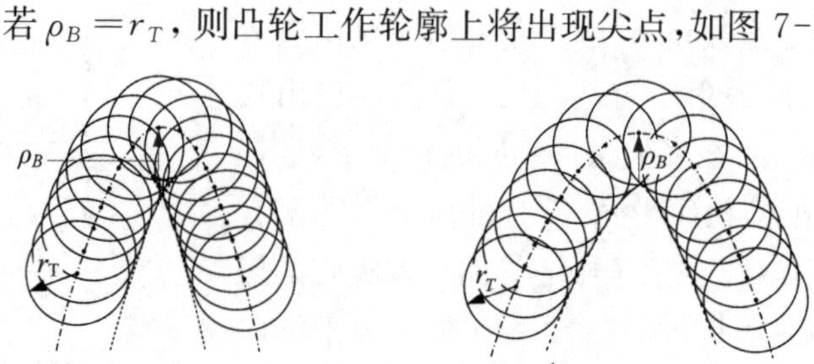

(a) $\rho_B < r_T$　　(b) $\rho_B = r_T$

图 7-25　凸轮凸缘轮廓上的自交

种情况都是不允许存在的。为了保证凸轮工作轮廓的最小曲率半径 $\rho_{C\min}$ 不致过小，通常取

$$\rho_{C\min} = \rho_{B\min} - r_T > \Delta,\text{一般 } \Delta = 1 \sim 5\ \text{mm} \tag{7-23}$$

如不满足上式，且减小 r_T 有具体困难，则应增加基圆半径 r_0，以加大 $\rho_{B\min}$。

2. 按许用压力角[α]确定凸轮机构的基本尺寸

参看图 7-23，$APBD$ 为平行四边形，$\angle BDA = 90° - \alpha$，且有

$$BD = AP = \frac{v}{\omega} = \frac{\mathrm{d}s}{\mathrm{d}\varphi} = s' \tag{7-24}$$

式中：s' 由 7.4 节所列公式确定。

如图 7-26 所示，设待设计的凸轮顺时针方向回转，从动件处于某位置，过其滚子中心 B 作与导路 B_y 相垂直的直线。如该从动件行程为推程，其速度 v 方向朝上，则 BD_1 位于 B 点右侧；如为回程，v 方向朝下，则 BD_2 位于 B 点左侧。假使待设计的凸轮逆时针方向回转，则推程时的 BD_1 和回程时的 BD_2 将分别位于 B 点的左侧和右侧。按上述可归纳 BD 位于 B 点左侧或右侧的判别方法：设想将 D 视作“凸轮轴心”，观察凸轮以给定 ω 方向绕 D 回转时 B 点运动方向，如与推程方向相同，则 D 为 D_1；如与回程方向相同，则 D 为 D_2。

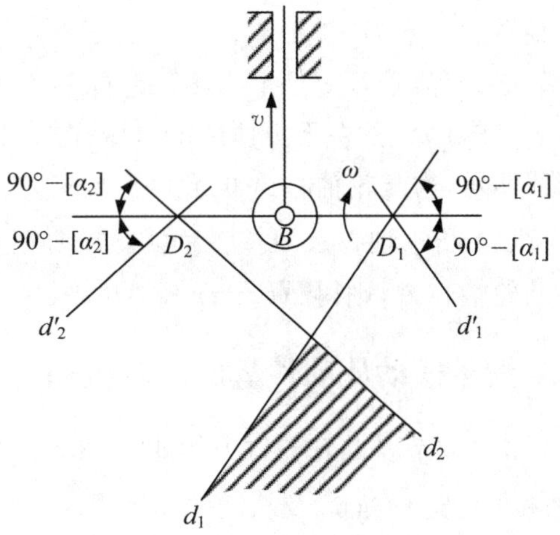

图 7-26　从动件在某位置限制凸轮轴心的界线

设推程和回程许用压力角分别为 $[\alpha_1]$ 和 $[\alpha_2]$。由于凸轮轴心位置及凸轮轮廓尚待确定，凸轮与从动件滚子接触点的公法线方位有两种可能性：相对从动件导路顺时针偏斜或逆时针偏斜。过 D_1 点作与 BD_1 夹角为 $90° - [\alpha_1]$ 的两直线 D_1d_1 和 D_1d_1'。如凸轮轴心 A 位于 D_1d_1 或 D_1d_1' 上，则满足 $\alpha = [\alpha_1]$；如 A 位于 D_1d_1 的右下方和 D_1d_1' 的左下方，即 $\angle d_1D_1d_1'$ 区域，则 $\alpha < [\alpha_1]$；否则 $\alpha > [\alpha_1]$。同理，过 D_2 点作与 BD_2 夹角为 $90° - [\alpha_2]$ 的两直线 D_2d_2 和 D_2d_2'，为了使该位置满足 $\alpha \leqslant [\alpha_2]$，凸轮轴心 A 应位于 $\angle d_2D_2d_2'$ 区域（包含界线 D_2d_2 和 D_2d_2'）。所以，为了满足从动件在推程和回程同一位置 B，其压力角小于、等于许用压力角，即 $\alpha \leqslant [\alpha_1]$，$\alpha \leqslant [\alpha_2]$，凸轮轴心 A 只能位于 $\angle d_1D_1d_1'$ 和 $\angle d_2D_2d_2'$ 相交的区域（图 7-26 中阴影线区域）。确定凸轮轴心 A 位置，需考虑从动件在推程和回程各位置的压力角问题，将于下列解题步骤中说明。

3. 解题步骤

(1) 在图 7-27 上取 $B_0B_m = h$（从动件动程）；

(2) 按给定凸轮转向确定从动件推程和回程时 BD 的左右位置。设凸轮顺时针方向转动，根据上述判别法则得：推程时 BD 在右，回程时 BD 在左；

(3) 取直角坐标系，原点为 B_0，纵坐标为 s，推程方向为正向，横坐标为 s'，沿 B_1D_1 为正

向。按给定的推程和回程的运动规律，参照第 7.4 节所列有关公式计算 s 和 s' 对应值画出曲线 δ_1（推程）和曲线 δ_2（回程），分别为 D_1 点和 D_2 点的轨迹；

(4) 按给定的推程许用压力角 $[\alpha_1]$，过曲线 δ_1 上各点作与水平线夹角为 $90°-[\alpha_1]$ 的两组平行线，从中获得 D_1d_1 一组平行线中最右面的一条，即 D_1d_1，$D_1d'_1$ 一组平行线中最左面的一条 $B_0d''_1$。再过曲线 δ_2 上各点作与水平线夹角为 $90°-[\alpha_2]$ 的两组平行线，从中获得 D_2d_2 一组平行线中最左面的一条，即 D_2d_2，$D_2d'_2$ 一组平行线中最右的一条 $B_0d''_2$；

(5) 界线 D_1d_1 和 $B_0d''_2$ 的右下方与界线 D_2d_2 和 $B_0d''_1$ 的左下方所围的区域，图 7-27 中阴影线所示，为凸轮轴心 A 的允许区域；

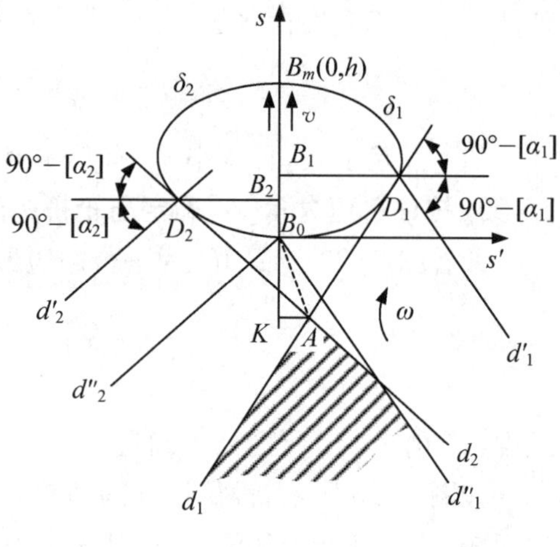

图 7-27 按许用压力角[α]确定凸轮基圆半径和偏距

(6) 凸轮轴心 A 可按工程实际需要在上述允许区域内选取。设取 D_1d_1 与 D_2d_2 的交点为凸轮轴心 A，则得 $AB_0=r_0$，$AK=e$。

二、滚子摆动从动件盘形凸轮机构

由 7.5 节及凸轮轮廓方程式(7-20)、(7-21)知，给定从动件动程角 β_m，凸轮推程运动角 Φ_0 和回程运动角 Φ'_0 及从动件运动规律，凸轮远休止角 Φ_s 和近休止角 Φ'_s，欲设计凸轮的工作轮廓，需预先确定该机构的下列基本尺寸：凸轮基圆半径 r_0，从动件长 l，中心距 a 及滚子半径 r_T。上列四个尺寸按同一比例增加或减小，不影响从动件的角位移，故在解题时通常假定 r_0、l 和 a 中任一个尺寸为单位长度，仅剩下三个设计参数。

这种机构压力角 α 与其基本尺寸的关系已由式(7-21) 给出。该式比较复杂，很难用假定其他尺寸不变而仅改变一个尺寸，来说明它对压力角 α 的影响；例如增大凸轮基圆半径 r_0，在大多数情况下可减小 α，但也有不少的例外情况。具体解法详见文献[8, 9]。下面介绍一种实用的近似方法，适用于从动件摆角 β_m 较小的场合。

设从动件上滚子中心两极限位置为 E_0 和 E_m，直线 E_mE_0 通过凸轮轴心 A，如图 7-28(a)所示。在 $\triangle ABE_0$ 和 $\triangle ABE_m$ 中有

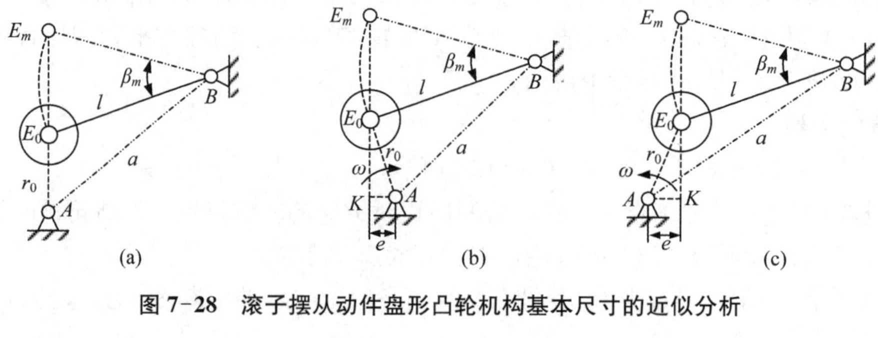

图 7-28 滚子摆从动件盘形凸轮机构基本尺寸的近似分析

$$\cos\angle BAE_0=\frac{\alpha^2+r_0^2-l^2}{2\alpha r_0}=\frac{\alpha^2+(r_0+E_0E_m)^2-l^2}{2\alpha(r_0+E_0E_m)}$$

以 $E_0E_m=2l\sin(\beta_m/2)$ 代入上式，经化简后得

$$l^2+2r_0\sin(\beta_m/2)\cdot l+(r_0^2-\alpha^2)=0 \tag{7-25}$$

在初步设计时，先按机器总体布置方案确定中心距 a，再按凸轮结构条件确定基圆半径 r_0，将 a 和 r_0 的值代入式(7-26) 计算从动件长 l。然后验算压力角 α，如 $\alpha_{max}\leqslant[\alpha]$，则该方案可采用，进而设计凸轮轮廓；如 $\alpha_{max}>[\alpha]$（发生于推程），则可综合采取下列措施：

(1) 对于从动件推程转向与凸轮转向相同的情况，如图 7-28(b)所示，可略增加由式(7-25)算得的 l 值；对于从动件推程转向与凸轮转向相反的情况，如图 7-28(c)所示，可略减小 l 值。再重新验算压力角 α，如 $\alpha_{max}\leqslant[\alpha]$，则该方案可采用，进而设计凸轮轮廓；如 $\alpha_{max}>[\alpha]$，则进入下一步。

(2) 略加大基圆半径 r_0，再按式(7-25) 计算 l，重复上述过程，直至满足 $\alpha_{max}\leqslant[\alpha]$ 为止。

值得指出，沟槽凸轮机构推程和回程的许用压力角 $[\alpha]$ 值相同，在采用上述措施时须谨慎，应搞清楚 α_{max} 发生于推程还是回程；如在推程，则与上述相同；如在回程，则反之，即将措施(1)陈述中的“推程”改为“回程”。

关于滚子半径 r_T 的讨论与上述相同，参看图 7-24 与图 7-25，不再赘述。

三、平底从动件盘形凸轮机构

如图 7-29 所示的平底直动从动件盘形凸轮机构，该机构的基本尺寸有：凸轮基圆半径 r_0 和平底对导路的倾斜角 γ_0。该角即为压力角 α 的余角，$\alpha+\gamma=90°$；通常取 $\gamma=90°$，则 $\alpha=0°$。此时，凸轮基圆半径 r_0 主要受凸轮结构条件及凸轮轮廓曲率的制约。凸轮基圆半径 r_0 越小，其轮廓越陡峭，曲率半径越小；r_0 减小到一定值，轮廓上出现曲率半径为零的点(尖点)；r_0 再减小，如图 7-29 所示中的 r_0'，按给定从动件位移 s_1、s_2 和 s_3 作出平底位置 1、2 和 3；此时位置 2 在位置 1、3 的交点之外，用曲线板已无法与该位置相切。在设计时如发现这种情况，应加大 r_0 重新设计。

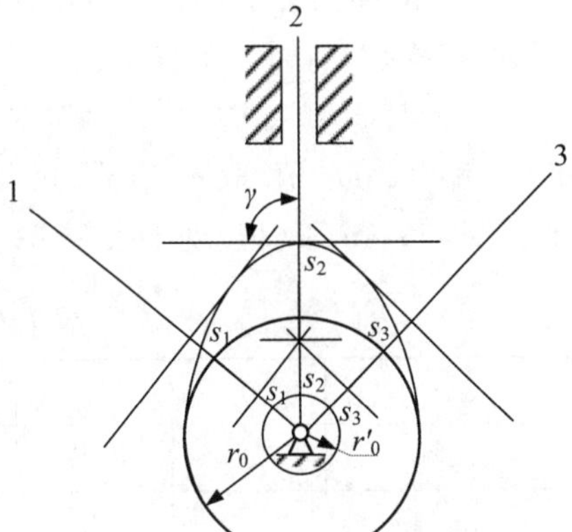

图 7-29　平底从动件盘形凸轮基圆半径大小的讨论

关于平底宽度的确定方法，见例 7-2。

例题 7-6　滚如图 7-30 所示子摆动从动件盘形凸轮机构。给定：中心距 a，从动件长 l，滚子半径为 r_T 与凸轮工作轮廓。试求：当凸轮逆时针方向回转 90° 时摆动从动件的角位移 β 及机构压力角 α。

解：(1) 按凸轮工作轮廓求其理论轮廓：以凸轮工作轮廓上各点为圆心，滚子半径 r_T 为

半径画一系列圆,这些圆弧的包络线即为凸轮的理论轮廓。

(2) 确定摆动从动件的角位移β:以连心线OA为基准,按$-\omega$方向回转90°得OA';以A'为圆心,从动件l为半径作圆弧,与凸轮理论轮廓交于点B。从图中量得$\angle OA'B$和$\angle OAB_0$的大小,则从动件角位移β为

$$\beta=\angle OA'B-\angle OAB_0=30°-19°=11°$$

(3) 确定凸轮机构压力角α:过凸轮理论轮廓上的B点作切线t-t与法线n-n,由过B点做$A'B$的垂线代表v_B方位。压力角α为n-n与v_B的夹角,即t-t与$A'B$的夹角,量得$\alpha=28°$。

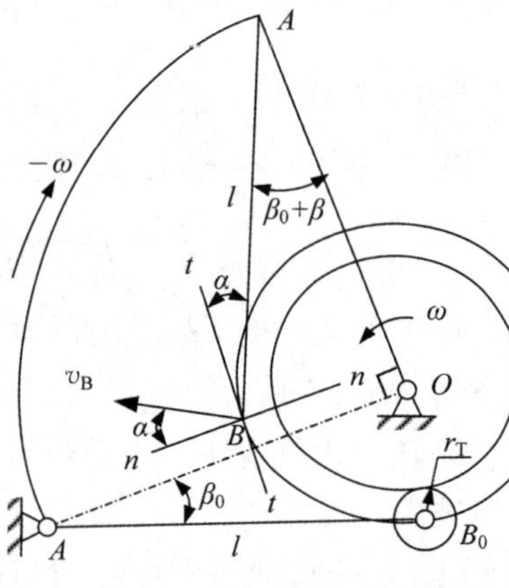

图 7-30 用运动倒置法确定凸轮机构从动件位移及压力角

例 7-7 在力(弹簧)锁合的尖底直动从动件盘形凸轮机构中,凸轮逆时针方向回转,从动件动程$h=40$ mm,推程运动角$\Phi_0=120°$,从动件运动规律为等加速等减速,远休止角$\Phi_s=60°$,回程运动角$\Phi_0'=120°$,从动件运动规律为等加速等减速,凸轮近休止角$\Phi_s'=60°$,推程和回程的许用压力角分别取$[\alpha_1]=30°$和$[\alpha_2]=70°$。试分别确定对心直动从动件和偏置直动从动件两种情况下的凸轮最小基圆半径。

解:(1) 在图 7-31 上取$B_0B_m=h=40$ mm;

(2) 对照图 7-26,本题凸轮逆时针方向回转,BD位置为:推程在左,回程在右;

(3) 取$\varphi=0°$、10°、30°、45°和60°,按式(7-2)计算相应s和$s'(v/\omega)$值,取$\varphi=75°$、90°、105°,按式(7-3)计算相应s和$s'(v/\omega)$值,列于表 7-6;

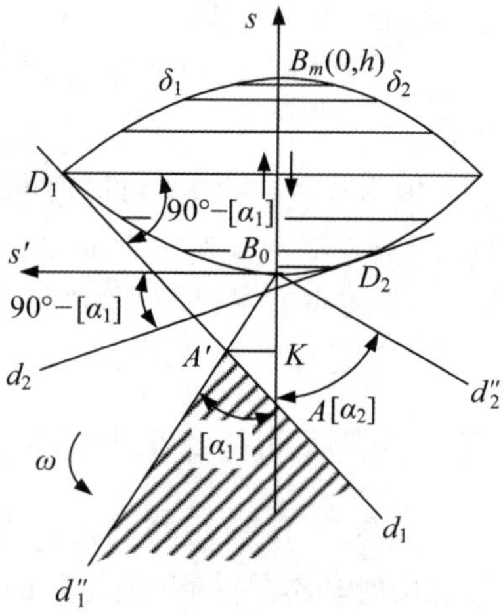

图 7-31 力封闭凸轮机构基圆半径的确定

表 7-6 从动件推程时 s 和 s' 的数值

φ(°)	0	15	30	45	60	75	90	105
s(mm)	0	1.25	5	11.25	20	28.75	35	38.75
s'(mm/rad)	0	9.55	19.10	28.65	38.20	28.65	19.10	9.55

按本题给定条件,从动件在推程和回程同一位置,其s值相同,s'大小相等符号相反,表示BD位于B_0B_m的两侧,按此作出D_1点轨迹δ_1和D_2点轨迹δ_2;

(4) 过δ_1上各点作与水平线夹角为$90°-[\alpha_1]=60°$的一组平行线,找到最左的界线D_1d_1;过B_0点作与垂直线夹角$[\alpha_1]=30°$的另一条界线B_0d_1''。再过δ_2上各点作与水平线夹角为$90°-[\alpha_2]=20°$的一组平行线,找到最右的界线D_2d_2;过B_0点作与垂直线夹角$[\alpha_2]=70°$的另一条界线B_0d_2'';

(5) 界线 D_1d_1 和 $B_0d''_2$ 的左下方与界线 D_2d_2 和 $B_0d''_1$ 的右下方所围的区域，图 7-31 中阴影线所示为凸轮轴心 A 的允许区域。显然，此处界限 D_2d_2 和 $B_0d''_2$ 不起作用；

(6) 设为对心直动从动件，可取界线 D_1d_1 与 B_0B_m 延长线的交点为凸轮轴心 A，求得 $r_0=AB_0=46$ mm；

(7) 设为偏置直动从动件，可取界线 D_1d_1 与 $B_0d''_1$ 的交点为凸轮轴心 A'，求得 $r'_0=A'B_0=26$ mm，$e=A'K=13$ mm。

7.8　圆柱凸轮机构

圆柱凸轮机构属于一种空间机构，它通常应用于从动件导路（直动从动件）或从动件回转平面（摆动从动件）与凸轮回转平面相互垂直的场合。

一、直动从动件圆柱凸轮机构

圆柱凸轮是在圆柱体表面制有沟槽，在沟槽内装入从动件上的滚子，如图 7-32(a)所示。当凸轮转动时，由于沟槽在圆柱凸轮表面上轴向位置的变化，推动从动件沿着平行于凸轮轴线作往复直线运动。

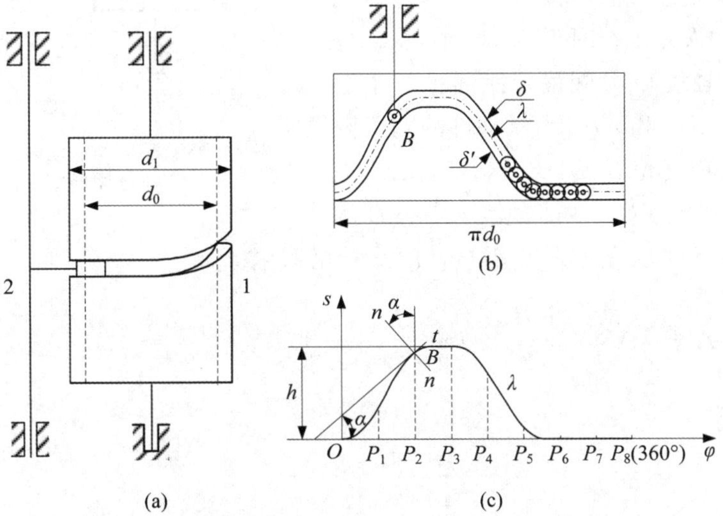

图 7-32　直动从动件圆柱凸轮机构及其当量移动凸轮机构

在圆柱凸轮机构中，如果将该凸轮的平均圆柱面展开成平面，那么它就转化为移动凸轮，如图 7-32(b)所示。原来圆柱凸轮以角速度 ω 转动，相当于移动凸轮以线速度 v 移动，$v=\omega d_0/2$，d_0 为凸轮平均圆柱直径。设给定从动件的动程及运动规律，欲求圆柱凸轮的槽道曲线。按已知条件可画出从动件相应的位移曲线，如图 7-32(c)所示。设取横坐标上代表凸轮回转一周的长度 $\overline{OP_8}$ 等于凸轮平均圆柱的圆周长 πd_0，该位移曲线即为圆柱凸轮在平均圆柱展开面上的理论轮廓 λ。然后，以理论轮廓 λ 上各点为圆心、滚子半径 r_T 为半径画一系列圆，这些圆的包络线 δ 和 δ' 就是该圆柱凸轮在平均圆柱展开面上的工作轮廓。在

图 7-32(c)中,如取 $\overline{OP_8}=\pi d_1$, d_1 为外圆柱直径,然后根据给定条件画出从动件位移曲线,即相当于该凸轮在外圆柱展开面上的理论轮廓,进一步确定其工作轮廓。在圆柱凸轮的加工图上应注明它在外圆柱展开面上的理论轮廓和工作轮廓或在平均圆柱展开面上的理论轮廓和工作轮廓。

设计圆柱凸轮也应考虑压力角。在图 7-32(c)中,过滚子中心 B 作凸轮理论轮廓的法线 n-n,它与从动件速度 v 的夹角为压力角 α,该角等于凸轮理论轮廓 λ 在 B 点的切线 t-t 与横坐标 φ 轴的倾角。凸轮机构运转时应满足最大压力角 $\alpha_{\max}\leqslant[\alpha]$。在直动从动件圆柱凸轮机构中,一般取 $[\alpha]=30°\sim38°$。

二、摆动从动件圆柱凸轮机构

在摆动从动件圆柱凸轮机构中,从动件 AB 的运动平面与凸轮轴线 O 平行,如图 7-33(a)所示。当圆柱凸轮推动从动件摆动时,滚子中心 B(滚子轴线与凸轮平均圆柱面的交点)至凸轮轴线 O 间的距离是时时在变化的,如图 7-33(b)所示。所以,在这种情况下应用圆柱凸轮在理论上是近似的,而在设计时应尽可能减少由此引起的误差。在图 7-33(b)中,从动件轴线 A 与凸轮轴线 O 之间最短距离称为中心距,以 a 表示。AB_0 和 AB_4 为从动件的两极限位置,AB_2 为其中间位置,B_0B_4 与 AB_2 的交点为 K, KB_2 的中点为 N。为了使滚子中心 B 的轨迹(圆弧 $\widehat{B_0B_2B_4}$)尽量与圆柱面接近,取 $a=AN$,按此得

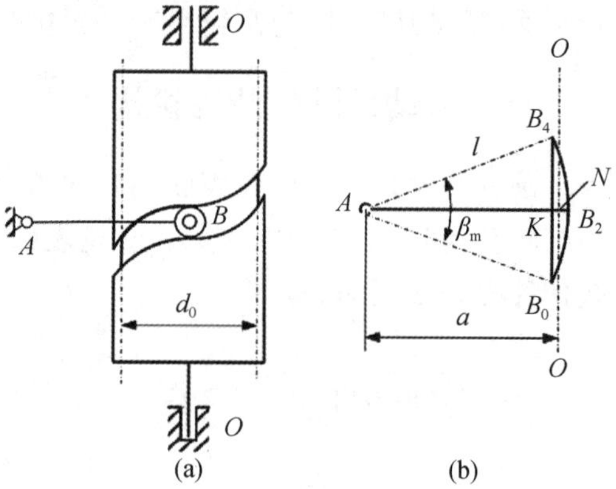

图 7-33 在摆动从动件圆柱凸轮机构中减少传动误差的措施

$$a=AN=AK+\frac{KB_2}{2}=l\cos\frac{\beta_m}{2}+\frac{l}{2}\left(1-\cos\frac{\beta_m}{2}\right)=\frac{l}{2}\left(1+\cos\frac{\beta_m}{2}\right) \tag{7-26}$$

或

$$l=\frac{2a}{1+\cos\dfrac{\beta_m}{2}} \tag{7-27}$$

式中:a 为凸轮机构中心距;

l 为摆动从动件长度;

β_m 为摆动从动件动程角。

设已知摆动从动件长度 l、动程角 β_m 及其运动规律,可确定凸轮回转相等角度时从动件的一系列位置 AB_0, AB_1, AB_2,…,如图 7-34 所示,设取 B_0B_4 为垂直位置,过 B_0, B_1, B_2,… 各点作水平线,与 B_0B_4 交于点 B_0, B_1', B_2',…,又在第一条水平线上取 $\overline{O8}=\pi d_0$,将其对应上述等分,得点 O, 1, 2, …;过 O, 1, 2, … 作一系列垂直线,与上述对应的水平线分

别交于点 O，$1'$，$2'$，…。因摆动从动件上滚子中心 B 的轨迹为圆弧$\widehat{B_0B_4}$，故须在上列作图的基础上进行补偿。为此，在各水平线上取 $1'1''=B_1'B_1$，$2'2''=B_2'B_2$，，…，注意 $1''$ 偏于 $1'$ 的位置应与 B_1 偏于 B_1' 的位置相当。用曲线板光滑连接点 O，$1''$，$2''$，…，即为摆动从动件圆柱凸轮在其平均圆柱展开面上的理论轮廓 λ。由凸轮理论轮廓求其工作轮廓的方法同上所述。

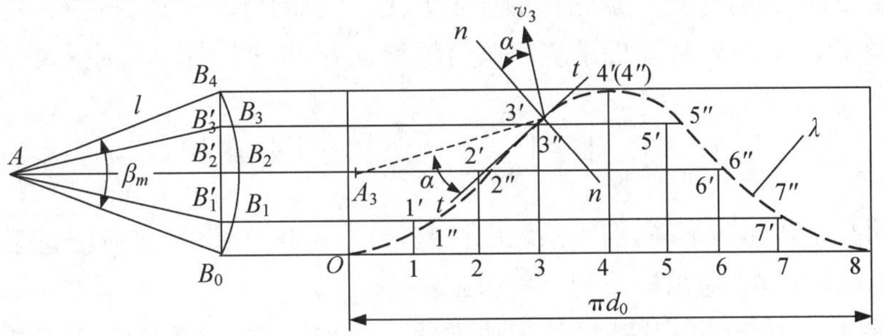

图 7-34　摆动从动件圆柱凸轮在展开面上的轮廓

检验摆动从动件圆柱凸轮机构压力角的方法，与直动从动件圆柱凸轮机构有所不同。如欲确定该机构在位置 3 的压力角，可找到理论轮廓 λ 上对应的点 $3''$，过该点作 λ 的切线 t-t 和法线 n-n；又以该点为圆心、从动件长 l 为半径画圆弧，与过 A 点水平线交于 A_3 点，A_33'' 即为该机构在位置 3 的从动件位置。过点 $3''$ 作 A_33'' 的垂直线表示 v_B，v_B 与 n-n 的夹角为压力角 α 该角也等于 A_33'' 与 t-t 的夹角。凸轮机构运转时应满足最大压力角 $\alpha_{max}\leqslant[\alpha]$。在摆动从动件圆柱凸轮机构中，一般取 $[\alpha]=40°\sim50°$。

7.9　高速凸轮机构简介

在上述凸轮机构设计时，是把机构中各构件视作刚体，不考虑弹簧及构件的弹性变形对机构运动的影响，认为从动件运动规律仅取决于凸轮轮廓与传递运动的构件尺寸等几何因素。这种处理问题的方法，对于刚度较大的中速或低速凸轮机构是可行的。但对于某些高速运转的凸轮机构，由于为了减小构件的惯性力及动载荷，通常将构件设计得比较轻薄，从而使机构刚度降低。此时，应把整个凸轮机构看成一个弹性系统，在周期性运动下引起的激振力作用将产生下列一些不容忽视的问题：

(1) 从动件对激振的响应，即从动件运动规律因激振而发生变化，产生与预定运动规律不相同的位移、速度及加速度曲线，情况严重时甚至使凸轮机构难以完成预定的工艺要求；

(2) 随着凸轮转速提高，构件惯性力剧增；由于构件制造精度与运动副中间隙等因素，机构运转时有明显的冲击，并伴随着较大的噪声；

(3) 凸轮与从动件间接触位置的磨损加剧。

应该说明，在凸轮从动件系统中所指的速度高低，并不单纯指凸轮轴转速，还与该系统的相当质量和刚度系数等因素有关。建议采用 μ_m 作为衡量指标：

$$\mu_m = \omega_d^2 \frac{m}{K} = \left(\frac{\omega_d}{\omega_n}\right)^2 \tag{7-28}$$

式中：ω_d 为凸轮角速度；ω_n 为系统自振角频率；m 为系统相当质量；K 为系统相当刚度系数。

当凸轮机构的 μ_m 在 10^{-2} 数量级时，时，通常认为属于高速系统，应按弹性系统的分析方法进行凸轮设计，同时还要保证完善的加工方法。例如有梭织机的投梭凸轮机构，原动件转速 $n_d = 108$ r/min，凸轮从动件系统自振角频率 $\omega_n = 93.86$ rad/s，则按式(7-28)算得

$$\mu_m = \left(\frac{\omega_d}{\omega_n}\right)^2 = \left(\frac{108 \times 2\pi}{60 \times 93.86}\right)^2 = 1.45 \times 10^{-2}$$

该系统的凸轮转速并不高，但因系统刚性差，自振角频率较低，仍应作高速凸轮处理。

对于高速凸轮机构，应采取下列一些措施：

(1) 在选择从动件运动规律时，其加速度曲线必须连续；尽量减小加速度的最大值，以降低惯性力；

(2) 为了减小凸轮机构高速运转时的惯性力，对某些构件可适当采用铝合金等轻质材料；并对其断面形状及尺寸作周密的考虑，以免不恰当地降低系统刚性；

(3) 为了提高凸轮从动件系统的刚性，应尽量加大从动件支承间的距离，并缩短从动件在支承端伸出的长度；

(4) 凸轮轮廓表面应有足够的加工精度与较低的表面粗糙度；

(5) 凸轮轴系需校动平衡。

第八章
齿轮机构及其设计

本章主要内容：齿轮机构可以传递空间任意轴间的运动与动力。渐开线齿轮是应用较广的一类齿轮，本章主要介绍渐开线齿轮的类型、传动原理及几何尺寸计算。

8.1 概　　述

齿轮机构可以用来传递任意轴之间的运动和动力，是现代机器中应用最广的一种传动机构。其主要优点为：1)传递功率范围广；2)使用速度范围大；3)传递效率高；4)传动比准确；5)结构紧凑、使用寿命长、工作安全可靠等。

齿轮机构类型很多，可以按照其相对运动是平面运动还是空间运动，分为平面齿轮机构和空间齿轮机构。也可以按照传动比是否固定，分为定传动比齿轮机构和变传动比齿轮机构。还可以按照齿廓形状，分为渐开线齿轮、摆线齿轮和圆弧齿轮等。此外，还可以从不同角度有多种分类方式，详见表8-1。其中，渐开线齿轮是应用最广的一种齿轮传动形式，本章将以渐开线齿轮的传动原理和几何尺寸计算为重点进行阐述，而对于其他类型的齿轮传动，则抓住他们之间的联系与区别，仅作扼要介绍。

表8-1　齿轮机构

<table>
<tr><td rowspan="6">平面齿轮机构</td><td colspan="6">传递平行轴运动的直齿圆柱齿轮机构</td></tr>
<tr><td colspan="2">外啮合齿轮机构</td><td colspan="2">内啮合齿轮机构</td><td colspan="2">齿轮与齿条</td></tr>
<tr><td colspan="2"></td><td colspan="2"></td><td colspan="2"></td></tr>
<tr><td colspan="3">传递平行轴运动的斜齿圆柱齿轮机构</td><td colspan="3">人字齿轮机构</td></tr>
<tr><td colspan="3"></td><td colspan="3"></td></tr>
</table>

续表

空间齿轮机构	传递交错轴运动的外啮合齿轮机构		
	交错轴斜齿轮机构	蜗轮蜗杆机构	

	传递相交轴运动的外啮合锥齿轮机构		
	直齿锥齿轮机构	斜齿锥齿轮机构	曲齿锥齿轮机构

8.2 齿廓啮合基本定律

齿廓是指齿面被一个与齿线相交的既定平面或曲面所截的截线，对圆柱齿轮而言，齿面与垂直于其轴线的平面相交的交线称为齿廓。一对齿轮传动，是通过主动轮轮齿的齿廓推动从动轮轮齿的齿廓来实现预定传动比，而轮齿的齿廓形状与预定瞬时传动比有关，下面就来分析这个问题。

一、齿廓啮合基本定律

如图 8-1 所示为一对相互啮合传动的齿轮，两齿廓 C_1、C_2 某一瞬时在点 K 相接触，设两齿廓上点 K 的线速度分别为 v_{k1}、v_{k2}。根据两齿廓形成平面高副需要满足的连续接触条件，接触点的相对速度 v_{k2k1} 只能沿公切线方向，否则两接触齿面就会出现分离或挤压变形。另外，根据瞬心概念可知，两齿廓在接触点处的公法线与两轮连心线的交点 P 为两齿轮的相对瞬心，因此两齿廓此时的传动比为

$$i_{12}=\frac{\omega_1}{\omega_2}=\frac{\overline{O_2P}}{\overline{O_1P}} \qquad (8-1)$$

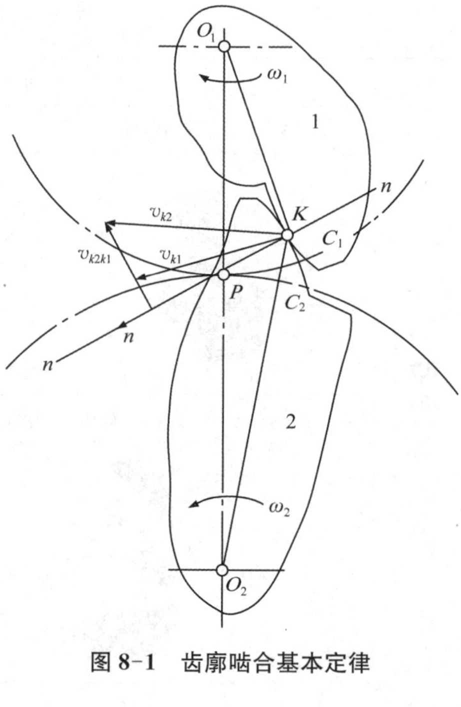

图 8-1 齿廓啮合基本定律

上式表明：一对齿轮传动在任意瞬时的传动比等于其连心线被接触点的公法线所分割的两线段的反比，这个规律称为齿廓啮合基本定律。根据齿廓啮合基本定律可知，齿轮传动的瞬时传动比与齿廓形状有关，可以根据齿廓形状来确定齿轮的传动比，反之，也可以根据给定的传动比来确定齿廓形状。

在图 8-1 中，齿廓公法线 n-n 与两轮连心线 O_1O_2 的交点 P，在齿轮传动中称为啮合节点，简称节点。若要求一对齿轮的传动比恒定，则上述相对瞬心点应为连心线上一固定点。由此可得，要使两轮传动比为一常数，则其齿廓曲线必须符合：不论两齿廓在任何位置相啮合，过其啮合点所作的公法线都必过该瞬心点。此时，节点 P 在两轮运动平面上的轨迹是一个圆，称为节圆。这样，两轮传动时就可以看作是两个节圆相切并作纯滚动。

当要求两齿轮作变传动比传动时，节点 P 就不再是连心线上的一个定点，而是按照传动比变化规律在连心线上移动。这时，P 点在轮 1、轮 2 运动平面上的轨迹也就不是一个圆，而是一条非圆曲线，称为节线，如图 8-2 所示。

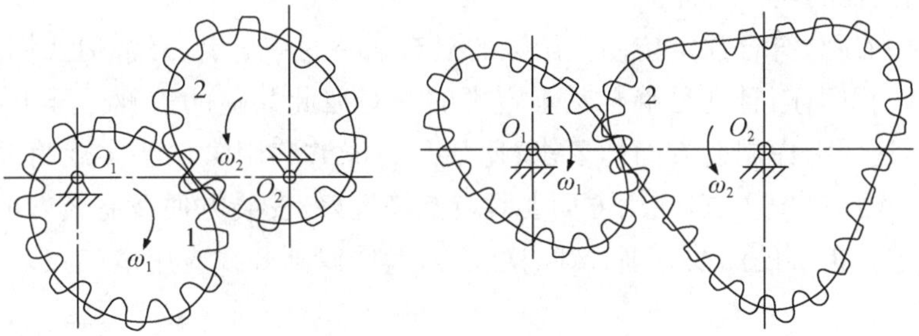

图 8-2　非圆齿轮机构

椭圆齿轮机构在纺织机械中应用在打纬机构中，如图 8-3 所示，此机构通过一对椭圆齿轮 1、2 将织机主轴的匀速转动转变成摇轴的非匀速摆动，从而实现筘座要求的运动规律。通过建立椭圆齿轮和曲柄摇杆机构的运动学数学模型，并进行机构参数优化，实现筘座在后心位置有 220° 左右的完全停顿时间，完全满足织机的打纬工艺要求。同时，该机构加工装配比共轭凸轮方便，容易保证精度。

二、共轭齿廓

根据齿廓啮合基本定律，按照齿轮瞬心线的形状做成摩擦轮，就可以利用它们实现预定的传动比。只是当传递的力矩较大时，必须保证摩擦轮之间具有相当大的摩擦力，为此需要对摩擦轮施加很大的压紧力，这样就会导致轴承承受巨大的载荷。齿轮传动可以解决这个不足并按照预定传动比传递回转运动。凡能按预定传动比相互啮

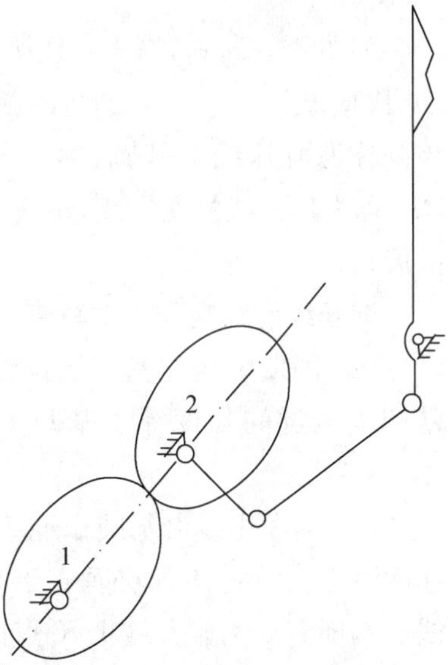

图 8-3　椭圆齿轮-曲柄摇杆打纬

合传动的一对齿廓称为共轭齿廓。理论上，只要任意给定一个齿轮的齿廓曲线，根据已知的中心距 O_1O_2 和预定的传动比 i_{12}，就可确定与其共轭的另一个齿轮的齿廓曲线。求共轭齿廓的方法很多，这里用微分几何中采用的求曲线族包络的方法求解共轭齿廓：如图 8-4 所示，齿轮 1 与齿轮 2 相啮合，也就是齿轮 1 和齿轮 2 的节圆 π_1 和 π_2 相切并作纯滚动，两轮实现的传动比为 $i_{12}=\omega_1/\omega_2=r_2'/r_1'$。设轮 2 的齿廓 e_2 为已知齿廓，将轮 1 的节圆 π_1 固定，轮 2 节圆 π_2 以相对角速度 ω_{21} 沿 π_1 作纯滚动，与 π_2 固结的轮 2 的齿廓 e_2 将占据一系列位置 e_2'、e_2、e_2''、…，这些轮 2 齿廓的一系列位置的包络线 e_1 即为与轮 2 齿廓 e_2 相共轭的轮 1 齿廓。

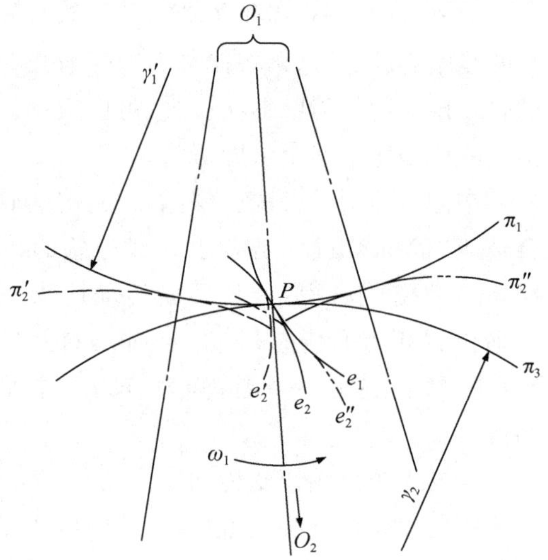

图 8-4　共轭曲线

对于指定中心距，符合预定传动比函数的只有唯一的一对瞬心线，但我们可以自由地选择与这对瞬心线相固连，且满足啮合基本定理的一对彼此共轭的齿廓。至于选择什么样的齿廓比较适宜，还要考虑制造方面的要求，比如是否能够利用滚切法实现简单的切齿方案，便于加工，适合大批量生产；在使用方面要具有互换性好、安装方便及有较好的传动性能等。工程实际上被选作齿廓的曲线有渐开线、摆线等，其中以渐开线应用最广。

8.3　渐开线齿廓及其啮合特点

一、渐开线的形成及其特性

如图 8-5 所示，当一直线 BK 在圆周上作纯滚动时，直线上任一点 K 的轨迹就是该圆的渐开线。该圆称为渐开线的基圆，其半径用 r_b 表示；直线 BK 称为渐开线的发生线，角 θ_k 称为渐开线上点 K 的展角。

渐开线齿廓啮合传动具有如下几个特点：

(1) 因发生线在基圆上作纯滚动，故发生线在基圆上滚过的长度等于基圆上被滚过的弧长，即 $\overline{AB}=\overset{\frown}{AB}$。

(2) 当发生线沿基圆作纯滚动时，切点 B 为其速度瞬心。因此，KB 必垂直于渐开线上 K 点的切线 t-t，即 KB 为渐开线上 K 点的法线。所以，渐开线上任一点的法线必与基圆相切。

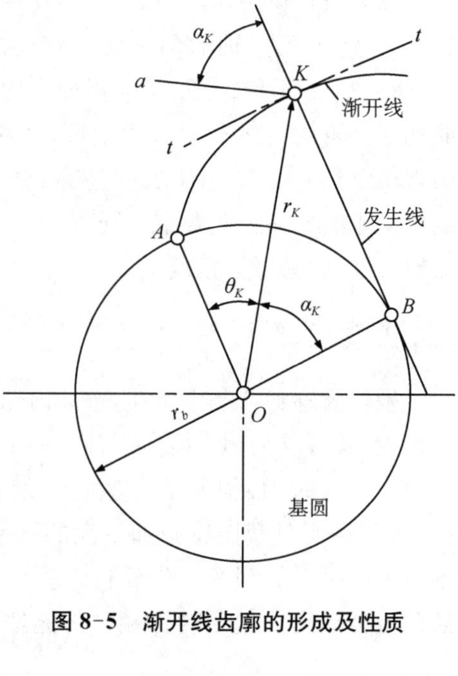

图 8-5　渐开线齿廓的形成及性质

(3) 发生线与基圆的切点 B 为渐开线上 K 点的曲率中心，$\overline{KB}$ 为其曲率半径。因此，渐开线在起点(它与基圆的交点)的曲率半径等于零，从该点沿渐开线远离基圆，渐开线的曲率半径也不断加大。

(4) 渐开线的形状决定于其基圆的大小。基圆越小，渐开线越弯曲，反之，渐开线越平直。如图 8-6 所示，基圆 1 与基圆 2 的两条渐开线在 K 点相切，其对应于 K 点的曲率半径与基圆半径成正比，即

$$\frac{\rho_{K2}}{\rho_{K1}}=\frac{\overline{KN_2}}{\overline{KN_1}}=\frac{r_{b2}}{r_{b1}}$$

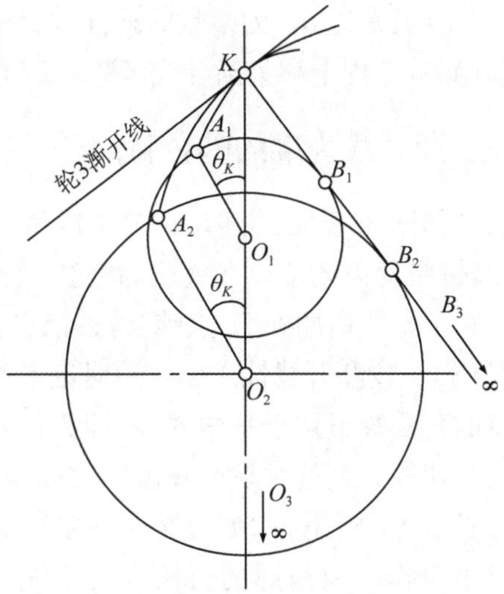

图 8-6　渐开线形状与基圆大小的关系

当基圆半径逐渐增加到 r_{b3} 为无穷大时，其圆心 O_3 于 O_1O_2 连线的无穷远处。相应的渐开线曲率中心 B_3 位于其法线 $n-n$ 的无穷远处。这种基圆半径为无穷大的渐开线已蜕变为与法线 $n-n$ 相垂直的切线 $t-t$，此即渐开线为齿条的齿廓。这为渐开线齿轮提供了可以采用直线齿廓齿条刀具加工的理论依据，对齿轮制造带来很大方便，是渐开线齿轮的优点之一。

(5) 因渐开线是从基圆向外延伸，故基圆内无渐开线。

二、渐开线方程

在图 8-7 中，设一对渐开线齿廓在 K 点啮合，齿廓 2(双点划线)给齿廓 1 的正压力 F_{21} 沿法线 $n-n$ 作用，使轮 1 逆时针转动。F_{21} 与其作用点 K 的速度 v_{K1} 的夹角称为齿廓在 K 点的压力角，记作 α_K。下面推导以 α_K 为参数的渐开线极坐标方程式。

按渐开线性质(1)有

$$\tan\alpha_K=\frac{\overline{NK}}{\overset{\frown}{ON}}=\frac{\overset{\frown}{ON}}{r_b}=\frac{r_b(\alpha_K+\theta_K)}{r_b}=\alpha_K+\theta_K \tag{8-2}$$

$$\cos\alpha_K=\frac{r_b}{r_K} \tag{8-3}$$

则渐开线上任一点 K 的向径角 θ_K 和向径 r_K 分别为

$$\left.\begin{aligned}\theta_K&=\tan\alpha_K-\alpha_K=\mathrm{inv}\alpha_K\\ r_K&=\frac{r_b}{\cos\alpha_K}\end{aligned}\right\} \tag{8-4}$$

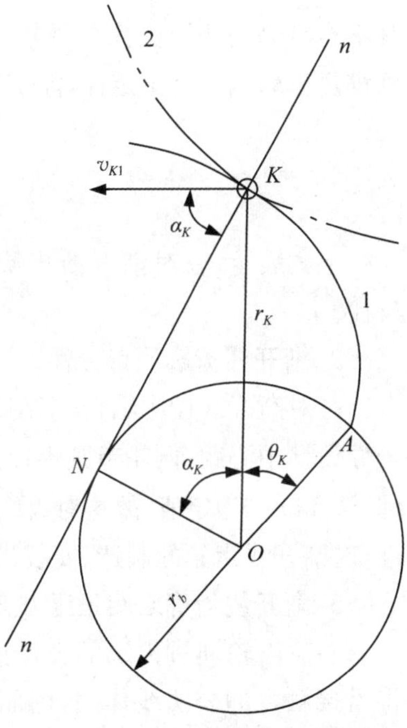

图 8-7　以 α_K 为参数的渐开线极坐标方程

这就是以 α_K 为参数的渐开线极坐标方程式。渐开线上 K 点的展角 θ_K 为其压力角 α_K 的函数，工程上称为渐开线函数，以 $\text{inv}\alpha_K$ 表示。

三、渐开线齿廓的啮合特点

如图 8-8 所示，主动齿轮 1 以角速度 ω_1 顺时针回转，带动齿轮 2 以角速度 ω_2 逆时针回转，两轮的一对渐开线齿廓在 K 点啮合，过该点作齿廓公法线 N_1N_2。按渐开线性质(2)，一对渐开线齿廊在啮合点的公法线恒切于其两基圆，即为两基圆的一条内公共切线。当这对渐开线齿廓继续啮合时，其啮合点必沿 N_1N_2 移动；如啮合点不在直线 N_1N_2 上，则过该点作一对齿廓的公法线就不能与其两基圆相切，这是违背渐开线性质的。一对渐开线齿廓在啮合过程中，其啮合点的轨迹称为啮合线。所以，一对渐开线齿廓的啮合线、公法线与两基圆的内公共切线重合。

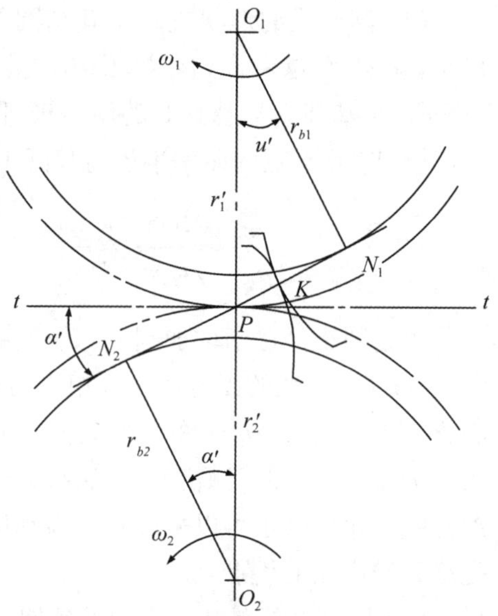

图 8-8 一对渐开线齿廓的公法线、啮合线与两基圆的内公共切线重合

1. 渐开线齿廓满足定传动比要求

一对渐开线齿廓啮合，两基圆对其所在齿轮而言为定圆，当中心距为定值时，两基圆在同一方向只能作一条内公共切线，故这对齿廓在啮合过程中其啮合点的公法线位置是固定不变的，必与连心线 O_1O_2 交于定点 P。所以，一对渐开线齿廓满足齿廓啮合基本定律，能实现定传动比传动。由此得

$$i_{12}=\frac{\omega_1}{\omega_2}=\frac{r'_2}{r'_1}=\frac{r_{b2}}{r_{b1}}=\text{常数} \tag{8-5}$$

上式表示，一对渐开线齿廓的传动比等于两节圆半径的反比，也等于两基圆半径的反比。

2. 渐开线齿廓的可分性

一对渐开线齿廓啮合，当制造、安装或使用中轴承磨损等原因造成中心距有偏差，不等于原设计中心距，两轮节圆半径 r_1' 和 r_2' 随之变化，而比值仍满足式(8-5)，即 $r_2'/r_1'=r_{b2}/r_{b1}$。因 r_{b1} 和 r_{b2} 为定值，故这对齿廓仍能实现定传动比啮合。这一特性称为渐开线齿廓的可分性，对渐开线齿轮的制造、安装带来很大的方便，是渐开线齿轮的另一个优点。

3. 渐开线齿廓之间正压力方向不变

一对齿轮通过齿廓的直接接触来传递运动和动力，当不计摩擦时其齿廓间的正压力将沿接触点的公法线作用，因而该力作用线方向始终不变。如传递扭矩恒定，则两轮齿廓间的正压力方向不变，这对于齿轮传动的平稳性是十分有利的，是渐开线齿轮又一个优点。

例题 8-1　如图 8-9 所示，一对外啮合齿廓在 K 点啮合，其公法线 N_1N_2 和连心线 O_1O_2 的交点为节点 P，两轮角速度分别为 ω_1 和 ω_2，基圆半径为 r_{b1} 和 r_{b2}。试求：(1) 一对齿廓在 K 点啮合的滑动速度 v_{K1K2}；(2) 啮合点 K 沿啮合线 N_1N_2 的移动速度 v''_K。

解：(1) 因一对轮齿的节点 P 为其相对速度瞬心，故两轮齿在啮合点 K 的滑动速度（即相对速度）v_{K1K2} 为其相对角速度 ω_{12} 与 $\overline{PK}$ 的乘积，即

$$v_{K1K2}=\omega_{12}\times\overline{PK}$$

其方向按绕节点 P 相对转动的 ω_{12} 方向确定，如图 8-9 所示。从上式看出，一对轮齿在节点 P 啮合时，$\overline{PK}=0$，其滑动速度 $v_{K1K2}=0$；当啮合点 K 离节点 P 越远，$\overline{PK}$ 越大，其滑动速度越大。

(2) 两轮齿在 K 点的速度分别为 v_{K1} 和 v_{K2}，它们在公法线 N_1N_2 上的分速度相同，其为

$$\begin{aligned}v''_K&=v_{K1}\cos\alpha_{K1}=\omega_1\overline{O_1K}\cos\alpha_{K1}=\omega_1 r_{b1}\\&=v_{K2}\cos\alpha_{K2}=\omega_2\overline{O_2K}\cos\alpha_{K2}=\omega_2 r_{b2}\end{aligned}$$

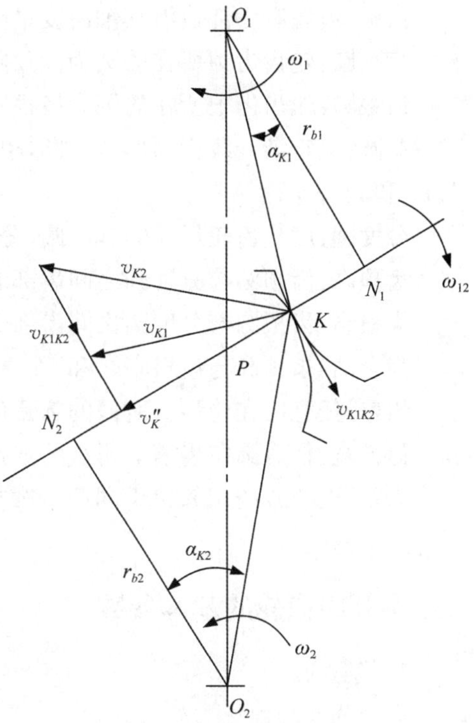

图 8-9　一对齿轮在啮合点的滑动速度

由上式知，啮合点在啮合线上的移动速度等于基圆的圆周速度。

8.4　渐开线标准齿轮的基本参数及几何尺寸计算

一、齿轮各部分名称和符号

图 8-10 所示为一标准直齿圆柱齿轮的一部分，齿向平行于齿轮轴线，垂直于齿向的剖面，齿形与端面齿形相同。因此，直齿圆柱齿轮的基本参数、几何尺寸都在端面内研究。

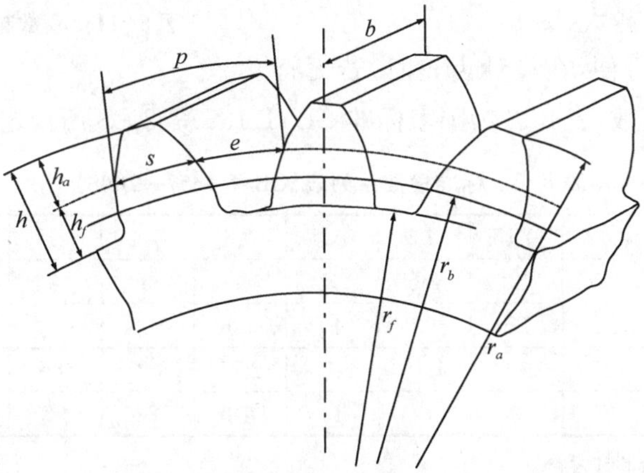

图 8-10　标准直齿圆柱齿轮的几何尺寸

齿宽：齿轮有齿部位沿其轴向度量的宽度，以 b 表示。

齿顶圆：轮齿齿顶所在的圆为齿顶圆，齿顶圆半径和直径分别以 r_a 和 d_a 表示。

齿根圆：轮齿齿根所在的圆为齿根圆，齿根圆半径和直径分别以 r_f 和 d_f 表示。

基圆：决定渐开线齿廓形状的圆，也是齿廓上各点法线的包络线，基圆半径和直径分别以 r_b 和 d_b 表示。

分度圆：度量齿轮尺寸的基准圆，分度圆半径和直径分别以 d 和 r 表示。

齿顶高：齿顶圆与分度圆之间齿部的径向尺寸，以 h_a 表示，$h_a = r_a - r$。

齿根高：齿根圆与分度圆之间齿部的径向尺寸，以 h_f 表示，$h_f = r - r_f$。

齿全高：齿顶高与齿根高之和，$h = h_a + h_f$。

齿厚：任意圆在轮齿上所截的圆弧孤长，以 s_i 表示，分度圆上的齿厚用 s 表示。

齿槽宽：任意圆在齿槽上所截的圆弧孤长，以 e_i 表示，分度圆上的齿槽宽用 e 表示。

齿距(周节)：两相邻轮齿同侧齿廓在任意圆上所截弧长，以 p 表示，分度圆齿距以 p 表示，$p = s + e$。

二、渐开线齿轮的基本参数

1. 模数 m

齿轮分度圆周长 $\pi d = zp$，故

$$d = \frac{p}{\pi} z$$

式中含有无理数，对设计计算、制造和测量均不方便。为此，取 p/π 为一有理数列，作为标准模数，以 m 表示，即

$$m = \frac{p}{\pi} \tag{8-6}$$

模数 m 单位为：mm，它反映轮齿的大小，齿轮的模数越大，其轮齿的齿顶高、齿根高、齿全高、齿厚、齿槽宽与齿距等也越大(图 8-11)。

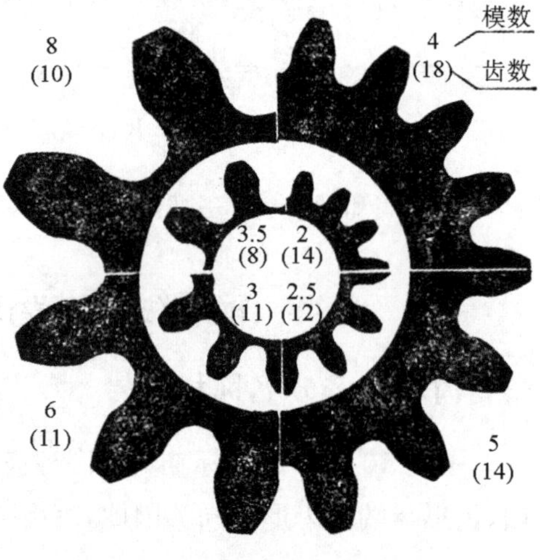

图 8-11 模数越大，轮齿尺寸越大

为了设计和制造方便，在设计齿轮时，若无特殊需要，应选用标准模数，表 8-2 为国家标准 GB/T 1357—2008 所规定的标准模数系列。

表 8-2 标准模数系列表(GB/T 1357—2008) 单位：mm

第一系列	0.1	0.12	0.15	0.2	0.25	0.3	0.4	0.5	0.6	0.8	1
	1.25	1.5	2	2.5	3	4	5	6	8	10	12
	16	20	25	32	40	50					
第二系列	0.35	0.7	0.9	1.75	2.25	2.75	(3.25)	3.5	(3.75)	4.5	5.5
	(6.5)	7	9	(11)	14	18	22	28	36	45	

注：1. 本表适用于渐开线圆柱齿轮。

2. 选用模数时，应优先采用第一系列，其次是第二系列，括号内的模数尽可能不用。

2. 压力角 α

同一渐开线齿廓上各点的压力角不同，通常所说的齿轮压力角是指在其分度圆上的压力角，以 α 表示。计算公式为

$$\alpha = \arccos(r_b / r)$$

或

$$r_b = r\cos\alpha = \frac{zm}{2}\cos\alpha$$

压力角是决定齿廓形状的主要参数。我国规定标准压力角为分度圆上的压力角，$\alpha = 20°$，除此之外，其他常用的压力角有 14.5°、15°及 22.5°等。

3. 齿数 z

齿轮在整个圆周上轮齿的总数，用 z 表示。

4. 齿顶高系数 h_{α}^*

齿轮的齿顶高与其模数比值称为齿顶高系数，用 h_a^* 表示。齿顶高的计算公式为

$$h_a = h_a^* m$$

5. 顶隙系数 c^*

一对啮合传动的齿轮副中，一个齿轮的齿顶圆与另一个齿轮齿根圆之间的径向距离称为顶隙（或径向顶隙），顶隙与模数的比值称为顶隙系数，用 c^* 表示。

齿顶高系数 h_a^* 和顶隙系数 c^* 均为标准值，我国规定，正常齿制：$h_a^* = 1$，$c^* = 0.25$。一般情况下采用正常齿制。有时为了增加齿根弯曲强度，可采用短齿制：$h_a^* = 0.8$，$c^* = 0.3$。

三、标准直齿圆柱齿轮几何尺寸的计算

1. 标准齿轮及几何尺寸计算公式

模数 m、压力角 α、齿顶高系数 h_a^* 和顶隙系数 c^* 均为标准值，且分度圆齿厚 s 等于齿槽宽 e 的齿轮称为标准齿轮。为了便于计算和设计，渐开线标准直齿圆柱外齿轮的几何尺寸计算公式如表 8-3 所示。

表 8-3　标准直齿圆柱齿轮几何尺寸的计算公式

名称	代号	公式
模数	m	根据轮齿承受载荷、结构等条件确定，按表 8-2 选用标准值选用标准值，一般 $\alpha = 20°$
压力角	α	
分度圆直径	d	$d = mz$
齿顶高	h_a	$h_a = h_a^* m$
齿根高	h_f	$h_f = (h_a^* + c^*)m$
齿全高	h	$h = h_a + h_f$

续表

名称	代号	公式
齿顶圆直径	d_a	$d_a = m(z \pm 2h_a^*)$
齿根圆直径	d_f	$d_f = m(z \mp 2h_a^* \mp 2c^*)$
基圆直径	d_b	$d_b = d\cos\alpha$
齿距	p	$p = \pi m$
齿厚	s	$s = \frac{\pi m}{2}$
齿槽宽	e	$e = \frac{\pi m}{2}$
中心距	a	$a = \frac{1}{2}(d_2 \pm d_1) = \frac{m}{2}(z_2 \pm z_1)$
顶隙	c	$c = c^* m$

注：上面符号用于外齿轮或外啮合，下面符号用于内齿轮或内啮合。

2. 内齿轮、齿条传动

(1) 内齿轮

图 8-12 所示为一内齿圆柱齿轮的一部分，它可以看做是将外齿轮的齿体变成齿槽，齿槽变为齿体演化而来。内齿轮与外齿轮比较，有如下特点：

① 内齿轮轮齿是内凹的；

② 内齿轮的齿根圆大于齿顶圆；

③ 因基圆内无渐开线，故为了保证齿顶齿廓为渐开线，内齿轮的齿顶圆必须大于基圆。

(2) 齿条

图 8-13 为标准齿条的一部分，它可以看做一个齿数为无穷大的齿轮的一部分，这时齿轮的基圆为无穷大，作为齿廓曲线的渐开线也变成直线。

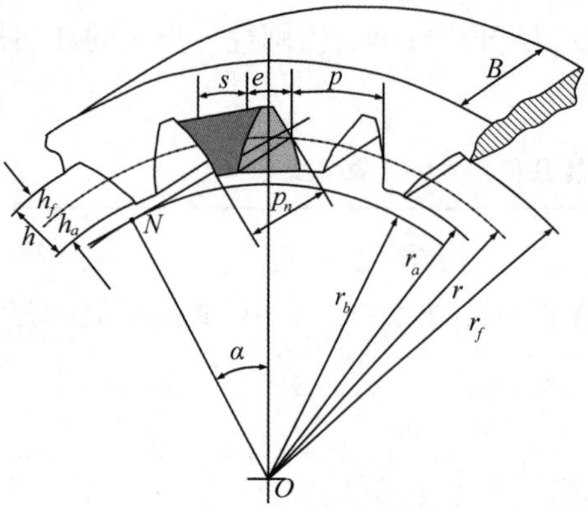

图 8-12　内齿轮

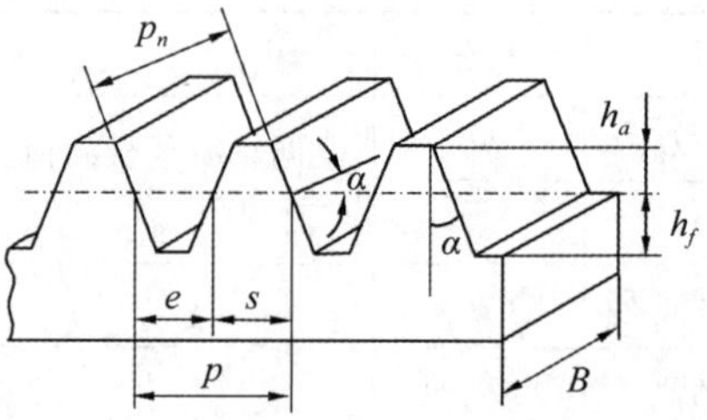

图 8-13　齿条

齿条与齿轮相比，有如下特点：

① 齿条同侧齿廓为平行线，分度圆、齿顶圆和齿根圆等均变为分度线、齿顶线和齿根线，且在与齿顶线平行的任一直线上具有相同的齿距 $p=\pi m$；

② 齿条直线齿廓上各点具有相同的压力角 α，等于直线齿廓的齿形角，一般为标准值 20°。

例题 8-2　压力角 $\alpha=20°$，齿顶高系数的 $h_a^*=1$，顶隙系数 $c^*=0.25$ 的渐开线标准直齿圆柱齿轮，当其齿根圆与基圆重合，该轮齿数为多少？若齿数大于或小于这个数值，基圆与齿根圆哪一个大？

解：讨论基圆与齿根圆重合问题，显然指的是外齿轮，按题意：$d_p=d_f$，则有

$$mz\cos\alpha=m(z-2h_a^*-2c^*)$$

$$z=\frac{2(h_a^*+c^*)}{1-\cos\alpha}=\frac{2\times(1+0.25)}{1-\cos 20°}=41.45$$

由于齿轮齿数只能是整数，故齿根圆不可能正好与基圆重合。当齿数 $z\geqslant 42$ 时，齿根圆大于基圆；当齿数 $z\leqslant 41$ 时，基圆大于齿根圆。

8.5　渐开线直齿圆柱齿轮的啮合传动

一、正确啮合条件

一对齿轮的平均传动比（转速比）等于其齿数的反比，而一对渐开线齿廓的瞬时传动比等于其基圆半径的反比，所以一对渐开线齿轮正确啮合，必须保持其瞬时传动比与平均传动比一致，由此得

$$i_{12}=\frac{\omega_1}{\omega_2}=\frac{n_1}{n_2}=\frac{z_2}{z_1}=\frac{r_{b2}}{r_{b1}}$$

上式改写为

$$\frac{r_{b2}}{z_2}=\frac{r_{b1}}{z_1};\frac{2\pi r_{b2}}{z_2}=\frac{2\pi r_{b1}}{z_1} \qquad (8\text{-}7)$$

即

$$p_{b2}=p_{b1}=p_b \qquad (8\text{-}8)$$

如图 8-14 所示，按渐开线性质(1)可导出

$$p_b=\overline{K'K}=\widehat{C_2A_2}=\widehat{C_1A_1} \qquad (8\text{-}9)$$

上两式表明，对渐开线齿轮正确啮合，两轮基圆齿距（基节）必须相等，也即两轮法向齿距（法节）必须相等。

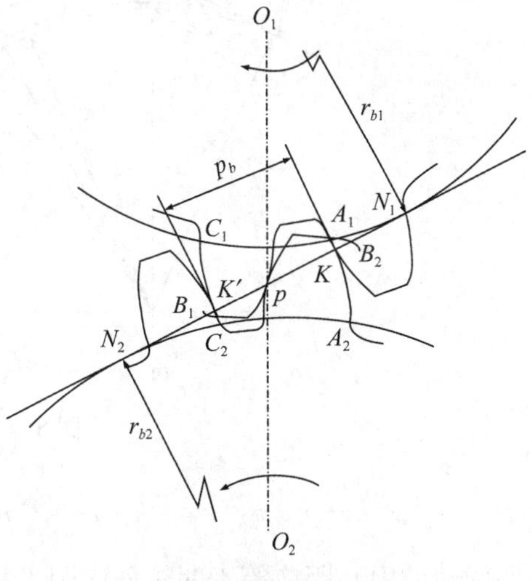

图 8-14　渐开线直齿圆柱齿轮正确啮合条件

将下列两式

$$r_{b1} = r_1 \cos \alpha_1 = \frac{m_1 z_1 \cos \alpha_1}{2}; r_{b2} = r_2 \cos \alpha_2 = \frac{m_2 z_2 \cos \alpha_2}{2}$$

代入式(8-7)得

$$m_2 \cos \alpha_2 = m_1 \cos \alpha_1 \tag{8-10}$$

由于模数和压力角均已标准化，故在一般情况下只有两轮的模数、压力角分别相等，才能满足上式，即一对标准渐开线齿轮正确啮合的条件是

$$m_2 = m_1 = m;\ \alpha_1 = \alpha_2 = \alpha$$

二、中心距和啮合角

1. 中心距

齿轮传动中心距的变化虽然不影响传动比，但会改变顶隙和齿侧间隙的大小。在确定其中心距时，应满足以下两点要求：

(1) 保证两轮的顶隙为标准值。

在一对齿轮传动时，为了避免一轮的齿顶与另一轮的齿槽底部及齿根过渡曲线部分相抵触，并有一定空隙以便储存润滑油，故在一轮的齿顶圆与另一轮的齿根圆之间留有顶隙。为使顶隙为标准值：$c = c^* m$，对于图 8-15(a)所示的标准齿轮外啮合传动，两轮的中心距应为

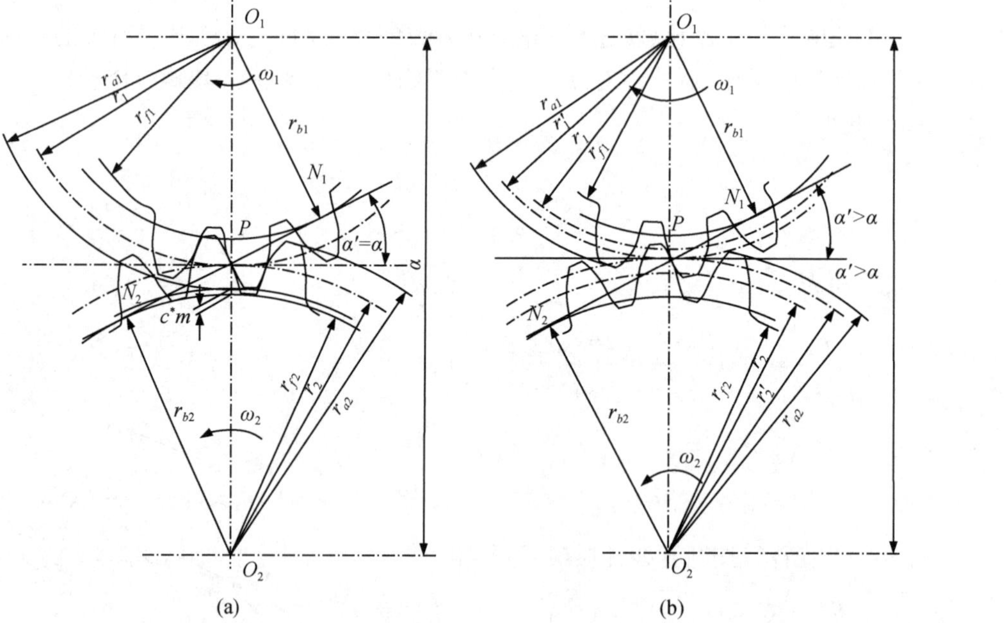

图 8-15 标准齿轮外啮合传动

$$a = r_{a1} + c + r_{f2} = (r_1 + h_a^*) + c^* m + (r_2 - h_a^* m - c^* m) = r_1 + r_2 = m(z_1 + z_2)/2$$

即两轮的中心距应等于两轮分度圆半径之和，此中心距称为标准中心距。

(2) 保证两轮的理论齿侧间隙为零。

虽然在实际齿轮传动中，在两轮的非工作齿侧间总要留有一定的齿侧间隙。但齿侧间隙一般都很小，由制造公差来保证。故在计算齿轮的名义尺寸和中心距时，都是按齿侧间隙为零来考虑的。欲使一对齿轮在传动时其齿侧间隙为零，需使一个齿轮在节圆上的齿厚等于另一个齿轮在节圆上的齿槽宽。

由于一对齿轮啮合时两轮的节圆总是相切的，而当两轮按标准中心距安装时，两轮的分度圆也是相切的，即 $r_1'+r_2'=r_1+r_2$。又因 $i_{12}=r_2'/r_1'=r_2/r_1$，故此时两轮的节圆分别与其分度圆相重合。由于分度圆上的齿厚与齿槽宽相等，因此有 $s_1'=e_1'=s_2'=e_2'=\pi m/2$，故标准齿轮在按标准中心距安装时，无齿侧间隙。

2. 啮合角 α'

两齿轮在啮合传动时，其节点 P 的圆周速度方向与啮合线 N_1N_2 之间所夹的锐角，称为啮合角，通常用 α' 表示。由此定义可知，啮合角的大小等于节圆压力角。当两轮按标准中心距安装时，啮合角也等于分度圆压力角(见图 8-15(a))。

当两轮的实际中心距 a' 与标准中心距 a 不相同时，如将中心距增大(图 8-15(b))，这时两轮的分度圆不再相切，而是相互分离。两轮的节圆半径将大于各自的分度圆半径，其啮合角 a' 也将大于分度圆的压力角 α。因 $r_b=r\cos\alpha=r'\cos\alpha'$，故有 $r_{b1}+r_{b2}=(r_1+r_2)\cos\alpha=(r_1'+r_2')\cos\alpha'$，可得齿轮的中心距与啮合角的关系式为

$$a'\cos\alpha'=a\cos\alpha$$

3. 内啮合齿轮传动和齿轮齿条啮合传动

一个外齿轮与一个内齿轮啮合形成内啮合齿轮传动(图 8-16)。基于两齿轮分度圆上齿厚等于齿槽宽，故标准安装下，内啮合传动的两齿轮分度圆相切，节圆与分度圆重合，中心距 a 为

$$a=r_2-r_1=\frac{m}{2}(z_2-z_1)$$

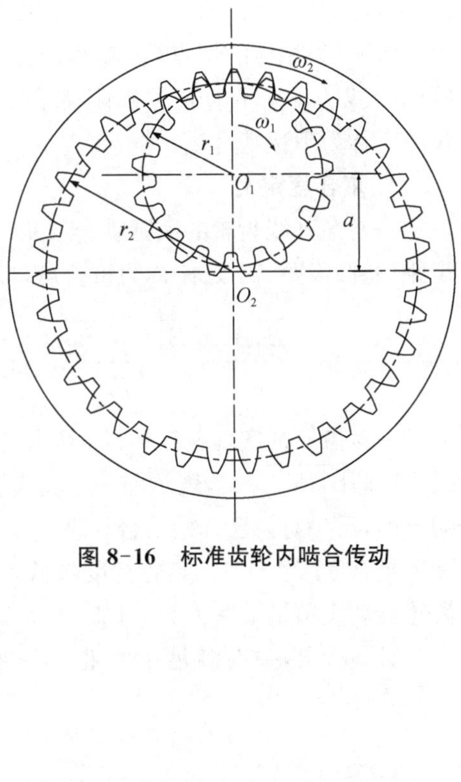

图 8-16　标准齿轮内啮合传动

齿轮与齿条形成的啮合传动如图 8-17 所示，齿条的直线齿廓总是保持原来的方向不变，因此不论是否为标准安装，啮合线 N_1N_2 及节点 P 的位置始终保持不变。标准安装时，齿轮分度圆与齿条分度线相切，齿轮节圆与分度圆重合，齿条节线与分度线重合，啮合角等于齿形角；齿轮以角速度 ω_1 转动，带动齿条以速度 $v_p=\omega_1 r_1$ 直线移动；非标准安装时，齿条的节线与其分度线将不再重合，但齿轮的节圆恒与其分度圆重合，啮合角 α' 恒等于齿轮分度圆压力角 α。

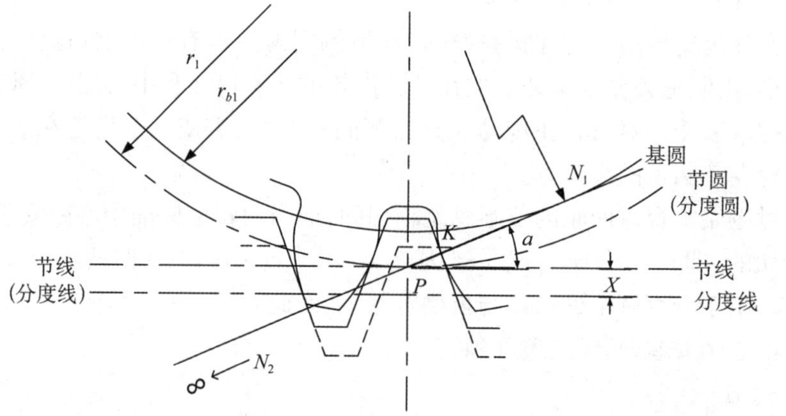

图 8-17 齿条与齿轮啮合:齿条实线位置——标准安装;虚线位置——非标准安装,存在齿侧间隙

三、连续传动条件与重合度

齿轮传动是通过轮齿交替啮合来实现的,为了保证传动的连续性,要求在前一对轮齿脱开啮合之前,后一对轮齿已经进入啮合,这是齿轮传动实现连续传动的条件。

一对直齿圆柱齿轮的外啮合传动如图 8-18 所示,主动轮 1 顺时针转动推动从动轮 2 逆时针转动,这对轮齿的开始啮合点为从动轮 2 齿顶圆与啮合线的交点 B_2,而终止啮合点为主动轮 1 齿顶圆与啮合线的交点 B_1,啮合点的轨迹为两基圆内公切线 N_1N_2 上的线段 B_1B_2,称为实际啮合线。这里,N_1 和 N_2 为相应的切点,因基圆内无渐开线,故实际啮合线 B_1B_2 不能超越极限啮合点 N_1 和 N_2,N_1N_2 称为理论啮合线。

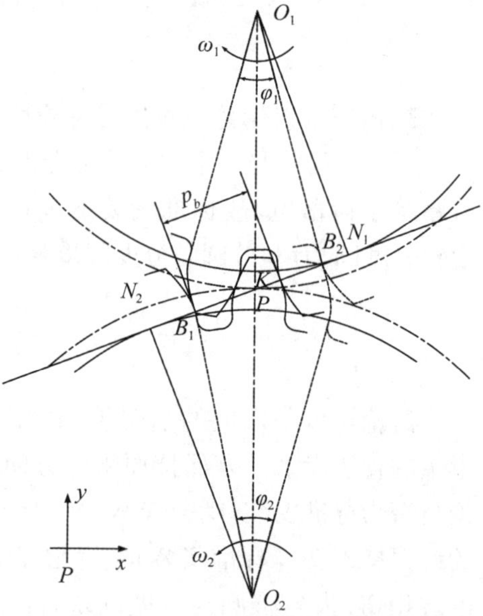

图 8-18 齿廓啮合过程

1. 重合度定义

一对渐开线齿轮的实际啮合线 B_1B_2 与其法向齿距(基圆齿距)p_b 之比称为重合度,以 ε 表示:

$$\varepsilon = \frac{\overline{B_1B_2}}{p_b} = \frac{\overline{B_1P} + \overline{B_2P}}{p_n} \geqslant 1 \qquad (8\text{-}11)$$

一对齿轮欲实现连续传动,其重合度必须满足 $\varepsilon > 1$,即$\overline{B_1B_2} > p_b$,表示前一对轮齿在 B_1 点终止啮合前,后一对齿已开始啮合。理论上 $\varepsilon = 1$,即能保持连续传动,而由于制造、安装误差,实际上重合度应大于1。齿轮精度越低,误差越大,则重合度值要求越大,对于一般机械制造业齿轮传动应满足 $\varepsilon \geqslant 1.3 \sim 1.4$。

必须指出,一对满足正确啮合条件的渐开线齿轮,若重合度 $\varepsilon < 1$,当前一对轮齿在

B_1点终止啮合，但后一对轮齿尚未到达B_2点而不能进入啮合，因此从动轮2将降速，传动比不能保持恒定，主动轮1将迅速打击从动轮齿而引起冲击、振动和噪声，这是不允许的。

2. 重合度的意义

在图8-19所示的齿轮传动中，设重合度$\varepsilon=1.4$，即$B_1B_2=1.4p_b$。该图中有：

(1) 在实际啮合线B_1B_2上，两端各有$0.4p_b$的区间为两对齿同时啮合，称为双齿啮合区；中间有$0.6p_b$区间为一对齿啮合，称为单齿啮合区。对于标准齿轮传动，节点P位于单齿啮合区。

(2) 在齿轮转动一个齿距的时间内，有40%时间为两对齿啮合，60%时间为一对齿啮合，其啮合齿对数的平均值即重合度$\varepsilon=2\times0.4+1\times0.6=1.4$。所以，重合度$\varepsilon$为一对齿轮在转过一个齿距的时间内啮合齿对数的平均值，ε值越大，意味着同时参与啮合的轮齿越多，每对轮齿承受的负载越少，齿轮的传动承载能力就越大。

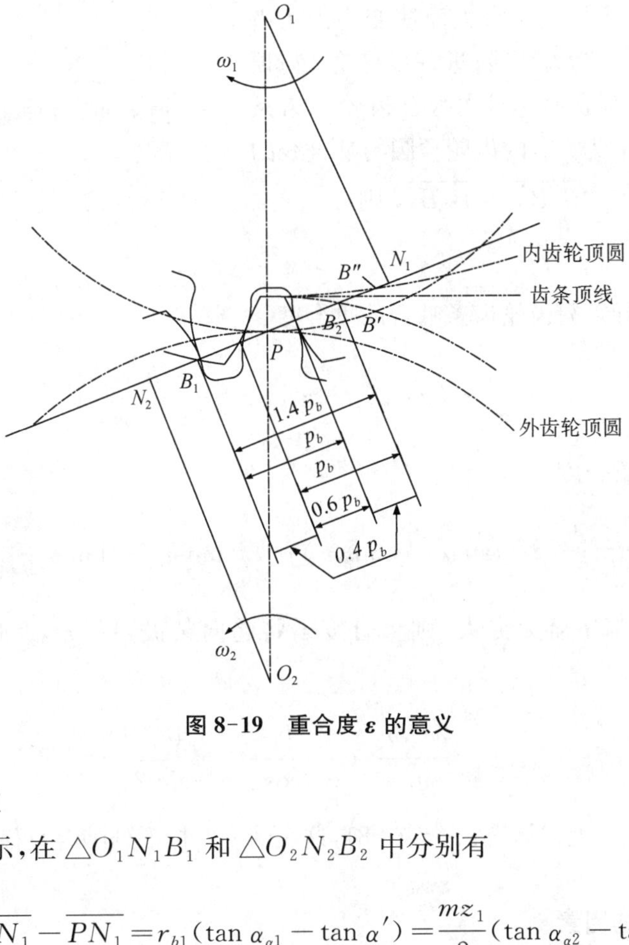

图8-19 重合度ε的意义

3. 重合度计算

如图8-20所示，在$\triangle O_1N_1B_1$和$\triangle O_2N_2B_2$中分别有

$$\overline{B_1P}=\overline{B_1N_1}-\overline{PN_1}=r_{b1}(\tan\alpha_{a1}-\tan\alpha')=\frac{mz_1}{2}(\tan\alpha_{a2}-\tan\alpha')\cos\alpha$$

$$\overline{PB_2}=\overline{B_2N_2}-\overline{PN_2}=r_{b2}(\tan\alpha_{a2}-\tan\alpha')=\frac{mz_2}{2}(\tan\alpha_{a2}-\tan\alpha')\cos\alpha$$

将上两式及下式

$$p_b = \frac{2\pi r_b}{z} = \frac{2\pi r \cos\alpha}{z} = \pi m \cos\alpha \quad (8\text{-}12)$$

代入式(8-11)得

$$\varepsilon = \frac{1}{2\pi}[z_1(\tan\alpha_{a1} - \tan\alpha') + z_2(\tan\alpha_{a2} - \tan\alpha')] \quad (8\text{-}13)$$

式中 α' 为啮合角，标准安装时 $\alpha' = \alpha$，α_{a1}、α_{a2} 分别为轮 1、2 的齿顶圆压力角，其值为

$$\alpha_{a1} = \arccos\frac{r_{b1}}{r_{a1}};\ \alpha_{a2} = \arccos\frac{r_{b1}}{r_{a1}} \quad (8\text{-}14)$$

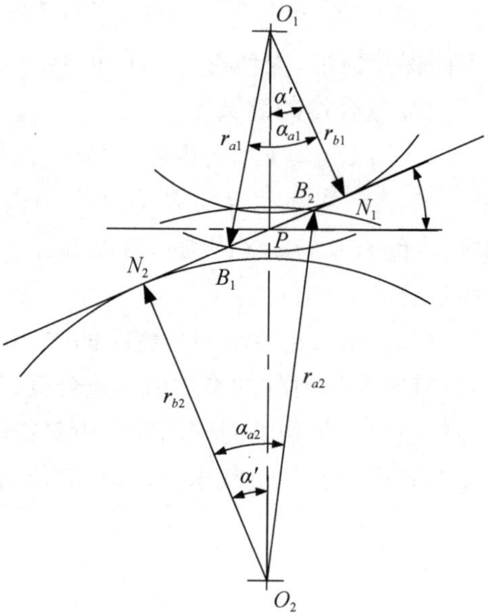

图 8-20 实际啮合线 $\overline{B_1B_2}$ 的计算

当轮 2 齿数 z_2 增加至无穷大而演变为齿条齿轮啮合，轮 2 顶圆相应为齿顶线；进一步将轮 2 齿顶线演变为反向圆弧而成为一对内啮合齿轮。齿条顶线与啮合线的交点为 B_2'，内齿轮顶圆与啮合线的交点为 B_2''，且 $\overline{B_1B_2''} > \overline{B_1B_2'} > \overline{B_1B_2}$，则

$$\varepsilon_{内啮合} > \varepsilon_{齿条齿轮} > \varepsilon_{外啮合}$$

采用相同的推导可得齿轮齿条啮合的重合度

$$\varepsilon = \frac{1}{2\pi}\left[z_1(\tan\alpha_{a1} - \tan\alpha) + \frac{2h_a^*}{\sin\alpha\cos\alpha}\right] \quad (8\text{-}15)$$

内啮合齿轮的重合度

$$\varepsilon = \frac{1}{2\pi}[z_1(\tan\alpha_{a1} - \tan\alpha') - z_2(\tan\alpha_{a2} - \tan\alpha')] \quad (8\text{-}16)$$

若设想 z_1、z_2 都增至无穷大，则重合度 ε 将趋向某极限值 ε_{max}，此时 $PB_1 = PB_2 = h_a^* m/\sin\alpha$，故

$$\varepsilon_{max} = \frac{2h_a^* m}{\sin\alpha} \times \frac{1}{\pi m \cos\alpha} = \frac{4h_a^*}{\pi \sin 2\alpha} \quad (8\text{-}17)$$

以 $h_a^* = 1$，$\alpha = 20°$ 代入上式算得 $\varepsilon_{max} = 1.981$，这表明一对标准外啮合直齿圆柱齿轮的重合度 $\varepsilon < 1.981$。

4. 影响重合度的因素

(1) 齿顶高系数 h_a^*

齿顶圆直径 d 随 h_a^* 的增加而加大，故实际啮合线 B_1B_2 随之加长，重合度 ε 也就增大。

(2) 齿数 z_1、z_2

齿顶圆直径 d_a 随齿数的增加而加大，由两齿顶圆截得的实际啮合线 B_1B_2 也加长，从而

增加重合度 ε 值。

(3) 啮合角 α'

啮合角 α' 将随安装中心距的增加而加大，导致重合度 ε 减小。渐开线齿轮传动虽有可分性，两轴心稍微分离仍满足定传动比要求，但受到连续传动条件的制约，必须保证 $\varepsilon \geqslant 1$。

例题 8-3 一对标准外啮合直齿圆柱齿轮传动，模数 $m=4$ mm，压力角 $\alpha=20°$，齿数 $z_1=24$，$z_2=36$，当中心距 a' 比标准中心距大 2 mm 时，试计算这对齿轮的啮合角（节圆压力角）a' 及节圆半径 r'、r'_1。

解： 这对标准齿轮标准安装时的中心距 a 为

$$a=\frac{m}{2}(z_1+z_2)=\frac{4}{2}\times(24+36)=120 \text{ mm}$$

按题意，实际中心距 a' 为

$$a'=a+2=120+2=122 \text{ mm}$$

因

$$r_{b1}+r_{b2}=a\cos\alpha=a'\cos\alpha'$$

故

$$\cos a'=\frac{a\cos\alpha}{a'}=\frac{120\times\cos 20°}{122}=0.924\ 29,\ \alpha'=22.44°$$

又

$$r'_1=\frac{z_1}{z_1+z_2}a'=\frac{24}{24+36}\times 122=48.8 \text{ mm}$$

$$r'_2=\frac{z_2}{z_1+z_2}a'=\frac{36}{24+36}\times 122=73.2 \text{ mm}$$

例题 8-4 如图 8-21 所示一对标准外啮合直齿圆柱齿轮的齿廓在节点 P 啮合，轮 1 为主动，试确定这一对齿轮的齿廓工作段。

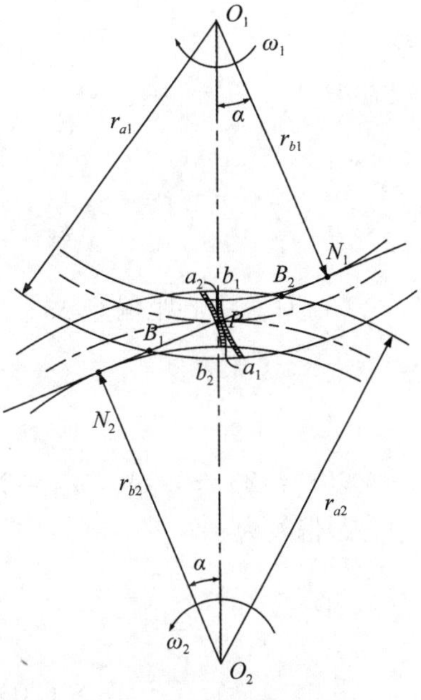

图 8-21 一对齿轮的齿廓工作断段

解： 由前述，一对渐开线轮齿的啮合线为其两基圆的内公共切线。按主动轮 1 的转向，确定啮合线位于Ⅰ、Ⅱ象限。分别以 O_1 和 O_2 为圆心，r_{a1} 和 r_{a2} 为半径作圆弧，与 N_1N_2 交于点 B_1 和 B_2，B_1 和 B_2 分别为开始啮合点和终止啮合点。

以 O_1 为圆心、O_1B_2 为半径作圆弧，与轮 1 齿廓交于 b_1，a_1b_1 为其齿廓工作段。以 O_2 为圆心、O_2B_1 为半径作圆弧，与轮 2 齿廓交于 b_2，a_2b_2 为其齿廓工作段。这一对轮齿自 B_2 点开始啮合至节点 P，轮 1 根部齿廓 b_1P 与轮

2顶部齿廓a_2P工作，其长度$b_1P<a_2P$；自节点P至终止啮合点B_1，轮1顶部齿廓Pa_1与轮2根部齿廓Pb_2工作，其长度$Pa_1>Pb_2$。由于轮1和轮2根部齿廓工作段长度分别小于轮2和轮1顶部齿廓工作段长度，故齿轮根部齿廓比顶部齿廓易于磨损。

例题8-5 一对标准外啮合直齿圆柱齿轮，已知：$m=5$，$\alpha=20°$，$h_a^*=1$，$c^*=0.25$，$z_1=20$，$z_2=40$。试求：(1) 这对齿轮标准安装时的重合度ε；(2) 两轮作用角ψ_1、ψ_2；(3) 以$\varepsilon=1.2$为极限时的中心距偏差Δa。

解：(1) 计算重合度ε

$$\alpha_{a1}=\arccos\frac{r_{b1}}{r_{a1}}=\arccos\frac{z_1\cos\alpha}{z_1+2h_a^*}=\frac{20\times\cos 20°}{22}=31.321°$$

$$\alpha_{a2}=\arccos\frac{r_{b2}}{r_{a2}}=\arccos\frac{z_2\cos\alpha}{z_2+2h_a^*}=\frac{40\times\cos 20°}{42}=26.499°$$

以$\alpha'=\alpha=20°$，$z_1=20$，$z_2=40$及上列α_{a1}、α_{a2}值代入得

$$\varepsilon=\frac{1}{2\pi}[z_1(\tan\alpha_{a1}-\tan\alpha')+z_2(\tan\alpha_{a2}-\tan\alpha')]=1.635$$

(2) 计算作用角ψ_1、ψ_2——轮齿从开始啮合到终止啮合所转过的角度(图8-19)

轮1和轮2的作用角分别为

$$\psi_1=\frac{\overline{B_1B_2}}{r_{a1}}=\frac{\varepsilon p_b}{r_{b1}}=\frac{2\varepsilon\pi m\cos\alpha}{mz_1\cos\alpha}=\frac{2\pi\varepsilon}{z_1}\ \text{rad}$$

$$\psi_2=\frac{\overline{B_1B_2}}{r_{a2}}=\frac{\varepsilon p_b}{r_{b2}}=\frac{2\varepsilon\pi m\cos\alpha}{mz_2\cos\alpha}=\frac{2\pi\varepsilon}{z_2}\ \text{rad}$$

或

$$\psi_1=\frac{\varepsilon}{z_1}\times 360°=\frac{1.635}{20}\times 360°=29.43°$$

$$\psi_2=\frac{\varepsilon}{z_2}\times 360°=\frac{1.635}{40}\times 360°=14.72°$$

(3) 计算中心距偏差Δa　将重合度计算公式改写为

$$\alpha'=\arctan\frac{z_1\tan\alpha_{a1}+z_2\tan\alpha_{a2}-2\pi\varepsilon}{z_1+z_2}$$

以$z_1=20$，$z_2=40$，$\alpha_{a1}=31.321°$，$\alpha_{a2}=26.499°$及$\varepsilon=1.2$代入上式算得$\alpha'=22.271°$。中心距偏差为

$$\Delta a=a'-a=a\left(\frac{\cos\alpha}{\cos\alpha'}-1\right)=\frac{m(z_1+z_2)}{2}\left(\frac{\cos\alpha}{\cos\alpha'}-1\right)$$

$$=\frac{5\times(20+40)}{2}\left(\frac{\cos 20°}{\cos 22.271°}-1\right)=2.316\ \text{mm}$$

8.6　渐开线齿廓的切制原理与根切现象

一、渐开线齿廓的切制原理

齿轮加工有铸造、热轧、冲压、模锻、粉末冶金和切削等多种方法，其中最常用的是切削法。应用切削法加工齿轮的工艺也有多种，但就其加工原理可概括为仿形法和范成法两大类。

1. 仿形法

仿形法是在铣床上，利用与相邻两轮齿之间齿槽形状相同的刀具直接铣出齿廓。如图8-22所示，铣切时盘形铣刀绕自身轴线转动，轮坯沿自身轴线移动，当切出一个齿槽后轮坯退回原处，并用分度头转过一个齿距的角度（$360°/z$）再铣第二个齿槽，这样重复进行直至铣出全部轮齿为止。

这种方法加工误差主要来自下列两方面：1)分度头的分度误差；2)刀具的齿形误差。另外，由于渐开线齿廓形状由模数、压力角和齿数共同决定，因此该加工方法会导致刀具数量太多，经济性和便利性都较差。实际生产中，通常将同一模数、压力角的铣刀按被加工齿轮的齿数分成若干组(例如八组)，每组用同一号铣刀加工，各号铣刀切制齿轮的齿数范围见表8-4。各号铣刀均按其齿数范围内最少的齿形制造，用该刀具加工齿数多的齿轮齿廓，不该切去的材料也被切去，使齿轮啮合时较松，可保证轮齿不被卡住，但传动质量有所下降。

表8-4　铣刀刀号与加工齿数范围

刀号	1	2	3	4	5	6	7	8
齿数范围	12～13	14～16	17～20	21～25	26～34	35～54	55～134	135以上

图8-23所示为用指状铣刀加工的情况，其加工原理、方法与用盘形铣刀相似。指状铣刀通常用于加工大模数（$m > 20$）的齿轮，并可用于切制人字齿轮。

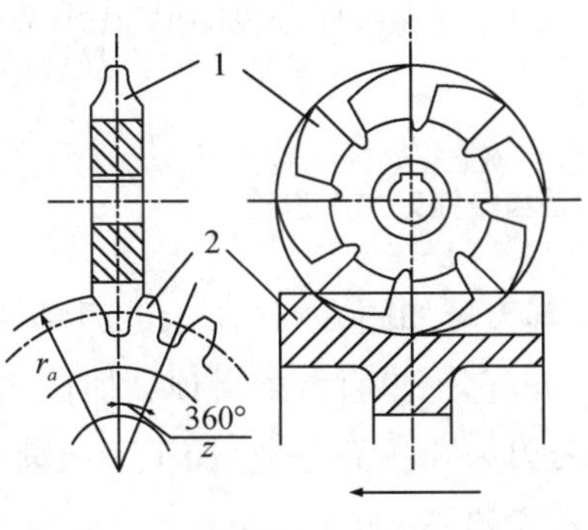

1—盘形铣刀；2—轮坯

图8-22　仿形法加工齿轮1

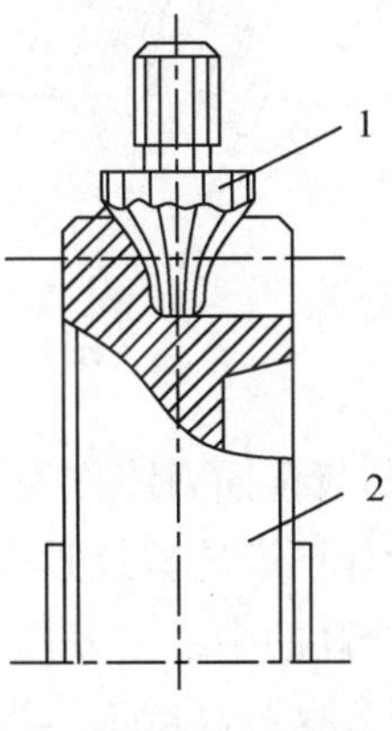

1—指状铣刀；2—轮坯

图8-23　仿形法加工齿轮2

2. **范成法(展成法、包络法)**

范成法是利用齿廓啮合基本定律来切制齿廓的,亦称展成法或包络法。这种加工方法是将一对啮合的齿轮之一做成刀具,和另一个轮坯按一对齿轮啮合时其齿廓互为包络线的原理来加工齿廓,因而被加工齿廓较精确,是大量生产时普遍采用的加工方法。根据加工所用刀具的不同,可分为滚齿法和插齿法。

滚齿法是利用齿条型刀具与齿轮啮合的运动关系来加工轮坯,齿条节线与齿轮分度圆在节点 P 处相切并作纯滚动,如图 8-24 所示,齿条以水平速度 v 移动,轮坯以角速度 ω 回转,由机床传动装置保持 $v=\omega r$ 的关系,r 为齿轮分度圆半径。按运动倒置法原理,将轮坯固定,齿条型刀具的节线沿齿轮分度圆作纯滚动,该刀具刀刃在轮坯上切制(包络)出所需的渐开线齿廓(图 8-25),这就是滚齿法的切制原理。由于齿条插刀的长度有限,难以连续加工齿数较多的齿轮,因此滚齿机上用的滚刀制成类似蜗杆的形状,如图 8-26 所示。滚刀 1 的连续转动相当于齿条插刀不断地向前移动。应用滚齿法,同一模数、压力角的任何齿数的齿轮,均可用同一把滚刀来加工。

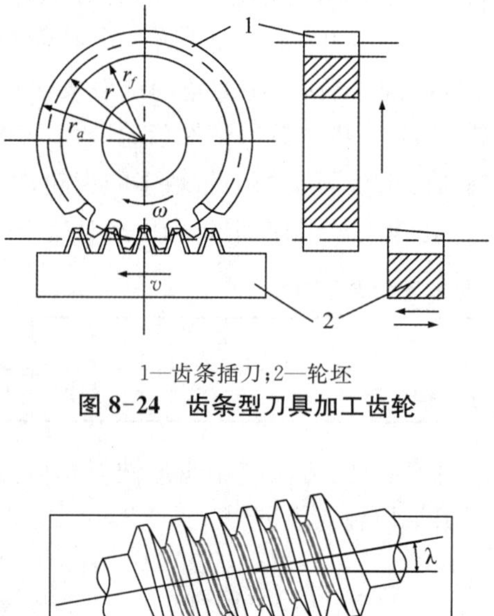

1—齿条插刀;2—轮坯

图 8-24 齿条型刀具加工齿轮

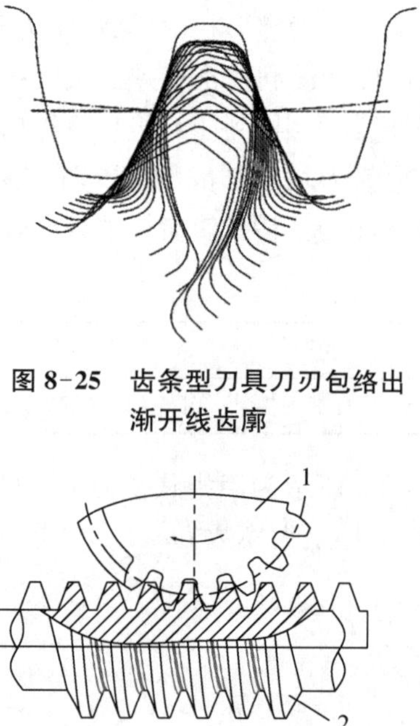

图 8-25 齿条型刀具刀刃包络出渐开线齿廓

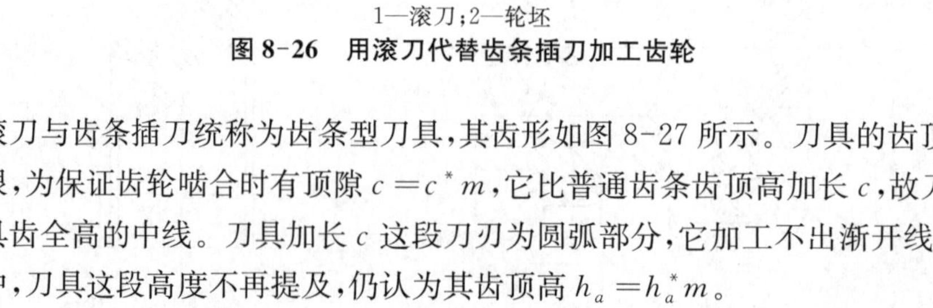

1—滚刀;2—轮坯

图 8-26 用滚刀代替齿条插刀加工齿轮

齿轮滚刀与齿条插刀统称为齿条型刀具,其齿形如图 8-27 所示。刀具的齿顶用于切制轮坯的齿根,为保证齿轮啮合时有顶隙 $c=c^{*}m$,它比普通齿条齿顶高加长 c,故刀具的分度线成为刀具齿全高的中线。刀具加长 c 这段刀刃为圆弧部分,它加工不出渐开线齿廓,故在以后分析中,刀具这段高度不再提及,仍认为其齿顶高 $h_a=h_a^{*}m$。

插齿法使用的刀具是齿轮插刀,其形状与外齿轮相似,切制原理与滚齿法相同。插齿法主要用于加工内齿轮及滚齿法难以加工的双联齿轮等。图 8-28 所示为用齿轮插刀加工双联齿轮的情况。

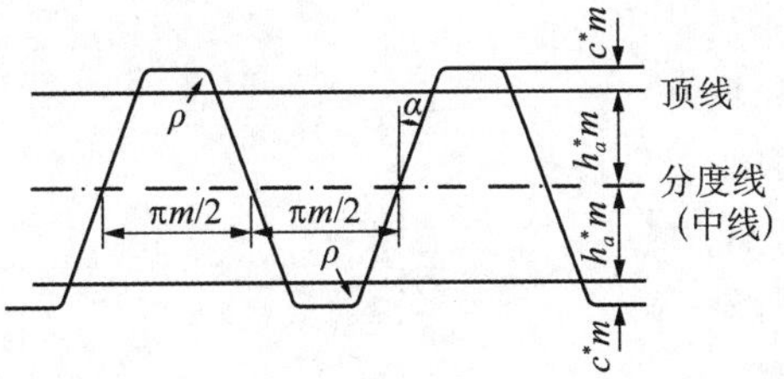

图 8-27　标准齿条型刀具齿形

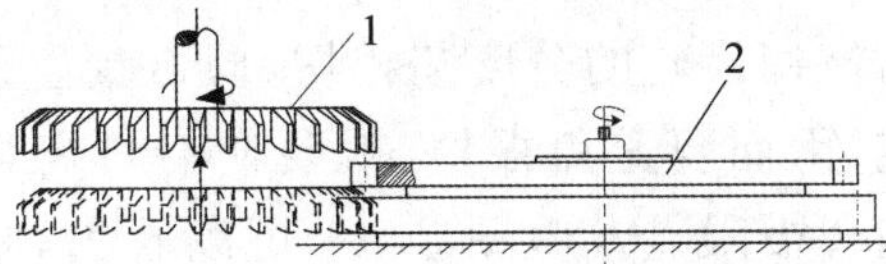

1—齿轮插刀;2—双联齿轮

图 8-28　齿轮插刀加工双联齿轮

二、根切现象及原因

加工齿轮时,当被加工齿轮的齿数较少时,其轮齿根部的渐开线尺廓被切去一部分的现象,称为根切(切齿干涉),根切后的轮齿形状如图 8-29 所示。由于根切削弱齿根强度,渐开线齿廓长度也随之缩短,降低重合度,影响传动质量,故应尽量避免。

发生根切的原因是由于刀具齿顶圆(齿轮插刀)或齿顶线(齿条型刀具)超过了啮合线与被切齿轮基圆的切点。这里以齿条型刀具说明根切产生的原因,如图 8-30 所示:齿条型刀具的齿顶线超过啮合线与被切齿轮基圆的切点 N,当齿轮齿廓从实线位置 Ng 转过 φ 角至虚线位置 $N'g'$ 时,根据齿轮与齿条的运动关系,刀具齿廓相应地从实线位置 MG 移动 $r\varphi$ 距离到达位置 $M'G'$,此时,刀具齿廓与啮合线交于 K 点,有

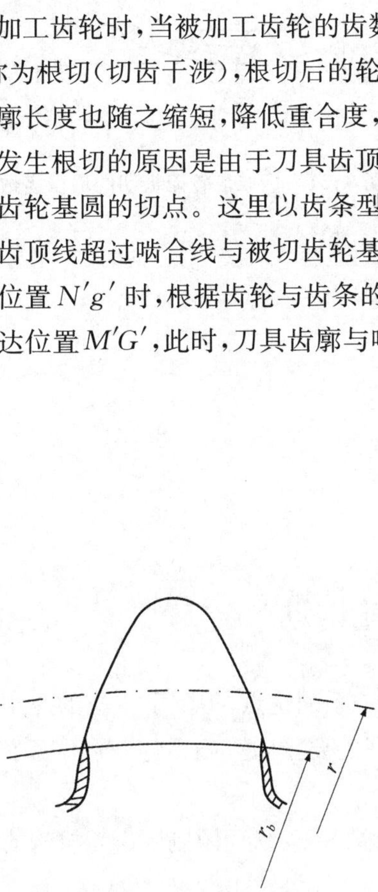

图 8-29　根切后的轮齿

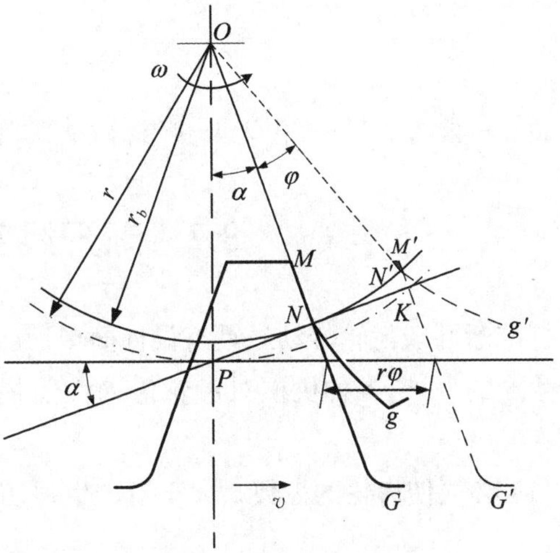

图 8-30　轮齿的根切原因

$$\overline{NK}=r\varphi\cos\alpha=r_b\varphi=\widehat{NN'}$$

因 $\overline{NK}$ 为 MG 与 $M'G'$ 的公垂线长度,此为是它们之间最短距离,而 $\widehat{NN'}$ 为弧长,故 N' 点必位于 MG 与 $M'G'$ 之间,即齿条刀刃 $M'G'$ 与渐开线齿廓 $N'g'$ 相交,齿根阴影部分必被刀具切去而形成根切。

三、标准齿轮不产生根切的最少齿数

当用齿条型刀具加工标准齿轮时，刀具的分度线与被切齿轮的分度圆相切，即刀具齿顶线位置一定，因而要避免根切，就要使刀具齿顶线不超过啮合极限点。由图 8-31 可以看出，啮合极限点 N 的位置与被切齿轮的基圆半径 r_b 的大小有关，基圆半径 r_b 越小，啮合极限点 N 就越靠近节点 P，产生根切的可能就越大。又由于 $r_b = \frac{mz}{2}\cos\alpha$，而被切齿轮的模数和压力角均与刀具相同，所以产生根切与否就取决于被切齿轮齿数的多少。当刀具齿顶线正好通过 N 点，与此相应的被切齿轮刚好不会根切，其齿数为最少，即 $Z_{\min}$，此时有

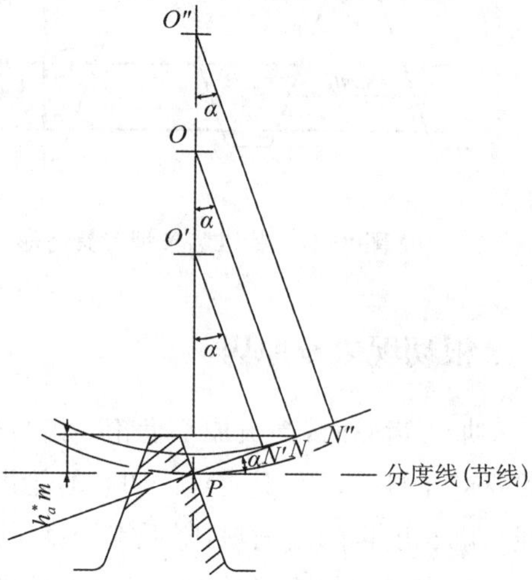

图 8-31 标准齿轮无根切的最少齿数 $z_{\min}$

$$OP = r_{\min} = \frac{mz_{\min}}{2}\,\frac{PN}{\sin\alpha} = \frac{h_a^* m}{\sin^2\alpha}$$

由此得

$$z_{\min} = \frac{2h_a^*}{\sin^2\alpha}$$

将 $\alpha = 20°$，$h_a^* = 1$ 代入上式算得 $z_{\min} = 17$。

8.7 渐开线变位齿轮传动

标准渐开线齿轮传动虽具有设计简单、互换性好等一系列优点，得到了广泛的应用。但随着生产的发展，各种机械对齿轮传动性能提出了更高的要求，这时标准齿轮出现了一些限制：

(1) 必须使齿轮的齿数 z 大于不产生根切的最少齿数 $z_{\min}$，从而限制了齿轮机构的结构紧凑；

(2) 必须使实际中心距 a' 等于标准中心距 a，若实际中心距 a' 大于标准中心距 a，则齿侧间隙增大，传动不平稳；若实际中心距 a' 小于标准中心距 a，则根本无法安装；

(3) 由于小齿轮基圆半径 r_{b1} 小于大齿轮基圆半径 r_{b2}，小齿轮齿根厚度较薄，且小齿轮啮合次数又多，所以小齿轮强度低于大齿轮强度。

为了改善和解决标准齿轮存在的不足之处，就必须突破这些限制，对齿轮进行必要的修正。对齿轮进行修正的方法有多种，现在最为广泛的就是“变位修正法”。

一、渐开线变位齿轮

1. 变位原理及变位齿轮

根据齿条型刀具范成加工齿轮的原理，只要保持刀具与轮坯的相对运动关系不变，将刀具背离轮坯轴心移动 x，使刀具齿顶线通过 N_1 点或 N_1 点以下，即可避免根切，如图 8-32 所示。此时，刀具节线与分度线不重合，它在节线上的齿槽宽与齿厚不等，使被切齿轮的齿厚与齿槽宽也不等，即 $s \neq e$。这种用变动刀具位置的方法加工出来的齿轮称为变位齿轮。刀具变位的距离称为变位量 $X = xm$，x 称为径向变位系数，简称变位系数。刀具远离轮坯轴心的变位称为正变位，$x > 0$，所加工出来的齿轮称为正变位齿轮；刀具靠近轮坯轴心的变位称为负变位，$x < 0$，所加工出来的齿轮称为负变位齿轮。$x = 0$ 为零变位，所加工出来的齿轮称为标准齿轮。

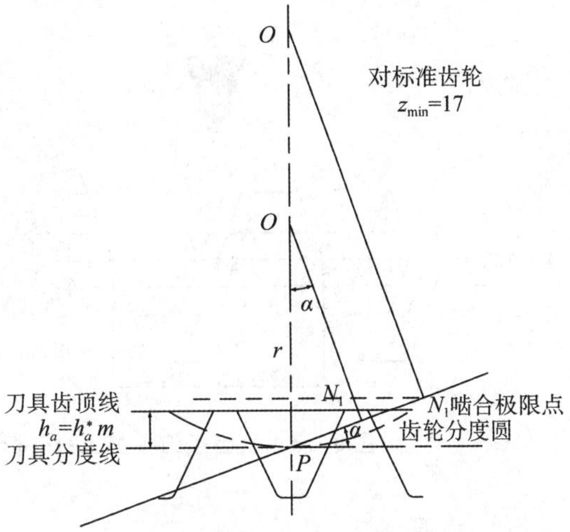

图 8-32　变位修正

2. 避免根切的最小变位系数 x_{min}

为了切制无根切的 $z < z_{min}$ 的齿轮，刀具的最小变位量 $x_{min}m$ 应使其齿顶线正好通过 N_1 点。按此条件有

$$PN_1 = \frac{m(h_a^* - x_{min})}{\sin\alpha} = \frac{mz}{2}\sin\alpha$$

则

$$x_{min} = h_a^* - \frac{z}{2}\sin^2\alpha$$

又由于 $z_{min} = \dfrac{2h_a^*}{\sin^2\alpha}$，所以

$$x_{min} = h_a^* \frac{z_{min} - z}{z_{min}}$$

上式，当 $z < z_{min}$ 时，$x_{min} > 0$，说明切制该齿轮时正变位量至少等于 $x_{min}m$，才能避免根切；当 $z > z_{min}$ 时，$x_{min} < 0$，说明刀具负变位量得绝对值不得大于 $|x_{min}m|$，否则将发生根切。

二、变位齿轮的几何尺寸计算

用同一把齿条刀具加工相同齿数的变位齿轮与标准齿轮，它们的模数、压力角、分度圆、基圆均相同。也就是说，在模数、压力角与齿数一定的条件下，变位齿轮与标准齿轮的齿廓为同一基圆不同部位的渐开线线段，如图 8-33 所示。但刀具变位后切制的变位齿轮的齿厚、齿根高、齿根圆、齿顶高和齿顶圆等几何尺寸均与相应的标准齿轮有所不同。

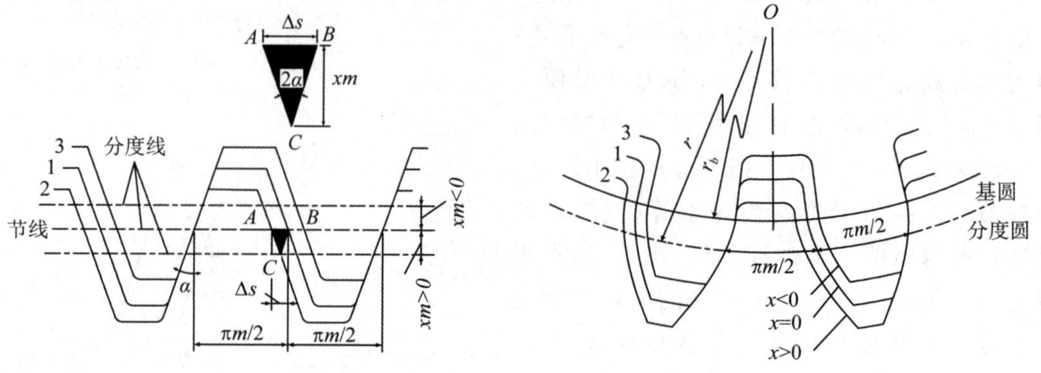

图 8-33 用齿条刀具加工：1—标准齿轮；2—正变位齿轮；3—负变位齿轮

1. 齿厚 s

在图 8-33 中，齿条型刀具在位置 1，其节线与分度线重合，并与齿轮分度圆相切，由此切制的标准齿轮在分度圆上的齿厚等于刀具在节线（分度线）上的齿槽宽，即 $e=s=p/2=\pi m/2$。当刀具正变位至位置 2，刀具在节线上齿槽宽的增量即为被切齿轮在分度圆上齿厚的增量 Δs，在△ABC 中有

$$\Delta s=2xm\tan\alpha$$

则变位齿轮分度圆齿厚为

$$s=m\left(\frac{\pi}{2}+2x\tan\alpha\right)$$

由于刀具节线的齿距恒等于 πm，所以齿轮分度圆上的齿槽宽相应减少了 $2\Delta s$，即变位齿轮的齿槽宽为

$$e=m\left(\frac{\pi}{2}-2x\tan\alpha\right)$$

若为负变位，式中 x 用负值带入计算即可。

2. 齿根高 h_f、齿根圆半径 r_f、齿顶高 h_a 和齿顶圆半径 r_a

当采用正变位加工齿轮时，被切齿轮的齿根圆半径 r_f 随之增大 xm，按此可得变位齿轮齿根圆半径的计算公式为

$$r_f=\frac{m}{2}(z-2h_a^*-2c^*+2x) \tag{8-18}$$

轮齿的齿根高相较于标准齿根高减少了 xm，即

$$h_f = r - r_f = (h_a^* + c^* - x)m \tag{8-19}$$

齿轮的齿顶圆，暂不计削顶的影响，保证其齿全高仍为标准齿全高，则正变位齿轮的齿顶高较标准齿轮增加 xm，有

$$r_a = \frac{m}{2}(z + 2h_a^* + 2x)$$

$$h_a = (h_a^* + x)m$$

必须指明，变位齿轮的齿顶圆与刀具径向进刀与终了位置无关，须根据齿轮传动的类型来确定。

三、变位齿轮传动

1. 正确啮合条件

由于变位齿轮是采用和标准齿轮相同的刀具用范成法加工而成，因此变位齿轮传动的正确啮合条件与标准齿轮传动相同。

2. 连续传动条件

变位齿轮传动仍需要满足连续传动条件，也与标准齿轮传动相同。

3. 中心距

变位齿轮传动中心距的确定也应满足无侧隙啮合和顶隙为标准值这两方面的要求。要满足无侧隙啮合，要求其一轮在节圆上的齿厚应等于另一轮在节圆上的齿槽宽。如图 8-34 所示为一对齿轮无侧隙啮合，其工作侧齿廓在节点 P 处啮合，非工作侧齿廓切于 K 点。

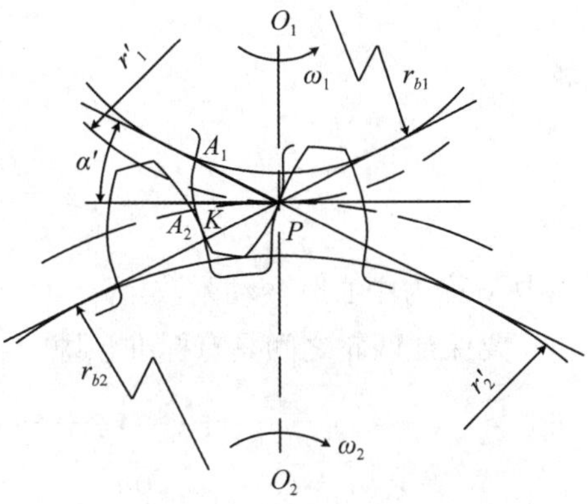

图 8-34　无侧隙啮合

两轮非工作侧齿廓与其节圆的交点分别为 A_1 和 A_2，设轮 1 自图示位置回转 $\overset{\frown}{PA_1}$，轮 2 相应回转 $\overset{\frown}{PA_2}$，使这对齿廓切于 P 点。由于两节圆作纯滚动，故有

$$s'_1 = \overset{\frown}{PA_1} = \overset{\frown}{PA_2} = e'_2$$

一对齿轮啮合时两轮节圆齿距相等，其为

$$P' = e'_2 + s'_2 = s'_1 + s'_2$$

上式表示，一对齿轮无侧隙啮合，其节圆齿距为两轮节圆齿厚之和。

因为

$$s'_1 = s_1 \frac{r'_1}{r_1} - 2r'_1(\text{inv}\alpha' - \text{inv}\alpha)$$

$$s'_2 = s_2 \frac{r'_2}{r_2} - 2r'_2(\text{inv}\alpha' - \text{inv}\alpha)$$

又由于

$$\frac{r'_1}{r_1}=\frac{r'_2}{r_2}=\frac{P'}{P}=\frac{\cos\alpha}{\cos\alpha'}$$

$$r_1=\frac{mz_1}{2};\ r_1=\frac{mz_1}{2}$$

$$P=\pi m;\ s_1=m\left(\frac{\pi}{2}+2x_1\tan\alpha\right);\ s_2=m\left(\frac{\pi}{2}+2x_2\tan\alpha\right)$$

联立得无侧隙啮合方程式：

$$\mathrm{inv}\alpha'=\frac{2(x_1+x_1)}{z_1+z_2}\tan\alpha+\mathrm{inv}\alpha$$

按无侧隙啮合方程式确定的啮合角 α' 计算中心距 a'：

$$a'=r'_1+r'_2=\frac{r_{b1}+r_{b2}}{\cos\alpha'}=\frac{(r_1+r_2)\cos\alpha}{\cos\alpha'}=\frac{a\cos\alpha}{\cos\alpha'} \tag{8-20}$$

标准中心距 a 与无侧隙啮合时的中心距 a' 之差为

$$ym=a'-a=a\left(\frac{\cos\alpha}{\cos\alpha'}-1\right)$$

故

$$y=\frac{z_1+z_2}{2}\left(\frac{\cos\alpha}{\cos\alpha'}-1\right) \tag{8-21}$$

式中 y 称为中心距变动系数。

要保证两轮之间具有标准顶隙 $c=c^*m$，两轮的中心距 a'' 应等于

$$\begin{aligned}a''&=r_{a1}+r_{f2}+c=r_1+(h_a^*+x_1)m+c^*m+r_2-(h_a^*+c^*-x_2)m\\&=a+(x_1+x_2)m\end{aligned}$$

如果 $y=x_1+x_2$，就可以同时满足无侧隙啮合和标准顶隙这两个要求。但实际上只要 $x_1+x_2\neq 0$，总有 $x_1+x_2>y$，也就是 $a''>a'$。工程上为了解决这一矛盾，采用如下办法：两轮按无侧隙中心距 a' 安装，然后将两轮的齿顶高各减短 Δym，以满足标准顶隙要求。Δy 称为齿顶高变动系数，其值为

$$\Delta y=x_1+x_2-y$$

削顶后变位齿轮的齿顶高为

$$h_{a1}=(h_a^*+x_1-\Delta y)m$$

$$h_{a2}=(h_a^*+x_2-\Delta y)m$$

变位齿轮的齿全高：

$$h = r_{a1} + r_{f1} = r_{a2} + r_{f2} = m(2h_a^* + c - \Delta y)$$

四、变位齿轮传动的类型及其特点

根据一对齿轮的变位系数之和的不同，可将齿轮传动分为三种基本类型。

1. 零传动($x_1 + x_2 = 0$)

(1) 标准齿轮传动　当 $x_1 = x_2 = 0$，为标准齿轮传动，是变位齿轮传动的特例。为了避免根切，两轮齿数必须满足 $z \geqslant z_{\min}$。

(2) 等变位齿轮传动　当 $x_1 = -x_2 \neq 0$，为等变位齿轮传动，又称为高度变位齿轮传动。其中心距等于标准中心距，节圆和分度圆重合，啮合角等于分度圆压力角，齿顶高不需要降低。等变位齿轮传动时，小齿轮采用正变位，大齿轮采用负变位，大小齿轮强度向等强度方向靠近，小齿轮也可以取比 17 小的齿数，有利于获得紧凑的结构和强度的提高。

2. 正传动($x_1 + x_2 > 0$)

变位系数大于零，属于不等变位齿轮传动，又称为角度变位齿轮传动。由于 $x_1 + x_2 > 0$，故而 $\alpha' > \alpha$，$y > 0$，$a' > a$，$\Delta y > 0$。可见，一对正传动变位齿轮的中心距和啮合角均比标准齿轮大，而齿全高比标准值减小了 Δym。因正变位可避免根切，故正传动两轮齿数不受根切条件的限制，也有利于获得更紧凑的结构和更高的承载能力。正传动的不足之处是重合度减少较多。

3. 负传动($x_1 + x_2 < 0$)

变位系数小于零，也属于不等变位齿轮传动。由于 $x_1 + x_2 < 0$，$\alpha' < \alpha$，$y < 0$，$a' < a$，$\Delta y > 0$。可见，一对负传动变位齿轮的中心距和啮合角均比标准齿轮小，其齿全高也比标准值减小了 Δym。负传动的优缺点与正传动相反，即其重合度略有增加，但轮齿的强度有所下降，所以负传动只用于凑配中心距这种特殊场合中。

五、变位齿轮传动的应用

变位齿轮是在渐开线标准齿轮的基础上发展而来，它不需要特殊的机床、刀具和工艺，只需合理选定变位系数即可获得比标准齿轮传动优越的性能。它充分挖掘了渐开线齿轮的潜力，不仅解决了 $z < z_{\min}$ 而不根切的问题，而且可提高齿轮的承载能力和传动质量。下面从工程上获得广泛应用的几个方面作扼要介绍。

1. 避免齿轮根切

为了使机器结构紧凑或增大传动比，往往需要减少小齿轮的齿数，但受到标准齿轮最少齿数 $z_{\min}$ 的限制。如设计的齿轮齿数 $z < z_{\min}$，则可采用变位齿轮。例如某机器测长装置中有一对 $m = 3$，$z_1 = 7$，$z_2 = 100$ 的齿轮，如图 8-35 所示，轮 1 应为变位齿轮，其变位系数

$$x_{1\min} = h_a^* \frac{z_{\min} - z_1}{z_{\min}} = 1 \times \frac{17 - 7}{17} = 0.588$$

取 $x_1=0.59$。

齿轮 2 的变位系数可取 $x_2=0$ 或 -0.59。如为前者，则这对齿轮为角度变位齿轮传动（正传动）；如为后者，则为高度变位齿轮传动。

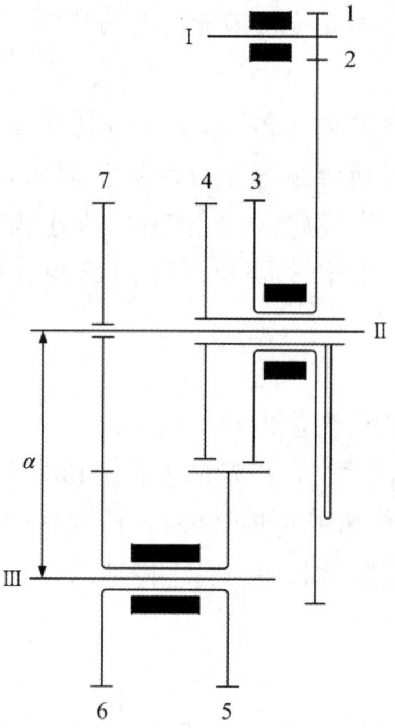

图 8-35 测长装置中的变位齿轮传动

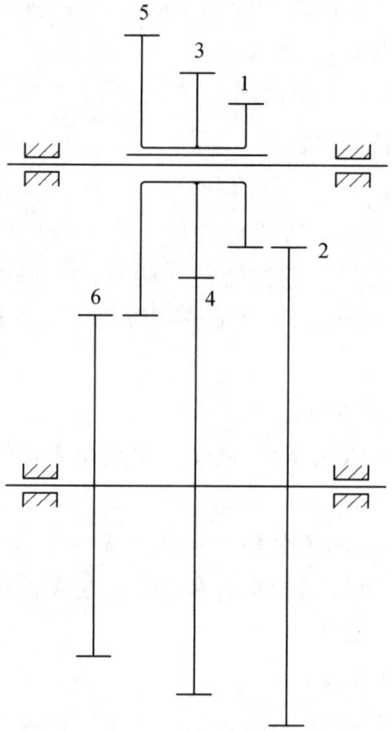

图 8-36 变速箱的变位齿轮传动

2. 配凑中心距

在主动轴与从动轴的轴线重合的回归轮系中，广泛应用变位齿轮传动。在图 8-35 中，除齿轮 1、2 以外，尚有三对齿轮：轮 3、5，轮 4、5 与轮 6、7，各轮模数 $m=3$。下面讨论前两对齿轮，$z_3=41$，$z_4=z_5=40$，它们为标准齿轮时的安装中心距分别为

$$a_{35}=\frac{m}{2}(z_3+z_5)=\frac{3}{2}(41+40)=121.5\ \text{mm}$$

$$a_{45}=\frac{m}{2}(z_4+z_5)=\frac{3}{2}(40+40)=120\ \text{mm}$$

因实际中心距只能是一个数值，故应在这两对齿轮中选择一对为变位齿轮，而另一对仍可为标准齿轮。如选轮 3、5 为一对变位齿轮，其实际安装中心距为

$$a'_{35}=a_{45}=120<121.5=a_{35}$$

故

$$\alpha'_{35}<\alpha;x_3+x_5<0$$

即这一对变位齿轮为负传动。

如选轮 4、5 为一对变位齿轮，其实际安装中心距为

$$a'_{45}=a_{35}=121.5>120=a_{45}$$

故

$$\alpha'_{45}>\alpha;\ x_4+x_5>0$$

即这一对变位齿轮为正传动。

在上述两个方案中，一般宜选用第二个方案（正传动），而尽可能不用第一个方案（负传动）。

3. 提高齿轮的承载能力与抗磨损能力

正传动将增大轮齿在节点的曲率半径与齿根厚度，有助于提高齿轮的承载能力。此外，一对齿轮传动时，两轮齿数不同，渐开线齿廓的形状随之而变；小齿轮根部较弱，而其工作次数却比大齿轮多，故易于磨损。为了改善这种情况，可采用高度变位齿轮传动，大齿轮为负变位，小齿轮为正变位，从而使两轮的承载能力较为接近。

4. 修复已磨损的旧齿轮

在一对齿轮传动中，小齿轮磨损较多，大齿轮磨损较少，利用负变位把大齿轮已磨损齿面切去得以修复，再按设计要求重配小齿轮。

例题 8-6　一对变位齿轮，给定：$m=3$，$\alpha=20°$，$h_a^*=1$，$c^*=0.25$，$z_4=z_5=40$，$a'_{45}=121.5$ mm，$x_5=0$。要求确定 x_4，并计算两轮的齿根圆半径、齿顶圆半径和齿全高。

解：设这一对齿轮为标准齿轮传动，中心距为

$$a_{45}=\frac{m}{2}(z_4+z_5)=\frac{3}{2}(40+40)=120\ \text{mm}$$

因给定中心距 $a'_{45}=121.5$ mm，$a'_{45}>a_{45}$，故这对齿轮应为正传动，其啮合角为

$$\cos\alpha=\frac{a\cos\alpha}{a'}=\frac{120\cos 20°}{121.5}=0.928\,1,\ \alpha=21°52'$$

按无侧隙啮合方程式有

$$x_4+x_5=\frac{z_4+z_5}{2\tan\alpha}(\text{inv}\alpha'-\text{inv}\alpha)=\frac{40+40}{2\tan 20°}(\text{inv}21°52'-\text{inv}20°)=0.524$$

按题意，$x_5=0$，则 $x_4=0.524$。轮 4 和轮 5 的齿根圆半径、齿顶圆半径与齿全高分别为

$$r_{f4}=\frac{m}{2}(z_4-2h_a^*-2c^*+2x_4)=\frac{3}{2}(40-2-0.5+2\times0.524)=57.82\ \text{mm}$$

$$r_{f5}=\frac{m}{2}(z_5-2h_a^*-2c^*+2x_5)=\frac{3}{2}(40-2-0.5+2\times0)=56.25\ \text{mm}$$

$$r_{a4}=a-r_{f5}-c^*m=121.5-56.25-0.25\times3=64.50\ \text{mm}$$

$$r_{a5}=a-r_{f4}-c^*m=121.5-57.82-0.25\times3=62.93\ \text{mm}$$

$$h = r_{a4} - r_{f4} = r_{a5} - r_{f5} = 6.68 \text{ mm}$$

例题 8-7 图 8-36 所示机床变速齿轮传动机构共有三挡变速，三对齿轮的齿数：$z_1 = 21$，$z_2 = 68$，$z_3 = 30$，$z_4 = 60$，$z_5 = 41$，$z_6 = 50$，各轮模数 $m = 2$，压力角 $\alpha = 20°$。设三对齿轮中允许一对为标准齿轮传动，试问有几种传动方案可供选择？哪一种方案较合理？

解：按给定条件：各轮模数相同，且有

$$z_1 + z_2 < z_3 + z_4 < z_5 + z_6$$

方案 1：设轮 1 和轮 2 为一对标准齿轮，则

$$a'_{12} = a_{12} = \frac{m}{2}(z_1 + z_2) = \frac{2}{2}(21 + 68) = 89 \text{ mm}$$

而

$$a_{34} = \frac{m}{2}(z_3 + z_4) = \frac{2}{2}(30 + 60) = 90 > 89 = a'_{34}$$

$$a_{56} = \frac{m}{2}(z_5 + z_6) = \frac{2}{2}(41 + 50) = 91 > 90 = a'_{56}$$

由此知，齿轮 3、4 和齿轮 5、6 负传动。

方案 2：设轮 3 和轮 4 为一对标准齿轮，则 $a'_{34} = a_{34} = 90$ mm，而 $a_{12} = 89 < 90 = a'_{12}$，$a_{56} = 91 > 90 = a'_{56}$，故齿轮 1、2 为正传动，齿轮 5、6 为负传动。

方案 3：设轮 5 和轮 6 为一对标准齿轮，则 $a'_{56} = a_{56} = 91$ mm，而 $a_{12} = 89 < 91 = a'_{12}$，$a_{34} = 90 < 91 = a'_{34}$，故齿轮 1、2 和齿轮 3、4 均为正传动。

宜采用方案 3。

8.8 斜齿圆柱齿轮传动

直齿圆柱齿轮具有一定的宽度，其齿廓曲面是发生面 S 绕基圆柱面作纯滚动时，其上与基圆柱母线平行的直线 K-K 在空间形成的渐开线曲面，如图 8-37(a)所示。直齿圆柱齿轮啮合传动时两轮齿廓曲面的接触线是齿廓曲面与啮合面(即两齿轮基圆的内公切面)的交线。该接触线为与齿轮轴线平行的直线，如图 8-37(b)所示。因此直齿圆柱齿轮啮合传动时，其轮齿沿整个齿宽同时进入啮合和同时退出啮合，故在传动过程中易发生冲击、振动、噪音，传动平稳性差，不宜用于高速。

斜齿圆柱齿轮齿廓曲面的形成原理与直齿圆柱齿轮类似，所不同的是发生面上的直线 K-K 与齿轮轴线不平行，而是与其相交成角度 β_b，如图 8-38 所示，斜直线 K-K 在空间的轨迹为渐开螺旋面，这就是斜齿轮的齿廓曲面。该渐开螺旋齿廓曲面与基圆柱面的交线是一条螺旋线，与齿轮端面的交线仍为渐开线。啮合传动时两齿廓曲面的接触线仍是齿廓曲面与啮合面的交线，但其与轴线不平行，且与轴线成一个角度 β_b，故两轮齿廓的接触是从点到线，再从线到点地渐次进行。因此，当一对斜齿轮啮合传动时，其轮齿是逐渐进入啮合和

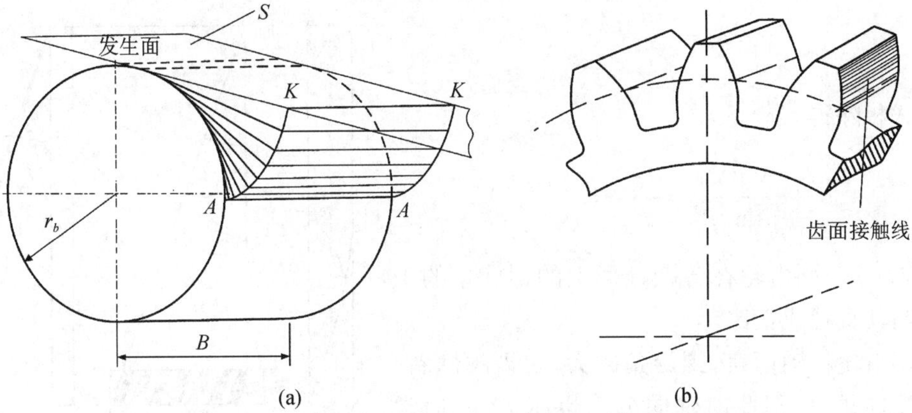

图 8-37　渐开线直齿圆柱齿轮齿面的形成及齿面接触线

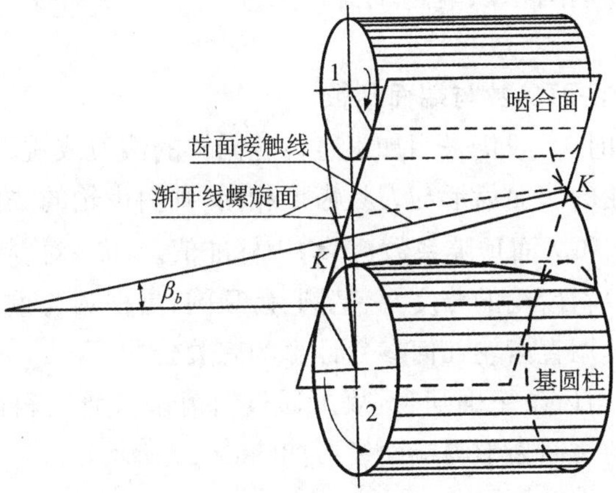

图 8-38　渐开线斜齿圆柱齿轮齿面的形成及其接触线

逐渐退出啮合的，轮齿上的载荷是逐渐加大，再逐渐卸掉的，故斜齿轮传动平稳，冲击、振动和噪声小，适用于高速传动。

一、斜齿轮的基本参数与几何尺寸计算

1. 螺旋角

斜齿圆柱齿轮的渐开螺旋面与同轴线的各圆柱面(如分度圆柱面、基圆柱面与齿顶圆柱面等)的交线，为具有不同螺旋角的螺旋线。所谓斜齿轮的螺旋角，是指其在分度圆柱面上的螺旋线的螺旋角，以 β 表示。在图 8-39 中，将斜齿轮沿分度圆柱面展开，其上螺旋线便展开成一条斜直线，它与轴线之间夹角为 β，由此得

$$\tan\beta = \frac{\pi d}{l}$$

式中，l 为螺旋线的导程，即螺旋线绕圆柱面一圈沿轴线的距离。

同理，可导出斜齿轮在基圆柱面上的螺旋角 β_b 为

$$\tan\beta_b=\frac{\pi d_b}{l}$$

将上两式相除得

$$\frac{\tan\beta_b}{\tan\beta}=\frac{d_b}{d}$$

上式表明，斜齿轮在各圆柱面上的螺旋角的正切之比与其直径成正比。

对斜齿轮传动而言，螺旋角越大，轮齿越倾斜，传动平稳性越好，但此时轴向分力也越大，故通常取 $\beta=8°\sim20°$。

斜齿轮按螺旋的旋向不同，其轮齿的旋向有左旋与右旋之分。

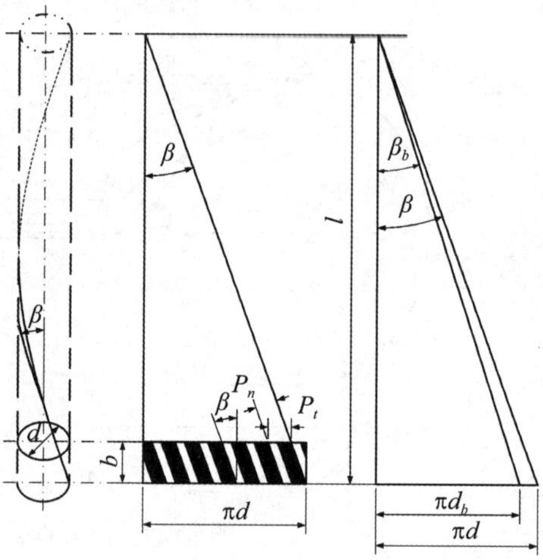

图 8-39 斜齿圆柱齿轮螺旋角

2. **斜齿圆柱齿轮的法面参数与端面参数**

在加工斜齿轮轮齿时，一般仍采用加工直齿轮同样的滚刀或铣刀，并沿斜齿轮螺旋线的方向进刀。这样，斜齿轮的法面齿形与刀具齿形相同，则斜齿轮的法面模数 m_n、法面压力角 α_n、法面齿顶高系数 h_{an}^* 和法面顶隙系数 c_n^* 均为标准值。而一对斜齿轮在端面内的啮合与直齿轮的情况相同，所以斜齿轮的分度圆、基圆、齿顶圆、齿根圆与重合度等几何参数计算是在端面上进行的，且可套用直齿轮几何参数计算的有关公式。

由于斜齿轮可以与斜齿条正确啮合，故可通过斜齿条来研究斜齿轮法面参数与端面参数之间的关系，斜齿条的法面齿形与端面齿形如图 8-40 所示。

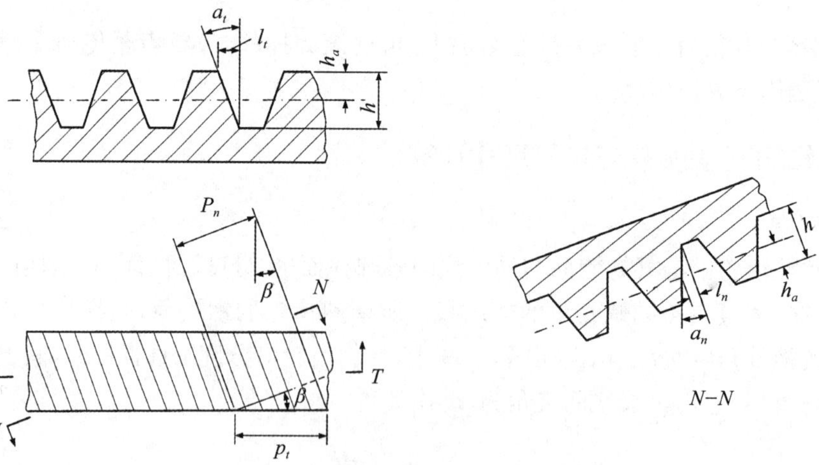

图 8-40 斜齿轮的法面参数与端面参数的关系

(1) 法面模数 m_n 与端面模数 m_t

法面齿距 P_n 与端面齿距 P_t 之间的关系为

$$P_n = P_t \cos\beta$$

将上式除以 π，得法面模数 m_n 与端面模数 m_t 之间的关系

$$m_n = m_t \cos\beta$$

式中 β 为斜齿轮分度圆柱面上的螺旋角。

(2) 法面压力角 α_n 与端面压力角 α_t

无论从法面或从端面度量，轮齿齿全高 h 是相同的。在图 8-40 中有

$$\tan\alpha_n = \frac{l_n}{h},\ \tan\alpha_t = \frac{l_t}{h}$$

考虑到 l_n 与 l_t 具有 P_n 与 P_t 相类似的关系，因此

$$\tan\alpha_n = \tan\alpha_t \frac{l_n}{l_t} = \tan\alpha_t \cos\beta$$

(3) 法面齿顶高系数 h_{an}^* 与端面齿顶高系数 h_{at}^*

无论从法面或从端面度量，轮齿齿顶高 h_a 是相同的。按此有

$$h_a = h_{an}^* m_n = h_{at}^* m_t$$

则

$$h_{at}^* = h_{an}^* \frac{m_n}{m_t} = h_{an}^* \cos\beta$$

(4) 法面顶隙系数 c_n^* 与端面顶隙系数 c_t^*

与齿顶高系数同理，有

$$c_t^* = c_n^* \cos\beta$$

类似的还有

$$x_t^* = x_n^* \cos\beta$$

3. 标准斜齿圆柱齿轮几何尺寸计算

斜齿圆柱齿轮的法面参数为标准值，而其几何尺寸计算仍在端面内进行，计算公式和直齿轮一样，按此可导出斜齿轮几何尺寸的计算公式，列于表 8-5 中。

表 8-5　标准斜齿圆柱齿轮几何尺寸的计算公式

名称	代号	公式
螺旋角	β	一般取 8°～20°
基圆螺旋角	β_b	$\tan\beta_b = \tan\beta\cos\alpha_t$
法面模数	m_n	按表 8-4，取标准值

续表

名称	代号	公式
端面模数	m_t	$m_t=\dfrac{m_n}{\cos\beta}$
法面压力角	α_n	一般为 20°
端面压力角	α_t	$\tan\alpha_t=\dfrac{\tan\alpha_n}{\cos\beta}$
法面齿距	p_n	$p_n=\pi m_n$
端面齿距	p_t	$p_t=\pi m_t=\dfrac{p_n}{\cos\beta}$
法面基圆齿距	p_{bn}	$p_{bn}=p_n\cos\alpha_n$
法面齿顶高系数	h_{an}^*	$h_{an}^*=1$
法面顶隙系数	c_n^*	$c_n^*=0.25$
分度圆直径	d	$d=zm_t=\dfrac{zm_n}{\cos\beta}$
基圆直径	d_b	$d_b=d\cos\alpha_t$
最少齿数	$z_{\min}$	$z_{\min}=z_{v\min}\cos^3\beta$
齿顶高	h_a	$h_a=m_nh_{an}^*$
齿根高	h_f	$h_f=m_n(h_{an}^*+c_n^*)$
齿顶圆直径	d_a	$d_a=d+2h_a$
齿根圆直径	d_f	$d_f=d-2h_f$
标准中心距	a	$a=\dfrac{d_1+d_2}{2}=\dfrac{m_t(z_1+z_2)}{2}=\dfrac{m_n(z_1+z_2)}{2\cos\beta}$

二、斜齿圆柱齿轮传动

1. 正确啮合条件

一对斜齿圆柱齿轮正确啮合，除了必须具备直齿圆柱齿轮的正确啮合条件外，两轮螺旋角应匹配，即

(1) 两齿轮的法面模数相等，$m_{n1}=m_{n2}=m_n$；

(2) 两齿轮的法面压力角相等，$\alpha_{n1}=\alpha_{n2}=\alpha_n$；

(3) 两齿轮的螺旋角大小相等，对于外啮合，两齿轮旋向相反，对于内啮合，两齿轮旋向相同，$\beta_1=\pm\beta_2$（“+”用于内啮合，“−”用于外啮合）。

2. 中心距

斜齿轮传动的标准中心距为

$$a=\frac{d_1+d_2}{2}=\frac{m_t(z_1+z_2)}{2}=\frac{m_n(z_1+z_2)}{2\cos\beta}$$

在设计斜齿轮传动时，可用改变螺旋角的办法来调整其中心距的大小。通常使其圆整，以便加工。

3. 斜齿圆柱齿轮的啮合过程及重合度

一对斜齿圆柱齿轮在垂直于轴的任一平面内的啮合过程，与直齿圆柱齿轮的情况相同，如图 8-41(a)所示。B_1 和 B_2 分别为主动齿轮 1 和从动齿轮 2 的齿顶圆与啮合线 N_1N_2 的交点，P 为节点。因斜齿轮的轮齿呈螺旋形，故其各个端面齿廓的开始啮合和终止啮合的时间是有先后的。设取主动轮齿的两个端面齿廓 Ⅰ 与 Ⅱ（与其对应的从动齿轮的端面齿廓在图中省略），当端面齿廓 Ⅰ 在 B_2 点开始啮合，即一对轮齿开始接触，随后各端面齿廓依次进入啮合，这对轮齿的接触线由短逐渐加长，直至端面齿廓 Ⅱ 开始啮合，接触线延长到整个齿宽，如 K-K；当端面齿廓 Ⅰ 在 B_1 点终止啮合后，一对轮齿的接触线由长逐渐减短，直至端面齿廓 Ⅱ 到达 B_1' 点位置，这对齿才终止啮合。上述啮合过程中，主动轮齿四个关键位置如图 8-41(b)所示：位置 1—轮齿开始啮合；位置 2—轮齿沿齿长全部啮合；位置 3—轮齿开始脱开；位置 4—轮齿全部脱开，即终止啮合。

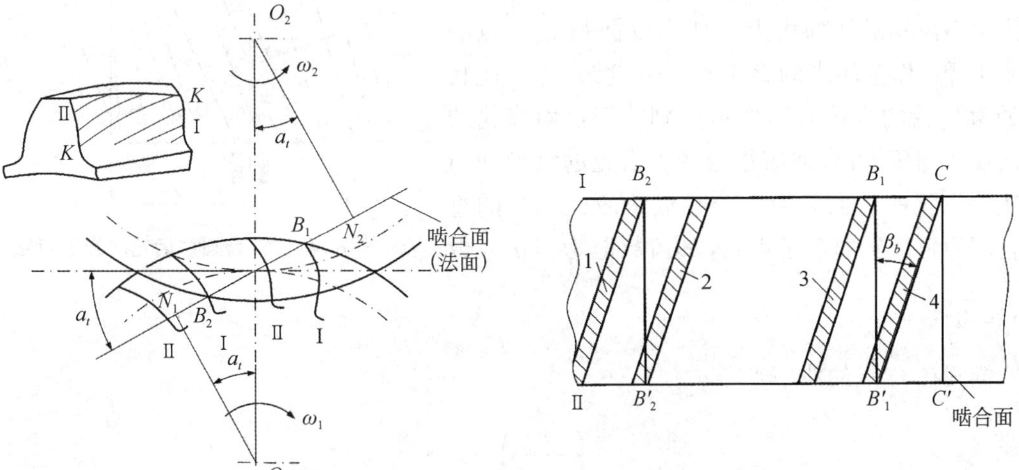

图 8-41　斜齿圆柱齿轮的啮合过程

由此看出，自位置 1 至 3，端面啮合线段为 B_2B_1，自位置 3 至 4，追加轴面啮合线段 $C'B_1'=B_1C$。所以，斜齿圆柱齿轮的总重合度 ε_r 为

$$\varepsilon_r=\frac{B_2B_1+B_1C}{p_{bt}}=\frac{B_2B_1}{p_{bt}}+\frac{B_1C}{p_{bt}}=\varepsilon_\alpha+\varepsilon_\beta$$

式中：ε_α 为端面重合度，和直齿轮啮合传动相同，其中 α'、α_{a1} 和 α_{a2} 按端面计算，ε_β 为轴面重合度，进一步演化为

$$\varepsilon_{\beta}=\frac{B_1C}{p_{pt}}=\frac{b\tan\beta_b}{\pi m_t\cos\alpha_t}=\frac{b\tan\beta}{\pi m_t\cos\alpha_t}\frac{d_b}{d}=\frac{b\tan\beta}{\pi m_t}=\frac{b\sin\beta}{\pi m_n}$$

由以上分析可知，斜齿轮传动的重合度总是大于直齿轮传动的重合度，斜齿轮传动时，同时啮合的轮齿对数多，因此传动平稳，承载能力也高。

三、斜齿圆柱齿轮的当量齿数

由于斜齿圆柱齿轮的法面齿形与端面齿形不同，且斜齿轮的作用力是作用于轮齿的法面上，其强度设计、制造等都是以法面为依据的，因此需要知道斜齿圆柱齿轮的法面齿形。一般可以采用近似的方法，用一个与斜齿轮法面齿形相当的直齿轮来替代，这个相当的直齿轮称为斜齿轮的当量齿轮，其齿数称为斜齿轮的当量齿数。

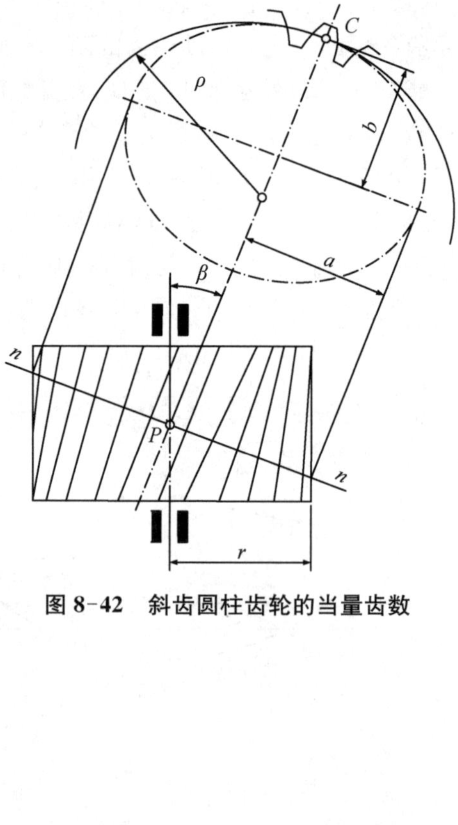

图 8-42 斜齿圆柱齿轮的当量齿数

如图 8-42 所示为实际齿数 z 的斜齿轮的分度圆柱，过分度圆柱螺旋线上的点 P，作此轮齿螺旋线的法面 n-n，将此斜齿轮的分度圆柱剖开得一椭圆剖面。在此剖面上 C 点附近的齿形可以近似地视为该斜齿轮的法面齿形。如果以椭圆上 C 点的曲率半径 ρ 作为相当的直齿轮的分度圆，并设此相当的直齿轮的模数和压力角分别等于该斜齿轮的法面模数和压力角，则该相当的直齿轮的齿形就与上述斜齿轮的法面齿形十分相近。故此相当的直齿轮即为斜齿轮的当量齿轮，其齿数即为当量齿数 z_v，显然，$z_v=\dfrac{2\rho}{m_n}$。

椭圆在 C 点的曲率半径 ρ 为

$$r_v=\rho=\frac{a^2}{b}=\frac{\left(\dfrac{r}{\cos\beta}\right)^2}{r}=\frac{r}{\cos^2\beta}=\frac{zm_n}{2\cos^3\beta}$$

因此

$$z_v=\frac{2\rho}{m_n}=\frac{2zm_n}{2m_n\cos^3\beta}=\frac{z}{\cos^3\beta}$$

由此可得，斜齿轮不发生根切的最少齿数为

$$z_{\min}=z_v\cos^3\beta=17\cos^3\beta$$

式中，z_v 为当量直齿标准齿轮不发生根切的最少齿数。

四、斜齿圆柱齿轮的主要优缺点

与直齿轮传动比较，斜齿轮传动具有下列主要的优缺点：

(1) 啮合性能好，传动平稳、噪声小。

(2) 重合度大，减轻了每对轮齿承受的载荷，提高了承载能力。

(3) 不发生根切的最少齿数少，可获得更为紧凑的结构。

(4) 斜齿轮传动的主要缺点是会产生轴向力。该轴向力是由螺旋角 β 引起的，β 一般取 $8^\circ \sim 15^\circ$。为了克服斜齿圆柱齿轮的这个缺点，可采用左、右两排轮齿完全对称的人字齿轮，由此产生的轴向力可相互抵消。但人字齿轮制造比较困难，故一般只用于高速重载传动中。

五、交错轴斜齿轮机构

当一对斜齿圆柱齿轮只有模数和压力角分别相等，但螺旋角不满足大小相等、外啮合旋向相反(内啮合旋向相同)这个条件，那么两轮可以实现两交错轴之间的传动，称为交错轴斜齿轮传动。

1. 交错轴斜齿轮正确啮合条件

欲使一对交错轴斜齿轮正确啮合，两轮的法面模数和法面压力角必须分别相等，即

$$\left.\begin{aligned} m_{n1} &= m_{n2} = m_n \\ \alpha_{n1} &= \alpha_{n2} = \alpha_n \end{aligned}\right\} \tag{8-22}$$

此外，两轮螺旋角 β_1、β_2 还应与其轴角 Σ 之间存在一定的关系，如图 8-43 所示，两轮轴角 Σ 是指其在公共平行平面上投影的夹角。设两轮的分度圆柱切于 P 点，过 P 点作一对轮齿的公切线 t-t，它与轴线 O_1-O_1 和 O_2-O_2 的夹角分别为螺旋角 β_1 和 β_2，则

$$|\beta_1 + \beta_2| = \Sigma \tag{8-23}$$

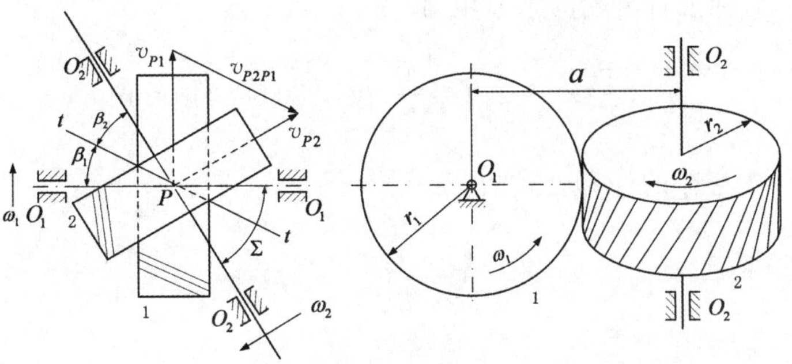

图 8-43　交错轴斜齿轮传动(两轮旋向相同)

2. 中心距

交错轴斜齿轮在法面内的模数、压力角、齿顶高系数及顶隙系数均为标准值。这样，一对交错轴斜齿轮传动的中心距(两轴线最短距离)为

$$a = \frac{m_n}{2}\left(\frac{z_1}{\cos\beta_1} + \frac{z_2}{\cos\beta_2}\right) \tag{8-24}$$

3. 交错轴斜齿轮传动的传动比及转向

一对交错轴斜齿轮传动的传动比为

$$i_{12} = \frac{\omega_1}{\omega_2} = \frac{z_2}{z_1} = \frac{d_2\cos\beta_2}{d_1\cos\beta_1} \tag{8-25}$$

一对交错轴斜齿轮传动时，当主动轮 1 角速度 ω_1 方向确定后，从动轮 2 角速度 ω_2，方向可应用速度矢量图解法求得。在图 8-43 中，先按 ω_1 画出轮 1 上 P 点速度 v_{p1}，则轮 2 上 P 点的速度 v_{p2} 应为

$$v_{p2} = v_{p1} + v_{p2p1}$$

作速度三角形求得 v_{p2}，即可判断 ω_2 方向，同时求得的 v_{p2p1} 为轮 2 相对于轮 1 沿齿长方向的滑动速度。

4. 交错轴斜齿轮传动的优点及缺点

优点：这种齿轮制造比较简便，且在一定传动比的条件下，只要改变螺旋角 β_1 和 β_2，即可调整两轮分度圆直径 d_1 和 d_2；反之，当两轮直径一定时，可改变齿数以获得不同的传动比，此时应调整螺旋角 β_1 和 β_2 值。

缺点：交错轴斜齿轮传动时轮齿之间为点接触，沿齿长方向存在滑动速度，且其轴向推力较大，因而传动效率较低，轮齿磨损较严重，仅在低速或传递小功率时才采用。

例题 8-8 某机器上有一对标准外啮合直齿圆柱齿轮，已知：$z_1 = 40$，$z_2 = 80$，$m = 4$，$\alpha = 20°$，$h_1^* = 1$。为了提高齿轮传动的平稳性，要求在传动比 i_{12}、模数 m 及中心距 a 均不变的前提下，把直齿圆柱齿轮改为斜齿圆柱齿轮，试确定这对斜齿轮的齿数 z_1、z_2 以及螺旋角 β。

解： 给定的一对标准直齿轮的中心距为

$$a = \frac{m}{2}(z_1 + z_2) = \frac{4}{2}(40 + 80) = 240\ \text{mm}$$

而一对标准斜齿轮中心距的计算公式为

$$a = \frac{m_n}{2\cos\beta}(z_1 + z_2)$$

或

$$\cos\beta = \frac{m_n}{2a}(z_1 + z_2)$$

按题意，$a = 240$ mm，$m_n = 4$，而 $\cos\beta < 1$，故斜齿轮的齿数和小于直齿轮的齿数和，即 $z_1 + z_2 < 120$。为了保证传动比 i_{12} 不变，即 $\frac{z_2}{z_1} = 2$，设 $z_1 = 39$，则 $z_2 = 78$，算得螺旋角 β 为

$$\cos\beta=\frac{m_n}{2a}(z_1+z_2)=\frac{4}{2\times240}\times117=0.975,\ \beta=12°50'19''$$

例题 8-9 某机器中有一对斜齿圆柱齿轮已经损坏,需要调换。已知这对齿轮的模数为标准模数,$\alpha_n=20°$, $h_{an}^*=1$, $c_n^*=0.25$,测得 $z_1=24$, $z_2=115$, $d_{a1}=67.14$ mm, $d_{a2}=302.80$ mm, $d_{f1}=55.88$ mm, $d_{f2}=291.56$ mm, $a=179.98$ mm,试确定 m_n 和 β。

解: 列出一对斜齿轮的中心距及两轮齿顶圆直径和齿根圆直径的计算公式:

$$a=\frac{m_n}{2\cos\beta}(z_1+z_2) \tag{a}$$

$$d_{a1}=m_n\left(\frac{z_1}{\cos\beta}+2\right) \tag{b}$$

$$d_{a2}=m_n\left(\frac{z_2}{\cos\beta}+2\right) \tag{c}$$

$$d_{f1}=m_n\left(\frac{z_1}{\cos\beta}-2.5\right) \tag{d}$$

$$d_{f2}=m_n\left(\frac{z_2}{\cos\beta}-2.5\right) \tag{e}$$

由式(a)、(b)、(c)得

$$m_n=\frac{d_{a1}+d_{a2}-2a}{4} \tag{f}$$

分别按式(b)、(d)与式(c)、(e)得

$$m_n=\frac{d_{a1}-d_{f1}}{4.5} \tag{g}$$

$$m_n=\frac{d_{a2}-d_{f2}}{4.5} \tag{h}$$

将给定的数据代入式(f)、(g)与(h)得

$$m_n=\frac{67.14+302.80-2\times179.98}{4.5}=2.495$$

$$m_n=\frac{67.14-55.88}{4.5}=2.502$$

$$m_n=\frac{302.80-291.56}{4.5}=2.498$$

按表 8-2 取标准模数 $m_n=2.5$。再代入(a)算得螺旋角 β 为

$$\cos\beta=\frac{m_n}{2a}(z_1+z_2)=\frac{2.5}{2\times 179.98}(24+115)=0.965\ 39,\ \beta=15^{\circ}7'5''$$

应该指出，这样的测算所得到的螺旋角与实际值是存在误差的，因此在测定 β 值后，通常把一对斜齿轮同时换掉。在有条件的情况下，最好采用专门测量仪来确定螺旋角的大小。

8.9 蜗杆蜗轮传动

蜗杆传动由蜗杆及蜗轮组成，是从交错轴斜齿轮传动演化而来，也是用来传递交错轴之间的运动与动力，一般交错角为 90°。

一、蜗杆蜗轮的形成

如图 8-44 所示，蜗杆传动实质上是轴角 $\Sigma=90^{\circ}$、传动比 i_{12} 很大的一对交错轴斜齿轮的正交传动。在这种情况下，小齿轮分度圆直径 d_1 较小，而螺旋角 β_1 很大，使其轮齿在分度圆柱上绕成完整的螺旋齿(如 a_1-a_1)，形如螺旋，通常称为蜗杆；而将与蜗杆 1 啮合的大齿轮 2 称为蜗轮，由于蜗轮分度圆直径 d_2 较大而螺旋角 β_2 很小，因此它在分度圆柱上的螺旋齿仅有很短的一段(如 a_2-a_2)。为了改善蜗杆与蜗轮之间啮合情况，将蜗轮圆柱面上的直母线改变为与蜗杆同轴心的圆弧，使蜗轮轮齿部分包围蜗杆，如图 8-45 所示。通常，蜗轮轮齿是用与蜗杆形状相符的滚刀来切制的，从而使蜗杆与蜗轮之间成为线接触，以提高这种传动的承载能力。

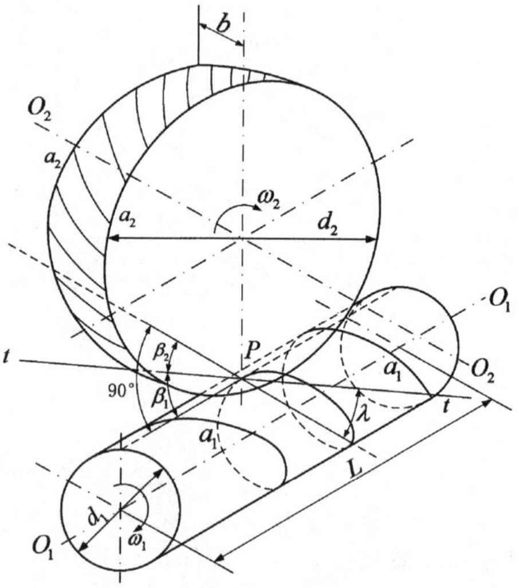

图 8-44 蜗杆蜗轮的形成

蜗杆传动的类型很多，其中圆柱蜗杆传动是最基本的，下面仅就这种蜗杆传动做简略介绍。

二、蜗杆蜗轮的正确啮合条件

如图 8-45 所示，过蜗杆轴线作垂直于蜗轮轴线的平面，称为主剖面(主截面)，蜗杆传动在主剖面内相当于齿条齿轮啮合。所以，蜗杆蜗轮正确啮合应满足它们在主剖面内的模数与压力角必须分别相等。即蜗杆的轴面模数 m_{a1} 等于蜗轮的端面模数 m_{t2}，蜗杆的轴面压力角 α_{a1} 等于蜗轮的端面压力角 α_{t2}，此外，蜗杆与蜗轮的螺旋角之和 $\beta_1+\beta_2=90^{\circ}$。即蜗杆螺旋线升角($\beta_1$ 的余角)$\lambda=\beta_2$。按

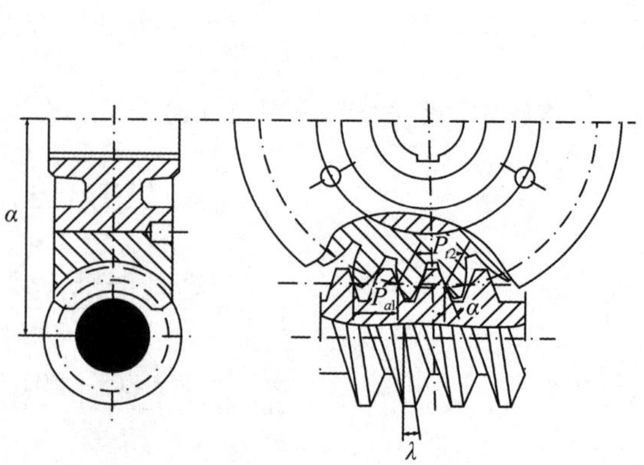

图 8-45 蜗杆传动及其在主剖面的齿形

此有

$$m_{a1}=m_{t2}=m$$
$$\alpha_{a1}=\alpha_{t2}=\alpha$$
$$\lambda=\beta_2$$

三、蜗杆蜗轮传动的主要参数及几何尺寸计算

1. 模数 m 和压力角 α

蜗杆模数系列与齿轮模数系列有所不同,如表 8-6 所示。压力角一般取标准值 $\alpha=20°$,在动力传动中,允许增大压力角,推荐用 $\alpha=25°$,分度传动中,允许减少压力角,推荐用 $\alpha=12°$ 或 $15°$。

表 8-6　m、z_1 与 q 的对应值(GB 10085—88)

m	z_1	q	m	z_1	q	m	z_1	q
1	1	18*	5	1;2;4	(8)	16	1;2;4	8.750
1.25	1	16		1;2;4;6	10		1;2;4	(11.250)
	1	17.920*		1;2;4	(12.600)		1	15.625
1.6	1;2;4	12.500		1	18*	20	1;2;4	(7)
	1	17.500*	6.3	1;2;4	(7.936)		1;2;4	8
2	1;2;4	(9)		1;2;4;6	10		1	(11.200)
	1;2;4;6	11.200		1;2;4	(12.698)		1;2;4	15.750
	1;2;4	(14)		1	17.778*	25	1;2;4	(7.200)
	1	17.750*	8	1;2;4	(7.875)		1	8
2.5	1;2;4	(8.960)		1;2;4;6	10		1;2;4	(11.200)
	1;2;4;6	11.200		1;2;4	(12.500)		1;2;4	16
	1;2;4	(14.200)		1	17.500*			
	1	18*	10	1;2;4	(7.100)			
3.15	1;2;4	(8.889)		1;2;4;6	9			
	1;2;4;6	11.270		1;2;4	(11.200)			
	1;2;4	(14.286)		1	16			
	1	17.778*	12.5	1;2;4	(7.200)			
4	1;2;4	(7.875)		1;2;4;6	8.960			
	1;2;4;6	10		1;2;4	(11.200)			
	1;2;4	(12.500)		1	16			
	1	17.750*	16	1;2;4	(7)			

注:1) 括号中的数字尽可能不用;
2) 上标带 * 号为具有自锁性能 ($\lambda<3°30'$) 的圆柱蜗杆。

2. 蜗杆头数 z_1 和蜗轮齿数 z_2

单头蜗杆传动的传动比很大，但效率较低。为了提高效率，须增加蜗杆头数；但头数过多，蜗杆加工比较困难。所以，通常蜗杆头数 $z_1 = 1 \sim 4$。一般传动多用单头蜗杆，动力传动常用多头蜗杆。

按传动比与蜗杆头数确定蜗轮齿数，即 $z_2 = i_{12} z_1$。一般，与单头蜗杆啮合的蜗轮齿数 $z_2 \geqslant 17$；与双头蜗杆啮合的蜗轮齿数 $z_2 \geqslant 27$；用于动力传动的蜗轮齿数 $z_2 < 80$；用于分度传动的蜗轮齿数的上限不受此限制。

3. 蜗杆的直径系数 q

为了保持蜗杆与蜗轮正确啮合，一般蜗轮是用尺寸和形状与蜗杆相符的蜗轮滚刀来加工的。显然，对于同一模数，可以有不同直径的蜗杆，也就需要一系列相应的蜗轮滚刀。这是很不经济的。为了减少蜗轮滚刀数目及便于标准化，对每一标准模数 m 规定了相当的蜗杆分度圆直径 d_1，这样引出了蜗杆的直径系数 q，令 $q = d_1/m$，则

$$d_1 = mq$$

4. 蜗杆螺旋线升角 λ

蜗杆螺旋齿与其分度圆柱面的交线为螺旋线。螺旋线切线与蜗杆端面的夹角称为螺线线升角，用 λ 表示，其为螺旋角的余角，即

$$\lambda = 90° - \beta_1 = \beta_2$$

将蜗杆分度圆柱面展开成平面，其上螺旋线成为斜直线，如图 8-46 所示，则有

$$\tan\lambda = \frac{l}{\pi d_1} = \frac{z_1 p}{\pi d_1} = \frac{z_1 m}{d_1} = \frac{z_1}{q}$$

式中 l 为螺旋线导程。

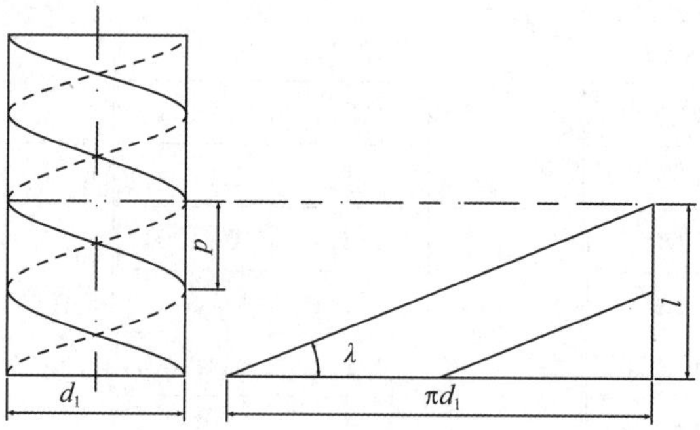

图 8-46 螺旋线升角与导程的关系

5. 几何尺寸计算

蜗杆分度圆直径 $d_1 = mq$，其余尺寸可参照直齿圆柱齿轮相应公式确定。

四、蜗杆蜗轮传动的优缺点

优点：(1)实现两交错轴之间的大传动比。在动力传动中，一般传动比 $i_{12} = 7 \sim 80$；在分度机构或手动机构中，传动比 i_{12} 可达 300。(2) 运转平稳，噪声小。(3) 当蜗杆升角 λ 很小

时，蜗杆蜗轮传动具有自锁性能，即只能由蜗杆带动蜗轮，而蜗轮不能带动蜗杆。

缺点：(1)蜗杆蜗轮传动的机械效率 η 较低，当蜗杆主动时，一般 $\eta = 0.7 \sim 0.8$；当其具有自锁性能时，为 $\eta \leqslant 0.5$。所以，蜗杆传动不适用于传递大功率而又需长期连续工作的地方。(2)为了减少因摩擦引起的功率损耗，常需用贵重的有色金属(如青铜合金)作蜗轮轮缘材料；蜗杆蜗轮传动时，要有良好的润滑与散热条件。(3)蜗杆的升角较小，即螺旋角较大，故其轴向力也较大。

例题 8-10 已知一单头蜗杆传动，测得蜗杆的轴向齿距 $p=12.4$ mm，齿顶圆直径 $d_{a1}=47.80$ mm，蜗轮齿数的 $z_2=50$，齿顶圆直径 $d_{a2}=207.20$ mm。试确定该传动的模数 m、蜗杆直径系数 q 及中心距 a。

解： 按测得的齿距计算模数：

$$m=\frac{p}{\pi}=\frac{12.4}{\pi}=3.95$$

由表 8-6 取标准值 $m=4$。再按给定的 d_{a2} 验算模数：

$$m=\frac{d_{a2}}{z_2+2}=\frac{207.20}{50+2}=3.98\approx 4$$

蜗杆的直径系数：

$$q=\frac{d_{a1}}{m}-2=\frac{47.80}{4}-2=9.95$$

查表 8-6，取 $q=10$。

蜗杆传动的中心距为

$$a=\frac{m}{2}(q+z_2)=\frac{4}{2}(10+50)=120(\text{mm})$$

8.10 直齿圆锥齿轮传动

圆锥齿轮用来传递两相交轴间的运动与动力，其轮齿分布在圆锥面上，齿形从大端到小端逐渐减少。与圆柱齿轮相对应，每个圆锥齿轮具有齿顶圆锥、齿根圆锥、分度圆锥和基圆锥等锥面；一对互相啮合的圆锥齿轮尚有两个相应的节圆锥，圆锥齿轮传动就相当于其节圆锥沿按触线作纯滚动。

锥齿轮传动可分为外啮合、内啮合、平面啮合等，其轮齿有直齿、斜齿、曲线齿等多种形式。其中，直齿圆锥齿轮的齿向和锥面母线方向一致，设计、制造和安装都比较简单，故应用最为广泛。本节只介绍直齿圆锥齿轮机构。

一、直齿圆锥齿轮齿廓曲面的形成、背锥及当量齿数

1. 直齿圆锥齿轮齿廓曲面的形成

直齿圆锥齿轮齿廓曲面的形成与圆柱齿轮相似，如图 8-47 所示，一个圆平面 1(发生

面）在基圆锥 2 上作纯滚动时，该平面上通过锥顶 O 的任一条直线 OK 的轨迹为渐开锥面，也是直齿圆锥齿轮的齿廓曲面，该渐开锥面与以 O 为球心的球面的交线为球面渐开线。

2. 直齿圆锥齿轮的背锥及当量齿轮

球面无法展开成平面，这给锥齿轮的设计、制造带来困难，实际中采用近似方法来替代圆锥齿轮的球面渐开线的齿廓曲面。图 8-48 所示为一圆锥直齿轮的轴面剖图，$\triangle OAB$ 为分度圆锥，AB 为分度圆（分度圆锥的底），r 为分度圆半径。以 O 为圆心、锥距 $OA(R)$ 为半径的圆是相应球面的投影。过圆锥齿轮分度圆锥母线上的 A 点作球面的切线 O_1A 与其轴线相交于 O_1 点，以 OO_1 为轴、O_1A 为母线作一圆锥，称为背锥，$\triangle O_1AB$ 为背锥在轴面上的投影。由此可知，背锥切于球面，且其母线与分度圆锥母线垂直，以背锥上的齿廓来替代相应的球面渐开线是十分接近的。

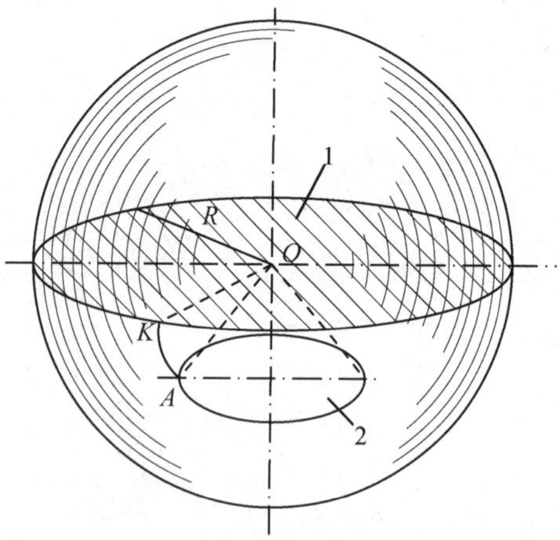

图 8-47　渐开锥面的形成

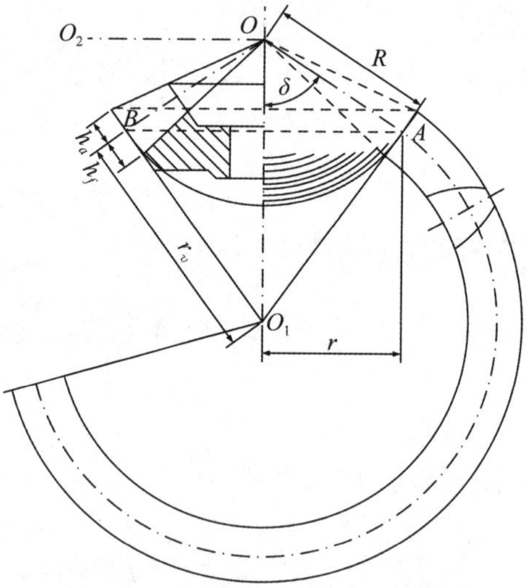

图 8-48　圆锥齿轮的背锥齿形及当量齿数

将背锥展开得一扇形，其半径为背锥的锥距 $O_1A=r_v$。如以 r_v 为分度圆半径，圆锥齿轮的大端模数（标准模数）为模数，并取标准压力角，按照圆柱齿轮的方法画出扇形齿轮的齿廓，则该齿廓可近似地视作圆锥齿轮的大端齿廓。设将扇形齿轮补足为整圆周，则齿数 z 将增至 z_v，该扇形齿轮将成为一个圆柱齿轮，称为圆锥齿轮的当量圆柱齿轮。当量圆柱齿轮的齿数 z_v 称为圆锥齿轮的当量齿数。在图 8-48 中有

$$r_v=\frac{r}{\cos\delta}=\frac{mz}{2\cos\delta}$$

则

$$z_v=\frac{2r_v}{m}=\frac{z}{\cos\delta}$$

由上式知，因 $\cos\delta<1$，故 $z_v>z$，且 z_v 一般为非整数。

综上，标准直齿圆锥齿轮不发生根切的最少齿数 $z_{\min}$ 与其当量圆柱齿轮的最少齿数

$z_{v\min}$ 的关系为

$$z_{v\min}=\frac{z_{\min}}{\cos\delta}$$

二、直齿圆锥齿轮几何尺寸计算

圆锥齿轮的轮齿从大端到小端逐渐收缩，即其在各个端面的尺寸与其离锥顶点（两轴交点）的距离成正比。由于大端尺寸最大，测量方便，数值的相对误差最小，因此规定锥齿轮的各项参数和尺寸均以大端为准。圆锥齿轮的分度圆、齿顶圆、齿根圆等圆是指所在相应圆锥的大端尺寸。圆锥齿轮在大端分度圆上的模数 m 和压力角 α 均应取标准值，模数 m 按表 8-7 查取，α 一般为 20°。圆锥齿轮的齿顶高系数 h_a^* 和顶隙系数 c^* 也为标准值，通常 $h_a^*=1$，$c^*=0.2$；其齿顶高 h_a 和齿根高 h_f 均应在背锥的母线上量取。为保证一对直齿圆锥齿轮正确啮合，两轮的模数、压力角必须分别相同，且两轮的分度圆锥角之和应等于两轴夹角。考虑到上述特点，标准直齿圆锥齿轮几何尺寸的计算公式，列于表 8-8。

表 8-7　锥齿轮标准模数系列表（摘自 GB/T 12368—1990）　　单位：mm

…	1	1.125	1.25	1.375	1.5	1.75	2	2.25	2.5	2.75
3	3.25	3.5	3.75	4	4.5	5	5.5	6	6.5	7
8	9	10	…							

表 8-8　标准直齿圆锥齿轮几何尺寸的计算公式（Σ=90°）

名称	代号	公式	
		小齿轮	大齿轮
分度圆锥角	δ	$\delta_1=\arctan\left(\frac{z_1}{z_2}\right)$	$\delta_2=90°-\delta_1$
齿顶高	h_a	$h_a=h_{a1}=h_{a2}=h_a^* m$	
齿根高	h_f	$h_f=h_{f1}=h_{f2}=(h_a^*+c^*)m$	
分度圆直径	d	$d_1=mz_1$	$d_2=mz_2$
齿顶圆直径	d_a	$d_{a1}=d_1+2h_a\cos\delta_1$	$d_{a2}=d_2+2h_a\cos\delta_2$
齿根圆直径	d_f	$d_{f1}=d_1-2h_f\cos\delta_1$	$d_{f2}=d_2-2h_f\cos\delta_2$
外锥距	R	$R=\frac{mz_1}{2\sin\delta_1}=\frac{mz_2}{2\sin\delta_2}=\frac{m}{2}\sqrt{z_1^2+z_2^2}$	
齿顶角	θ_a	$\theta_a=\theta_{a1}=\theta_{a2}=\arctan\left(\frac{h_a}{R}\right)$	
齿根角	θ_f	$\theta_f=\theta_{f1}=\theta_{f2}=\arctan\left(\frac{h_f}{R}\right)$	

续表

名称	代号	公式	
		小齿轮	大齿轮
顶锥角	δ_a	$\delta_{a1}=\delta_1+\theta_a$	$\delta_{a2}=\delta_2+\theta_a$
根锥角	δ_f	$\delta_{f1}=\delta_1-\theta_f$	$\delta_{f2}=\delta_2-\theta_f$
齿宽	b	$b_1=b_2\leqslant\dfrac{R}{3}$	
齿面宽高	b'	$b'_1=\dfrac{b\cos\delta_{a1}}{\cos\theta_a}$	$b'_2=\dfrac{b\cos\delta_{a2}}{\cos\theta_a}$
顶圆锥高	A	$A_1=r_2-h_a\sin\delta_1$	$A_2=r_1-h_a\sin\delta_2$

注意：1）一般 $h_a^*=1$，$c^*=0.2$；

2）本表按收缩顶隙圆锥齿轮传动列出，工程上尚有等顶隙圆锥齿轮传动。

三、纺织机械中圆锥齿轮的应用

粗纱机升降龙筋的换向机构由一对换向圆锥齿轮组成，例如 FA425 型粗纱机的换向机构。如图 8-49 所示，FA425 型粗纱机的转向机构由变速系统传来的变速通过圆锥齿轮 1 传动两活套在换向轴上的换向圆锥齿轮 2、3 以相反的方向回转，当离合器 5 吸合时，换向轴以下面的换向圆锥齿轮 3 转向回转，并通过蜗杆蜗轮变速输出至升降轴；当离合器 4 吸合时，换向轴以上面的换向圆锥齿轮 2 转向回转输出，从而改变升降轴的运动方向。

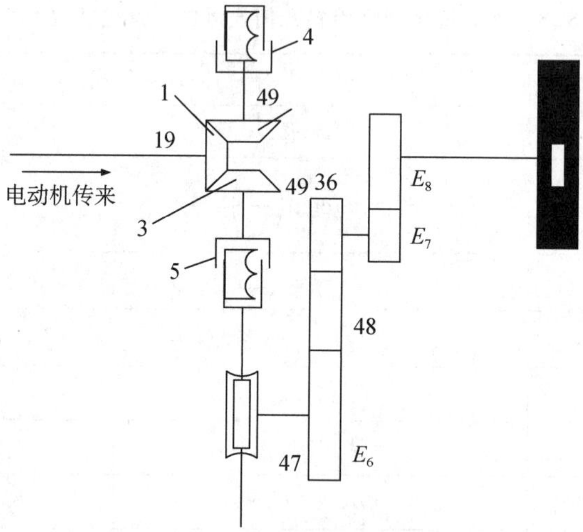

1—圆锥齿轮；2，3—换向圆锥齿轮；4，5—离合器

图 8-49　FA425 型粗纱机的换向机构

例题 8-11　某机器上有一对正交直齿圆锥齿轮，已知：模数 $m=2.5$，齿数 $z_1=z_2=30$，为了适应新工艺要求，拟将齿数比改为 $z_2/z_1=1.2$，如何改进设计？

解：当 $z_2=z_1$ 时，两轮分度圆锥角相等，即 $\delta_1=\delta_2=45°$。现需将齿数比改为 $z_2/z_1=$

1.2，设 $z_1=30$，则 $z_2=1.2\times30=36$，此时两轮分度圆锥角分别为

$$\delta_1=\arctan\frac{z_1}{z_2}=\arctan\frac{30}{36}=39^\circ48'20''$$

$$\delta_2=90^\circ-\delta_1=90^\circ-39^\circ48'20''=50^\circ11'40''$$

小齿轮齿数虽与原来一样，但其分度圆锥角已改变，而大齿轮的齿数和分度圆锥角均与原来不同。所以，这一对圆锥齿轮必须成对设计和调换。新设计的圆锥齿轮的模数可仍取 $m=2.5$，进一步按表 8-8 计算其几何尺寸比较简单，此处从略。

例题 8-12　某机器上有一对正交直齿圆锥齿轮，测得两轮齿数 $z_1=15$，$z_2=30$，顶圆直径 $d_{a1}=67$ mm，$d_{a2}=123$ mm，试确定这一对圆锥齿轮的模数 m 及分度圆锥角 δ_1、δ_2。

解：按给定的两轮齿数，算得其分度圆锥角为

$$\delta_1=\arctan\frac{z_1}{z_2}=\arctan\frac{15}{30}=26^\circ33'54''$$

$$\delta_2=90^\circ-\delta_1=90^\circ-26^\circ33'54''=63^\circ26'06''$$

再按给定的两轮顶圆直径，计算其模数为

$$m=\frac{d_{a1}}{z_1+2\cos\delta_1}=\frac{67}{15+2\cos26^\circ33'54''}=3.99$$

$$m=\frac{d_{a2}}{z_2+2\cos\delta_2}=\frac{123}{30+2\cos63^\circ26'06''}=3.98$$

则取标准值 $m=4$。

第九章

轮系及其设计

本章主要内容:在各种机械中,轮系应用广泛。轮系主要是解决输入输出轴间的运动与动力传递,因此输入输出间传动比的计算就尤为重要。本章主要介绍影响传动比计算的轮系分类、各种轮系传动比的计算方法、输入输出的转向关系,并简单介绍轮系的功用、效率等。

9.1 概　　述

由一对齿轮组成的齿轮机构是齿轮传动最简单的形式。在机械中,为了获得大传动比或者为了单输入转换成多输出等原因,常需要采用一系列齿轮将输入和输出联接起来,这种由一系列齿轮组成的齿轮传动系统称为轮系。实现需要的传动比和传动方向是轮系的首要任务,因此本章的主要内容就是轮系传动比的计算和输入输出轴转向的判定,其中轮系类型的判定对我们计算轮系的传动比起关键作用。此外,在介绍轮系的功用时介绍一下机构的选型问题,并扼要提及行星轮系的效率及设计问题。

9.2 轮系的类型

轮系在组成时一系列齿轮采用不同的组合方式,可以获得不同的轮系,分为定轴轮系(又称为普通轮系)、周转轮系和复合轮系。

一、定轴轮系

定轴轮系是指在传动时,每个齿轮的几何轴线在空间的位置都是固定不动的轮系,如图9-1所示。该轮系既有圆柱齿轮,也有锥齿轮,还有蜗轮蜗杆,尽管组成复杂多样,但每个齿轮的几何轴线在空间的位置都是固定不动的,因此该轮系是一定轴轮系。

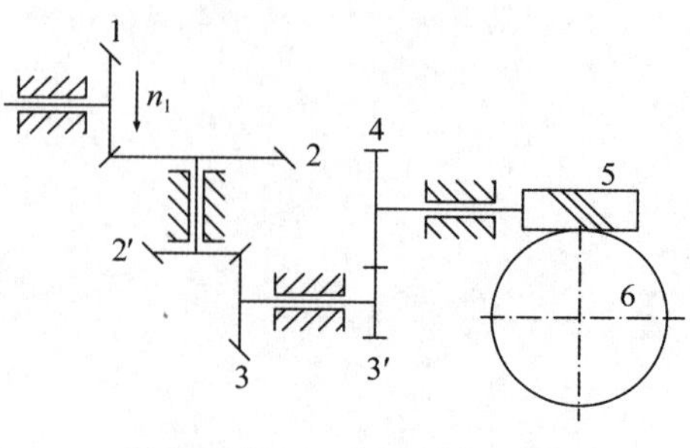

图 9-1　定轴轮系

二、周转轮系

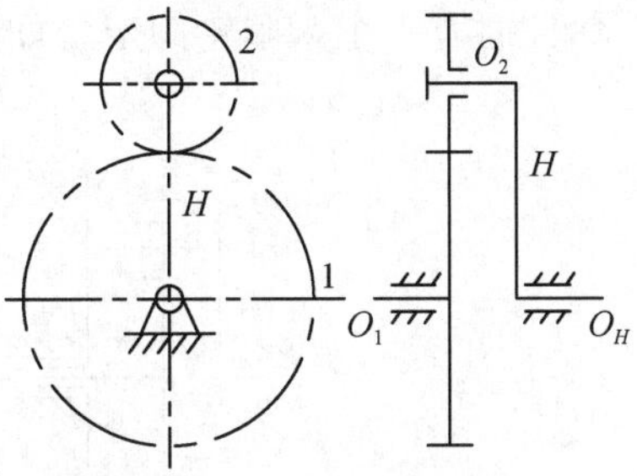

图 9-2　周转轮系

周转轮系是指在传动时，有一个齿轮构件的几何轴线在空间的位置是变化的，轮系中其余构件都是围绕这个构件组成的，有的构件对该构件起支撑作用，有的构件和该构件相啮合等，除此以外没有多余构件的轮系，如图9-2 所示。齿轮 2 的几何轴向在绕 O_H 转动，轮系中除了支撑齿轮 2 的构件 H、和齿轮 2 啮合的齿轮 1 以外没有别的构件，因此该轮系是一周转轮系。周转轮系中的行星架和太阳轮，经常作为运动的输入、输出构件，称为基本构件。

周转轮系根据其组成的基本构件的不同，分为 2K-H 型和 3K 型，如图 9-3 所示。图 9-4 是各种 2K-H 型周转轮系形式。

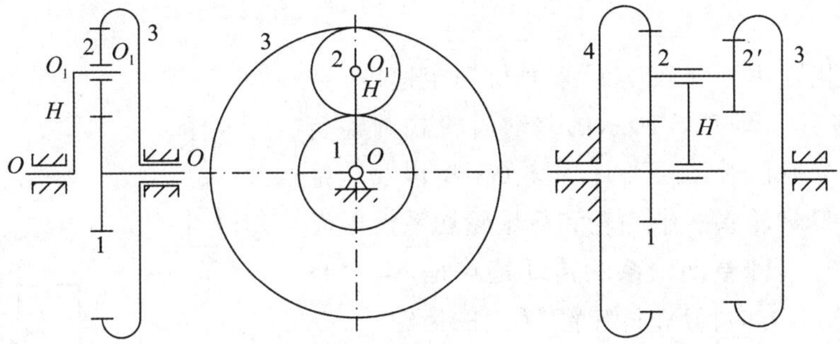

(a) 2K-H型　　(b) 3K型

图 9-3　周转轮系

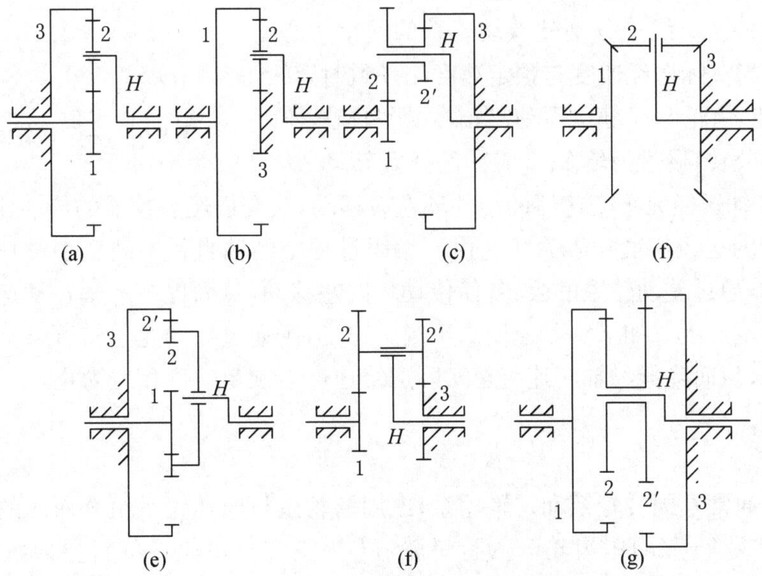

图 9-4　2K-H 型轮系的不同形式

周转轮系还可以根据其自由度数目的不同分为行星轮系和差动轮系，当机构的自由度 $F=2$ 时，叫做差动轮系，此时两个太阳轮都能够绕自身轴线转动；当 $F=1$ 时，叫做行星轮系，此时有一个太阳轮固定。如图 9-5 所示。

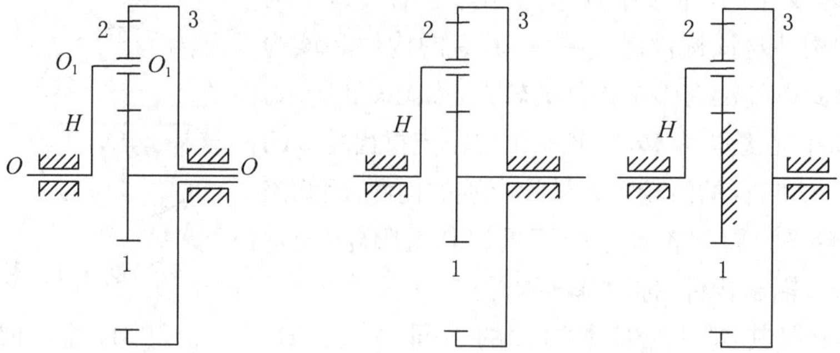

(a) 差动轮系　　(b) 行星轮系

图 9-5　周转轮系

比较调整装置用于比较实际速度与规定速度，类型较多，结构各异。图 9-6 所示的差动齿轮式调整装置主要包含两个中心轮 E、F 和行星轮 G、K 以及转臂 H 所组成的差动齿轮系。中心轮和行星轮均系锥形齿轮且齿数相等。这种差动轮系的传动特点是，当中心轮 E、F 转速相等方向相反时，转臂 H 上的齿轮 K、G 只作自转而不作公转：当两中心轮转速不等时，转臂 H 上的齿轮 K、G 不仅自转并产生公转，差动轮系这一传动特点可用作送经机构中的调整装置。定长装置的预定线速和实测的送经线速分别从差动轮系的两个中心轮 E、F 输入，当实际送经速度与预定速度相一致时，转臂 H 不作公转，齿轮 1、2 静止不动；当输入端两速度不等时，转臂 H 公转，通过齿轮 1、2 驱动丝杆 L 转动，从而使滑叉 K 带动送经无级变速器的传动环左右移动，改变送经变速器的传动比，直至经轴实际转速与预定的送经速度相等为止。由于编织过程中经轴直径不断变小，使实际送经速度低于预定速度，通过差动轮系的公转，使传动环向左移动，从而提高经轴转动速度，以使经轴线速度达到预定速度。如果实际速度高于规定速度，则通过差动轮子转臂与上述反向转动，使传动环右移，从而降低经轴转速直至实际退绕速度与预定速度相符为止。

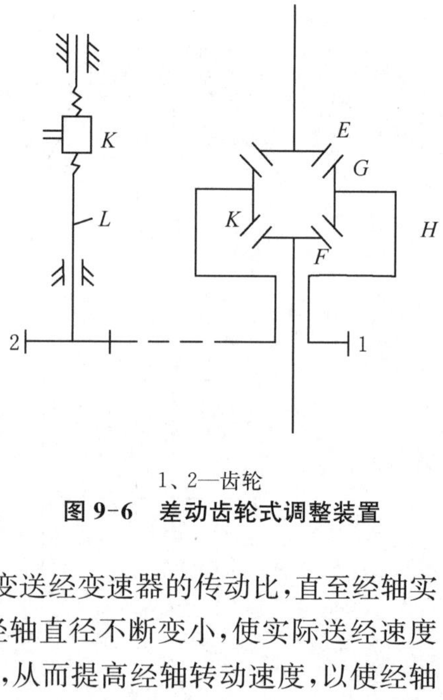

1、2—齿轮

图 9-6　差动齿轮式调整装置

三、复合轮系

复合轮系通常是周转轮系和定轴轮系，或周转轮系与周转轮系组合而成的复杂轮系，如图 9-7 所示。图 9-7(a)中齿轮 3 为行星轮，H 为支撑行星轮 3 的行星架，齿轮 2′和齿轮 4 是和行星轮 3 相啮合的太阳轮，这些构件构成周转轮系；周转轮系除外还有构件 1，构件 1 为定轴齿轮，和其相啮合的齿轮 2 组成定轴轮系，因此该轮系是周转轮系和定轴轮系通过将齿轮 2 和 2′联接起来的复合轮系。

图 9-7(b)中齿轮 2 和齿轮 5 都是行星轮，且是两个不同的构件，每一个行星轮构件都和支撑它的行星架、与其相啮合的太阳轮分别组成一个周转轮系，除了这两个周转轮系外，没有剩余构件；两个周转轮系又通过第一个周转轮系的行星架 H_1 和第二个周转轮系中的太阳轮 4 联接起来形成了复合轮系。

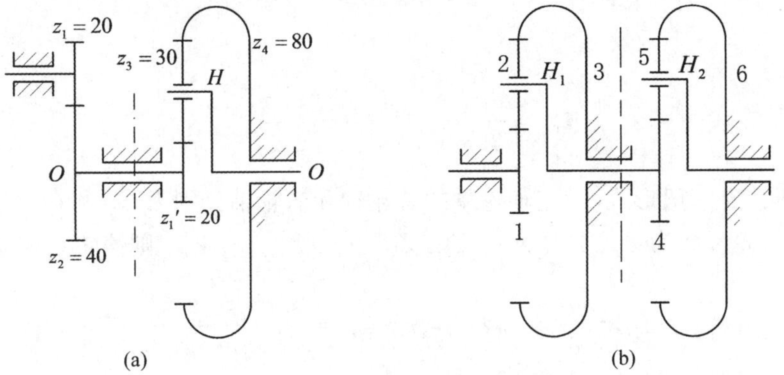

图 9-7　复合轮系

综上，一个轮系究竟是哪种轮系，首先需要判断的是这个轮系中有没有行星轮，没有行星轮的轮系为定轴轮系。如轮系中有行星轮，则围绕该行星轮拆分一个周转轮系，拆分后除了该周转轮系无剩余构件为周转轮系。若拆分后除了周转轮系还有剩余构件，则为复合轮系。

9.3　定轴轮系的传动比

一对齿轮的传动比是指这两轮的角速度之比。定轴轮系的传动比通常是指传动路线上首、末两轮的角速度之比，同时需要关注首、末两轮的转向关系。

一、定轴轮系传动比大小的计算

定轴轮系可以实现单输入、多输出，因此首轮与末轮是相对而言的，在计算时可按实际需要指定。在图 9-8 所示的定轴轮系中，设轴 O_1、O_2、O_3 及 O_4 的角速度分别为 ω_1、ω_2、ω_3 及 ω_4，齿轮 1、2、2′、3、3′与 4 的齿数各为 Z_1、Z_2、$Z_{2'}$、Z_3、$Z_{3'}$ 及 Z_4，可写出每一对啮合齿轮对的传动比计算公式：

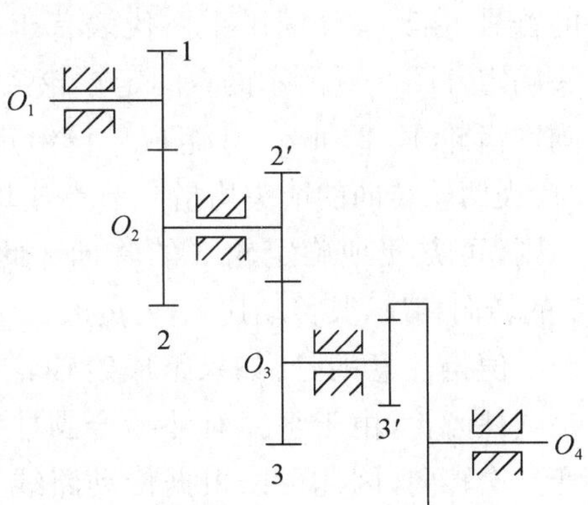

图 9-8　定轴轮系传动比大小的计算

$$i_{12}=\frac{\omega_1}{\omega_2}=\frac{z_2}{z_1}$$

$$i_{2'3}=\frac{\omega_2}{\omega_3}=\frac{z_3}{z_{2'}}$$

$$i_{3'4}=\frac{\omega_3}{\omega_4}=\frac{z_4}{z_{3'}}$$

将上列各式联乘得

$$i_{12}i_{2'3}i_{3'4}=\frac{\omega_1\omega_2\omega_3}{\omega_2\ \omega_3\omega_4}=\frac{z_2\ z_3z_4}{z_1z_{2'}z_{3'}}$$

即

$$i_{14}=\frac{\omega_1}{\omega_1}=i_{12}i_{2'3}i_{3'4}=\frac{z_2\ z_3z_4}{z_1z_{2'}z_{3'}}$$

将上式推广至一般形式，设定轴轮系的首轮轴和末轮轴分别为 O_1 和 O_k，相应的角速度为 ω_1 和 ω_k，各轮齿数为 Z_1、Z_2、$Z_{2'}$、Z_3、$Z_{3'}$、…、$Z_{(k-1)'}$、Z_k，则该轮系传动比为

$$i_{1k}=\frac{\omega_1}{\omega_k}=i_{12}i_{2'3}i_{3'4}i_{(k-1)'k}=\frac{z_2\ z_3z_4\cdots z_k}{z_1z_{2'}z_{3'}\cdots z_{k-1'}} \tag{9-1}$$

若设 1 和 k 分别为轮系的主动轮和从动轮，则 1、2′、3′、…、$(k-1)'$ 分别为各对齿轮的主动轮，2、3、4、…、k 分别为各对齿轮的从动轮。此时，式(9-1)可改写为

$$i_{1k}=\frac{\omega_1}{\omega_k}=\frac{\text{所有各级从动轮齿数的连乘积}}{\text{所有各级主动轮齿数的连乘积}} \tag{9-2}$$

二、定轴轮系首、末两轮的转向关系

定轴轮系可以包含圆锥齿轮、交错轴斜齿轮及蜗杆蜗轮等空间齿轮，首末两轮的转向关系应分下列两种情况讨论。

1. 首末两轴平行

对于首末两轴平行的定轴轮系，应考虑传动比的符号，在其运动简图上由代表首末两轮转向的箭头确定。图 9-9 所示的空间定轴轮系由两对外啮合圆锥齿轮 1、2 和 2′、3 组成。设给定轮 1 转向，按“代表两轮转向的箭头均指向节点或均背离节点”的原则，可方便地确定轮 3 的转向。此处，轮 3 和轮 1 的转向相反，其传动比 i_{13} 为负值。

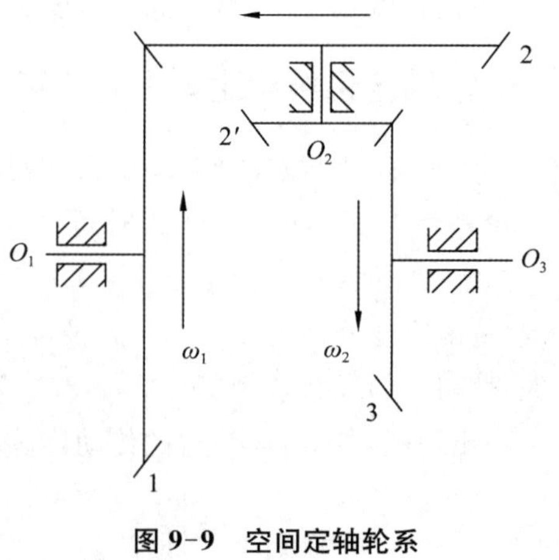

图 9-9 空间定轴轮系

值得注意的是：如果组成定轴轮系的齿轮全部是圆柱齿轮，由于每一对外啮合圆柱齿轮啮合副改变一次转向，因此可以根据传动路线上外啮合的次数来决定，设传动路线上有 m 对外啮合齿轮副，则可以在传动比大小前添加 $(-1)^m$ 来确定该定轴轮系的符号。

2. 首末两轴不平行

对于首末两轴不平行的空间定轴轮系，不必计及轮系传动比的符号，但必须在其运动简图上标明各轮的转向。

例题 9-1　图 9-10 所示为 FA506 型细纱机中罗拉和后罗拉的传动系统，设后罗拉为 1 r/min 时，按图示齿轮齿数计算传动比 i_{15} 和中罗拉的转速 n_5。

解： 根据传动比公式得

$$i_{15}=(-1)^4\frac{68\times 26\times 64\times 20}{22\times 68\times 80\times 30}=\frac{104}{165}$$

中罗拉的转速为

$$n_5=n_1\times\frac{1}{i_{15}}=1.59(\text{r/min})$$

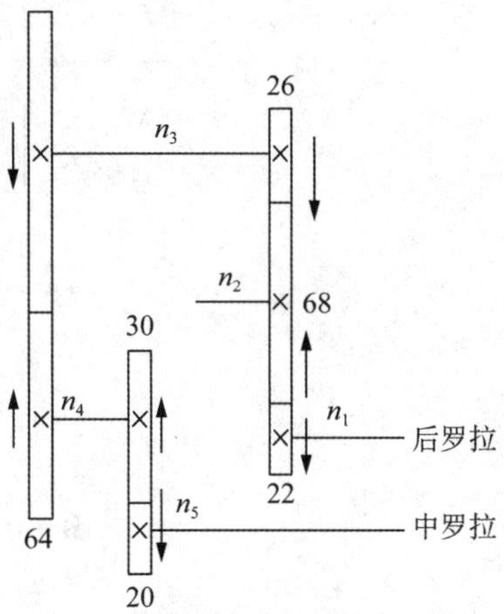

图 9-10　FA506 型细纱机中罗拉和后罗拉的传动系统

例题 9-2　在图 9-11 所示的定轴轮系中，主动轴 O_1 通过圆柱齿轮 1、2、3、4 和圆锥齿轮 4′、5、5′、6 将运动与动力传递到轴 O_6，且轴 O_1 与轴 O_6 平行。试确定轮系传动比 i_{61}。

解： 传动比 i_{61} 的大小按式(9-1)有

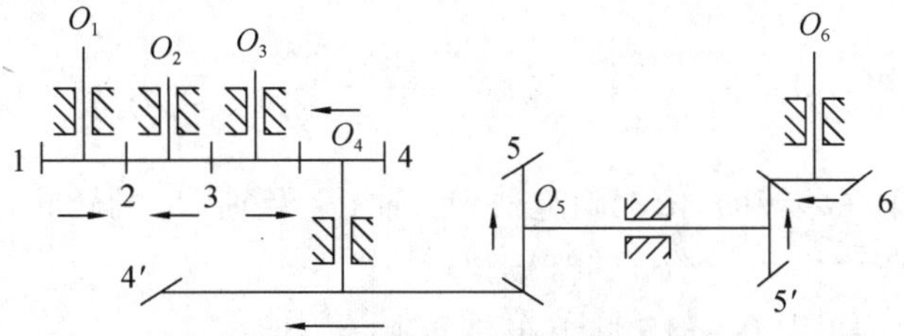

图 9-11　首末两轴平行的定轴轮系

$$|i_{61}|=|\frac{\omega_6}{\omega_1}|=\frac{z_1z_2z_3z_{4'}z_{5'}}{z_2z_3z_4z_5z_6}=\frac{z_1z_{4'}z_{5'}}{z_4z_5z_6}$$

因轴 O_1 与轴 O_6 平行，故应考虑传动比 i_{61} 的符号。在该轮系中，从轴 O_1 到轴 O_4 可应用 $(-1)^m$，此处 $m=3$，表明两轴转向相反；从轴 O_1 到轴 O_4 也可在图上画代表齿轮转向的箭头，设轮 1 转向朝右，依次求得轮 4 转向朝左。从轴 O_4 到轴 O_6，必须采用在图上画箭头的方法确定，由此求得轮 6 的转向朝左。所以，轴 O_6 与轴 O_1 的转向相反，即 i_{61} 为负值。由此得

$$i_{61}=\frac{\omega_6}{\omega_1}=-\frac{z_1z_{4'}z_{5'}}{z_4z_5z_6}$$

例题 9-3　在图 9-12 所示的定轴轮系中，在主动轴 O_1 与从动轴 O_4 之间，依次通过圆锥齿轮 1 与 2、蜗杆 2′ 与蜗轮 3 及圆柱齿轮 3′ 与 4 传动。设各轮的齿数为 $z_1=15$，$z_2=30$，

$z_{2'}=2$(头数)，$z_3=28$，$z_{3'}=30$，$z_4=45$，主动轴 O_1 的转速 $n_1=200$ r/min，转向如图示，试确定从动轴 O_4 的转速 n_4 的大小与方向。

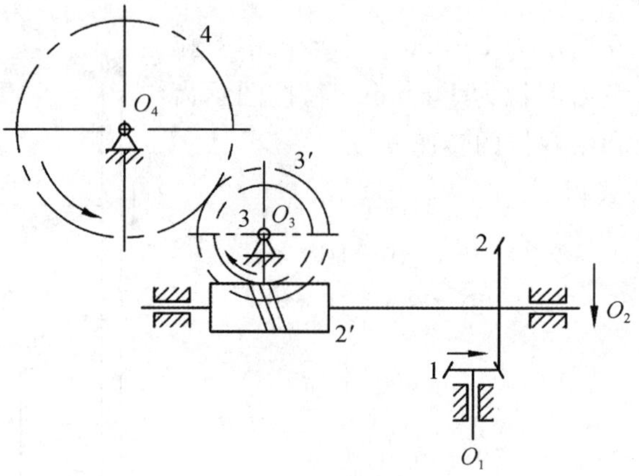

图 9-12　首末两轴不平行的空间定轴轮系

解： 传动比 i_{41} 的大小

$$|i_{41}|=\left|\frac{\omega_4}{\omega_1}\right|=\left|\frac{n_4}{n_1}\right|=\frac{z_1z_{2'}z_{3'}}{z_2z_3z_4}$$

则

$$|n_4|=|n_1|\frac{z_1z_{2'}z_{3'}}{z_2z_3z_4}=200\times\frac{15\times2\times30}{30\times28\times45}=4.76(\text{r/min})$$

然后，按给定的轴 O_1 转向，依次确定轴 O_2、轴 O_3 及轴 O_4 的转向，如图示。因轴 O_4 与轴 O_1 不平行，故不必计及 i_{41} 与 n_4 的符号。

例题 9-4　图 9-13 为 GA615 型织布机卷取传动系统，当织机弯曲回转一次，轴 1 上设有的棘轮机构中的锯齿轮 2 被棘爪 3 拉动一个齿，其中锯齿轮 2 的齿数为 24。然后轴 1 的运动和动力通过轴 2、轴 3 传递到轴 4 上，已知轴 4 上的卷布辊的直径为 12.83 cm，求当织机弯轴回转一次时，织布机上 10 cm 内纬线根数(纬密)？

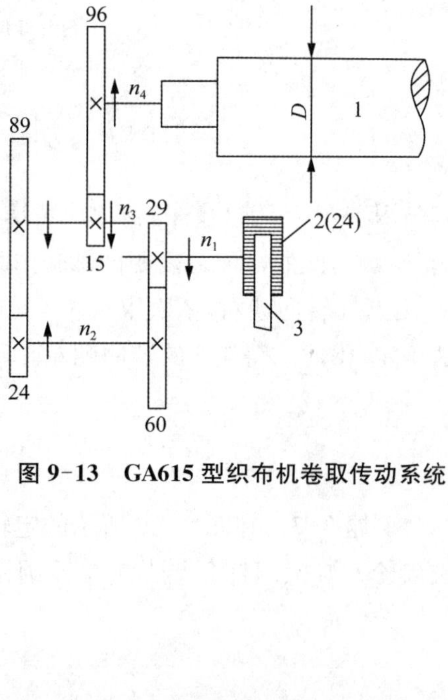

图 9-13　GA615 型织布机卷取传动系统

解： 根据传动比公式得

$$i_{14}=\frac{60\times89\times96}{29\times24\times15}=\frac{89\times16}{29}$$

当织机弯曲回转一次，此时锯齿轮 2 被棘爪 3 拉动一个齿，因锯齿轮 $z_1=24$，于是当锯齿轮转过 1/24 转时，卷布辊的转数为

$$n_4 = n_1 \times \frac{1}{i_{14}} = \frac{1}{24} \times \frac{29}{89 \times 16} = 0.000\ 849$$

当织机弯轴回转一次，投梭一次，打纬一次，卷布辊就应卷取一根纬纱所占经纱长度的布。已知卷布辊直径 $D = 12.83$ cm，设锯齿轮转过一齿，卷布辊转过的弧长(即一根纬纱在卷布辊上占有的弧长)为 L。则

$$L = \pi D n_4 = \pi \times 12.83 \times 0.000\ 849 = 0.034\ 22(\text{cm})$$

织布机上 10 cm 内纬线根数(纬密)为

$$\text{机上纬密} = \frac{10}{L} = \frac{10}{0.034\ 22} = 292(\text{根}/10\ \text{cm})$$

9.4 周转轮系的传动比

由于周转轮系中存在可兼作公转与自转的行星轮，直接确定其各构件角速度之间关系比较麻烦，故其传动比的计算不能直接套用定轴轮系的传动比计算方法。但是，应用运动倒置法(反转法)，释放原机架而固定行星架，则周转轮系即转化为行星架固定的定轴轮系，这个定轴轮系称为周转轮系的转化轮系或转化机构。因为转化轮系为一定轴轮系，因此可以采用定轴轮系传动比的计算方法计算传动比，而周转轮系的传动比可以通过这个转化轮系传动比的计算获得。

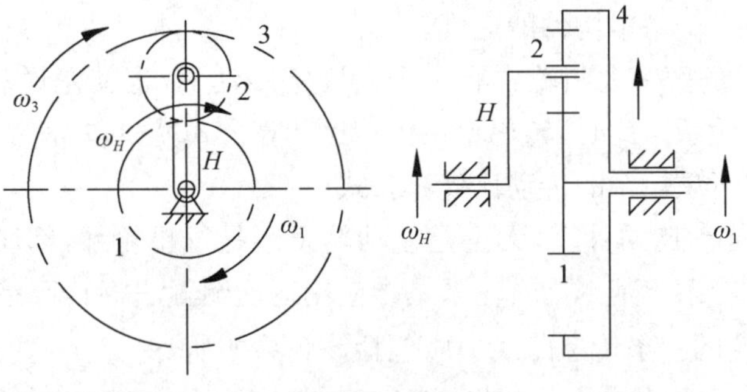

图 9-14 圆柱齿轮周转轮系(2K-H 机构)

如图 9-14 所示的周转轮系中，给周转轮系上附加一个与行星架 H 运动相反的公共运动($-\omega_H$)。设周转轮系中太阳轮轮 1、3 与行星架 H 的角速度分别为 ω_1、ω_3 与 ω_H，则各构件在转换轮系的角速度如下表所示：

构件	原来角速度	加上公共运动 ($-\omega_H$) 后的角速度
1	ω_1	$\omega_1^H = \omega_1 - \omega_H$
2	ω_2	$\omega_2^H = \omega_2 - \omega_H$
3	ω_3	$\omega_3^H = \omega_3 - \omega_H$
H	ω_H	$\omega_H^H = \omega_H - \omega_H = 0$

显然,在周转轮系上附加公共运动 $-\omega_H$ 后,其转化机构中各构件的角速度即为它们对于行星架 H 的相对角速度。该转化轮系的传动比可按定轴轮系传动比的计算方法确定。由此得

$$\frac{\omega_1^H}{\omega_3^H}=\frac{\omega_1-\omega_H}{\omega_3-\omega_H}=\frac{n_1-n_H}{n_3-n_H}=i_{13}^H \tag{9-3}$$

将上式推广到一般形式:

$$\frac{\omega_1^H}{\omega_k^H}=\frac{\omega_1-\omega_H}{\omega_k-\omega_H}=\frac{n_1-n_H}{n_k-n_H}=i_{1k}^H \tag{9-4}$$

如果 $\omega_k=0$,则有

$$i_{1H}=\frac{\omega_1}{\omega_H}=\frac{n_1}{n_H}=1-i_{1k}^H \tag{9-5}$$

式中:i_{1k}^H——转化机构中轮 1 与轮 k 之间传动比,即轮 1 与轮 k 对于行星架 H 的相对角速度之比,按定轴轮系传动比确定,ω_1、ω_k、ω_H 分别表示轮 1、轮 k、行星架 H 的角速度;n_1、n_k、n_H—— 轮 1、轮 k、行星架 H 的转速。

根据周转轮系的转化轮系传动比的计算,可以得出:

(1) 转化轮系传动比的计算公式包含了两个太阳轮和一个行星架这三个基本构件的角速度或转速,只要已知两个,另一个可以根据该式求得,因此,差动轮系自由度是 2,原动件也有两个,不难求出另一个基本构件的速度。

(2) 当周转轮系的两个太阳轮中有一个是固定不动的,也就是说有一个太阳轮的转速为零,则转换成行星轮系。此时,转化轮系传动比计算公式就只包含转动的太阳轮和行星架的转速,不难推导出行星轮系的传动比计算公式。

上述周转轮系传动比的计算,无论是差动轮系还是行星轮系,都属于 2K-H 型周转轮系,又称为基本周转轮系。基本周转轮系是指应用运动倒置法将其行星架固定后,在其转化机构中从首轮到末轮的一条传递路线中应包括该轮系的所有齿轮。除了 2K-H 型,周转轮系还包括 3K 型,其传动比的计算比较复杂,这里举例说明解题的思路和方法。

例题 9-5 图 9-15 所示为车床电动三爪卡盘的行星减速装置。主动轴 1 由电动机传动,通过该机构使内齿轮 4 缓慢转动,通过齿轮 4 右端面上的阿基米德螺旋槽,使与其啮合的三卡爪 5 沿径向移动,以夹紧或放松工件。已知各轮齿数:$z_1=6$,$z_2=z_{2'}=25$,$z_3=57$,$z_4=56$,求传动比 i_{14}。

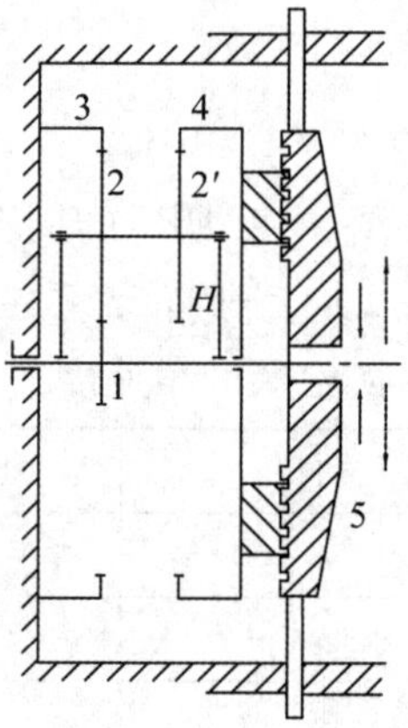

图 9-15 电动三爪卡盘行星减速装置(3K 机构)

解: 在该机构中,双联齿轮 2 和 2′为行星轮,支承行星轮的为行星架 H,与行星轮 2 啮合的为太阳轮 1 和 3,内齿轮 3 固定,与行星轮 2′啮合的为太阳轮(内齿轮)4,轮 1、2、

2′、3、4和行星架 H 组成周转轮系。设想固定行星架 H 而释放机架(包含内齿轮3),在转化机构中从轮1经轮2、2′至轮4是一条传递路线,而从轮1经轮2至轮3,又是一条传递路线,故该周转轮系非基本周转轮系。由于中心轮1、3和4分别为输入构件、固定和输出构件,而行星架 H 仅是传递运动的中间构件,故这种轮系通常称为3K机构。本题求 i_{14},从中心轮1经行星轮2、2′和行星架 H 到中心轮4,由式(9-4)得

$$\frac{\omega_1-\omega_H}{\omega_4-\omega_H}=i_{14}^H=-\frac{z_2z_4}{z_1z_{2'}}=-\frac{25\times56}{6\times25}=-\frac{28}{3}$$

为了在上式中消去 ω_H,再从中心轮1经行星轮2和行星架 H 到固定中心轮3,按此有

$$\frac{\omega_1-\omega_H}{0-\omega_H}=i_{13}^H=-\frac{z_3}{z_1}=-\frac{57}{6}$$

在上两式中消去 ω_H 后得

$$i_{14}=\frac{\omega_1}{\omega_4}=\frac{i_{14}^H(1-i_{13}^H)}{i_{14}^H-i_{13}^H}=\frac{-\frac{28}{3}\times\left(1+\frac{19}{2}\right)}{-\frac{28}{3}+\frac{19}{2}}=-588$$

例题9-6　FA425型粗纱机的卷绕传动机构中采用了差动装置,如图9-16所示,将主轴(固装于主轴上的系杆 H)传来的恒速和变速装置传来的变速(n_m)合成,然后通过摆动装置将合成的转速 n_n 传向筒管,以完成卷绕作用。其中齿轮1、3为太阳轮,齿轮2、2′为行星轮,已知各齿轮的齿数为:$z_1=29$,$z_2=33$,$z_3=45$,$z_2'=17$,系杆 H 转速即为主轴的转速 n_0($n_0=$常数),齿轮1转速为 n_m,试求齿轮3转速 n_n。

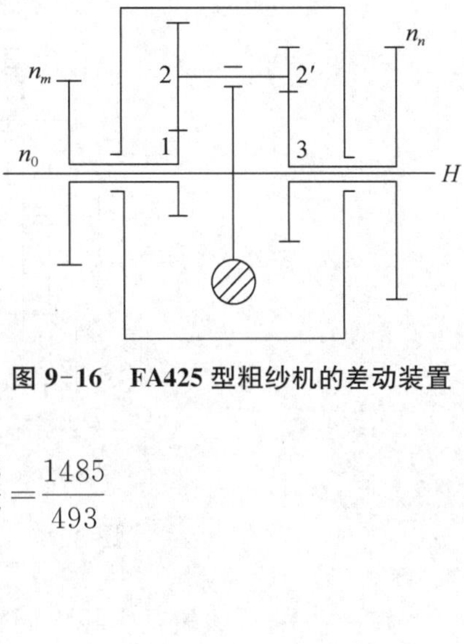

图9-16　FA425型粗纱机的差动装置

解: 由传动比公式得

$$i_{13}^H=\frac{n_1-n_H}{n_3-n_H}=(-1)^2\frac{33\times45}{29\times17}=\frac{1485}{493}$$

由已知条件 $n_H=n_0$,$n_1=n_m$,则

$$n_n=n_3=\frac{493}{1485}n_m+\frac{992}{1485}n_0$$

9.5　复合轮系传动比的计算

在机械中,经常用到由定轴轮系和周转轮系或者多个周转轮系组合而成的复合轮系。由于整个复合轮系中存在行星轮构件,因此不能套用定轴轮系传动比的计算方法;另外,又

由于复合轮系采用周转轮系的相对运动学方法时，在固定行星架、释放原机架时，会由于多个固定构件之间存在转轴不共线的问题产生新的行星架，因此难以转化成一个定轴轮系，也就无法套用周转轮系的传动比的计算方法进行复合轮系传动比的求解。唯一正确的方法是将复合轮系按照其复合的关系拆分成基本周转轮系和定轴轮系，然后根据轮系的类别分别列出计算拆分出的这些轮系传动比的方程式，再联立方程将不需要的转速消去，从而求解出所需要的传动比。

计算复合轮系传动比的关键在于轮系的拆分，而轮系的拆分又取决于基本周转轮系的确定。在复合轮系中确定基本周转轮系的方法通常是先找出行星轮，即找出齿轮几何轴线在空间位置不固定的齿轮；再找出支撑行星轮的行星架，也就是和行星轮之间形成转动副的那个构件；最后找出几何轴线与行星架的回转轴线相重合，且直接和行星轮相啮合的定轴齿轮，也就是太阳轮。这组由行星轮这一构件牵出来的行星轮、行星架和太阳轮就构成一个基本周转轮系。复合轮系可以为周转轮系和定轴轮系的组合，也可以是周转轮系和周转轮系的复合。下面分别举例说明这两种复合轮系传动比的计算方法和步骤。

例题 9-7 如图 9-17 所示轮系，已知各轮齿数：$z_1=24$，$z_2=24$，$z_{2'}=21$，$z_3=19$，$z_{3'}=19$，$z_4=19$，$z_{4'}=45$，$z_{4''}=23$，$z_5=30$，$z_6=45$，$z_{6'}=20$，$z_7=50$，$z_8=30$，试确定传动比 i_{18}。

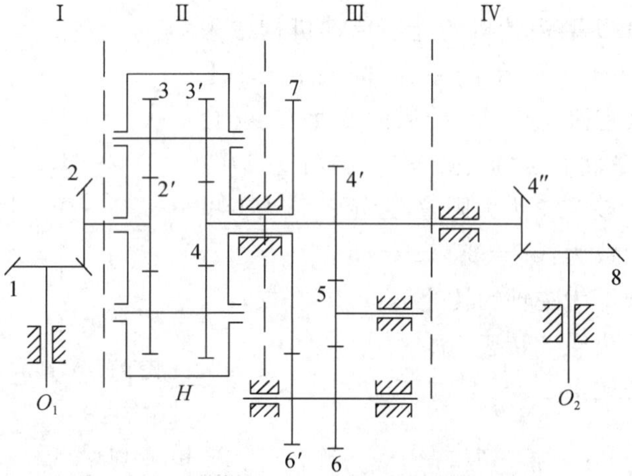

图 9-17 周转轮系和定轴轮系组成的复合轮系

解： 首先，从该轮系中找出周转轮系。自轮 1 开始至轮 8 逐个检查，发现轮 3、轮 3′这个双联齿轮的轴线不固定，为行星轮；支承行星轮的箱体为行星架 H；与行星轮 3、3′分别啮合的轮 2′、4 为太阳轮。这样，轮 2′、3、3′、4 与行星架 H 组成周转轮系；在其转化机构中从轮 2′经轮 3、3′到轮 4 的传动路线已包含所有行星轮和中心轮，故为基本周转轮系。该复合轮系中其余齿轮均属于定轴轮系。因此，该复合轮系是由周转轮系和定轴轮系复合而成的，分为四个区间：

Ⅰ定轴轮系：圆锥齿轮 1、2；

Ⅱ周转轮系：行星轮 3、3′，中心轮 2′、4 与行星架 H；

Ⅲ定轴轮系：圆柱齿轮 4′、5、6、6′、7；

Ⅳ定轴轮系：圆锥齿轮 4″、8。

其次，分别列出各区间的传动比算式，按式(9-1)与(9-4)有

$$\left|\frac{\omega_1}{\omega_2}\right|=\frac{z_2}{z_1}=\frac{24}{24}=1 \tag{a}$$

$$\frac{\omega_2-\omega_7}{\omega_4-\omega_7}=i_{2'4}^H=(-1)^2\frac{z_3 z_4}{z_{2'} z_{3'}}=\frac{19\times 19}{21\times 21}=0.818\ 6 \tag{b}$$

$$\frac{\omega_7}{\omega_4}=(-1)^3\frac{z_{4'} z_{6'}}{z_6 z_7}=-\frac{45\times 20}{45\times 50}=-0.4 \tag{c}$$

$$\left|\frac{\omega_4}{\omega_8}\right|=\frac{z_8}{z_{4''}}=\frac{30}{23}=1.304\ 3 \tag{d}$$

在上面四个方程式中有五个未知数：ω_1、ω_2、ω_4、ω_r 和 ω_8，虽不能解出其具体数值，但可确定 ω_1/ω_8，即 i_{18}。

在式(b)和(c)中消去 ω_7，后得

$$\frac{\omega_2}{\omega_4}=0.746\ 0$$

因 ω_2 与 ω_4 同向，ω_1 与 ω_8 必异向，故可将式(a)与(d)合并，且将其中绝对值改写为代数值，则有

$$i_{18}=\frac{\omega_1}{\omega_8}=-\frac{\omega_2}{\omega_4}\times 1.304\ 3=-0.746\ 0\times 1.304\ 3=-0.973\ 0$$

例题 9-8　如图 9-18 所示周转轮系，已知各轮齿数：$z_1=50$，$z_2=27$，$z_3=54$，$z_4=22$，$z_5=20$，$z_6=25$，$z_7=70$，求 i_{H1}。

解：复合轮系的求解思路是一致的，也是在轮系中找基本周转轮系。由于在该轮系中存在可绕行星架 H 上活动轴线回转的行星架 h，故通常称之为双重行星架周转轮系，简称双重周转轮系。在该轮系中，行星轮 2、中心轮 1 和行星架 H，以及行星轮 3、中心轮 4 和行星架 H 分别组成周转轮系，其行星架 H 绕定轴转动，这是第一重周转轮系；另一个行星架 h 的轴线不固定，可绕行星架 H 上的活动轴线回转，h 与行星轮 6、中心轮 5、7 组成周转轮系，这是第二重周转轮系。显然，该轮系是三个周转轮系组合而成的复合周转轮系。

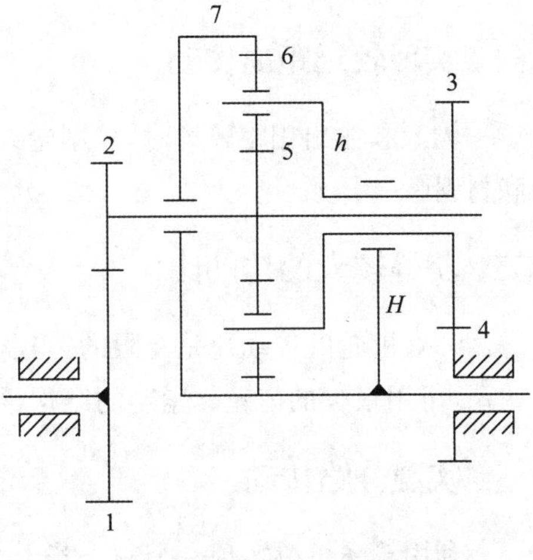

图 9-18　用作减速器的周转轮系和周转轮系组成的复合轮系

在周转轮系 1-2-H 和 3-4-H 中分别有

$$\frac{\omega_1-\omega_H}{\omega_2-\omega_H}=i_{12}^H=-\frac{z_2}{z_1}=-\frac{27}{50}$$

$$\frac{\omega_3-\omega_H}{0-\omega_H}=i_{34}^H=-\frac{z_4}{z_3}=-\frac{22}{54}=-\frac{11}{27}$$

又在周转轮系 5-6-7-h 中有

$$\frac{\omega_5-\omega_h}{\omega_7-\omega_h}=i_{57}^h=-\frac{z_7}{z_5}=-\frac{70}{20}=-\frac{7}{2}$$

注意到 $\omega_5=\omega_2$，$\omega_h=\omega_3$，$\omega_7=\omega_H$，在上列三式中未知数为 ω_1、ω_2、ω_3 和 ω_H；联立求解，消去 ω_2 与 ω_3 后得

$$i_{H1}=\frac{\omega_H}{\omega_1}=\frac{1}{1-i_{12}^H i_{34}^H(1-i_{57}^h)}=\frac{1}{1-\frac{27}{50}\times\frac{11}{27}\times\left(1+\frac{7}{2}\right)}=100$$

综上两个复合轮系的求解可以看出，复合轮系可以是周转轮系和定轴轮系的复合，也可以是周转轮系和周转轮系的复合。另外，在周转轮系与周转轮系的复合形式上，可以是平行的单层式复合，即行星架都是绕定轴转动的行星架，也可以是叠加的双重式复合，即存在绕活动轴线转动的行星架，这类复合轮系的拆分难度略有增加。

9.6 轮系的应用

在各种机械中轮系的应用十分广泛，其功用大致可以归纳为以下几个方面：

一、实现较远距离传动

输入和输出相距较远时，采用轮系来凑配中心距，可以减少单个齿轮的尺寸，节省空间和材料。

二、获得较大的传动比

一对齿轮的传动比是有限的，当需要大的传动比时应采用轮系来实现，特别是采用周转轮系，可用很少的齿轮、紧凑的结构，得到很大的传动比。

三、实现分路传动

利用轮系可以实现一个输入若干个输出，在机械中体现为一个原动件带动多个部件或附件同时工作。如图 9-19 所示的轮系，主动轴的输入运动通过轮系的传递，可同时带动 1、2、3、4、5、6 轴转动。

图 9-19　轮系实现分路传动

四、实现变速传动

在主动轴转速不变的条件下，利用轮系可使从动轴获得多种工作转速。在图 9-20 所示的定轴轮系中，双联齿轮 1、2 为一滑移齿轮，用导向键与轴Ⅱ相连，可在轴Ⅱ上滑动，可以实现齿轮 1 与 1′或 2 与 2′分别啮合的两种速比。

五、实现换向传动

在主动轴转向不变的条件下，利用轮系中的惰轮改变从动轴的转向。

图 9-21 所示为车床上走刀丝杠的三星轮换向机构，其中构件 a 可绕轮 4 的轴线回转。在图 9-21(a)所示位置时，从动轮 4 与主动轮 1 的转向相反；如转动构件 a 使其处于图 9-21(b)所示位置时，因轮 2 不参与传动，这时轮 4 与轮 1 的转向相同。

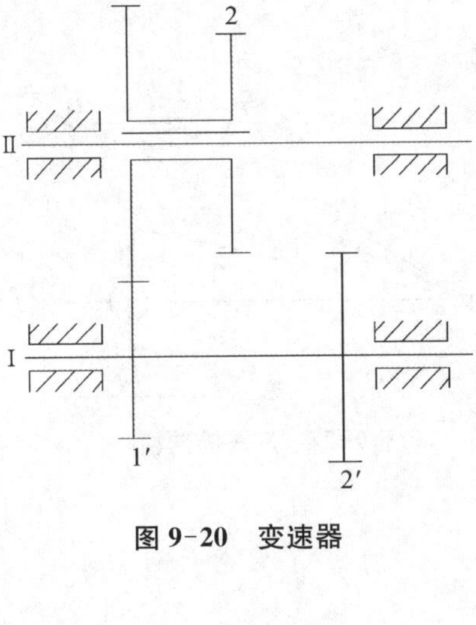

图 9-20　变速器

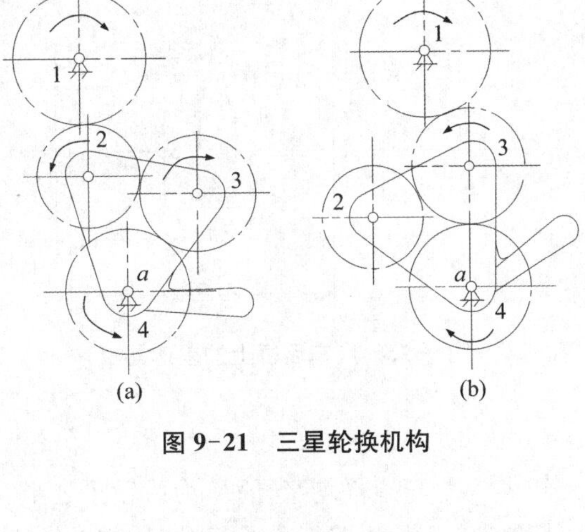

图 9-21　三星轮换机构

六、用作运动的合成和分解

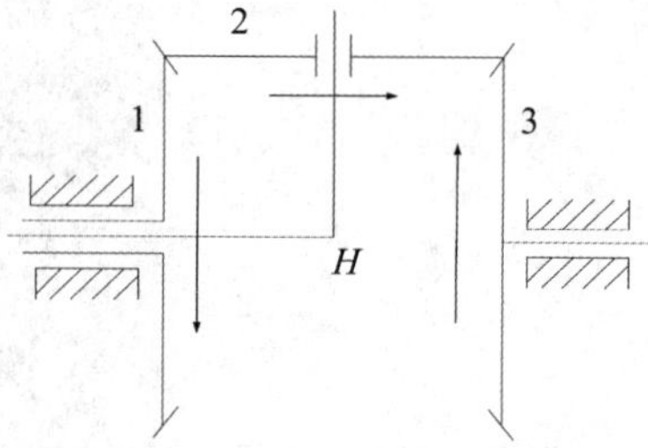

图 9-22　运动的合成

合成运动是指两个输入一个输出，而分解运动是指一个输入两个输出。因差动轮系有两个自由度，故可独立输入两个主动运动获得一个确定的输出运动，实现运动的合成；同时也可以输入一个主动运动，这时机构具有运动不确定的特点，机构的运动将按附加的约束条件进行确定，实现运动的分解。

运动的合成：如图 9-22 所示的差动轮系，其中 $z_1=z_3$，故

$$i_{13}^H=(n_1-n_H)/(n_3-n_H)=-z_3/z_1=-1 \tag{9-6}$$

整理得

$$n_H=(n_1+n_3)/2 \tag{9-7}$$

上式说明，行星架 H 转速的两倍就是轮 1 和轮 3 的转速和。差动轮系这种运动合成的功能，在机床、计算机构、补偿调节装置等中得到了广泛的应用。

以汽车后桥差速器（图 9-23）为例来说明运动的分解：齿轮 5 由发动机驱动，齿轮 4 上固连着行星架 H，其上装有行星轮 2，齿轮 1、2、3 及行星架 H 组成一差动轮系，仅由发动机输入一个运动，运动不确定。这里是基于不同运动状况根据最小阻力定律确定两轮相应的运动，也就是当汽车以不同的状态行驶（直行、左右转弯）时，两后轮会以不同的速比转动，实现不同的运动分解。汽车在转弯时，汽车的两前轮在转向机（图 9-24）的作用下，其轴线与汽车两后轮的轴线汇交于 P 点，这时整个汽车可看作是绕着 P 点回转。在车轮与地面不发生滑动的条件以减少轮胎的磨损条件下，两后轮的转速应与弯道半径成正比。由图可得

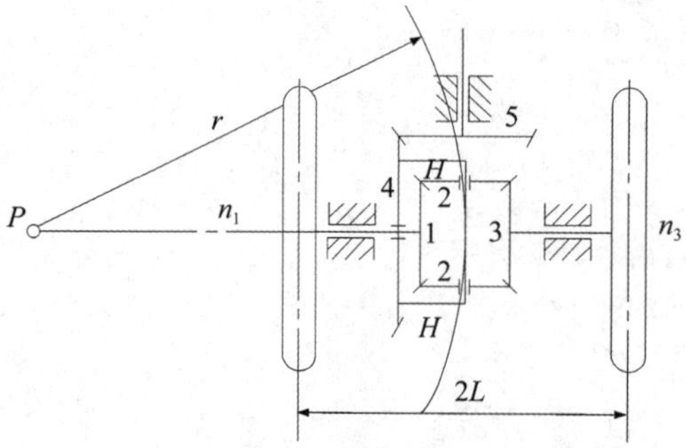

图 9-23　汽车后桥上的差速器

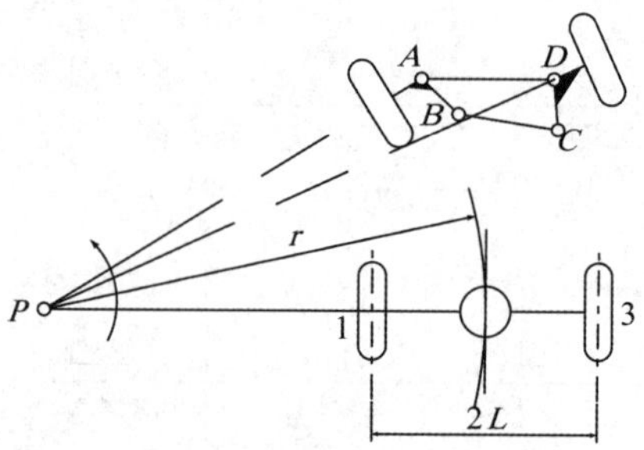

图 9-24　汽车转向机构

$$n_1/n_3=(r-L)/(r+L) \tag{9-8}$$

式中，r 为弯道平均半径；L 为后轮距之半。

当汽车在平坦道路上直线行驶时，前轮轴线和后轮轴线交点在无穷远处，左右两轮所滚

过的距离相等,因此输入的一个运动就分解成两轮同速同向的转动。

七、实现复杂的工艺动作

应用差动轮系中的行星轮为工作件,可以实现运动要求更为复杂的工艺动作。

近代纺织机械中圈条器的设计,是利用行星轮的公转与自转来完成棉条的圈条成形运动的,这样可取消棉条筒转动,以简化机构结构。图 9-25 为行星式圈条器中的差动轮系,运动自齿轮 1′和 H'输入,分别传给内齿轮(中心轮) 1 和行星架 H,装有圈条器的行星轮 2 为工作件,以其复杂运动来实现棉条在棉条筒内圈条成形。

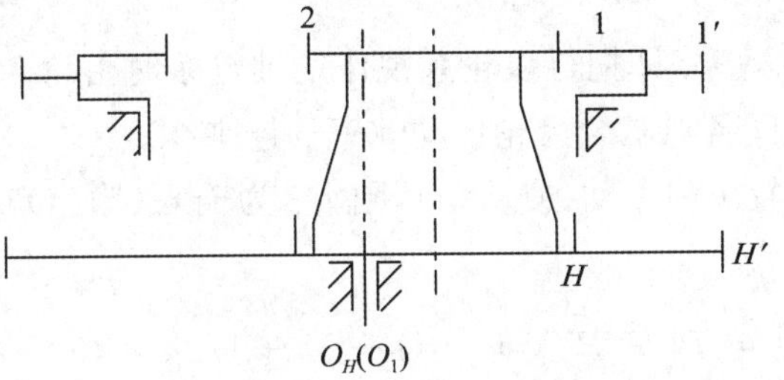

图 9-25　圈条器差动轮系

9.7　行星轮系的效率

在各种机械中,由于广泛地采用着各种轮系,所以其效率对于这些机械的总效率就具有决定意义。在各种轮系中,定轴轮系效率的计算比较简单,下面只讨论行星轮系效率的计算问题,所用的方法为转化轮系法。

根据机械效率的定义,对于任何机械来说,如果其输入功率、输出功率和摩擦损失功率分别以 P_d, P_r,和 P_f 表示,则其效率为

$$\eta = P_r/(P_r + P_f) = 1/(1 + P_f/P_r) \tag{a}$$

或

$$\eta = (P_d - P_f)/P_d = 1 - P_f/P_d \tag{b}$$

对于一个需要计算其效率的机械来说,P_d 和 P_r 中总有一个是已知的,所以只要能求出 P_f 的值,就可计算出机械的效率 η。

机械中的摩擦损失功率主要取决于各运动副中的作用力、运动副元素间的摩擦因数和相对运动速度的大小。而行星轮系的转化轮系和原行星轮系的上述三个参量除因构件回转的离心惯性力有所不同外,其余均不会改变。因而,行星轮系与其转化轮系中的摩擦损失功率 P_f^H(主要指轮齿啮合损失功率) 应相等(即 $P_f = P_f^H$)。下面以图 9-4 所示的 2K-H 型行星轮系为例来加以说明。

在图 9-4 所示的轮系中,设齿轮 1 为主动,作用于其上的转矩为 M_1,齿轮 1 所传递的功

率为

$$P_1=M_1\omega_1 \tag{c}$$

而在转化轮系中轮 1 所传递的功率为

$$P_1^H=M_1(\omega_1-\omega_H)=P_1(1-i_{H1}) \tag{d}$$

因齿轮 1 在转化轮系中可能为主动或从动，故 P_1^H 可能为正或为负，由于按这两种情况计算所得的转化轮系的损失功率 P_f^H 的值相差不大，为简化计算，取 P_1^H 为绝对值，即

$$P_f^H=|P_1^H|(1-\eta_{1n}^H)=|P_1(1-i_{H1})|(1-\eta_{1n}^H) \tag{e}$$

式中，η_{1n}^H 为转化轮系的效率，即把行星轮系视作定轴轮系时由轮 1 到轮 n 的传动总效率。它等于由轮 1 到轮 n 之间各对啮合齿轮传动效率的连乘积。

若在原行星轮系中轮 1 为主动（或从动），则 P_1 为输入（输出）功率，由式(b)或式(a)可得行星轮系的效率分别为

$$\eta_{1H}=(P_1-P_f)/P_1=1-|1-1/i_{1H}|(1-\eta_{1n}^H) \tag{9-9}$$

$$\eta_{H1}=|P_1|/(|P_1|+P_f)=1/[1+|1-i_{H1}|(1-\eta_{1n}^H)] \tag{9-10}$$

由以上两式可见，行星轮系的效率是其传动比的函数，其变化曲线如图 9-26 所示，图中设 $\eta_{1n}^H=0.95$。图中实线为 $\eta_{1H}-i_{1H}$ 线图，这时轮 1 为主动。由图中可以看出，当 $i_{1H}\to 0$ 时（即增速比 $|1/i_{1H}|$ 足够大时），效率 $\eta_{1H}\leqslant 0$，轮系将发生自锁。图中虚线为 $\eta_{H1}-i_{H1}$ 线图，这时行星架 H 为主动。

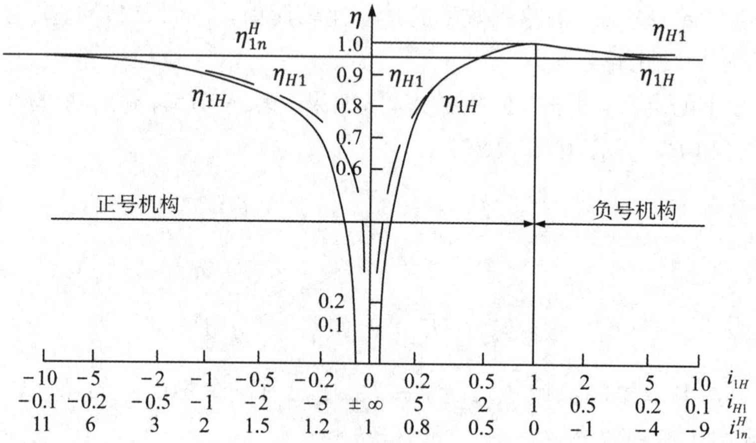

图 9-26 行星轮系效率曲线

图中所注的正号机构和负号机构分别指其转化轮系的传动比为正号或负号的周转轮系。由图中可以看出，2K-H 型行星轮系负号机构的啮合效率总是比较高的，且高于其转化轮系的效率 η_{1n}^H，故在动力传动中多采用负号机构。图 9-4a，b，c 所示的轮系，$\eta\approx 0.97\sim 0.99$；而图 9-4d 所示轮系，$\eta\approx 0.95\sim 0.96$。

9.8　行星轮系各轮齿数和行星轮数的选择

行星轮系与其他轮系一样，必须满足预定的传动比条件。考虑到行星轮系的输入轴和输出轴共线，且采用若干个相同的行星轮均布于两中心轮之间，其设计尚需满足同心条件、装配条件及邻接条件。下面以图9-27所示的单排2K-H型行星轮系为例讨论。

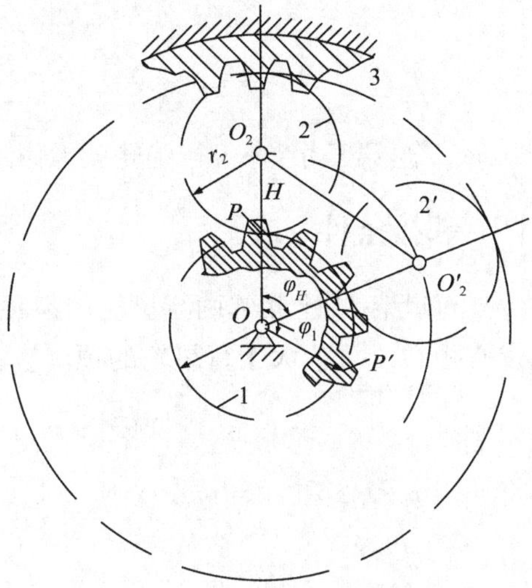

图9-27　k个均布的行星轮在两中心轮之间装配

一、传动比条件

根据行星轮系的传动比计算公式有

$$i_{1H}=1-i_{13}^{H}=1+\frac{z_3}{z_1} \tag{9-11}$$

或

$$z_3=(i_{1H}-1)z_1 \tag{9-12}$$

二、同心条件

在该行星轮系中，齿轮1、2与齿轮2、3的中心距相等，因各轮模数相同，故有

$$z_1+z_2=z_3-z_2 \tag{9-13}$$

联合该轮系的传动比，则有

$$z_2=\frac{z_3-z_1}{2}=\frac{z_1(i_{1H}-2)}{2} \tag{9-14}$$

因各轮齿数必须为整数，所以两中心轮齿数应同时为偶数或奇数。

三、装配条件

设有k个行星轮均布于中心轮1和3之间，其相邻两行星轮所夹的中心角$\varphi_H=2\pi/k$。为了便于阐明问题，如图9-27所示，设想在轮1和轮3之间逐个安装行星轮。安装第一个行星轮2，此时毫无困难，因为轮1尚可自由转动，直至轮2嵌于轮1和轮3之间；安装第二个、第三……的情况就不同了，因轮1与行星架H的运动关系已受行星轮系传动比公式的制约，当行星架H自位置OO_2至$OO_{2'}$的转角为$\varphi_H=2\pi/k$，中心轮1相应转角为

$$\varphi_1=\varphi_H(1-i_{13}^{H})=\frac{2\pi}{k}\left(1+\frac{z_3}{z_1}\right) \tag{9-15}$$

此时，如该轮自 OP 至 OP' 转过整数齿距（整数齿），即满足：$\varphi_1 \times \left(\frac{2\pi}{z1}\right)^{-1}$ =整数，将上式代入得

$$\frac{z_1 + z_5}{k} = \text{整数}$$

则第二个，第三个，……行星轮就像第一个那样，可以顺利地安装于中心轮 1 与 3 之间。

四、邻接条件

行星架 H 上相邻两行星轮的齿顶不能相碰，即其齿顶圆不能相交，则相邻两行星轮的中心距 $O_2O_{2'}$ 应大于行星轮的顶圆直径 d_{a2}。对于标准齿轮传动有

$$2(r_1 + r_2)\sin(\pi/k) > 2(r_2 + h_a^* m)$$

将 $r_1 = mz_1/2$ 和 $r_2 = mz_2/2$ 代入上式得

$$z_2 < \frac{z_1 \sin(\pi/k) - 2h_a^*}{1 - \sin(\pi/k)} \tag{9-16}$$

第十章 间歇运动及其他常用机构

本章主要内容:在机械工程中,为了实现分度转位、步进送料、制动超越等运动,常常需要把输入构件的连续运动转变为输出构件的间歇运动,具有将连续运动变换为间歇运动的机构称为间歇运动机构或步进机构。间歇运动机构种类很多,常用的有棘轮机构、槽轮机构、不完全齿轮机构、凸轮间歇机构及组合机构。本章将对上述机构进行介绍。

本章还将介绍两种最常见的空间连杆机构:万向联轴器和输入、输出构件垂直交错的空间四杆机构。

此外,非圆齿轮机构能够将输入齿轮的匀速转动转换为输出齿轮的周期性变角速度转动,即实现变角速比传动。本章将介绍椭圆齿轮及其他常用的非圆齿轮。

本章最后将从机构功能角度介绍几种常用典型组合机构的应用。

10.1 棘轮机构

一、棘轮机构的类型和应用

典型的棘轮机构有外啮合、内啮合、齿条啮合和端面啮合四种形式,见图 10-1 所示。其中,外啮合棘轮机构应用最多(图 10-1(a)),它由摆杆 1、棘爪 2、棘轮 3、止动爪 4 和机架组成。摆杆 1 和棘轮 2 的轴线共线,但相互之间可以相互转动,棘爪 2 铰接在摆杆 1 上,止动爪 4 铰接于机架上。棘爪和止动爪都在重力或弹簧力的作用下与棘轮紧密接触。工作原理是:摆杆逆时针摆动时,由于棘爪嵌在棘轮的轮齿之间,故推动棘轮逆时针转动一个角度;当摆杆顺时针摆动时,棘爪在摆杆的带动下顺时针运动,棘爪在棘轮的齿背滑过,此时止动爪嵌在棘轮轮齿之间,阻止棘轮顺时针转动而保持静止。当摆杆再逆时针摆动,进入下一个工作循环,这样,摆杆连续往复摆动,便推动棘轮单方向间歇转动。

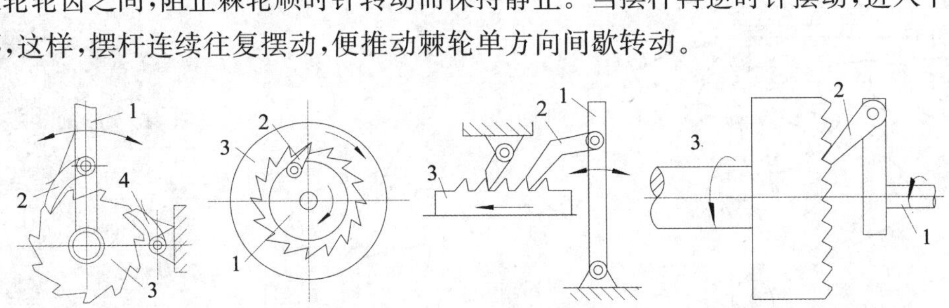

(a) 外啮合棘轮机构 (b) 内啮合棘轮机构 (c) 齿条啮合棘轮机构 (d) 端面啮合棘轮机构

图 10-1 常见单向棘轮机构

当需要棘轮按逆时针方向以大于摆杆的速度转动时，可以用另外动力源驱动棘轮快速转动(超越运动)，此时摆杆的输入运动对棘轮不再起作用，棘爪在棘轮的齿背上滑过。

当棘轮的直径无穷大时，棘轮就变成了棘条(图 10-1(c))，这时摆杆往复摆动就会带动棘爪推动棘条单向步进移动。当棘齿加工在圆柱体的端面，就变成端面啮合棘轮机构(图 10-1(d))。

如果要求棘轮作双向间歇运动，则可以采用具有矩形齿的棘轮以及与其相适应的棘爪，如图 10-2 所示，当棘爪位于实线位置时，棘轮作逆时针间歇转动；当棘爪位于虚线位置时，棘轮作顺时针间歇转动。

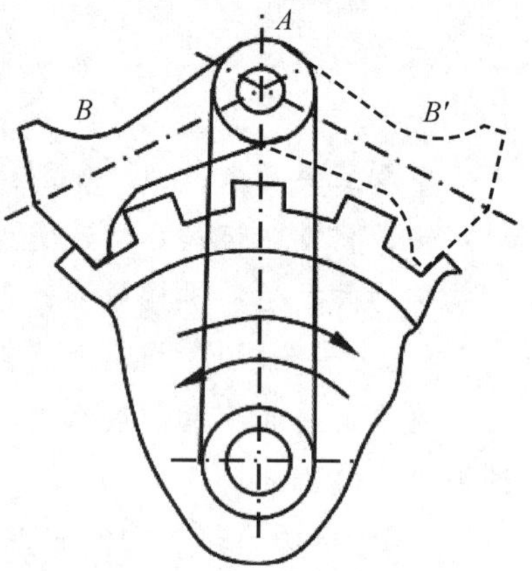

图 10-2 可变向棘轮机构

因为棘轮机构的从动件具有间歇运动特性，所以可以用它与螺旋机构、蜗轮机构、齿轮齿条机构等配合，完成零件的送进和输出、机床的分度和转位、转轴的制动和超越等运动。

棘轮机构的特点是结构简单，制造方便；棘轮转角的大小取决于摆杆摆角的大小。其缺点是，棘爪在棘轮齿背上滑过时引起噪音和齿尖磨损；另外，棘轮在运动起始、终止时刻有冲击，引起噪音和磨损，运动的平稳性较差，不适合高速传动。

二、棘轮的基本参数和几何尺寸

棘轮机构的基本参数和几何尺寸包括(图 10-3)：

(1) 棘轮的齿数 z 和棘爪数 j　因为摆杆每次摆动的角度要大于棘轮的齿距角 $2\pi/z$ 时机构才能正常工作，所以可以根据所要求的棘轮的最小转角 $\varphi_{\min}$ 确定棘轮的齿数 z，即

$$z \geqslant \frac{2\pi}{\varphi_{\min}}$$

一般取 $z=8\sim30$。

棘爪数 j 一般取 1，但当摆杆摆角小于齿距角 $2\pi/z$ 时，必须采用多个棘爪才能工作，工作中多个棘爪依次推动棘轮转动。图 10-4 是有两个棘爪的棘轮机构。

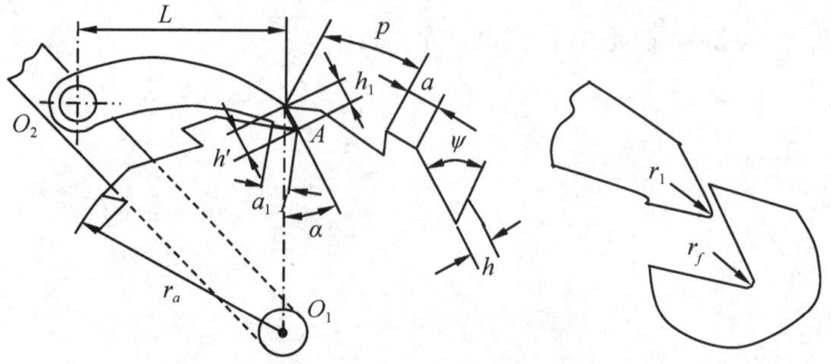

图 10-3 棘轮机构的基本参数

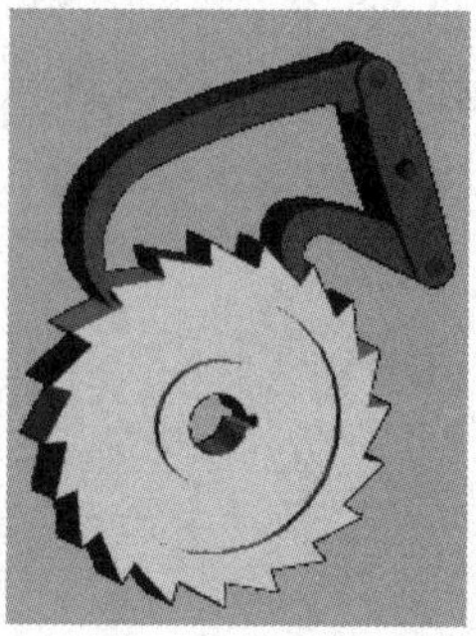
图 10-4 配有两个棘爪的棘轮机构

(2) 棘轮的模数 m　棘轮的齿顶圆直径 d_a 与齿数 z 之比称为模数，即 $m=d_a/z$；为便于棘轮的设计和制造，常使棘轮的齿顶圆直径 d_a 为整数，为此，模数为标准值。

(3) 棘轮的周节 p　棘轮齿顶圆上两齿之间的距离（弧长），$p=\pi m$。

(4) 齿顶圆直径　$d_a=mz$。

(5) 齿高 $h=0.75m$。

(6) 齿顶弦长　$a=m$。

(7) 棘爪回转轴的位置 O_2　过棘轮齿尖 A 作棘轮向径 AO_1 的垂线，则棘爪的回转中心应位于此垂线上。

(8) 棘爪的长度 L　棘爪的长度由结构决定，一般取 $L=2p$。

(9) 棘轮的齿面倾斜角 α　齿面倾斜角为齿面与轮齿齿尖向径之间的夹角。

三、棘轮机构的几何尺寸计算

参考图 10-3，棘轮机构各几何尺寸的计算如表 10-1 所示。

表 10-1　棘轮机构各几何尺寸的计算

棘轮参数	计算公式或取值
齿数 z	12～25
模数 m	1、1.5、2、2.5、3、3.5、4、5、6、8、10
顶圆直径 d_a	$d_a=mz$
齿间距 p	$p=\pi m$
齿高 h	$h=0.75m$
齿顶弦长 a	$a=m$
棘爪工作面长度 a_1	$a_1=(0.5\sim0.7)a$
齿偏角 α	$\alpha=20^\circ$
棘轮宽 b	$b=(1\sim4)m$
棘爪斜高 h_1、齿斜高 h'	$h_1=h'\approx h/\cos\alpha$
棘轮齿根圆角半径 r_f	$r_f=1.5$ mm
棘爪尖端圆角半径 r_1	$r_1=2$ mm
棘爪长度 L	一般取 $L=2p$

四、棘爪自动啮入的条件

如图 10-5 所示，当棘爪与棘齿齿顶接触时，为了保证棘爪顺利进入棘轮的齿间而不脱齿，须保证齿面作用于棘爪的法向作用力 N 对 O_2 点的力矩大于由 N 引起的摩擦力 F 对 O_2 点的力矩，即

$$NL\sin\alpha > fNL\cos\alpha$$

将 $f=\tan\varphi$ 代入上式，可推出保证棘爪自动啮入的条件是

$$\alpha > \varphi$$

其中 φ 为摩擦角。上式说明，棘爪顺利进入棘轮齿间的条件是，棘轮齿面的倾斜角 α 要大于棘爪和棘轮的摩擦角 φ。例如，当摩擦系数 $f=0.2$ 时，摩擦角 $\varphi=11°30'$，为了安全可靠起见，通常取 $\alpha=20°$。

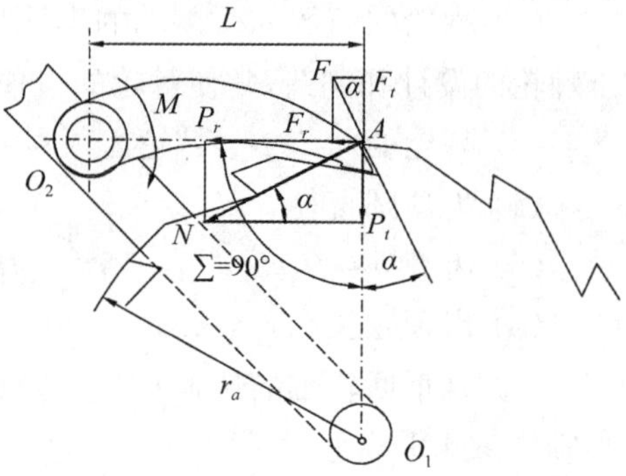

图 10-5　棘爪受力分析

棘轮齿面的倾斜角 α 选择要恰当，α 过大，棘齿的挤压应力增大，造成棘齿的过早损坏；如果 $\alpha=\varphi$，棘爪可能在齿面上某一点自锁，无法进入齿间，使棘轮的转角不准确。

五、摩擦式棘轮机构

根据结构的不同，摩擦式棘轮机构可以分为扇形块式摩擦棘轮机构和滚子式摩擦棘轮机构。

1. 扇形块式摩擦棘轮机构

图 10-6 分别展示了外扇形块式和内扇形块式两种摩擦棘轮机构。他们都是由摆杆 1、扇形摩擦块 2、摩擦轮 3、止回扇形块 4 和机架 5 组成。当摆杆逆时针摆动时，扇形摩擦块与摩擦轮之间楔紧而结为一体，使摩擦轮随之作逆时针转动，此时，止动扇形块 4 放松；当摆杆顺时针摆动时，扇形摩擦块 2 在摩擦轮 3 上打滑，而止动扇形块与摩擦轮之间楔紧，防止其倒转。这样，当摆杆 1 作连续往复摆动时，摩擦轮 3 便得到单向的间歇运动。

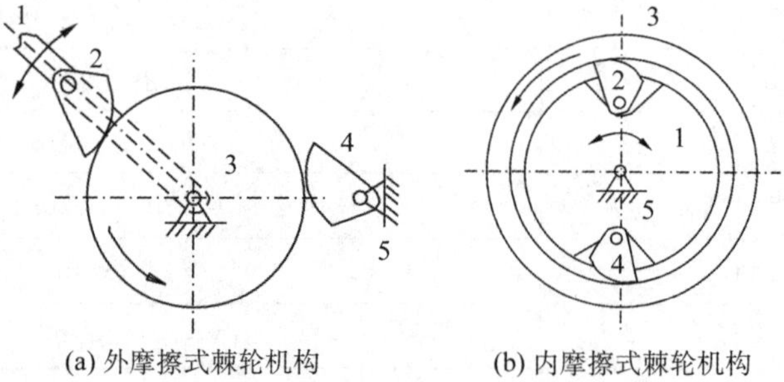

(a) 外摩擦式棘轮机构　(b) 内摩擦式棘轮机构

图 10-6　摩擦式棘轮机构

2. 滚子式摩擦棘轮机构

图 10-7 所示是滚子式摩擦棘轮机构。当构件 1 顺时针方向转动时，在摩擦力的作用下使滚子 2 楔紧在构件 1 和 3 之间的狭缝处，从而带动构件 3 顺时针转动。当构件 1 逆时针转动时，构件 2 反向运动，使构件 1 和构件 3 脱离，于是构件 3 不动。这样，实现构件 3 顺时针的间歇转动。反之，当以构件 3 为主动件往复摆动，可得到构件 1 顺时针的间歇转动。

此种机构可以作为单向离合器和超越离合器。所谓单向离合器，是指当主动件向某一

方向转动时,主、从动件结合一起运动,而当主动件向另一个方向运动时,主、从动件分离。所谓超越离合器(图 10-8),是说当主动轮 1 顺时针转动时,如果从动轮 3 也以大于轮 1 的速度顺时针转动,则两者便自动分离,构件 3 可以较高的速度自由运动。自行车中所谓的"飞轮"也是一种超越离合器。

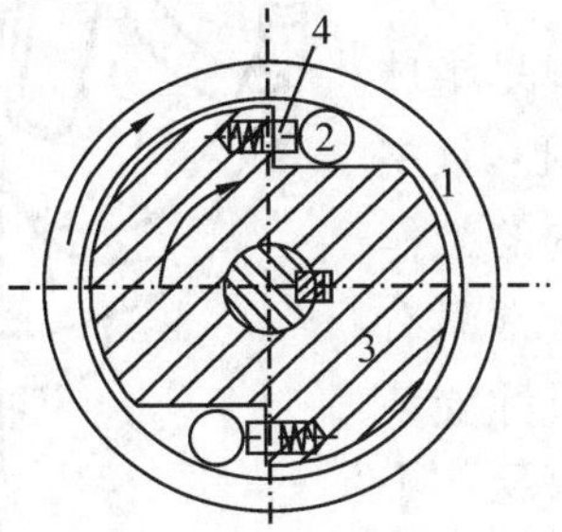

图 10-7 滚子式摩擦棘轮机构

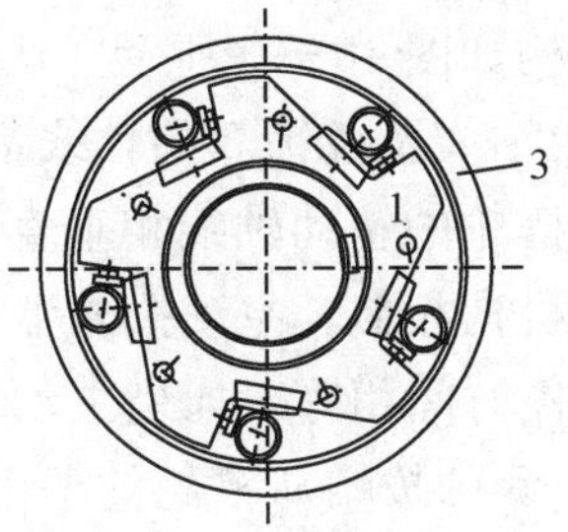

图 10-8 超越离合器

10.2 槽 轮 机 构

一、槽轮机构的类型及应用

槽轮机构分平面槽轮机构和空间槽轮机构两大类。平面槽轮机构用来传递平行轴之间的运动和动力;空间槽轮机构则用于传动两相交轴之间的运动和动力。

1. 平面槽轮机构

平面槽轮机构有内啮合和外啮合两种类型,分别如图 10-9(a)、(b)所示。由带有圆销的主动拨盘 1、槽轮 2 和机架组成,槽轮上沿径向开有若干个长槽。当主动拨盘连续回转时,其上圆销 A 进入槽轮的径向槽内带动槽轮一起转动;当主动拨盘转过 $2\varphi_1$ 角后,圆销从径向槽中脱出,槽轮停止转动;当拨盘继续转动($2\pi-2\varphi_1$)角后,圆销 A 进入槽轮的另一个径向槽,又带动槽轮转动。这样,当主动拨盘连续转动时,就可以得到槽轮反方向(外啮合)或同方向(内啮

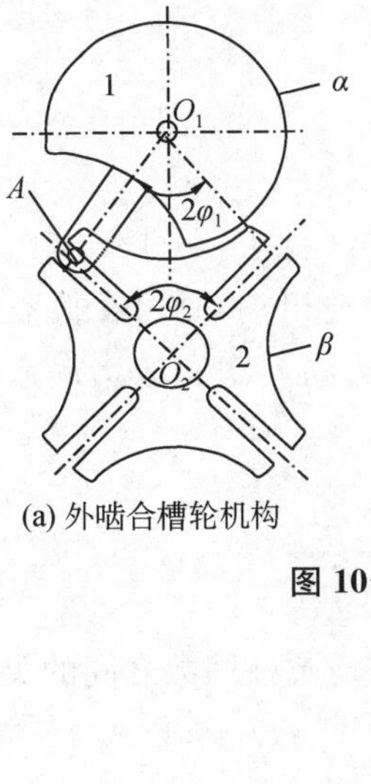

(a) 外啮合槽轮机构

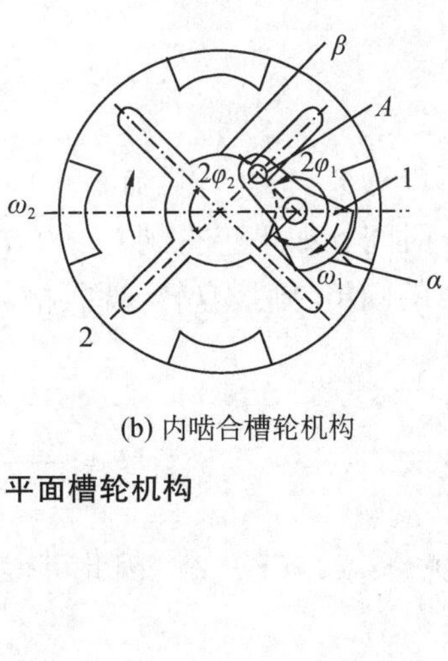

(b) 内啮合槽轮机构

图 10-9 平面槽轮机构

合）的间歇转动。当圆柱销 A 未进入径向槽内时，由于槽轮上内凹的锁止弧 β 被拨盘上外凸圆弧 α 卡住，因此槽轮静止不动。当圆柱销 A 开始进入径向槽时，锁止弧 β 刚好被松开，槽轮可以在圆柱销的推动下转动。

2. 空间槽轮机构

空间槽轮机构如图 10-10 所示。从动槽轮 2 呈半球形，主动拨轮 1 的轴线及拨销 3 的轴线都通过球心，且主动拨轮的轴线与槽轮的转动轴线相垂直。该机构的工作过程与平面槽轮机构相似。主动拨轮上的拨销通常只有一个，槽轮的动、停时间相等。如果主动拨轮上对称安装两个拨销，则当一侧的拨销从槽轮的槽中脱出时，另一个拨销进入槽轮的另一个槽中，此时槽轮可以连续转动。

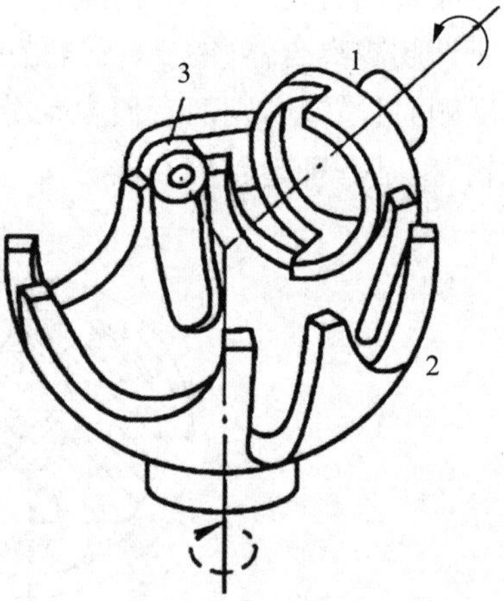

图 10-10　空间槽轮机构

二、槽轮机构的运动系数及运动特性

1. 运动系数

拨盘 1 以角速度 ω_1 等速回转，在一个运动循环内，总的运动时间为

$$t = 2\pi/\omega_1$$

槽轮的运动时间为

$$t_d = 2\varphi_1/\omega_1$$

将 $k = t_d/t$ 定义为运动系数，即

$$k = t_d/t = 2\varphi_1/2\pi$$

为减少冲击，进入或退出啮合时，轮槽中心线与拨销中心连线成 90°角。故有

$$2\varphi_1 = \pi - 2\varphi_2 = \pi - (2\pi/z) = 2\pi(z-2)/2z$$

因此，

$$k = \frac{z-2}{2z} \tag{10-1}$$

因为 $k > 0$，所以槽数 $z \geqslant 3$。当有一个圆销时，$k = 1/2 - 1/z < 0.5$，即槽轮的运动时间总是小于其静止时间。如果想得到 $k \geqslant 0.5$ 的槽轮机构，则可在拨盘上多装几个圆销。设有 n 个均匀分布的圆销，则拨盘转一圈，槽轮被拨动 n 次。故运动系数是单圆柱销的 n 倍，即

$$k = \frac{n(z-2)}{2z}$$

因为 $k \leqslant 1$，即 $n \leqslant 2z/(z-2)$，因此可得槽数与圆柱销数之间的关系见表 10-2 所示。

表 10-2　径向槽数与圆柱销数的关系

槽数 z	3	4	5～6	≥7
圆柱销数 n	1～6	1～4	1～3	1～2
运动系数 k	1/6～1	0.25～1	0.3～1	0.36～1

2. 槽轮机构的运动特性

(1) 外啮合槽轮机构

如图 10-11 所示，设拨盘位置角用 α 表示，槽轮位置角用 φ 表示并规定在圆销进入区为正，在圆销离开区为负，变化区间为

$$-\alpha_1 \leqslant \alpha \leqslant \alpha_1,\ -\varphi_2 \leqslant \varphi \leqslant \varphi_2$$

在 $\triangle ABO_2$ 中有如下关系：

$$\tan\varphi = \frac{AB}{O_2B} = \frac{R\sin\alpha}{L - R\cos\alpha}$$

令 $\lambda = R/L$，并代入上式得

$$\varphi = \tan^{-1}\frac{\lambda\sin\alpha}{1-\lambda\cos\alpha} \tag{10-2}$$

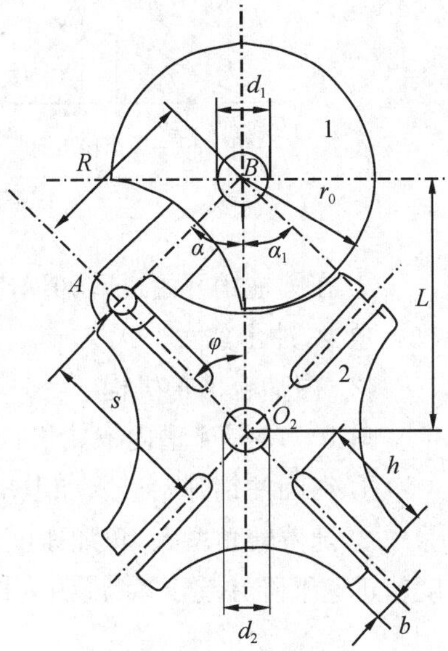

图 10-11　槽轮机构

将式(10-2)分别对时间求一阶导数和二阶导数，得槽轮的角速度 ω_2 和角加速度 α_2 分别为

$$\omega_2 = \frac{\mathrm{d}\varphi}{\mathrm{d}t} = \frac{\lambda(\cos\alpha - \lambda)}{1 - 2\lambda\cos\alpha + \lambda^2}\cdot\omega_1 \tag{10-3}$$

$$\alpha_2 = \frac{\mathrm{d}^2\varphi}{\mathrm{d}t^2} = \frac{\lambda(\lambda^2-1)\cdot\sin\alpha}{(1-2\lambda\cos\alpha+\lambda^2)^2}\cdot\omega_1^2 \tag{10-4}$$

式(10-3)、(10-4)说明，当拨盘以等角速度运动时，槽轮的角速度 ω_2 和角加速度 α_2 随位置的变化而变化。又因为 λ 随槽数 z 的不同而变化，因此，ω_2 和 α_2 不仅随机构位置变化，而且也随槽数变化。

令传动比 $i_{21} = \omega_2/\omega_1$，及 $k_\alpha = \alpha_2/\omega_1^2$，有

$$i_{21} = \lambda(\cos\alpha - \lambda)/(1 - 2\lambda\cos\alpha + \lambda^2) \tag{10-5}$$

$$k_\alpha = \lambda(\lambda^2 - 1)\cdot\sin\alpha/(1 - 2\lambda\cos\alpha_1 + \lambda^2)^2 \tag{10-6}$$

将上述 i_{21}、k_α 随 α 的变化绘制成曲线，称为槽轮机构的运动特性曲线。

由图 10-12 可以看出：

① 当拨盘的角速度 ω_1 一定时，槽轮的角速度 ω_2 和角加速度 a_2 的变化程度取决于槽数 z；槽数越少，他们的变化越剧烈；

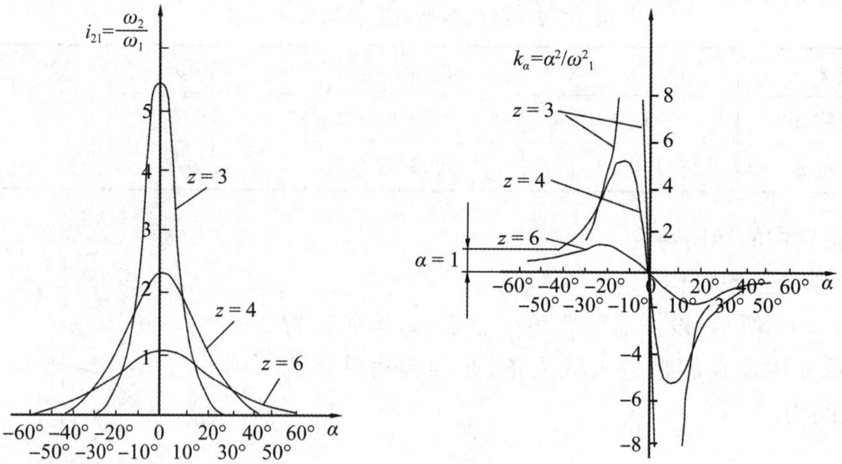

图 10-12　外槽轮机构的运动曲线

② 在圆柱销开始进入和退出轮槽时，槽轮的角加速度 a_2 有突变，存在柔性冲击。且槽数 z 愈少，冲击愈大。

(2) 内啮合槽轮机构

图 10-13 是 4 槽内槽轮机构的角速度和角加速度变化曲线，由图可见：

① 在圆柱销开始进入和退出轮槽时，也有角加速度的突变，故存在柔性冲击；

② 随着转角增大，角加速度曲线呈单调变化，而不象外槽轮那样有两个峰值，且角加速度值迅速下降并趋于零，说明内槽轮机构的动力性能比外槽轮机构好得多。

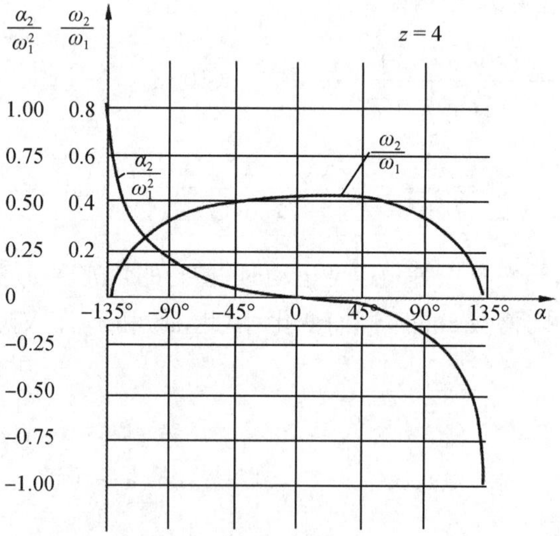

图 10-13　内槽轮机构的运动曲线

三、槽轮机构的几何尺寸

参考图 10-11，槽轮机构几何尺寸的计算如表 10-3 所示。

表 10-3　槽轮机构的几何尺寸计算

参数	计算公式或依据
槽数 z	由工作要求确定
圆销数 n	
中心距 L	由安装空间确定
回转半径 R	$R=L\sin\varphi=L\sin(\pi/z)$
圆销半径 r	由受力大小确定 $r\approx R/6$
槽顶半径 s	$s=L\cos\varphi=L\cos(\pi/z)$
槽深 h	$h\geqslant s-(L-R-r)$
拨盘轴径 d_1	$d_1\leqslant 2(L-s)$
槽轮轴径 d_2	$d_2\leqslant 2(L-R-r)$
槽顶侧壁厚 b	$b=3\sim5$ mm 根据经验确定
锁止弧半径 r_0	$r_0=R-r-b$

10.3　不完全齿轮机构

一、不完全齿轮机构的类型及应用

不完全齿轮间歇机构是由普通渐开线齿轮机构演变而成的，其特点是主动轮上只有一个齿或几个齿，而从动轮是一个具有相应齿间和锁止弧的特殊齿轮。当主动齿轮回转时，从动轮作单向间歇的旋转运动。不完全齿轮机构有两种类型：外啮合不完全齿轮机构和内啮合不完全齿轮机构，如图 10-14 所示。

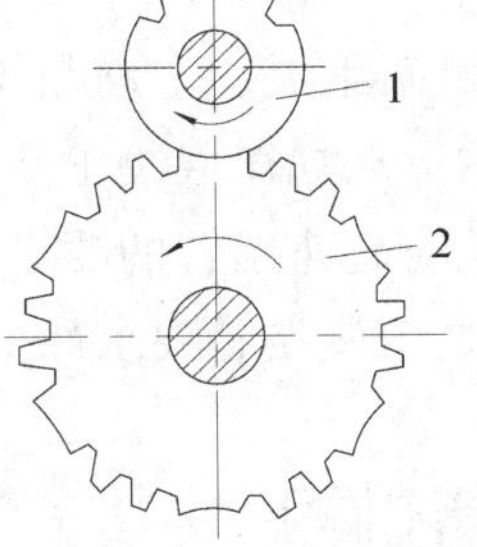

(a) 外啮合不完全齿轮机构

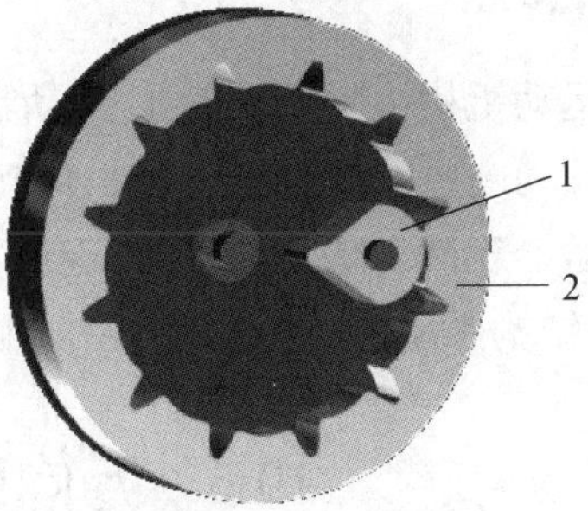

(b) 内啮合不完全齿轮机构

图 10-14　不完全齿轮机构

二、不完全齿轮机构的工作原理及特点

如图 10-14 所示，在主动齿轮 1 上只做出一个或几个齿，根据运动时间和休止时间的要

求在从动轮 2 上做出与主动轮相啮合的轮齿。其余部分为锁止圆弧。当两轮齿进入啮合时，与槽轮传动一样，无齿部分由锁止弧定位使从动轮静止。

不完全齿轮机构结构简单、制造容易、工作可靠、从动轮运动时间和静止时间的比例可在较大范围内变化。但从动轮在开始进入啮合与脱离啮合时有较大冲击，故一般只用于低速、轻载场合。

10.4 凸轮间歇机构

一、凸轮间歇机构的类型及应用

凸轮式间歇运动机构，工程上又叫做凸轮分度机构，有圆柱凸轮间歇运动机构和蜗杆凸轮间歇运动机构两种，见图 10-15 所示。凸轮式间歇运动机构广泛应用于高速机械中。

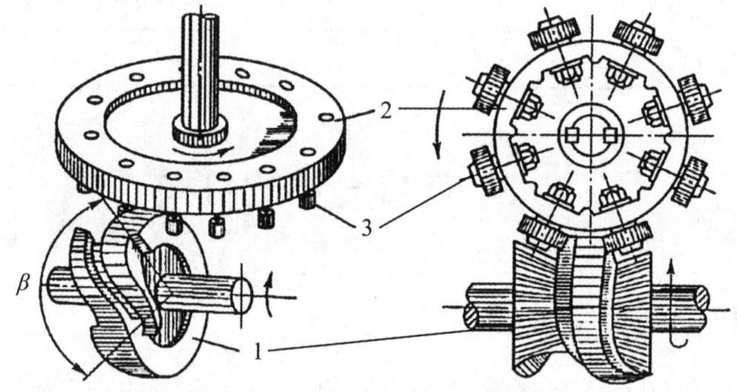

(a) 圆柱凸轮间歇运动机构　　(b) 蜗杆凸轮间歇运动机构

图 10-15　凸轮式间歇机构

二、工作原理及特点

凸轮式间歇运动机构由主动凸轮 1、从动盘 2 和机架组成。主动凸轮作连续回转，推动均布有柱销 3 的从动圆盘间歇分度运动。从动圆盘的运动规律取决于凸轮廓线的形状。可通过选择适当的运动规律来减小动载荷、避免冲击、适应高速运转的要求。凸轮式间歇运动机构定位精确、且结构紧凑，其缺点是凸轮加工较复杂，安装调整要求严格。

10.5 万向联轴器机构

一、单万向联轴器

如图 10-16 所示为单万向联轴器，它由主动曲柄 1、连杆 2、从动曲柄 3 与机架组成，构件 1 和 3 都是叉状构件，分别绕轴Ⅰ和Ⅱ旋转，十字形状的连杆 2 与构件 1、3 分别构成转动副 A-A 和 B-B，且轴Ⅰ、轴Ⅱ、转动副 A-A 和 B-B 相交于 O 点。当主动曲柄 1 连续转动

φ_1 角时，从动曲柄转动 φ_3 角，它们之间的关系是

$$\tan\varphi_3 = \tan\varphi_1/\cos\alpha \tag{10-7}$$

将式(10-7)对时间求导，经整理后得

$$\frac{\omega_3}{\omega_1} = \frac{\cos\alpha}{1-\sin^2\alpha\cos^2\varphi_1} \tag{10-8}$$

式中，α 为主动轴Ⅰ与从动轴Ⅱ之间所夹的锐角。

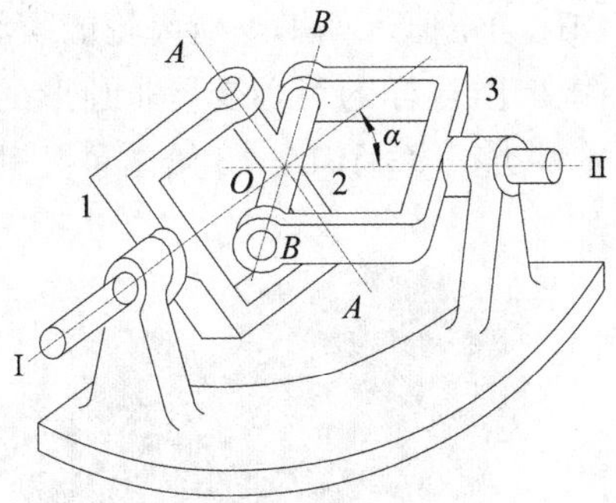

图 10-16　单万向联轴器

二、双万向联轴器

由式(10-8)可知，在单万向联轴器中，当主动曲柄等角速度转动时，从动曲柄的角速度将作周期性的变化。工程上经常将两个单万向联轴器串联得到双万向联轴器，如图 10-17 所示。

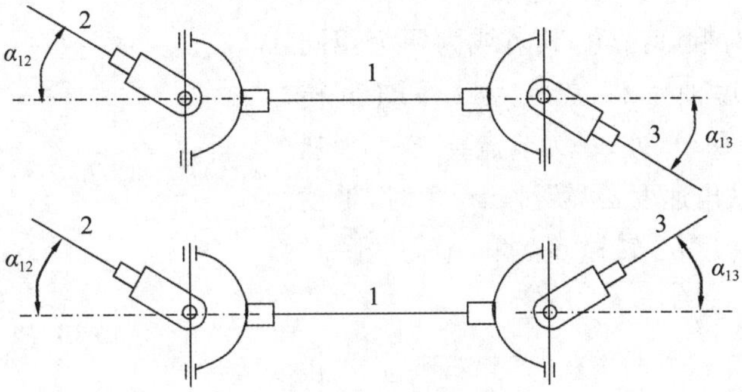

图 10-17　双万向联轴器

由式(10-8)知，构件 1 与 2、1 与 3 的角速度关系分别是

$$\frac{\omega_2}{\omega_1} = \frac{\cos\alpha_{12}}{1-\sin^2\alpha_{12}\cos^2\varphi_1}$$

$$\frac{\omega_3}{\omega_1} = \frac{\cos\alpha_{13}}{1-\sin^2\alpha_{13}\cos^2\varphi_1}$$

当 $\alpha_{12}=\alpha_{13}$，且中间轴 1 两头的叉状构件位于同一平面时，有

$$\omega_2 = \omega_3$$

由于双万向联轴器能够保证主、从动轴的角速度相等，且便于在转动过程中调整主从动轴的相对位置，并适应传动装置在承受震动的条件下工作，所以在汽车、机床及轻纺机械等装备中获得较广泛的应用。

10.6　非 圆 齿 轮

一、非圆齿轮机构的工作原理和类型

在工程中广泛应用的圆柱齿轮机构，其瞬心线是圆形的，因而相互啮合的两齿轮瞬时传

动比为定值。如果一对齿轮的瞬心线保持纯滚动接触，中心距不变，而瞬时传动比按一定规律变化，这样的瞬心线是非圆形的曲线，沿非圆瞬心线切出齿形，就得到非圆齿轮。非圆齿轮种类很多，图 10-18 给出了几种非圆齿轮。下面介绍椭圆齿轮。

图 10-18　几种非圆齿轮

二、椭圆齿轮

图 10-19 为一对椭圆齿轮，其节线为两个相同的椭圆，长轴为 $2a$，短轴为 $2b$，焦距为 $2c$，两轮回转中心分别在焦点 O_1 和 O_2 处，P 为节点；r_1、r_2 为啮合半径。主动轮 1 以角速度 ω_1 转过 $d\varphi_1$ 角时，带动从动轮也相应以角速度 ω_2 转过 $d\varphi_2$ 角，他们的瞬时角速度比为

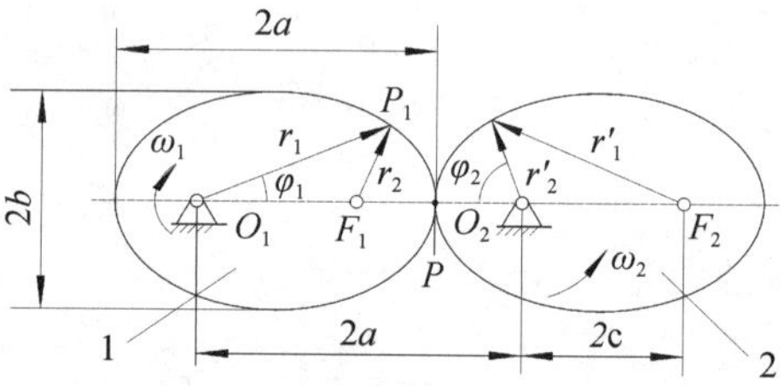

图 10-19　椭圆齿轮

$$i_{21}=\frac{\omega_2}{\omega_1}=\frac{d\varphi_2}{d\varphi_1}$$

在 $\triangle O_1P_1F_1$ 中，根据余弦定理有

$$r_2^2=r_1^2+4c^2-4r_1c\cos\varphi_1$$

其中，$r_1+r_2=2a$。设 $e=c/a$ 为椭圆的偏心率，可求得一对椭圆齿轮的节曲线方程为

$$\begin{cases} r_1=\dfrac{a(1-e^2)}{1-e\cos\varphi_1} \\ r_2=\dfrac{a(1+e^2-2e\cos\varphi_1)}{1-e\cos\varphi_1} \end{cases} \tag{10-9}$$

两轮的瞬时传动比为

$$i_{21}=\frac{\omega_2}{\omega_1}=\frac{r_1}{r_2}=\frac{1-e^2}{1+e^2-2e\cos\varphi_1} \tag{10-10}$$

当 $\varphi_1=0°$，即两轮在图示位置接触时，i_{21} 最大：

$$(i_{21})_{\max}=\frac{1+e}{1-e}$$

当 $\varphi_1=180°$，i_{21} 最小：

$$(i_{21})_{\min}=\frac{1-e}{1+e}$$

一对椭圆齿轮角速度比 i_{21} 的变化规律如图 10-20 所示。从图上可以看出，传动比的变化程度与偏心率 e 有关，e 越大，速比变化越明显，即在一个运动周期内，从动齿轮的速度变化越剧烈。故偏心率 e 的选取是椭圆齿轮设计的关键任务之一。

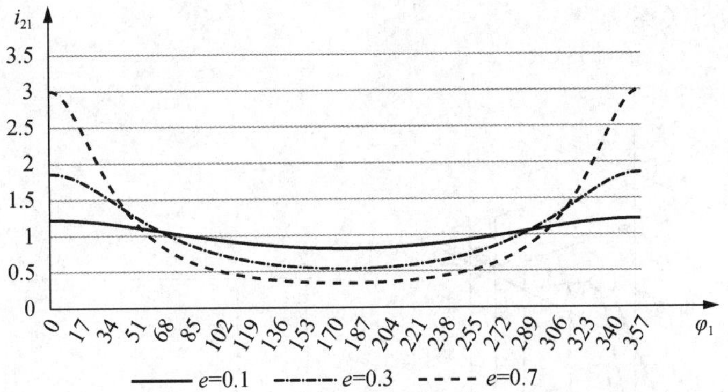

图 10-20　椭圆齿轮传动比的变化规律

三、非圆齿轮的应用

非圆齿轮的传动比是按一定规律变化的，因此常用在从动轴速度需要按一定规律变化的场合。如图 10-21 所示为两种应用。

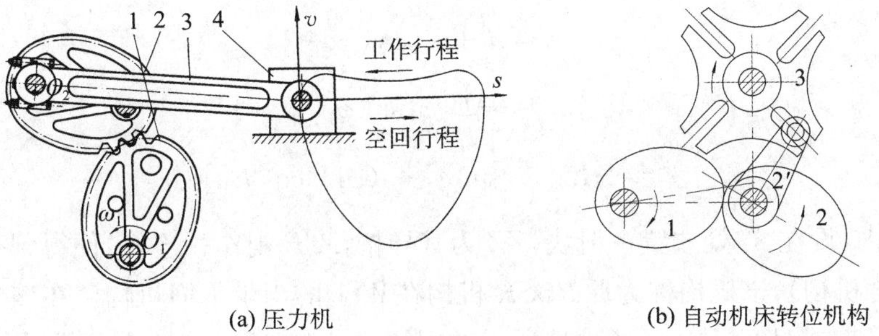

图 10-21　非圆齿轮的工程应用

10.7　主从动轴垂直交错的空间四杆机构

图 10-22 所示机构 O_1ABO_3 为首末两轴垂直交错（交叉角等于 90°）的 $RSSR$ 机构，其中主动杆 O_1A 和从动杆 O_3B 分别与机架组成转动副，而连杆 AB 分别与 O_1A 和 O_3B 组成球面副，点 A 和点 B 各为球面副的中心。O_1A 在平面 V 内运动，O_3B 在 W 面内运动。

一、运动分析

通过点 A 和点 B 作平面 V 和 W 分别垂直于主动轴 O_1 和从动轴 O_3，这两个平面的交线为 ZZ。将平面 W 绕 ZZ 轴回转 90°与平面 V 重合，得图 10-23。A 点在平面 W 上的投影为 A''，它必在直线 ZZ 上；当 A 点作以 O_1 为圆心、L_1 为半径的圆周运动时，其投影 A'' 沿 ZZ 作往复直线运动。A'' 点的位移 s、速度 $\dot{s}$ 和加速度 $\ddot{s}$ 与主动杆 1 的角位移 φ_1、角速度 $\dot{\varphi}_1$ 和角加速度 $\ddot{\varphi}_1$ 对应的换算关系为：

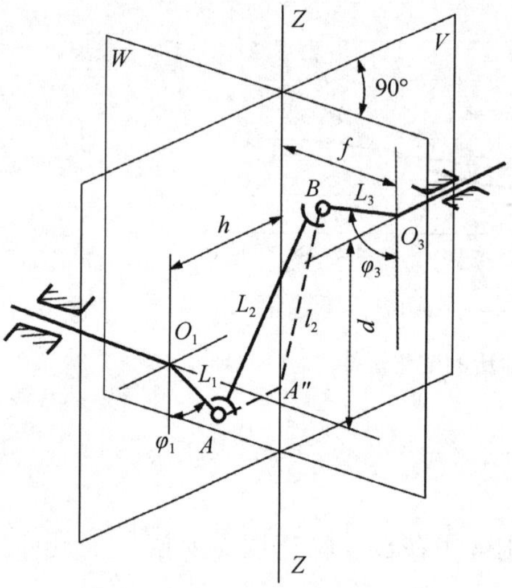

图 10-22　主从动轴垂直交错的 *RSSR* 机构

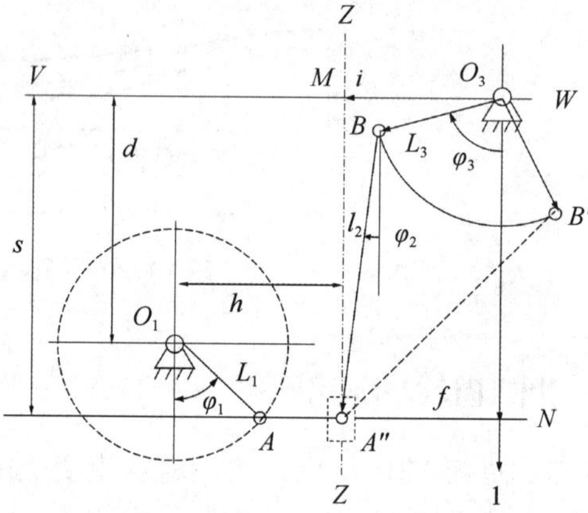

图 10-23　交角为 90°的 *RSSR* 机构的投影图

$$s = d + L_1 \cos \varphi_1 \tag{10-11}$$

$$\dot{s} = -L_1 \dot{\varphi}_1 \sin \varphi_1 \tag{10-12}$$

$$\ddot{s} = -L_1 [\ddot{\varphi}_1 \sin \varphi_1 + (\dot{\varphi}_1)^2 \cos \varphi_1] \tag{10-13}$$

在 W 面内，设在 A'' 处放置一滑块，ZZ 为其导槽，$A''B$ 视作一连杆，便得到一平面四杆机构（滑块-摇杆机构），该机构称为原 *RSSR* 机构在 W 上的当量平面机构。在该当量平面机构中，当滑块 A'' 按式(10-11)～(10-13)所示的规律运动时，通过连杆 $A''B$ 推动从动杆 O_3B 绕 O_3 点摆动。显然，O_3B 能否作与原 *RSSR* 机构同样的运动规律，关键在于连杆 $A''B$ 长度的变化规律。当量平面连杆机构中连杆 $A''B$ 长度的可变性是区别于一般平面连杆机构的主要特征。

在图 10-22 所示的直角三角形 $AA''B$ 中，有

$$l_2 = \sqrt{L_2^2 - (AA'')^2} \tag{10-14}$$

以 $AA'' = h - L_1 \sin \varphi_1$ 代入上式得

$$l_2 = \sqrt{L_2^2 - (h - L_1 \sin \varphi_1)^2} \tag{10-15}$$

将式(10-15)对时间取一阶和二阶导数，并整理得

$$\dot{l}_2=\frac{L_1\dot{\varphi}_1(h-L_1\sin\varphi_1)\cos\varphi_1}{l_2} \tag{10-16}$$

$$\ddot{l}_2=\frac{L_1[\ddot{\varphi}_1(h-L_1\sin\varphi_1)\cos\varphi_1-\dot{\varphi}_1^2(L_1\cos^2\varphi_1+h\sin\varphi_1)]-\dot{l}_2^2}{l_2} \tag{10-17}$$

在这种 $RSSR$ 机构的当量平面机构中，其主动滑块 A'' 的运动由式(10-11)～(10-13)给定，其连杆 $A''B$ 的长度 l_2、一次变化率 $\dot{l}_2$ 和二次变化率 $\ddot{l}_2$ 分别按式(10-15)～(10-17)计算。下面应用复数矢量法导出原 $RSSR$ 机构中从动杆 O_3B 的角位移 φ_3、角速度 $\dot{\varphi}_3$ 和角加速度 $\ddot{\varphi}_3$ 相应的计算公式。

1. 位移分析

在图 10-23 所示的平面 W 中建立左手坐标系，按多边形 $O_3BA''N$ 各边矢向有

$$L_3e^{i\varphi_3}+l_2e^{i\varphi_2}=s+fi \tag{10-18}$$

或

$$l_2e^{i\varphi_2}=s+fi-L_3e^{i\varphi_3} \tag{10-19}$$

将上式分别取实部和虚部有

$$\begin{cases}l_2\cos\varphi_2=s-L_3\cos\varphi_3\\ l_2\sin\varphi_2=f-L_3\sin\varphi_3\end{cases} \tag{10-20}$$

在上式中消去 φ_2 经整理后得

$$s\cos\varphi_3+f\sin\varphi_3+G=0 \tag{10-21}$$

式中

$$G=\frac{l_2^2-s^2-f^2-L_3^2}{2L_3}$$

由式(10-21)解得

$$\varphi_3=2\arctan\frac{f\pm\sqrt{f^2+s^2-G^2}}{s-G} \tag{10-22}$$

式中，“+”和“−”分别适用于图 10-23 中实线和虚线所示的从动杆位置。

并由式(10-20)得

$$\varphi_2=\arctan\frac{f-L_3\sin\varphi_3}{s-L_3\cos\varphi_3} \tag{10-23}$$

2. **速度分析**

将式(10-18)对时间取导数：

$$L_3\dot{\varphi}_3 i e^{i\varphi_3}+(\dot{l}_2+l_2\dot{\varphi}_2 i)e^{i\varphi_2}=\dot{s} \tag{10-24}$$

上式两边乘以 $e^{-i\phi_2}$：

$$L_3\dot{\varphi}_3 i e^{i(\varphi_3-\varphi_2)}+(\dot{l}_2+l_2\dot{\varphi}_2 i)=\dot{s}e^{-i\varphi_2}$$

分别取实部和虚部：

$$\begin{cases}-L_3\dot{\varphi}_3\sin(\varphi_3-\varphi_2)+\dot{l}_2=\dot{s}\cos\varphi_2\\ L_3\dot{\varphi}_3\cos(\varphi_3-\varphi_2)+l_2\dot{\varphi}_2=-\dot{s}\sin\varphi_2\end{cases} \tag{10-25}$$

由上式得

$$\dot{\varphi}_3=\frac{\dot{l}_2-\dot{s}\cos\varphi_2}{L_3\sin(\varphi_3-\varphi_2)} \tag{10-26}$$

$$\dot{\varphi_2}=-\left(\frac{s\sin\varphi_2+L_3\dot{\varphi}_3\cos(\varphi_3-\varphi_2)}{l_2}\right) \tag{10-27}$$

3. **加速度分析**

将式(10-24)对时间取导数：

$$\ddot{s}=L_3[\ddot{\varphi}_3 i-(\dot{\varphi}_3)^2]e^{i\varphi_3}+[\ddot{l}_2+2\dot{l}_2\dot{\varphi}_2 i+l_2\ddot{\varphi}_2 i-l_2(\dot{\varphi}_2)^2]e^{i\varphi_2} \tag{10-28}$$

上式两边乘以 $e^{-i\phi_2}$：

$$\ddot{s}e^{i\varphi_2}=L_3[\ddot{\varphi}_3 i-(\dot{\varphi}_3)^2]e^{i(\varphi_3-\varphi_2)}+\ddot{l}_2+2\dot{l}_2\dot{\varphi}_2 i+l_2\ddot{\varphi}_2 i-l_2(\dot{\varphi_2})^2$$

取实部：

$$\ddot{s}\cos\varphi_2=-L_3\ddot{\varphi}_3\sin(\varphi_3-\varphi_2)-L_3(\dot{\varphi}_3)^2\cos(\varphi_3-\varphi_2)+\ddot{l}_2-l_2(\dot{\varphi}_2)^2$$

由此得

$$\ddot{\varphi}_3=\frac{\ddot{l}_2-l_2(\dot{\varphi}_2)^2-L_3(\dot{\varphi}_3)^2\cos(\varphi_3-\varphi_2)-\ddot{s}\cos\varphi_2}{L_3\sin(\varphi_3-\varphi_2)} \tag{10-29}$$

值得指出，由式(10-22)、(10-26)和(10-29)分别求的角位移 φ_3、$\dot{\varphi}_3$ 和 $\ddot{\varphi}_3$ 即为原 *RSSR* 机构中从动杆 O_3B 的角位移、角速度和角加速度；而按式(10-23)和(10-27)确定的 φ_2、$\dot{\varphi}_2$ 仅作过渡计算之用。

二、*RSSR* 空间四杆机构的设计

如图 10-22、10-23 所示，假设已知机构中两轴中心距 d，从动摇杆摆角 φ，行程速比系数 K，及连杆与曲柄的长度比值 a，要求设计该空间曲柄摇杆机构。

解：要设计上述 *RSSR* 机构，待定的尺寸有 l_1、l_2、l_3、f 和 h。

设计时将摇杆的极限点 B_1、B_2 落在 ZZ 轴上(图 10-24)，这样，在平面 V 内就简化为一个假想的偏置曲柄滑块机构，连杆 A_1B_1、A_2B_2 均位于该平面内，且 $A_1B_1=A_2B_2=l_2$。然后，设计步骤如下：

(1) 假设曲柄长度为 l_1，则

$$l_2=al_1 \tag{10-30}$$

(2) 按已知 K 值计算曲柄极位夹角：

$$\theta=180°(K-1)/(K+1) \tag{10-31}$$

(3) 确定 B_1B_2：

$$\begin{aligned}B_1B_2&=\sqrt{(l_1+l_2)^2+(l_2-l_1)^2-2(l_1+l_2)(l_2-l_1)\cos\theta}\\&=l_1\sqrt{(1+a)^2+(a-1)^2-2(a+1)(a-1)\cos\theta}\end{aligned} \tag{10-32}$$

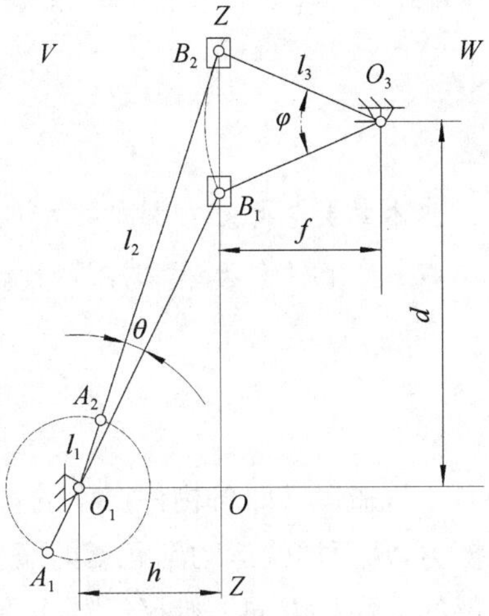

图 10-24　空间曲柄摇杆机构的投影

(4) 计算 l_3、f：

$$l_3=\frac{B_1B_2}{2\sin(\varphi/2)} \tag{10-33}$$

$$f=\frac{B_1B_2}{2\tan(\varphi/2)} \tag{10-34}$$

(5) 计算 h 和 d：在 $\triangle O_1OB_2$ 和 $\triangle O_1OB_1$ 中分别有

$$(O_1B_2)^2=(O_1O)^2+(OB_2)^2,\ (O_1B_1)^2=(O_1O)^2+(OB_1)^2$$

或

$$l_1^2(a+1)^2=h^2+\left(d+\frac{B_1B_2}{2}\right)^2,\ l_1^2(a-1)^2=h^2+\left(d-\frac{B_1B_2}{2}\right)^2$$

解得

$$d=\frac{2al_1^2}{B_1B_2} \tag{10-35}$$

$$h=\sqrt{l_1^2(a+1)^2-\left(d+\frac{B_1B_2}{2}\right)^2} \tag{10-36}$$

(6) 按式(10-35)计算的 d 值一般不会与给定值相符，计算两者的比值，然后将 l_1、l_2、l_3、f 和 h 的值按同样比例放大或缩小，即得这些尺寸的实际值。

第十一章 机械的平衡

本章主要内容:机械的平衡包括机构的平衡和转子的平衡,转子又分刚性转子和挠性转子。本章主要介绍匀速转动的刚性转子的平衡,包括静平衡和动平衡的理论计算法和试验平衡法。

11.1 概 述

机械运转时各构件产生的惯性力和惯性力偶,将在各运动副中引起附加的动压力及摩擦力,从而加快运动副元素的磨损,降低机械效率并削弱构件的强度。由于惯性力和惯性力偶的大小与方向随机械运转作周期性变化,将使机械及其基础产生强迫振动。当不平衡力的激励频率与机械系统的固有频率接近或一致时,会有可能引起较大振动或共振;轻则影响设备的正常工作和使用寿命,严重时将危及周围人员和建筑的生命财产安全。因此,为了减小不平衡带来的不良影响,必须设法使惯性力和惯性力偶得到平衡或部分平衡,从而改善机械的工作性能并延长其使用寿命。当然,有些振动是工艺所需要的,如压力机、破碎机等。

机械的平衡问题可分为下列两类:

(1) 回转件(转子)的平衡　指绕固定轴回转构件的惯性力和惯性力偶的平衡。它又分为刚性回转件的平衡和挠性回转件的平衡。前者把回转件视为刚体,忽略它在惯性力作用下引起的弹性变形,这种平衡方法适用于一般中、低速机械;后者将回转件作为挠性件处理,必须考虑弹性变形所引起的不平衡因素,这种平衡方法应用于高速机械。

(2) 机构的平衡　指机构中构件的惯性力和惯性力偶在机座上的平衡。当机构中含有作往复移动的构件或作复杂运动的构件时,各构件的惯性力,将以合力和合力偶的形式作用在机座上,这些惯性力不能像绕固定轴回转构件那样可以单独得到平衡。所以,这类平衡问题称为机构在机座上的平衡,简称为机构的平衡。在设计高速运转的连杆机构、组合机构等机构时,应考虑这个问题。

本章主要讨论刚性回转件的平衡,常见的平衡方式有静平衡和动平衡。关于挠性回转件的平衡可查阅文献。

11.2 刚性回转件的静平衡

动平衡可使刚体回转所产生的不平衡的惯性力与惯性力偶全部得到平衡;静平衡仅使回转件所产生的不平衡的惯性力得到平衡,而不能平衡其不平衡的惯性力偶。所以,动平衡的回转件一定静平衡,而静平衡的回转件不一定动平衡。动平衡适用于各种回转件,而静平衡只适用于轴向宽度 b 与直径 D 之比 $b/D<0.2$ 的回转件，如盘形凸轮、带轮、齿轮、飞轮及砂轮等；其质量分布可近似地认为在同一回转面内，当该回转件等角速转动时，这些质量所产生的惯性力表现为离心力，形成平面汇交力系。

一、静平衡原理

造成回转件静不平衡的原因是其质心与轴心不重合，这是由于回转件本身的几何形状不规则、材质不均匀以及制造、安装误差等因素所致。静平衡后的结果是将回转部件产生的所有力的合力为零，则有

$$\sum \boldsymbol{F}-m\boldsymbol{a}=0 \tag{11-1}$$

二、解析法求静平衡质径积

如图 11-1 所示，假设回转部件以某恒定的角速度 ω 绕 O 旋转，因其厚度相对小，可认为该回转部件的质量全部集中在对称平面 N-N 内。设回转部件不平衡质量 m_1 和 m_2 的加速度方向指向回转中心 O，产生的惯性力方向背向中心。其中不平衡质量 m_1 和 m_2 对应的矢径分别为 $\boldsymbol{R}_1$ 和 $\boldsymbol{R}_2$。

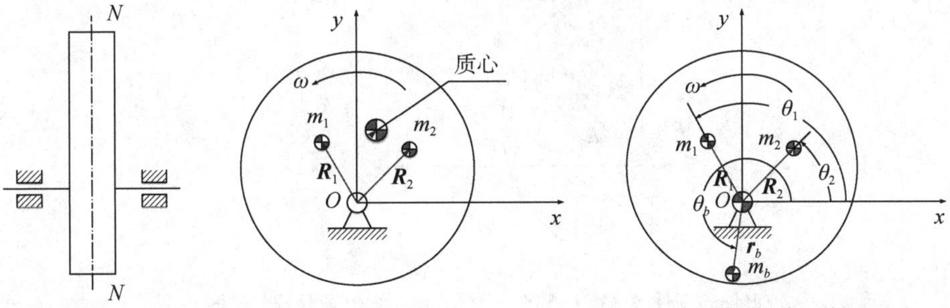

(a) 回转部件主视图　(b) 回转部件不平衡右视图　(c) 回转部件静平衡后右视图

图 11-1　解析法进行回转部件的静平衡

以回转中心 O 为原点建立笛卡尔坐标系，根据式(11-1)建立在该坐标系下的惯性力平衡方程，则有

$$m_1\boldsymbol{R}_1\omega^2+m_2\boldsymbol{R}_2\omega^2+m_b\boldsymbol{R}_b\omega^2=\boldsymbol{0} \tag{11-2}$$

式中：m_b 为系统平衡增加或者去除的集中质量，$\boldsymbol{R}_b$ 为质量 m_b 到回转中心 O 的矢径。

由于施加在回转部件上的力为惯性力，不能通过作用在该部件上的外力进行平衡。外力不能改变回转系统的内部构造(几何形状、材质等)。对于转动部件的平衡，与其转速 ω 的快慢无关(转速只决定了这些惯性力的大小)。

对式(11-2)两边除以 ω^2，则有

$$m_b\boldsymbol{R}_b=-m_1\boldsymbol{R}_1-m_2\boldsymbol{R}_2 \tag{11-3}$$

把式(11-3)分解到 x 和 y 轴上，有

$$\begin{aligned} m_bR_{bx}&=-(m_1R_{1x}+m_2R_{2x})\\ m_bR_{by}&=-(m_1R_{1y}+m_2R_{2y}) \end{aligned} \tag{11-4}$$

回转部件的不平衡质径积可通过式(11-4)中右边的 mR_x 和 mR_y 计算进行确定。现确定平衡质量 m_b 在笛卡尔坐标系的极坐标

$$\theta_b=\tan^{-1}\frac{m_bR_{by}}{m_bR_{bx}}=\tan^{-1}\frac{-(m_1R_{1y}+m_2R_{2y})}{-(m_1R_{1x}+m_2R_{2x})} \tag{11-5}$$

由式(11-5)可知,所增加的平衡质量块需在 θ_b 方位上才能够平衡,回转部件平衡时所需质径积由式(11-6)确定。

$$m_bR_b=m_b\sqrt{R_{bx}^2+R_{by}^2}=\sqrt{(m_bR_{bx})^2+(m_bR_{by})^2} \tag{11-6}$$

由式(11-6)可知,在平衡时选定 m_b 和 R_b 中的任一个量,可求出另一个量。在实际应用时,需考虑回转部件的自身结构和空间位置等综合因素进行确定平衡质量块的具体位置。

三、图解法求静平衡质径积

图 11-1 所示的回转部件,利用矢量图解法可以很容易求得被平衡的质径积和对应的极坐标位置,如图 11-2 所示。

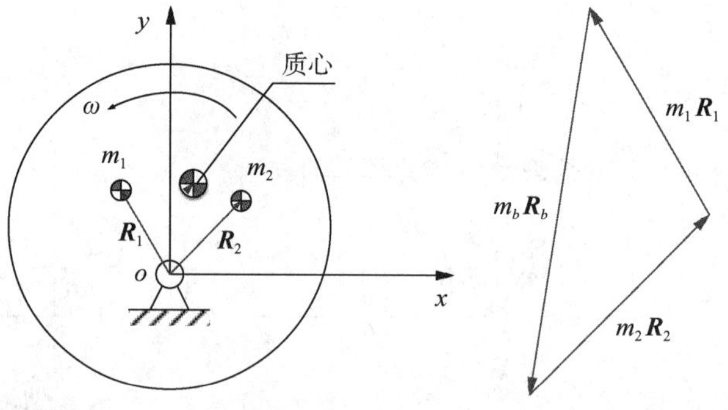

(a) 回转部件不平衡右视图　　(b) 质径积矢量图

图 11-2　图解法进行回转部件的静平衡

通过图 11-2(b)确定 $m_b\boldsymbol{R}_b$,然后选定 m_b 或 $\boldsymbol{R}_b$ 中的一个量,即可求出另一个量。对于结构简单的回转部件的静平衡,可在 $\boldsymbol{R}_b$ 位置加质量 m_b,或在 $\boldsymbol{R}_b$ 位置的反方向去掉质量 m_b。

11.3　不规则盘形回转件的质心位置及质量的确定

规则的几何图形,如圆、扇形、三角形、矩形、梯形及多角形等,都有现成的公式计算其质心和质量,此处不再赘述。

不规则的几何图形,其质心位置与质量可用数值计算方法近似求得。下面以盘形凸轮为例。通常,盘形凸轮廓线用极坐标形式给出,见表 11-1。

表 11-1　盘形凸轮廓线参数

向径角	θ_1	θ_2	θ_3	…	θ_{j-1}	θ_j	θ_{j+1}	…
向径	r_1	r_2	r_3	…	r_{j-1}	r_j	r_{j+1}	…

如图 11-3 所示的盘形凸轮，在其廓线的极坐标 θ_j、r_j 处取很小的幅角 $\Delta\theta_j$，将与此对应的一小段曲线视作半径为 r_j 的圆弧，则由 $\Delta\theta_j$ 和 r_j 构成的扇形面积为

$$\Delta A_j = \frac{\Delta\theta_j}{2} r_j^2$$

$\Delta\theta_j$ 和 r_j 构成的扇形质心 S_j 与旋转轴心 O 点间的距离为

$$h_j = \frac{2}{3} r_j$$

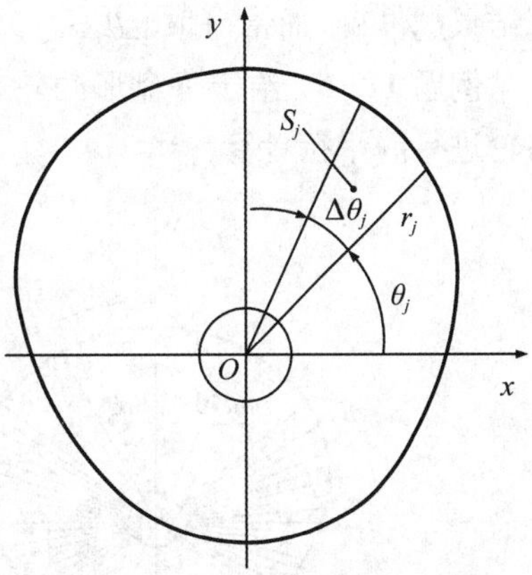

图 11-3　盘形凸轮质心位置确定示意图

故 S_j 的坐标为

$$\left.\begin{aligned} x_{S_j} &= \frac{2}{3} r_j \cos\theta_j \\ y_{S_j} &= \frac{2}{3} r_j \sin\theta_j \end{aligned}\right\}$$

设盘形凸轮的材质是均匀的，其质心 S 的坐标由式(11-7)确定，其为

$$\left.\begin{aligned} x_S &= \frac{\sum (\Delta\theta_j/2) r_j^2 \cdot (2/3) r_j \cos\theta_j}{\sum (\Delta\theta_j/2) r_j^2} \\ y_S &= \frac{\sum (\Delta\theta_j/2) r_j^2 \cdot (2/3) r_j \sin\theta_j}{\sum (\Delta\theta_j/2) r_j^2} \end{aligned}\right\} \tag{11-7}$$

若式(11-7)中的幅角 $\Delta\theta_j$ 取相等间隔，则有

$$\left.\begin{aligned} x_S &= \frac{2}{3} \cdot \frac{\sum r_j^3 \cos\theta_j}{\sum r_j^2} \\ y_S &= \frac{2}{3} \cdot \frac{\sum r_j^3 \sin\theta_j}{\sum r_j^2} \end{aligned}\right\} \tag{11-8}$$

质心 S 的向径 r_S 的大小与方位角分别为

$$\left.\begin{aligned} r_S &= \sqrt{x_S^2 + y_S^2} \\ \theta_S &= \tan^{-1}\left(\frac{y_S}{x_S}\right) \end{aligned}\right\} \tag{11-9}$$

在静平衡计算时，盘形凸轮的面积 A 与其质心(形心)半径 r_S 的乘积(简称面积径)可代表盘形凸轮的质径积，其值为

$$A r_S = \sum (\Delta\theta_j/2) r_j^2 \cdot \sqrt{x_S^2 + y_S^2} \tag{11-10}$$

值得指出，式(11-7)～(11-10)可确定不规则盘状回转件质心及其面径积。$\Delta\theta_j$ 越小，计

算结果越准确，通常可取 $\Delta\theta_j \leqslant 5° \sim 10°$。

例题 11-1 给定一盘形凸轮，其轮廓对称于 y 轴，如图 11-4(a)和表 11-2 所示，试对该凸轮进行静平衡计算。

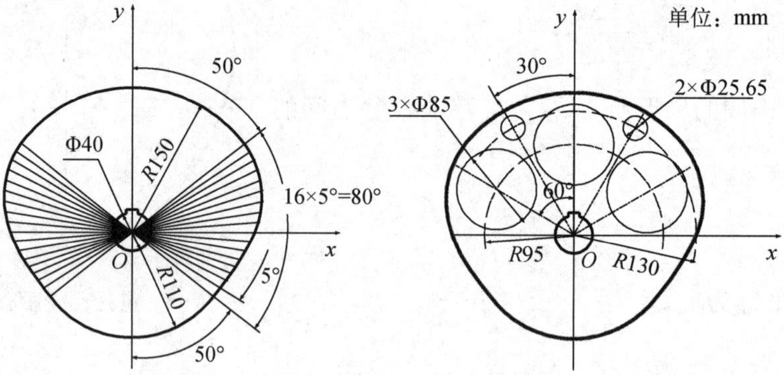

(a) 盘形凸轮的轮廓尺寸　　(b) 静平衡的盘形凸轮

图 11-4　盘形凸轮静平衡

表 11-2　盘形凸轮廓线每间隔 5°的极坐标值

θ_j(°)	r_j(mm)	θ_j(°)	r_j(mm)
0(180)	130		
5(175)	134.7	185(355)	125.3
10(170)	138.8	190(350)	121.2
15(165)	142.2	195(345)	117.8
20(160)	145	200(340)	115
25(155)	147.2	205(335)	112.8
30(150)	148.8	210(330)	111.2
35(145)	149.7	215(325)	110.3
40～140	150	220～320	110

解：按表 11-2 所列数据算得

由 $\sum r_j^2 = 1\ 239\ 643$；$\sum r_j^3 \cos\theta_j = 0$；$\sum r_j^3 \sin\theta_j = 44\ 968\ 662$ 代入式(11-8)计算得盘形凸轮质心坐标为 $x_S = 0$，$y_S = 24.183\ 66$。

盘形凸轮的面径积按式(11-10)确定

$$Ar_S = (\Delta\theta_j/2)\sum r_j^2 \cdot \sqrt{x_S^2 + y_S^2}$$

$$= (5/2) \times (\pi/180) \times 1\ 239\ 643 \times 24.183\ 66 = 1\ 308\ 085(\text{mm}^3)$$

必须说明，盘形凸轮的静平衡计算是以其不平衡的面径积为依据；图 11-4 所示盘形凸轮上具有轴孔，因其轴心与回转中心重合，不影响不平衡的效果，故上式计算未列入。

为了对该盘形凸轮进行静平衡，设凸轮上有 3 个直径为 $\phi 90$ 的孔，其圆心所在的半径为 $R95$，分布如图 11-4(b)所示。这三个孔的面径积在 y 轴的分量为

$$(Ar_S)_1=(\pi\times 90^2/4)(1+2\cos 60°)\times 95=1\ 208\ 727.8(\text{mm}^3)$$

则该盘形凸轮尚未被平衡的面径积为

$$(Ar_S)_2=Ar_S-(Ar_S)_1=1\ 308\ 085-1\ 208\ 727.8=99\ 357(\text{mm}^3)$$

为此再在该盘形凸轮上开两个孔，他们圆心所在半径为 $R130$，对称于 y 轴并夹 30° 角。这两个孔的直径 d 求得如下

$$(\pi d^2/4)\times 130\times 2\cos 30°=99\ 357(\text{mm}^3)$$

$$d=\sqrt{\frac{99\ 357}{\pi\times 65\times\cos 30°}}=23.7(\text{mm})$$

至此，该盘形凸轮几何形状的质心已与其回转轴心重合。

11.4　刚性回转件的动平衡

如图 11-5 所示，两个相同的偏心轮以相反的位置安装在轴 O 上，此时回转件的总质心 S 位于其轴线上，已达到静平衡。但是，这两个偏心轮回转时产生的惯性力 F_{i1} 与 F_{i2} 不在同一回转平面内，从而产生惯性力偶矩 $M=F_{i1}l$，该力偶矩将在轴承中引起动压力。所以说，该回转件虽已达到静平衡，但未达到动平衡。

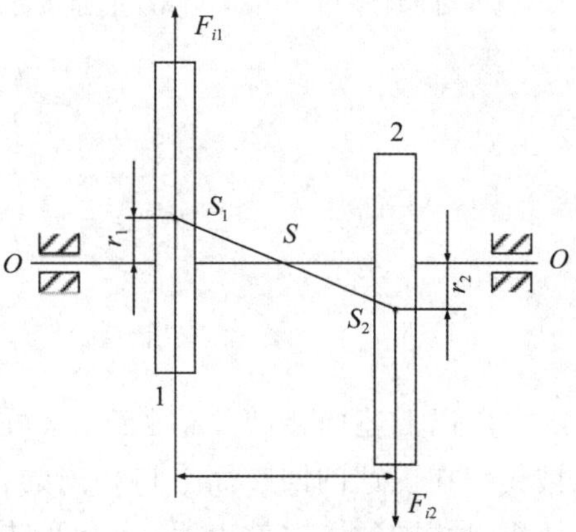

图 11-5　满足静平衡的回转件

一、动平衡原理

设回转件的不平衡质量分别位于回转面 1、2 和 3 内，其质量依次为 m_1、m_2 和 m_3，向径相应为 $\boldsymbol{r}_1$、$\boldsymbol{r}_2$ 和 $\boldsymbol{r}_3$，如图 11-6(a)所示。

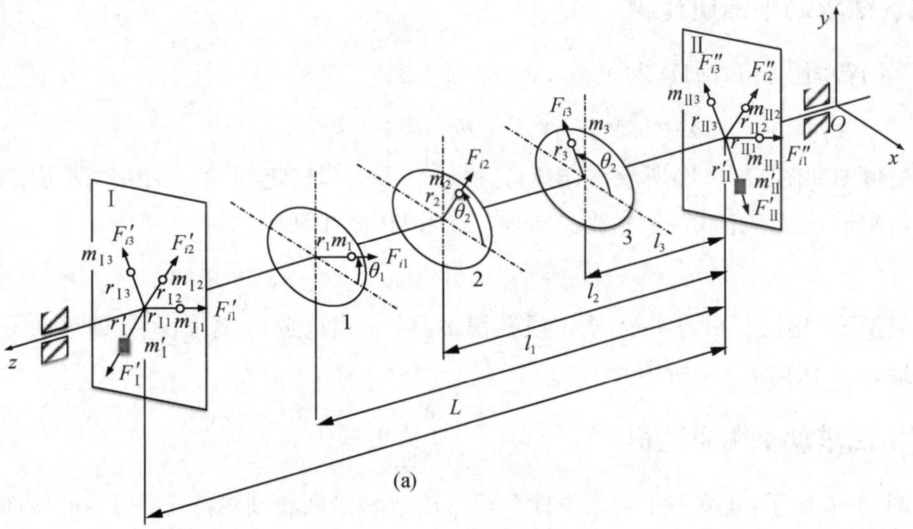

(a)

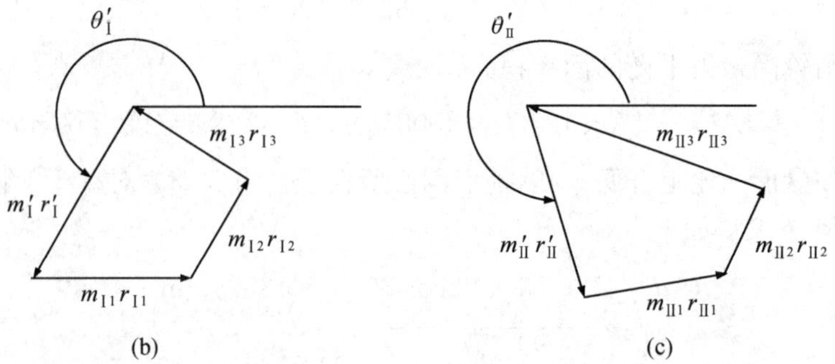

图 11-6 一个回转件的动平衡简化为两个平衡基面的静平衡

当该回转件以等角速度 ω 回转时,各不平衡质量产生的惯性力分别为

$$F_{i1}=m_1\omega^2 r_1;\ F_{i2}=m_2\omega^2 r_2;\ F_{i3}=m_3\omega^2 r_3 \tag{11-11}$$

将这组力系向轴线上任选的两个回转平面分解,可得 F_{i1}'、F_{i2}'、F_{i3}' 和 F_{i1}''、F_{i2}''、F_{i3}''。对照图 11-6(a)可知,上述惯性力的分解转化为相应的质径积的分解,则有

$$\begin{aligned}
m_{\rm I1}r_{\rm I1}&=\frac{l_1}{L}m_1r_1;m_{\rm II1}r_{\rm II1}=\frac{L-l_1}{L}m_1r_1\\
m_{\rm I2}r_{\rm I2}&=\frac{l_2}{L}m_2r_2;m_{\rm II2}r_{\rm II2}=\frac{L-l_2}{L}m_2r_2\\
m_{\rm I3}r_{\rm I3}&=\frac{l_3}{L}m_3r_3;m_{\rm II3}r_{\rm II3}=\frac{L-l_3}{L}m_3r_3
\end{aligned} \tag{11-12}$$

所以上述回转件分布在三个(可推广至任意个)回转面内的不平衡质径积,完全可以被集中在任选的回转面Ⅰ和Ⅱ内的各不平衡质径积的分量所代替,它们所产生的不平衡效果是相同的。这就表明,一个回转件的动平衡问题可简化为其两个回转面内的静平衡问题。

二、图解法求动平衡质径积

对于回转面Ⅰ,由式(11-2)可得

$$m'_{\rm I}r'_{\rm I}+m_{\rm I1}r_{\rm I1}+m_{\rm I2}r_{\rm I2}+m_{\rm I3}r_{\rm I3}=0 \tag{11-13}$$

作矢量图如图 11-6(b)所示,求出质径积 $m'_{\rm I}r'_{\rm I}$。当选定 $r'_{\rm I}$ 的大小后,即可求得 Ⅰ 面内的平衡质量 $m'_{\rm I}$,矢向如 $r'_{\rm I}$ 所指。同理,对于回转面Ⅱ有

$$m'_{\rm II}r'_{\rm II}+m_{\rm II1}r_{\rm II1}+m_{\rm II2}r_{\rm II2}+m_{\rm II3}r_{\rm II3}=0 \tag{11-14}$$

作矢量图如图 11-6(c)所示,求出质径积 $m'_{\rm II}r'_{\rm II}$。当选定 $r'_{\rm II}$ 的大小后,即可求 Ⅱ 面内的平衡质量 $m'_{\rm II}$,矢向如 $r'_{\rm II}$ 所指。

三、解析法求动平衡质径积

如图 11-6 所示,建立右手空间坐标系 $Oxyz$,z 轴沿回转轴线,xy 平面与回转面平行,x

轴方向可任选。分别求得回转面Ⅰ和Ⅱ内的平衡质径积：

$$m'_{\mathrm{I}} r'_{\mathrm{I}} = \frac{1}{L}\left[\left(\sum l_i m_i r_i \cos\theta_i\right)^2 + \left(\sum l_i m_i r_i \sin\theta_i\right)^2\right]^{\frac{1}{2}}$$

$$\theta'_{\mathrm{I}} = 180^\circ + \tan^{-1}\frac{\sum l_i m_i r_i \sin\theta_i}{\sum l_i m_i r_i \cos\theta_i},\ i=1,\ 2,\ 3,\ \cdots \tag{11-15}$$

$$m'_{II} r'_{II} = \frac{1}{L}\left[\left(\sum (L-l_i) m_i r_i cos\,\theta_i\right)^2 + \left(\sum (L-l_i) m_i r_i sin\,\theta_i\right)^2\right]^{\frac{1}{2}}$$

$$\theta'_{\mathrm{I}} = 180^\circ + \tan^{-1}\frac{\sum (L-l_i) m_i r_i \sin\theta_i}{\sum (L-l_i) m_i r_i \cos\theta_i},\ i=1,\ 2,\ 3,\ \cdots \tag{11-16}$$

回转件经动平衡后，其回转时所产生的惯性力的合力和合力偶都等于零。所以，经动平衡的回转件一定是静平衡的，但静平衡的回转件不一定动平衡。

11.5 刚性回转件的平衡试验

通过平衡设计的回转件仅在理论上达到完全平衡。但是，由于计算、加工和装配等误差及材质不均匀等，使实际回转件仍存在不平衡量。因此，对回转件必须逐件进行平衡试验，使其达到所要求的平衡精度值。根据回转件质量分布特点，平衡试验方法可分为静平衡试验和动平衡试验。

一、静平衡试验

对轴向宽度 b 与直径 D 之比 $b/D<0.2$ 的盘形回转件，通常只需进行静平衡试验，不必进行动平衡试验，除非有特殊要求例外。静平衡试验机有导轨式、圆盘式等多种，适用于各种回转件的不同要求，但其试验原理均相同。现以导轨式静平衡试验机为例说明。将不平衡的回转件 2 置于水平的刀口 1 上，其质心 S 与其轴心 O 不重合，如图 11-7 所示。

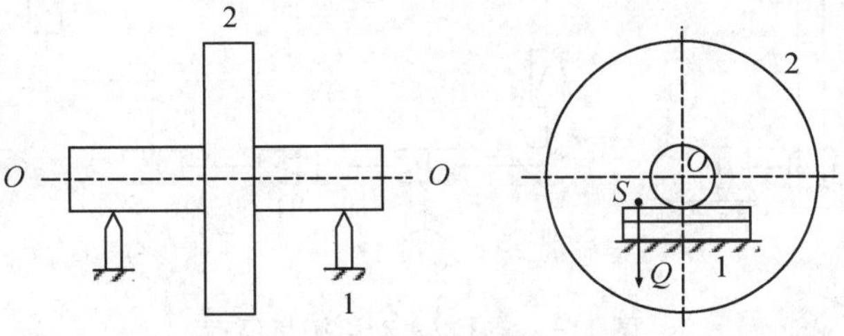

图 11-7 回转件静平衡试验

试验机在重力矩的作用下将沿刀口来回摆动，摆动幅度逐渐减小直至静止；此时质心 S 位于过轴心 O 的铅垂线下方，可在铅垂线上方的适当位置处加一平衡质量，为便于加减，可用橡皮泥作为平衡质量反复进行试验，直至所加的平衡质量能使回转件在任何位置都能保持静止为止。这样，试验时所加平衡质量与其回转半径的乘积即为回转件静平衡所需加的质径积值;当然也可按该质径积在其径向相反位置去掉质量使回转件得到静平衡。

二、动平衡试验

一般,当回转件的宽径比 $b/D \geqslant 0.2$ 或有特殊要求时都必须进行动平衡试验。生产中使用的动平衡机种类较多。按照不平衡质径积的测量原理和方法的不同,形成各式各样的动平衡机,例如机械式动平衡机、电测式动平衡机及各种专用动平衡机等,其具体内容可查阅有关专门书籍及产品使用说明书。

通常,回转件的不平衡质量分布在多少个回转面内,其质径积的大小和方向均不得而知。动平衡机平衡的方法是将回转件装在动平衡机上运转,然后在选定的两个回转面内通过一定的方法确定所需加的平衡质径积的大小和方位,从而使回转件达到动平衡。这种平衡试验方法与前述动平衡计算是一致的。

软支承电测式动平衡机的工作原理如图 11-8 所示。该动平衡机由驱动装置、转子支承架和测振系统三部分组成。电动机 1 通过带传动 2 和万向联轴器 3 驱动安放在两弹性支承上的转子 4。试验时转子的不平衡量产生的惯性力使弹性支承产生振动。此机械振动通过传感器 6、7 检测出电信号。它通过解算电路 8(校正系统)进行处理,以消除两平衡校正面之间相互影响,而只反映出一个平衡校正面中不平衡量引起的振动信号。然后经选频放大器 9 将信号放大,由仪表 10 显示不平衡质径积的大小。同时由一对等传动比的齿轮 12、13 带动基准信号产生器 14 产生与试件转速相同的同步信号。基准信号来自发生器 14 和整形放大器 15,其相位与转子上的标记 5 相对应。基准信号经放大后与来自选频放大器 9、整形放大器 11 的输出信号一起输入鉴相器 16,其两端信号的相位差在相位表 17 读出。以标记 5 为基准,按相位表读数及角度刻度盘 18 确定不平衡质径积的相位。用上述方法分别确定校正面Ⅰ和Ⅱ中不平衡质径积的大小和相位,按此添加相应的平衡质量,整个转子可达到动平衡。

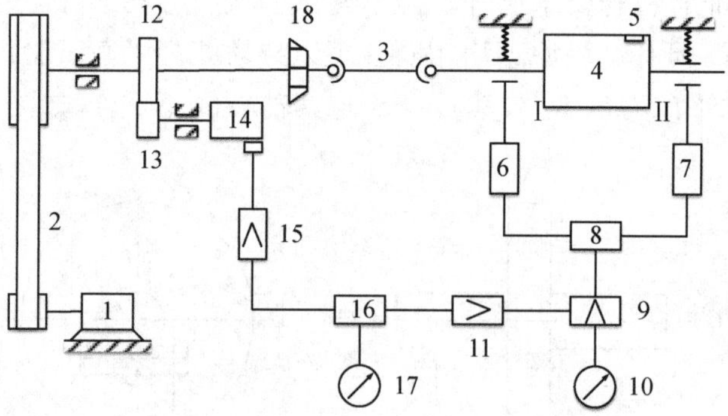

图 11-8 电测式动平衡机原理

11.6 回转件的平衡精度

回转件经平衡试验后,可使其不平衡的效应大为降低。但是,由于平衡试验装置存在的误差以及一些人为因素，很难完全消除回转件的不平衡效应。回转件平衡状态的优良程度称为回转件平衡精度。实践经验表明，不平衡回转件产生的动力效应与

$$\frac{\text{不平衡质径积}}{\text{回转件质量}}\times\text{回转角速度}$$

有关，其中不平衡质径积与回转件质量之比为校正偏心距 e(μm)，回转件角速度为 ω(rad/s)。工程上常用 $e\omega$ 来表示回转件的平衡精度 A，即

$$A=\frac{[e]\omega}{1\ 000}(\text{mm/s}) \tag{11-17}$$

式中：$[e]$为回转件的许用偏心距。A 值越大，回转件的平衡精度越低。各类典型刚性回转件的平衡精度等级，可查有关文献。例如，机床和一般机械零件的平衡精度等级为 G6.3，即相应的平衡精度 $A=6.3$；设回转件的转速 $n=2\ 000$ r/min，则按式(11-17)求得许用偏心距为

$$[e]=\frac{1\ 000A}{\omega}=\frac{1\ 000A\times 60}{2\pi n}=30(\mu\text{m})$$

例题 11-2 图 11-9 所示为一转鼓，已知该转鼓存在空间分布的不平衡质量(kg)：$m_1=10$，$m_2=15$，$m_3=20$，$m_4=10$；各不平衡质量质心至轴线距离(mm)：$r_1=50$，$r_2=40$，$r_3=60$，$r_4=50$；轴向距离 $l_{12}=l_{23}=l_{34}=l$，相位夹角 $\theta_{12}=\theta_{23}=\theta_{34}=90°$。试求在校正平面 Ⅰ 和 Ⅱ 内需加的平衡质量 m'_{I} 和 m'_{II} 及其位置角，设 $r'_{\text{I}}=r'_{\text{II}}=100$。

解：对照图 11-9 和图 11-6 得 $l_1=3l$，$l_2=2l$，$l_3=l$，$l_4=0$，$L=3l$；$\theta_1=0°$，$\theta_2=90°$，$\theta_3=180°$，$\theta_4=270°$；$m_1=10$，$m_2=15$，$m_3=20$，$m_4=10$；$r_1=50$，$r_2=40$，$r_3=60$，$r_4=50$；$r'_{\text{I}}=r'_{\text{II}}=100$。

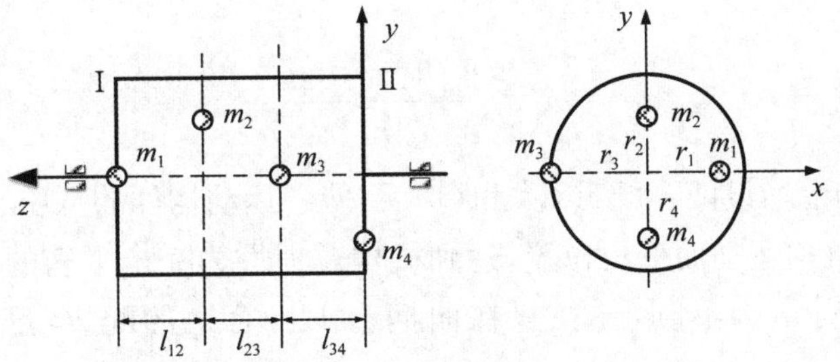

图 11-9 不平衡转鼓的动平衡计算

将以上数据代入式(11-15)和式(11-16)，可得到

$$m'_{\text{I}}=4.123\ \text{kg},\ \theta'_{\text{I}}=255.96°;\ m'_{\text{II}}=8.544\ \text{kg},\ \theta'_{\text{II}}=20.56°$$

11.7 平面机构平衡简介

平面机构中作往复移动的构件或作复合运动的构件，其惯性力和惯性力偶不可能像回

转件那样在其内部得到平衡。因此,应从机构整体来考虑各构件的惯性力与惯性力偶的平衡问题。当机构运动时,各构件的惯性力和惯性力偶可合成为通过质心的一个总惯性力和一个总惯性力偶,它们将在机座上产生动压力,使机械工作不稳定,出现振动和支承损坏等问题。总惯性力偶的平衡问题比较复杂,涉及因素较多,而且还需与驱动力矩和工作阻力矩综合考虑,故本节只对机构总惯性力的平衡问题进行讨论。

机构总惯性力平衡的条件是其总惯性力 $F_i=-ma_s=0$,式中 m 为机构质量,它不可能为零;a_s 为机构质心 S 的加速度。欲使该式成立,a_s 应为零,即机构质心位置固定或作等速直线运动。由于机构作周期性运动,其质心不可能始终作等速直线运动,因此欲使机构总惯性力得到平衡,必须适当增设平衡质量,使机构质心位置固定。

如图 11-10 所示的曲柄滑块机构,设曲柄 1、连杆 2 及滑块 3 的质量分别为 m_1、m_2 和 m_3,其质心分别为 S_1、S_2 及 S_3。先在连杆上加配重 Q',使其质量 m' 与 m_2、m_3 的总质心位于 B 点,由此得

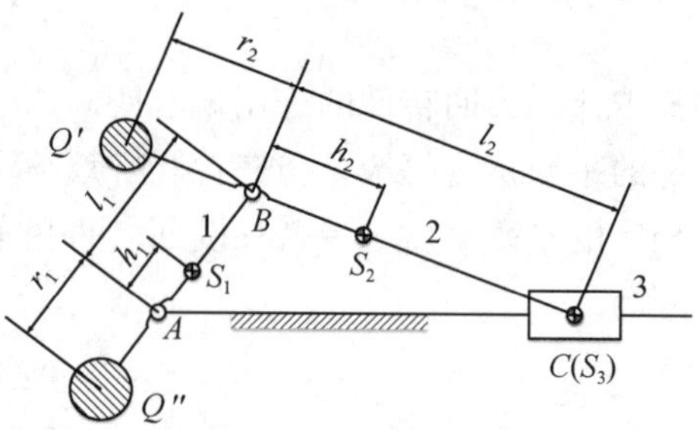

图 11-10 曲柄滑块机构总惯性力的平衡

$$m_B=m'+m_2+m_3$$

且

$$m'=\frac{m_2h_2+m_3l_2}{r_2}$$

然后在曲柄上加配重 Q'',使其质量 m'' 与 m_B、m_1 的总质心位于 A 点,故有

$$m_A=m''+m_1+m_B$$

且

$$m''=\frac{m_1h_1+m_Bl_1}{r_1}$$

至此,在该机构上增设两个配重 Q' 和 Q'' 后,使各运动构件的总质心即机构质心位置移至固定点 A,不随机构运动而变更位置,达到机构总惯性力完全平衡的目的。实际中,由于在连杆上安装配重对结构不利,往往只在曲柄上加一合适的配重,部分平衡机构的总惯性力。

图 11-11 所示为摩托车发动机中应用的两个共曲轴的曲柄滑块机构,以 A 点为对称布置。该机构在每一位置各构件的惯性力互相抵消,但却产生了两滑块与机架之间压力所构成的惯性力偶。这是利用相同机构对称布置的设计方法来达到机构惯性力的平衡。

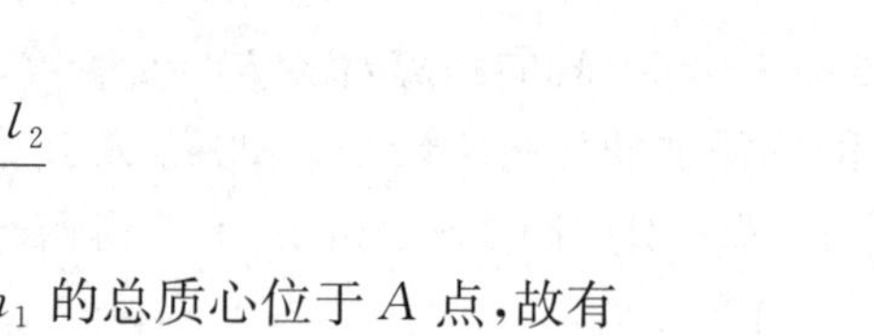

图 11-11 相同机构对称布置的平衡方法

第十二章 机械的运转及其速度波动的调节

本章主要内容：本章将介绍作用在机械中的外力以及在外力作用下机械的运转过程；建立等效的动力学模型和机械的运动方程。通过求解运动方程可求出机械原动件真实的运动规律。本章还将介绍机械在稳定运转过程中的周期性速度波动的调节方法和非周期性速度波动的调节方法。

12.1 概　　述

在对机构进行运动分析时，一般假设原动件作等速运动。而实际上，由于作用在机械上的驱动力、工作阻力及各构件动能的变化，往往使原动件的运动随时间而变化。因此，有必要研究机械在外力作用下的真实运动规律，这对设计新机器和分析现有机器的工作性能、确定机器运动及受力情况都十分必要。

机械原动件角速度变化，即所谓机械速度波动，通常分为周期性速度波动(图 12-1)和非周期性速度波动(图 12-2)两种。周期性速度波动是大部分机器主轴在其主要工作阶段作变速稳定运转的情况。其危害是：1)在机器各运动副中引起附加动压力，降低机械效率和工作可靠性；2)引起机器的弹性振动，降低机器零部件的寿命和增加机器的能耗；3)降低机器运行精度，使产品质量下降。因此，必须采用飞轮对机器的速度波动加以调节，将其限制在允许的范围内。非周期性速度波动是在驱动力、工作阻力或有害阻力突然发生巨大变化时发生的，机器主轴的角速度会突然增大或减小，并持续向一个方向发展，结果将引起机器速度过高而损坏或者迫使机器停车。非周期性速度波动必须采用特殊的机构——调速器来调节，使驱动力与阻力重新相匹配，机器主轴在新的平均速度下得到新的平衡。

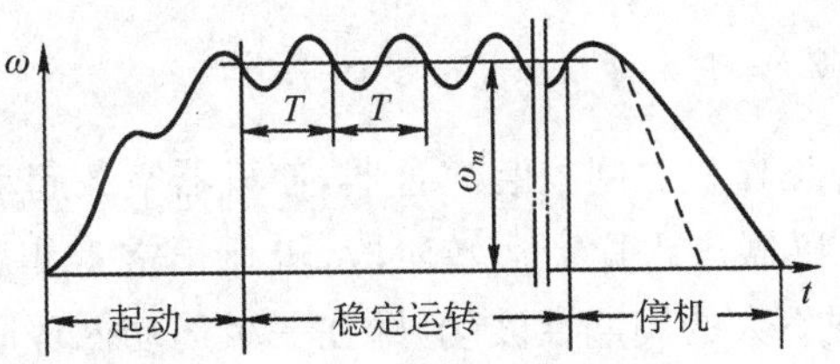

图 12-1　机器运转的三个阶段

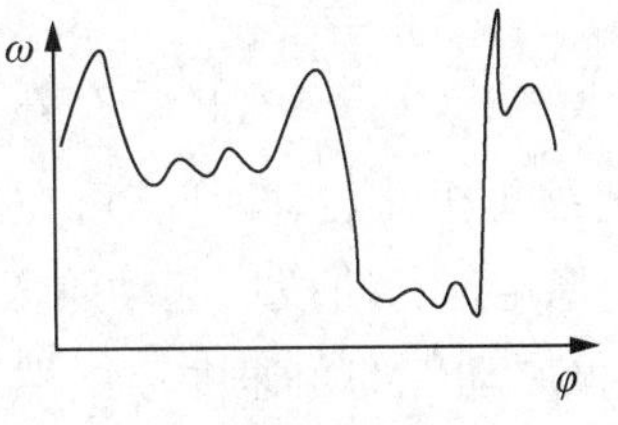

图 12-2　非周期性速度波动

研究机器的真实运动规律及速度波动调节都属于机械动力学范畴。为了简化研究，本章将单自由度机械系统动力学问题转化为与其动力学特性相当的一个连架杆(等效构件)的动力学问题，此时可运用理论力学中刚体动力学方法来处理，比较简单。

12.2 机械运转的三个时期

一、机械系统动能方程式

按机械系统的动能定律，在任一时间间隔内，作用于机械上的驱动力所做的功与为克服生产阻力所需要的功之差等于其动能的变化，即

$$\begin{aligned} W &= W_d - W_r - W_f = E - E_0 \\ &= \frac{1}{2}\sum_{i=1}^{n}(m_i v_{Si}^2 + J_{Si}\omega_i^2) - \frac{1}{2}\sum_{i=1}^{n}(m_i v_{Si0}^2 + J_{Si}\omega_{i0}^2) \end{aligned} \tag{12-1}$$

式中，W_d——在给定时间段内驱动力做的功；

W_r——在给定时间段内克服工作阻力需做的功，称作有益功；

W_f——在给定时间段内克服有害阻力需做的功，称作损耗功；

W——盈亏功，即多余或不足的功；

E_0、E——分别为给定时间间隔的开始和结束时刻的动能；

m_i、J_{Si}——第 i 个构件的质量和其对质心轴的转动惯量；

v_{Si0}、v_{Si}——给定时间间隔的开始和结束时刻第 i 个构件质心的速度；

ω_{i0}、ω_i——给定时间间隔开始和结束时刻第 i 个构件的角速度；

n——机械中所有运动构件的数目。

二、机械运转的三个时期

机械从开始运转到结束运转的整个过程，通常包含三个阶段，起动阶段、稳定运行阶段、停车阶段。

(1) 起动阶段　机器从静止状态起动到稳定运转的时期。在起动阶段，机械原动件的角速度 ω 由零逐渐增大，直至达到正常运转的平均角速度 ω_m 为止。在这一阶段，由于机械所受的驱动力作的功 W_d 大于为克服生产阻抗力所需的有益功 W_r 和克服有害阻抗力所消耗的损耗功 W_f 之和，所以机械内积蓄了动能 ΔE。根据动能定理，在起动阶段有

$$W = W_d - W_r - W_f = E - E_0 = \Delta E > 0$$

如要缩短机器启动时间，可在原动机与工作机之间安装离合器，使机器空载起动。

(2) 稳定运行阶段　起动阶段结束后，机器进入稳定运转阶段，进行正常工作。在这一阶段，机械原动件的角速度 ω 虽然还会出现不大的周期性波动，即在一个运动循环周期 T 内的各个瞬时，ω 值略有升降，但在周期 T 的始末，其角速度 ω 相等，机械的动能也相等(即 $\Delta E = 0$)，机械的总驱动功与总阻抗功相等。即

$$W = W_d - W_r - W_f = E - E_0 = \Delta E = 0$$

按此特点，机器在稳定运行阶段，原动件将围绕一平均角速度 ω_m 做周期性波动，又称为

变速稳定运转时期。只有在特殊情况下，原动件才做等角速度运动。

(3) 停车阶段　当切断动力源，失去驱动力($W_d=0$)，机器进入停车阶段。此时，生产阻力一般不再作用，即 $W_r=0$，因此，当损耗功逐渐将机械具有的动能消耗完时，机器就停止运转。这一阶段的机械功能关系可表示为

$$W=-W_f=E-E_0=\Delta E<0$$

可以通过设置制动器的方法缩短机器的停车时间。

三、速度不均匀系数

机器稳定运行时，原动件的角速度变化呈周期性波动，其不均匀程度通常以速度不均匀系数表示。如图 12-3 所示，设原动件角速度的最大值、最小值、平均值分别为 $\omega_{\max}$、$\omega_{\min}$ 和 ω_m，则机器速度不均匀系数 δ 可表示为

$$\delta=\frac{\omega_{\max}-\omega_{\min}}{\omega_m} \tag{12-2}$$

在各种原动机或工作机铭牌上标记的速度是机器的平均速度 $\omega_m\left(=\frac{\omega_{\max}+\omega_{\min}}{2}\right)$，代入式(12-2)得

$$\omega_{\max}^2-\omega_{\min}^2=2\delta\omega_m^2 \tag{12-3}$$

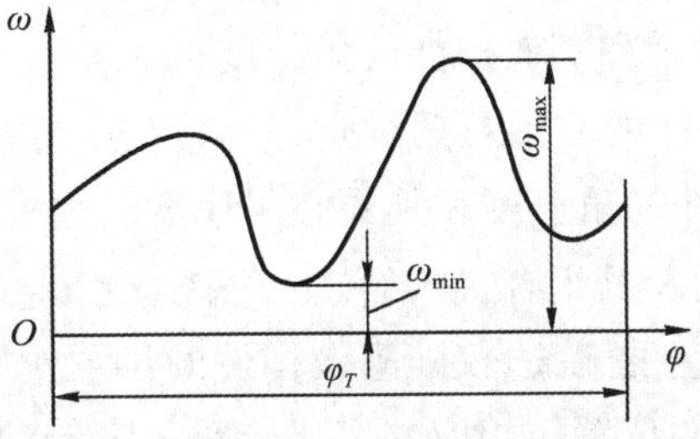

图 12-3　机器运转一个周期内角速度的变化

12.3　机械系统等效动力学模型

由式(12-1)可知，当研究机械系统的运动与外力之间的关系时，必须计算作用在每个构件上的外力所作的功，以及每个构件的动能，这十分不方便。由于机械系统各构件的运动规律取决于原动件的运动，所以对于单自由度机械系统，其运动问题可以转化为原动件(或其他连架杆)的运动问题来研究。为了保证这种转化能反映原机械系统的运动情况，采用等效质量、等效转动惯量、等效力和等效力矩的概念，进而建立单自由度机械系统的等效动力学模型。

一、等效质量及等效转动惯量

在单自由度机械系统中，取机器上的某连架杆为等效构件，用集中在该构件上某选定点的一个假象质量代替整个机器所有运动构件的质量和转动惯量，替代条件是必须保证机器的运动不因这种替代而改变。为此，需令该等效构件假想质量的动能等于整个机械系统的动能，该假想质量称为等效质量。同理，如等效构件为绕定轴转动的构件，则令该等效构件假想转动惯量的动能等于整个机械系统的动能，该假想转动惯量称为等效转动惯量。根据上述，有

$$\frac{1}{2}m_e v^2 = \frac{1}{2}\sum_{i=1}^{n}(m_i v_{Si}^2 + J_{Si}\omega_i^2)$$

$$\frac{1}{2}J_e\omega^2 = \frac{1}{2}\sum_{i=1}^{n}(m_i v_{Si}^2 + J_{Si}\omega_i^2)$$

则

$$m_e = \sum_{i=1}^{n} m_i\left(\frac{v_{Si}}{v}\right)^2 + \sum_{i=1}^{n} J_{Si}\left(\frac{\omega_i}{v}\right)^2 \tag{12-4}$$

$$J_e = \sum_{i=1}^{n} m_i\left(\frac{v_{Si}}{\omega}\right)^2 + \sum_{i=1}^{n} J_{Si}\left(\frac{\omega_i}{\omega}\right)^2 \tag{12-5}$$

其中，m_e，v——等效质量和该质量集中点的速度；

J_e，ω——等效转动惯量和等效构件的角速度；

m_i，J_{Si}——第 i 个构件的质量及其对质心的转动惯量；

ω_i，v_{Si}——第 i 个构件的角速度和其质心的速度。

对于连杆机构、凸轮机构及其组合机构等，上式中速比 v_{Si}/v、ω_i/v、v_{Si}/ω 及 ω_i/ω 与机器等效构件真实的速度或角速度无关，仅随等效构件的位置作周期性变化，故等效质量和等效转动惯量也仅随等效构件的位置作相应的变化。对于定传动比的机构，如齿轮机构、轮系机构等，其速比为常数，故等效质量和等效转动惯量为常数。由上述分析可知，在不知道机器真实运动的情况下，也可求得其等效质量和等效转动惯量。

二、等效力和等效力矩

假想在等效构件上作用有力或力矩，令他们所产生的功率等于作用在机械上所有力或力矩所产生的功率，则此假想的力或力矩分别称为等效力或等效力矩。按等效力和等效力矩的定义有

$$F_e v = \sum_{i=1}^{n} F_i v_i \cos\theta_i + \sum_{i=1}^{n} M_i\omega_i$$

$$M_e\omega = \sum_{i=1}^{n} F_i v_i \cos\theta_i + \sum_{i=1}^{n} M_i\omega_i$$

则

$$F_e = \sum_{i=1}^{n} F_i \left(\frac{v_i}{v}\right)\cos\theta_i + \sum_{i=1}^{n} M_i \left(\frac{\omega_i}{v}\right) \tag{12-6}$$

$$M_e = \sum_{i=1}^{n} F_i \left(\frac{v_i}{\omega}\right)\cos\theta_i + \sum_{i=1}^{n} M_i \left(\frac{\omega_i}{\omega}\right) \tag{12-7}$$

其中，F_e，v——等效力及其作用点处等效构件同方向的速度；

M_e，ω——等效力矩及等效构件的角速度；

F_i，v_i——作用在第 i 个构件上的外力及其作用点的速度；

M_i，ω_i——作用在第 i 个构件上的外力矩及该构件的角速度；

θ_i——F_i 与速度 v_i 之间的夹角。

由式(12-6)和(12-7)可知，影响等效力和等效力矩的因素较多，除了等效构件的位置以外，还有外力 F_i 和外力矩 M_i，他们在机械系统中可能是等效构件的运动参数 φ，ω 及时间 t 的函数，即 $F_e = F_e(\varphi, \omega, t)$，$M_e = M_e(\varphi, \omega, t)$。以下讨论力或力矩是机构位置函数的情况，即 $F = F(\varphi)$，$M = M(\varphi)$ 的情况。

三、机械系统等效动力学模型

在机械系统动力学研究中，引入了等效质量、等效转动惯量、等效力及等效力矩等概念后，原系统动力学问题可简化为等效构件的动力学问题，从而可以应用理论力学中刚体动力学理论和方法来处理系统动力学问题。机械系统等效动力学模型通常有下列两种表达形式。

1. 能量形式的运动方程式

当等效构件绕定轴转动时，可将式(12-1)改写成微分形式：

$$\mathrm{d}\left[\frac{1}{2}J_e(\varphi)\omega^2\right] = M_e(\varphi)\mathrm{d}\varphi \tag{12-8}$$

此为能量微分形式的等效构件运动方程。设给定初始条件：当 $\varphi = \varphi_0$ 时，$\omega = \omega_0$，$J_e = J_{e0}$，则对式(12-8)积分得

$$\frac{1}{2}J_e(\varphi)\omega^2 - \frac{1}{2}J_{e0}\omega_0^2 = \int_{\varphi_0}^{\varphi} M_e(\varphi)\mathrm{d}\varphi \tag{12-9}$$

此为能量积分形式的等效构件运动方程。

2. 力矩形式的运动方程式

等效构件绕定轴转动时，可由式(12-8)变换得到其力矩形式的运动方程式

$$J_e(\varphi)\omega\frac{\mathrm{d}\omega}{\mathrm{d}\varphi} + \frac{\omega^2}{2}\frac{\mathrm{d}J_e(\varphi)}{\mathrm{d}\varphi} = M_e(\varphi) \tag{12-10}$$

同理，当等效构件做平动时，其运动方程为

$$\frac{1}{2}m_e v^2 - \frac{1}{2}m_{e0} v_0^2 = \int_{s_0}^{s} F_e \mathrm{d}s \tag{12-11}$$

12.4 在已知作用力下机械的真实运动

对于单自由度的机械系统,当求得等效构件的运动后,即可按机构运动分析的方法确定该机械中任一构件的运动参数。本节主要以定轴转动的等效构件为研究对象,仅讨论等效力矩为等效构件位置函数的情况。

一、等效构件角速度的确定

按等效力矩 $M_e(\varphi)$ 求等效构件角位移自 φ_0 至 φ 的盈亏功 W,其值为

$$W = \int_{\varphi_0}^{\varphi} M_e(\varphi) \mathrm{d}\varphi \tag{12-12}$$

将式(12-12))代入式(12-9)求得等效构件角速度 ω

$$\omega = \sqrt{\frac{J_0 \omega_0^2 + 2W}{J_e(\varphi)}} \tag{12-13}$$

若机器由静止开始启动,即 $\varphi_0 = 0$ 时,$\omega_0 = 0$,式(12-13)简化为

$$\omega = \sqrt{\frac{2W}{J_e(\varphi)}} \tag{12-14}$$

二、等效构件角加速度的确定

等效构件的角加速度为

$$\alpha = \frac{\mathrm{d}\omega}{\mathrm{d}t} = \frac{\mathrm{d}\omega}{\mathrm{d}\varphi}\frac{\mathrm{d}\varphi}{\mathrm{d}t} = \omega \frac{\mathrm{d}\omega}{\mathrm{d}\varphi} \tag{12-15}$$

式中 $\mathrm{d}\omega/\mathrm{d}\varphi$ 可由式(12-13)对 φ 求导确定。

三、机械运动时间的确定

由 $\omega = \mathrm{d}\varphi/\mathrm{d}t$ 得

$$\int_{t_0}^{t} \mathrm{d}t = \int_{\varphi_0}^{\varphi} \frac{1}{\omega(\varphi)} \mathrm{d}\varphi$$

则

$$t = t_0 + \int_{\varphi_0}^{\varphi} \frac{1}{\omega(\varphi)} \mathrm{d}\varphi \tag{12-16}$$

如果从机器启动时算起，$t_0=0$，则有

$$t=\int_{\varphi_0}^{\varphi}\frac{1}{\omega(\varphi)}\mathrm{d}\varphi \tag{12-17}$$

例题 12-1　曲柄滑块机构如图 12-4(a)所示位置，已知各构件长度及质心 S_1、S_2、S_3 的位置，各构件质量 m_1、m_2、m_3，各构件转动惯量 J_{s1} 和 J_{2s}，作用于曲柄 1 上的驱动力矩 M_d 和滑块 3 上的阻力 F_3。若取曲柄 1 为等效构件，求机构的等效转动惯量 J_e 和等效力矩 M_e。

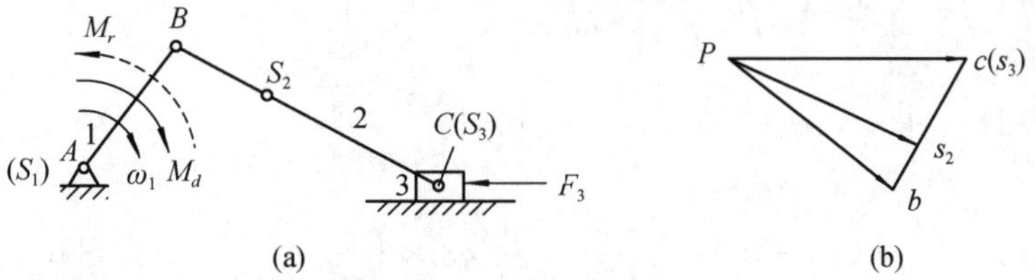

图 12-4　曲柄滑块机构中等效转动惯量和等效力矩的确定

解：(1) 作机构速度图　任取 ω_1 值及速度比例尺作速度图 12-4(b)，由此求得质心 S_2 和 S_3 的速度 v_{S1} 和 v_{S2} 及构件 2 的角速度 ω_2。

(2) 求等效转动惯量 J　由式(12-5)得

$$J_e=\sum_{i=1}^{3}m_i\left(\frac{v_{Si}}{\omega}\right)^2+\sum_{i=1}^{3}J_{Si}\left(\frac{\omega_i}{\omega}\right)^2=\frac{m_2v_{S2}^2+m_3v_{S3}^2+J_{S2}\omega_2^2}{\omega_1^2}+J_{S1}$$

(3) 求等效力矩 M_e　由式(12-7)得

$$M_e=\sum_{i=1}^{3}F_i\left(\frac{v_i}{\omega}\right)\cos\theta_i+\sum_{i=1}^{3}M_i\left(\frac{\omega_i}{\omega}\right)=F_3\frac{v_{S3}}{\omega_1}\cos 180^\circ+M_d\frac{\omega_1}{\omega_1}=M_d-F_3\frac{v_{S3}}{\omega_1}$$

例题 12-2　如图 12-5 所示传动系统，由电机 A 驱动，经一级带传动和两级齿轮传动，驱动主轴 O_4 转动。在轴 O_2 处装有制动器 B。已知 $n_1=1\ 000$ r/min，小、大带轮直径 $D_1=100$ mm，$D_2=200$ mm，齿轮齿数 $z_{2'}=25$，$z_3=50$，$z_{3'}=25$，$z_4=50$，且各轴系的转动惯量分别是 $J_1=0.12$，$J_2=0.5$，$J_3=0.36$，$J_4=0.3$。要求在切断电源后 2 秒钟内，利用制动器 B 将该传动系统刹住，求应加在轴 O_2 上的制动力矩 M_r 为多大？

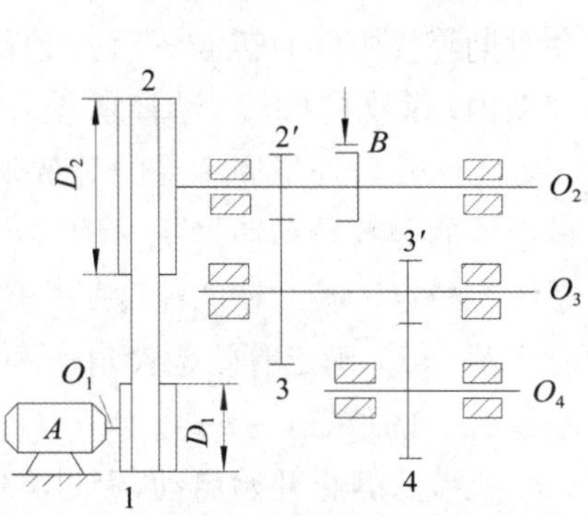

图 12-5　按给定制动时间求传动系统的制动力矩

解：(1) 因制动器装于 B 轴上，故选该轴系为等效构件，其角速度为 ω_2。根据传动比关系有

$$\frac{\omega_1}{\omega_2}=\frac{D_2}{D_1}$$

故

$$\omega_2=\frac{D_1}{D_2}\omega_1=\frac{D_1}{D_2}\frac{\pi n}{30}=\frac{100}{200}\times\frac{1\ 000\pi}{30}=52.36(\text{rad/s})$$

(2) 求传动系统的等效转动惯量 J_e　根据式(12-5)得

$$\begin{aligned}J_e&=\sum_{i=1}^{n}m_i\left(\frac{v_{si}}{\omega}\right)^2+\sum_{i=1}^{n}J_{si}\left(\frac{\omega_i}{\omega}\right)^2\\&=J_{s1}\left(\frac{\omega_1}{\omega_2}\right)^2+J_{s2}\left(\frac{\omega_2}{\omega_2}\right)^2+J_{s3}\left(\frac{\omega_3}{\omega_2}\right)^2+J_{s4}\left(\frac{\omega_4}{\omega_2}\right)^2\\&=0.12\left(\frac{D_2}{D_1}\right)^2+0.5+0.36\left(\frac{z_{2'}}{z_3}\right)^2+0.3\left(\frac{z_{3'}}{z_4}\frac{z_{2'}}{z_3}\right)^2\\&=0.12\times2^2+0.5+0.36\times\left(\frac{25}{50}\right)^2+0.3\times\left(\frac{25}{50}\times\frac{25}{50}\right)^2=1.089(\text{kg}\cdot\text{m}^2)\end{aligned}$$

(3) 求制动力矩 M_r

等效构件 O_2 在给定的时间(2 秒)内由转速 52.36 rad/s 刹车静止，其角加速度 α 为

$$\alpha=\frac{0-\omega_2}{t}=\frac{0-52.36}{2}=-26.18(\text{rad/s}^{-2})$$

因此，需要的制动力矩为

$$M_r=J\alpha=1.089\times26.18=28.51(\text{N}\cdot\text{m})$$

例题 12-3　如图 12-6 所示，横坐标为某机械系统等效构件的角位移，纵坐标为等效力矩，等效驱动力矩为常数，值为 $M_d=50$ N・m。该机器启动时期等效构件回转 60π 后开始稳定运转，在一个周期内，等效构件转半周，承受等效阻力矩 $M_r=100$ N・m，另外半周承受的等效阻力矩为 0。该机械系统的等效转动惯量 $J_e=10$ kg・m²。问该机械系统在稳定运转时期的速度不均匀系数 δ 是多少？

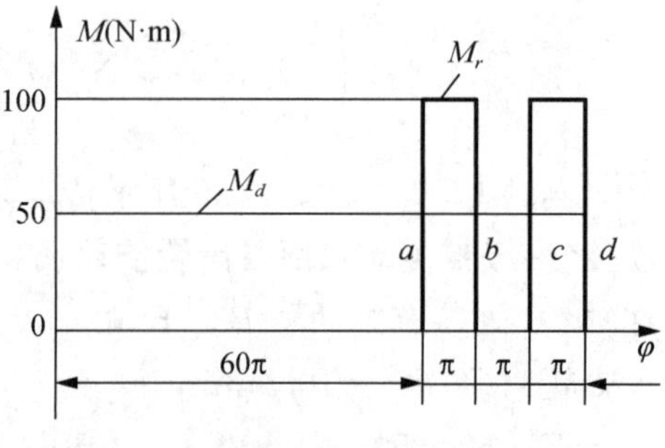

图 12-6　在已知等效力矩等条件下求等效构件的运动

解：(1) 确定等效构件角速度最大值 $\omega_{\max}$ 和最小值 $\omega_{\min}$ 的位置

机械从静止开始启动，经过 6π 时间后(图示位置 a)，机械启动结束，等效构件的角速度达到最大 $\omega_{\max}$，此后，因为等效阻力矩大于等效驱动力矩($M_r>M_d$)，使角速度减小到 $\omega_{\min}$(对应图示位置 b)。同理，等效构件在位置 c 和 d 的角速度分别等于位置 a 和 b 的角速度。

(2) 计算 $\omega_{\max}$　对于启动时期，由式(12-14)得

$$\omega_{\max}=\sqrt{\frac{2W_{0a}}{J_e}}=\sqrt{\frac{2\times 50\times 6\pi}{10}}=43.416(\mathrm{rad/s})$$

(3) 计算 ω_{mim}　对于 a、b 区间,利用式(12-13)得

$$\omega_{\min}=\sqrt{\frac{J_0\omega_{\max}^2+2W_{ab}}{J_e}}=\sqrt{43.416^2+\frac{2\times(-50)\times\pi}{10}}=43.053(\mathrm{rad/s})$$

(4) 计算速度不均匀系数 δ

$$\sigma=\frac{\omega_{\max}-\omega_{\min}}{\omega_{\mathrm{m}}}=\frac{2(\omega_{\max}-\omega_{\min})}{\omega_{\max}+\omega_{\min}}=\frac{2(43.416-43.053)}{43.416+43.053}=0.008\ 396=0.84\%$$

12.5　机械速度波动的调节

一、非周期性速度波动的调节

非周期性速度波动发生的原因是,在原先稳定运动循环中驱动力或阻力发生突变,使驱动力所做的功在稳定运动的一个循环内大于或小于阻力所做的功,而不是两者平均值相等,从而破坏了原来的稳定运动循环,若不加调节,将会导致飞车或停车的严重后果。对这种速度波动可用调速器调节。调速器是一种自动调节装置,有机械式、电子式等多种形式。

图 12-7 是离心式机械调速器的原理图。由 ACE 和 BDF 两个对称的摆杆滑块机构组成,套筒 N 相当于滑块,它与中心轴 M 组成移动副。两个重块 K_1 和 K_2 分别位于摆杆 AC 和 BD 的延长线上。拉簧 L 将 AC 和 BD 联系在一起,对 K_1 和 K_2 有收紧作用。中心轴 M 与发动机 1 的主轴相连,并以角速度 ω_1 转动。该发动机又与工作机 2 相连。当工作机载荷减小,发动机主轴角速度 ω_1 增高,使重块 K_1 和 K_2 在离心力的作用下向外张开,此时套筒 N 向左移动,通过摇杆 GH 与连杆 HI 推动节流阀 3 向右移动,减少工作介质 4 流入发动机 1,从而导致发动机的驱动力减小,直至该驱动力与工作阻力相匹配,使机器的平均角速度 ω'_{m} 在略高于原平均角速度 ω_{m} 下重新达到稳定运动状态,如图 12-7 所示。当工作机载荷增加,发动机角速度下降时,调速器又会自动使节流阀向左移动,使流入发动机的工作介质增多,从而驱动力增大最终与工作阻力匹配。

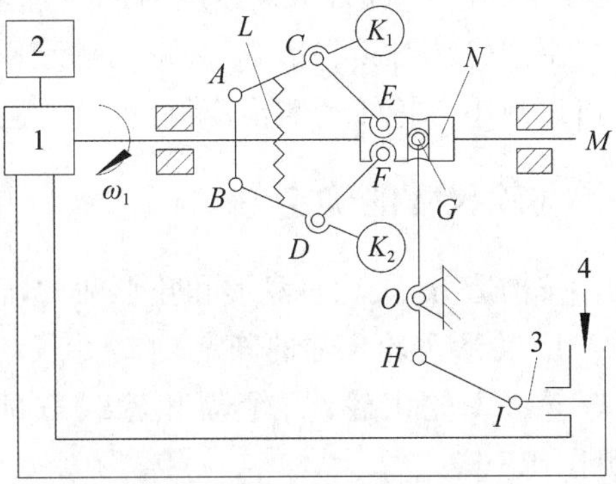

1—发动机;2—工作机;3—节流阀;4—工作介质

图 12-7　离心式调速器的工作原理

二、周期性速度波动的调节

机械运转周期性速度波动的调节,其目的是为了减小速度波动的幅度,控制速度不均匀

系数的大小不超过许用值[δ]。调节的方法是在机器内安装一个具有很大转动惯量的回转件,这种回转件通常称为飞轮。因为飞轮的转动惯量很大,故其动能为机械动能的主要部分,为简化计算,设忽略机械中除飞轮以外的其他构件的动能,则按式(12-1)有

$$[W]=E-E_0=\frac{1}{2}J_F(\omega_{\max}^2-\omega_{\min}^2)$$

将(12-3)代入上式得

$$[W]=E-E_0=J_F\omega_m^2\sigma$$

故需控制

$$\sigma=\frac{[W]}{J_F\omega_m^2}\leqslant[\sigma] \tag{12-18}$$

或

$$J_F\geqslant\frac{[W]}{[\sigma]\omega_m^2}=\frac{900[W]}{[\delta]\pi^2n_m^2} \tag{12-19}$$

式中,J_F——飞轮的转动惯量;

[δ]——速度不均匀系数的许用值(表 12-1);

n_m——安装飞轮轴的平均转速,r/min;

[W]——在最大角速度与最小角速度之间的盈亏功,即最大盈亏功。

由式(12-19)可知,J_F 与 ω_m^2 成反比,因此,飞轮应尽可能安装在角速度较高的轴上,这样可以减小飞轮转动惯量,减轻重量。但要注意该回转件的平衡问题。

三、飞轮尺寸的确定

按构造分,飞轮有盘形和轮形两种,轮形飞轮在工程上应用得较多。

1. 轮形飞轮尺寸的确定

轮形飞轮由轮缘、轮辐和轮毂三部分组成(见图 12-8)。

由于轮辐和轮毂的转动惯量比轮缘小得多,故通常不予考虑。设 m_1 为飞轮轮缘的质量,D_1 和 D_2 分别为轮缘的外径和内径,则飞轮的转动惯量近似为

$$J_F=\frac{m_1}{2}\left(\frac{D_1^2+D_2^3}{4}\right)$$

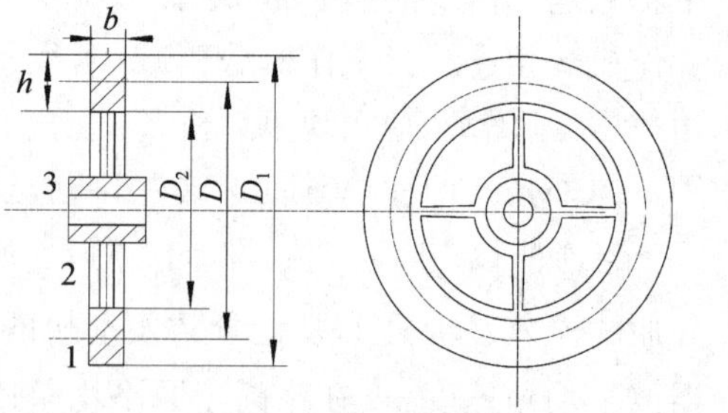

1—轮缘;2—轮辐;3—轮毂

图 12-8 轮形飞轮

因为轮缘厚度 h 与其平均直径 D 相比小很多,故可近似认为轮缘的质量集中在平均直径 D 上,由此得

$$J_F = \frac{m_1 D^2}{2}$$

或

$$m_1 D^2 = 4J_F \tag{12-20}$$

式中，$m_1 D^2$ 称为飞轮矩或飞轮特性，单位 $kg \cdot m^2$。对于不同构造的飞轮，其飞轮矩可从机械设计手册中查到。在选定飞轮轮缘的平均直径 D 后，即可求得飞轮轮缘的质量 m。平均直径 D 的选择，一方面应考虑飞轮在机器中的容许安装位置，另一方面必须限制其圆周速度小于工程上规定的安全值，以免飞轮因圆周速度过大而破裂。

设轮缘的宽度和厚度分别是 b、h，材料密度是 $\rho(kg/m^3)$，则

$$m_1 = \pi Dhb\rho$$

或

$$hb = \frac{m_1}{\pi D\rho} \tag{12-21}$$

当飞轮材料和 h/b 的比值确定后，飞轮轮缘的横剖面尺寸即可由式(12-21)求得。对于较小的飞轮，通常取 $h/b \approx 2$；对于较大的飞轮，取 $h/b \approx 1.5$。

2. 盘形飞轮尺寸的确定

盘形飞轮为一带轴的实心圆盘。设 m、D 和 b 分别为其质量、外径和厚度，则该飞轮的转动惯量为

$$J_F = \frac{m}{2}\left(\frac{D}{2}\right)^2 = \frac{mD^2}{8}$$

则

$$mD^2 = 8J_F \tag{12-22}$$

当选定 D 和计算出 m 之后，便可按飞轮材料计算厚度 b。

例题 12-4　某机械系统稳定运转阶段的一个周期对应其等效构件转一圈，等效构件的平均转速 $n_m = 100$ r/min，等效阻力矩 $M_r = M_r(\varphi)$，如图 12-9(a)所示，等效驱动力矩 M_d 为常数，不均匀系数$[\delta] = 3\%$。求：(1)等效驱动力矩 M_d；(2)等效构件转速最大值 n_{max} 和最小值 n_{min} 的大小及位置；(3) 最大盈亏功$[W]$；(4)飞轮转动惯量 J_F 及飞轮矩 $m_1 D^2$。

解：(1) 机械系统在稳定运转一个周期内，驱动力矩所作的功等于克服阻力的功，故有

$$M_d = \frac{(500\pi + 500 \times 0.5\pi + 500 \times 0.5\pi) \times 0.5}{2\pi} = 250(N \cdot m) \tag{12-23}$$

$M_d(\varphi)$为常数，如图 12-9(a)中虚线 a-a'所示。

(2) $M_r(\varphi)$与 $M_d(\varphi)$的交点有 b、c、d、e、f 和 g，形成面积$(1+1')$、2、3、4、5 和 6，其中$(1+1')$、3 和 5 代表盈功，2、4 和 6 代表亏功。这样，在位置 b、d 和 f 等效构件的转速为局

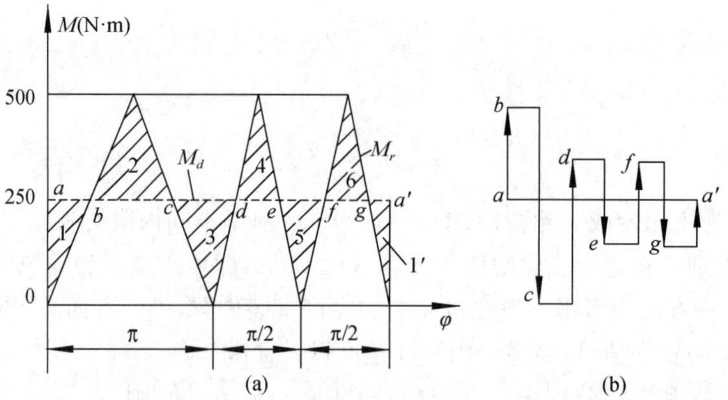

图 12-9　利用盈亏功指示图确定最大盈亏功[W]

部极大值,而在位置 c、e 和 g 转速为局部极小值。在三个局部极大值之间必有一个最大值,同样在三个极小值之间有一个最小值。

绘制盈亏功指示图(图 12-9(b)):任取一水平线,向上和向下的铅垂线分别代表盈功和亏功。选定适当的比例尺,自位置 a 开始,直至一周期结束 a'。最高点 b 和最低点 c 分别为 $n_{\max}$ 和 $n_{\min}$ 位置,其值按给定的 n_m 和 δ 确定。以 n 代替式(12-2)和(12-3)中的 ω,用题目中给定许用值 $[\delta]$ 代替 δ,得

$$[\delta]=\frac{n_{\max}-n_{\min}}{n_m}$$

$$n_m=\frac{n_{\max}+n_{\min}}{2}$$

则有

$$n_{\max}=n_m\left(\frac{2+[\delta]}{2}\right)=100\times\frac{2+0.03}{2}=101.5(\text{r/min})$$

$$n_{\min}=n_m\left(\frac{2-[\delta]}{2}\right)=100\times\frac{2-0.03}{2}=98.5(\text{r/min})$$

(3) 在位置 $b(n_{\max})$ 与 $c(n_{\min})$ 之间盈亏功为最大盈亏功,其值为

$$[W]=0.5\times0.5\pi\times250=196.35(\text{N}\cdot\text{m})$$

(4) 确定 J_F 及飞轮矩 m_1D^2 由式(12-19)得

$$J_F\geqslant\frac{900[W]}{[\delta]\pi^2n_m^2}=\frac{900\times196.35}{0.03\times\pi^2\times100^2}=59.68(\text{kg}\cdot\text{m}^2)$$

设飞轮为轮形,由式(12-20)得

$$m_1D^2=4J_F=4\times59.68=238.72(\text{kg}\cdot\text{m}^2)$$

第十三章 机构创新设计法

主要内容：创新是机械产品竞争力和生命力的基础。而机械的创新很大程度上取决于机构创新。机构方案的选择和设计过程，就是创新思维、创新方法的运用和实现的过程。本章将应用机械原理基本研究方法，运用演化、倒置、叠加、组合和变异等几种手段，衍生出可实现相同或相近功能的机构方案，为读者在机构创新设计方面提供一种思路。

13.1 机构的选型

机构设计首先面临选型问题，选型正确与否将直接影响机械的使用效果和结构的繁简程度等。例如在织机开口机构中，原动件连续回转，输出构件（综框）往复移动，为了给引纬器提供足够的在梭口中飞行时间，要求输出构件在极限位置静止的时间尽可能的长，因此，高速、阔幅织机的开口机构大都采用凸轮机构。图 13-1 和 13-2 是两种凸轮式开口机构，都采用连杆放大原理获得从动件较大的往复移动动程。外置式凸轮开口机构（图 13-1）整体安装在机器墙板外面，内置式（图 13-2）的凸轮则安装在机器的车肚子内。从安装及检修方面考虑，外置式更为方便；而内置式具有结构紧凑、占地面积小的特点。

本书前面章节，分别介绍了连杆机构、凸轮机构、齿轮机构、轮系和其他常用机构的类型、特点及应用，为读者提供了机构选型的初步知识。

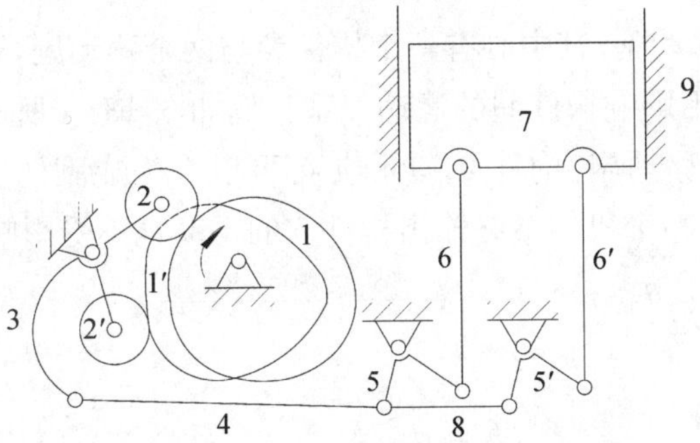

图 13-1 Elitex 槽道凸轮开口机构

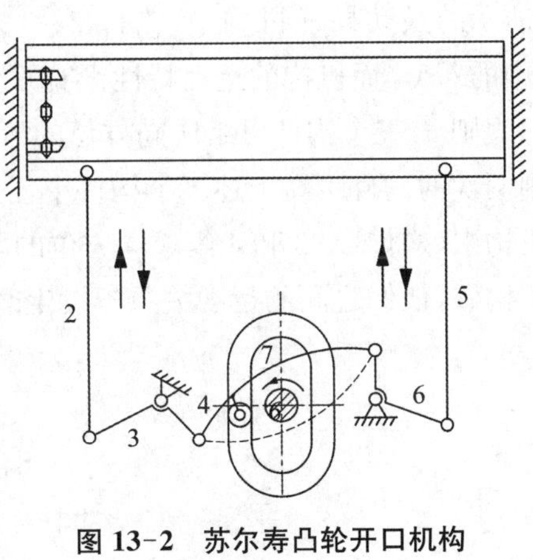

图 13-2 苏尔寿凸轮开口机构

13.2 同性异形机构演化法

同性异形机构是指运动特性相同而形态不同的一组机构（机构族）。机构运动特性相同的含义是：

（1）两机构的自由度相等；

（2）两机构中共有的各构件间的相对运动相同。

一、同性异形机构的分类

同性异形机构有两大类：

Ⅰ类同性异形机构：运动副类型、数目与构件数均相同的同性异形机构。

Ⅱ类同性异形机构：运动副类型、数目与构件数已有变化的同性异形机构。

二、同性异形机构的演化规则

1. Ⅰ类同性异形机构的演化规则

规则1：组成低副（移动副、转动副和球面副等）两元素的包容面与被包容面可以互换，不影响该运动副的运动特性。如图13-3中(a)和(b)所示的两个机构，构件2、3组成移动副，图(a)中构件2被构件3包容，而图(b)中构件3被构件2包容，虽然包容互换了，但两个机构的运动没有改变。

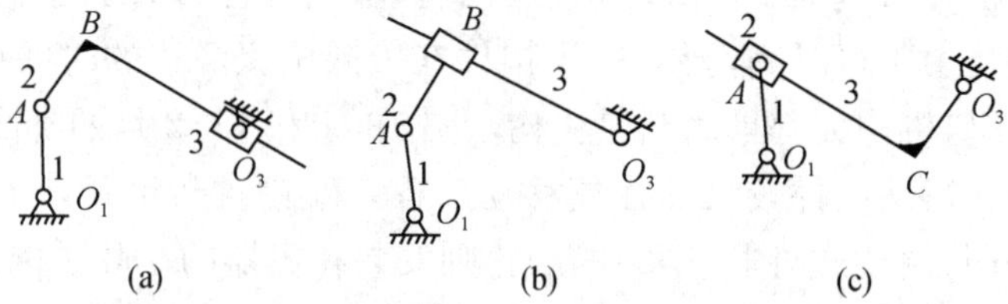

图13-3　由移动副平移及其元素互换形成同性异形机构

规则2：组成移动副的方位线可任意平移，而不影响该运动副的运动特性。图13-3(b)、(c)所示的摆动导杆机构中，构件2、3之间的移动副方位线由图(b)中的O_3B平移至图(c)中的CA，而机构的运动特性没有改变。

规则3：三个构件可组成同方位的两个移动副，其中必有一个构件参与两个移动副，这种成副两次的构件可在上述三个构件中任选，不影响构件间的运动关系。例如图13-4所示三个机构中，构件2、3和4组成同方位的两个移动副，构件2、3和4都可以作为成副两次的那个构件，他们之间的运动关系不发生改变，整个机构最终输出构件5的运动也不受影响。

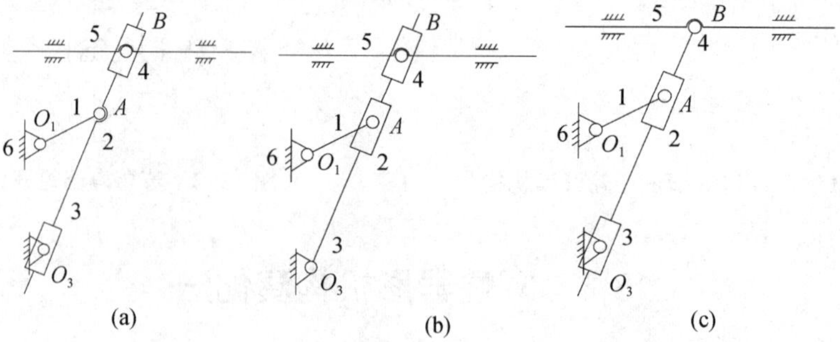

图13-4　三个构件组成同方位的两个移动副

规则 4:组成转动副(球面副)的两元素可按同一比例任意扩大或缩小,只要转动副(球面副)的中心线或中心在成副两构件上的位置不变,则该运动副的运动特性不变。

图 13-5(a)所示的机构中,偏心轮 1 绕轴心 O_1 转动,它与构件 2 左端具有同样直径的内孔相配合,其几何中心 A 在构件 1 和 2 上的位置不变,即这两个构件在 A 处组成转动副。构件 2 的右端开有弧形槽,它与可绕 O_3 点摆动的弧形块 3 配合,槽和块的圆心均在 B 点。尽管 B 点相对于 O_3 在不断运动,但该点在运动构件 2 和 3 上的位置却始终不变,即 B 点是构件 2、3 的相对回转中心,弧形槽 2 和弧形块 3 在 B 点处构成转动副。因此,图(a)机构可演化成图(b)所示的铰链四杆机构。

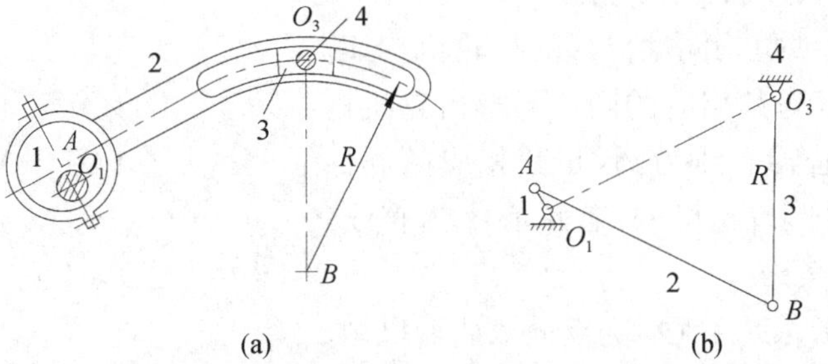

图 13-5　改变转动副尺寸获得同性异形机构

2. Ⅱ类同性异形机构的演化规则

规则 1:机构中自由度多的低副(空间运动副)可分解为与其自由度数及相对运动全部相同的若干个单自由度的低副。

如球面副 ($F=3$) 与相交于球心的三个转动副 ($F=1$) 属于同性异形(图 13-6),圆柱副($F=2$) 与和其轴线重合的一个转动副及一个移动副属于同性异形。机构中的球面副和圆柱副经过上述置换后,可得同性异形机构。

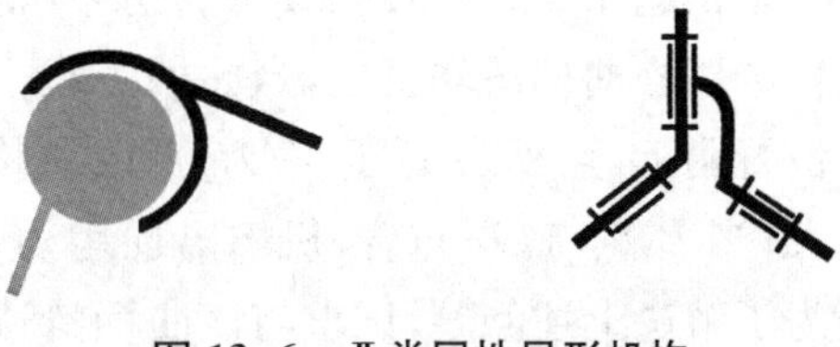
图 13-6　Ⅱ类同性异形机构

规则 2:通过高副低代,可得到同性异形机构。关于高副低代的知识在前面章节中已经介绍,这里不再重复。

规则 3:平面连杆机构(或平面凸轮机构)存在与其同性异形的瞬心线机构。

如图 13-7 所示的铰链四杆机构 O_1ABO_3,现需求连杆 2 的定瞬心线 π_0 与动瞬心线 π_2。连架杆 1(O_1A) 和 3(O_3B) 延长线的交点即为连杆 2 与机架 4 的绝对速度瞬心 P_{24}(简写为 P)。今在 P 处附加一 PRP Ⅱ 级杆组,导块 5、6 相互铰接在 P 点,同时 5 与 1、6 与 3 分别组成移动副,这样就构成平面六杆机构。当给定连架杆 1 的一系列位置,应用图解法或解析法可以确定 P 点的各对应

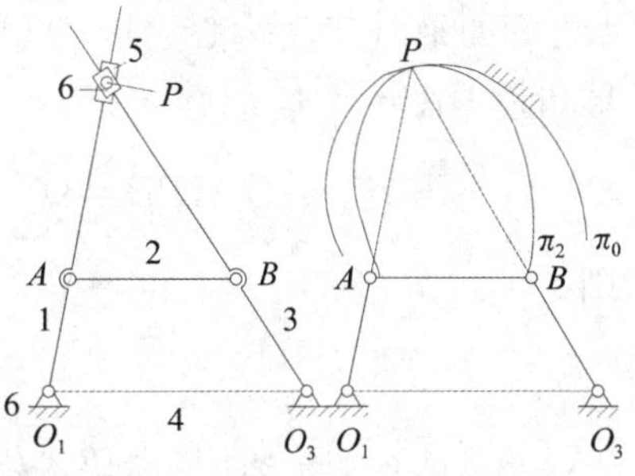

图 13-7　同性异形的铰链四杆机构与瞬心线机构

位置，这些位置所构成的曲线就是构件 2 的定瞬心线 π_0（图 13-7(b)所示）。

应用运动倒置法，释放固定杆（机架）4 而将连杆 2 固定，按上述相同的方法求得“连杆 4”的定瞬心线，即为原连杆 2 的动瞬心线 π_2。

这样，在铰链四杆机构 O_1ABO_3 中，连杆 2 的运动就相当于与其固结的动瞬心线 π_2 沿定瞬心线 π_0 作纯滚动，换言之，在该铰链四杆机构和相应的瞬心线机构中，其共有构件（连杆 2）的运动特性相同。

同样，将图 13-7 所示铰链四杆机构 O_1ABO_3 中的构件 1（O_1A）固定为机架，则连架杆 4 和连架杆 2 的相对运动相当于分别与它们固结的动瞬心线 π_0 和定瞬心线 π_2 作纯滚动。

规则 4：与瞬心线机构同性异形的齿轮机构，若瞬心线为一般曲线，与其相应的同性异形齿轮机构为非圆齿轮机构；若瞬心线为圆，与其相应的同性异形齿轮机构为圆形齿轮机构；若瞬心线为直线，则与其相应的为齿条。

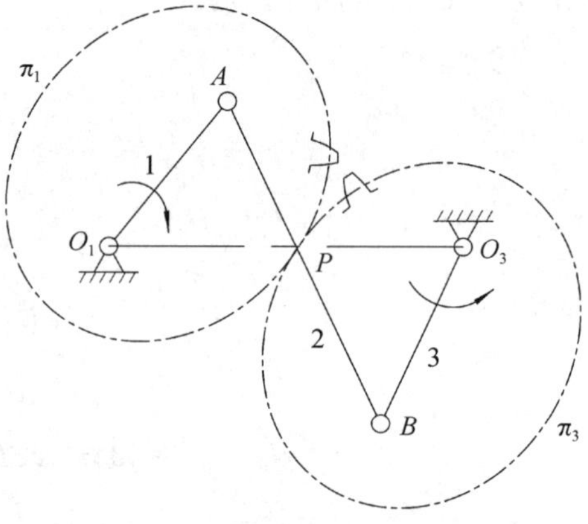

图 13-8　反向双曲柄机构与其同性异形的椭圆齿轮机构

如图 13-8 所示，O_1ABO_3 为反向双曲柄机构，杆长满足：$O_1A = O_3B$，$AB = O_1O_3$。该机构中曲柄 1（O_1A）与曲柄 3（O_3B）的相对运动相当于与曲柄 1 固结的瞬心线 π_1 和与曲柄 3 固结的瞬心线 π_3 作纯滚动，即与 π_1 和 π_3 对应的一对椭圆齿轮传动。

例题 13-1　如图 13-9 所示为曲柄与连杆等长的对心曲柄滑块机构，当曲柄 1（O_1A）转到铅垂位置附近，点 B 接近于点 O_1，此时机构的压力角很大；当 B 点与 O_1 重合，机构出现运动不确定位置。为了解决上述问题，试求与该曲柄滑块机构运动特性相同的瞬心线机构与齿轮机构。

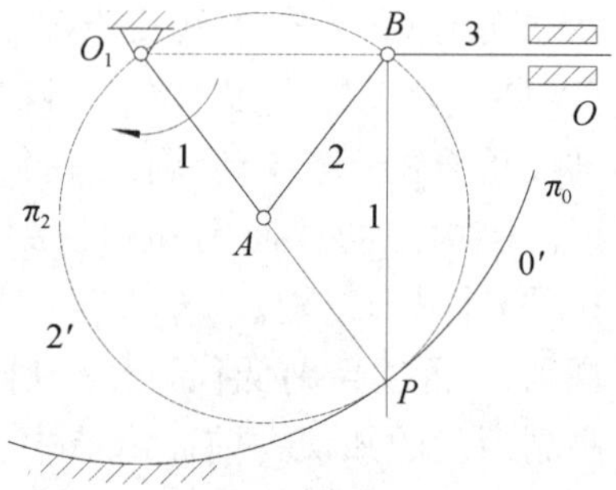

图 13-9　曲柄与连杆等长的对心曲柄滑块机构与卡当机构是同构异形机构

解： 在图 13-9 中，延长 O_1A，同时过 B 点作其运动方向的垂线，两者交点 P 即是构件 2 与机架 4 之间的绝对速度瞬心。因 $\triangle O_1BP$ 为直角三角形，且 $O_1A = AB$，故有

$$\angle APB = 90° - \angle AO_1B = 90° - \angle ABO_1 = \angle ABP$$

则

$$AP = AB = O_1A$$

上式表明，当该曲柄滑块机构运动时，连杆 2 的绝对速度瞬心 P 至顶点 O_1 的距离为常数，$O_1P = 2O_1A$，即连杆 2 的定瞬心线 π_0 是圆心为 O_1、半径为 O_1P 的圆；P 点离连杆 2 上 A 的距离也为常数，$AP = O_1A$，即连杆 2 的动瞬心线 π_2 是圆心为 A，半径为 AP 的圆。这样，

当连杆 2 运动时，其固结的动瞬心线 π_2 沿定瞬心线 π_0 作纯滚动，π_2 圆周上任一点(B)的轨迹为该点至固定点 O_1 连线的直线 O_1B。圆 π_2 和 π_0 称为卡当圆，与此相应的机构称为卡当机构。

以上述瞬心线作为节圆构成相应的齿轮机构：原曲柄 O_1A 为转臂 1，动瞬心线 π_2 用行星轮 2′ 替代，定瞬心线 π_0 用中心轮(内齿轮)0′ 替代，从而转换成一行星轮系。当转臂 1 绕 O_1 点转动时，行星轮 2′ 的节圆 π_2 上 B 点沿水平方向作直线运动。卡当机构可以改善原曲柄滑块机构中，当 B 点与 O_1 重合，机构运动不确定现象。

卡当机构是曲柄与连杆等长的曲柄滑块机构的同性异形机构。

规则 5：传动比相同(包括大小和符号)的轮系属于同性异形机构。对于周转轮系，指的是其转化机构的传动比。

图 13-9 所示的卡当机构中，行星轮 2′尺寸较大，中心论 0′ 的尺寸更大，为了使机构紧凑，通过求该轮系的同性异形机构实现。

上述卡当机构属于周转轮系，其转化轮系的传动比为

$$i_{0'2'}^{H}=\frac{z_{2'}}{z_{0'}}=\frac{O_1A}{O_1P}=\frac{1}{2}$$

今保持传动比 $i_{0'2'}^{H}$ 不变，将原来的一对内啮合齿轮改为两对外啮合齿轮，如图 13-10 所示，取行星轮 2′ 与中心轮 0′ 的齿数比 $z_{2'}/z_{0'}=1/2$，即 $i_{0'2'}^{H}=1/2$，该机构为卡当机构的同性异形机构。两机构中，行星轮 2′ 的运动相同，在保持 $AB=O_1A$ 的条件下，轮 2′ 上 B 点的运动也相同。

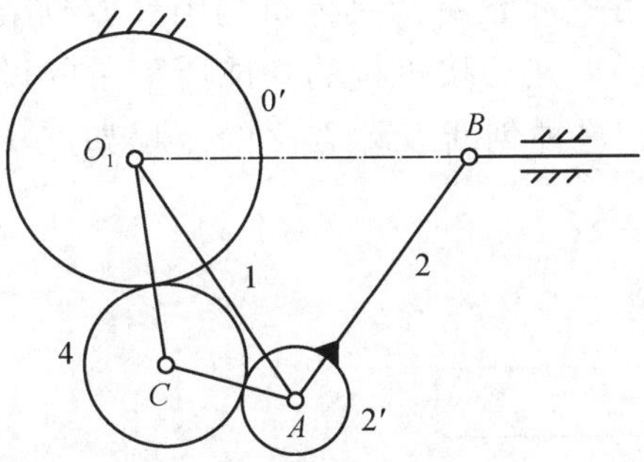

图 13-10　卡当机构的同性异形机构(1)

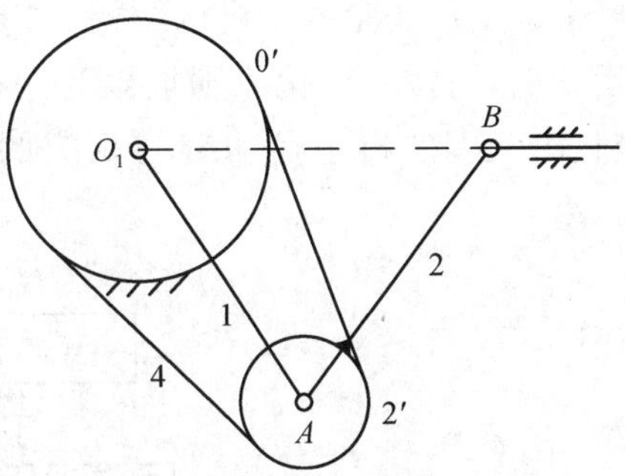

图 13-11　卡当机构的同性异形机构(2)

将两对外啮合的齿轮改为同步齿形带或链传动，如图 13-11 所示，也可以得到卡当机构的同性异形机构。此时需要满足的条件是：两大小带轮或链轮的齿数比 $z_{2'}/z_{0'}=1/2$，且 $AB=O_1A$。

规则 6：空间机构中带两球面副的双副杆(简称 S-S 杆)，其中一个球面副可用相交于球心的两转动副(简称十字接头)替代，仍能保持机构运动特性不变。替代后消去了 S-S 杆绕自身轴线回转的局部自由度。见图 13-12 所示。

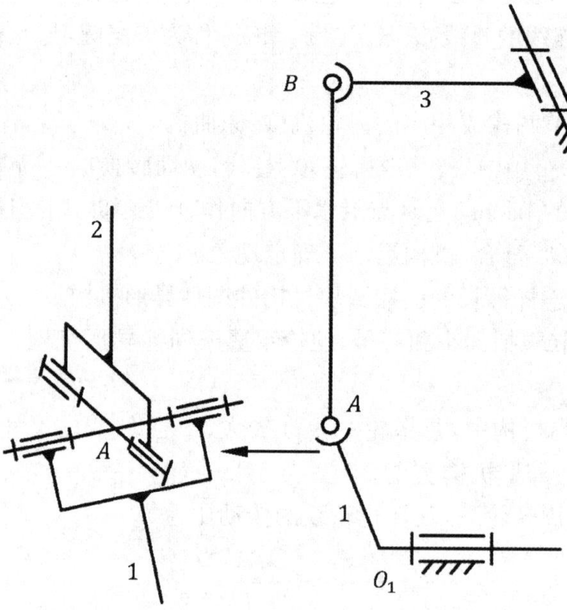

图 13-12　用十字接头替代 S-S 杆上的一个球面副

13.3　再生运动链法

再生运动链法是基于机构结构分析的原理，在一个已有的具体机构中释放机架而转化为运动链，再按一般化原则抽象为一般化运动链，然后按机构的功能所赋予的设计约束，演化出众多的再生运动链与相应的新机构。这种创新设计方法的流程如图 13-13 所示。

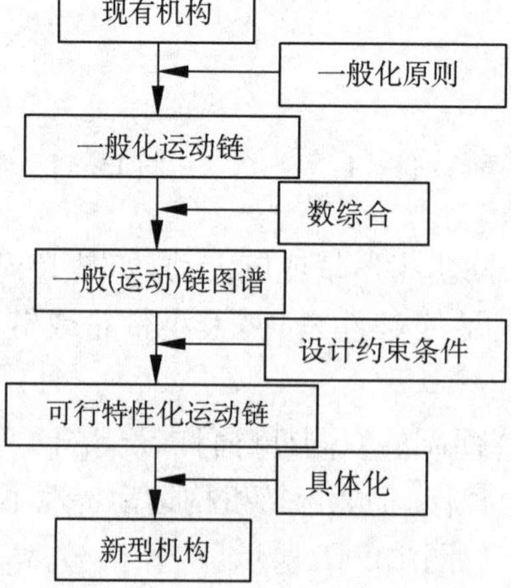

图 13-13　机构创新设计流程

一、一般化原则

机械装置的组成元件虽然各不相同，但均可以转化为只含一般化运动副（转动副）和一般化连杆的一般化运动链。通过一般化程序，设计者能够用一种非常通用的方式来研究和比较不同的装置。

1. 一般化运动副和一般化连杆

一般化运动副　是一个通用的运动副，可以是一个转动副、移动副、球面副、螺旋副，或者是其他种类的运动副。一个具有两个构件与之附随的运动副，称为一般化简单运动副；一个具有两个以上构件与之附随的运动副，称为一般化复合运动副。用图表达，一个具有 N_L 个杆与之附随的一般化运动副，表达为中心有一个圆点的 N_L-1 个同心圆。图 13-14 分别给出具有二个、三个和四个杆与之附随的一般化运动副。

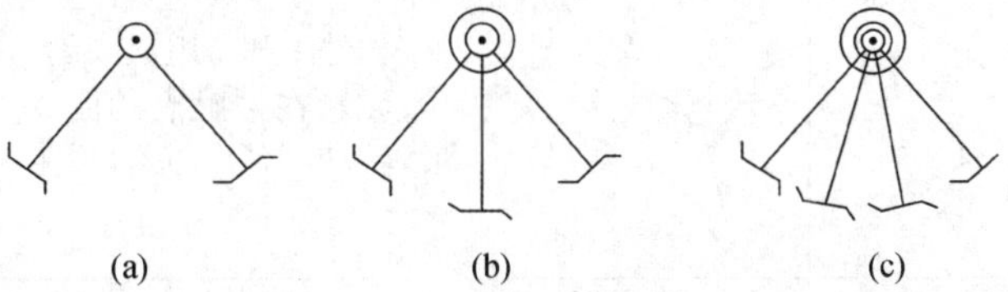

图 13-14　一般化运动副的图示

一般化连杆　是指具有一般化运动副的连杆，它可以是二副杆、三副杆或四副杆。用图表达，一个与 N_j 个运动副附随的一般化杆，表达为一多边形，且多边形的顶端是中心处有个圆点的小圆、多边形内布有阴影线。图 13-15 分别为一般化二副杆、一般化三副杆和一般化四副杆图示。

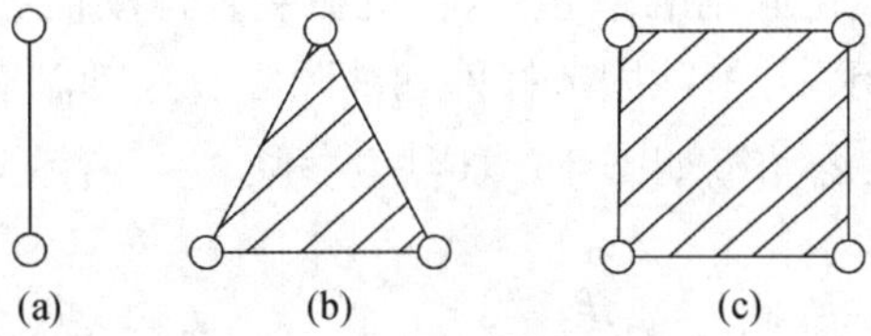

图 13-15　一般化连杆的图示

2. 一般化原则

将机械装置的简图简化为与其对应的一般化（运动）链的基本原则是：

（1）将机械装置中非刚性构件转化为“刚性”连杆；

（2）将机械装置中所有构件都转化为一般化连杆；

（3）将机械装置中各构件之间的运动副都转化为一般化运动副，即转动副；

（4）将机械装置中固定杆（机架）的约束予以解除，机构成为运动链；

（5）机械装置及与其对应的一般化运动链的自由度保持不变。

弹簧、滚动副、高副和移动副的一般化图例见表 13-1。

表 13-1　一般化图例

名称	图例	一般化	说明
弹簧		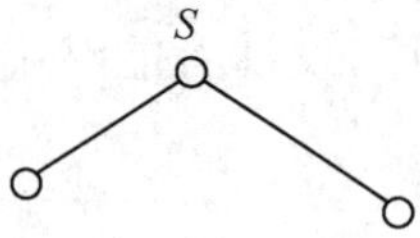	两构件之间的弹簧连接用Ⅱ级杆组(A 型)代替,并在中间铰链点标志“S”
滚动副	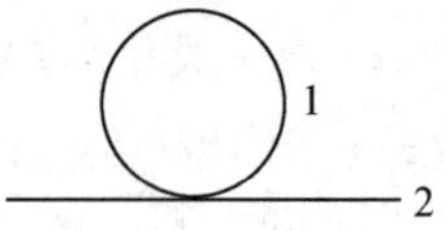	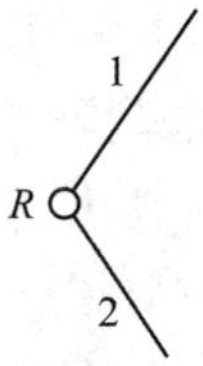	两构件之间的纯滚动接触形成滚动副,用转动副 R 代替
高副	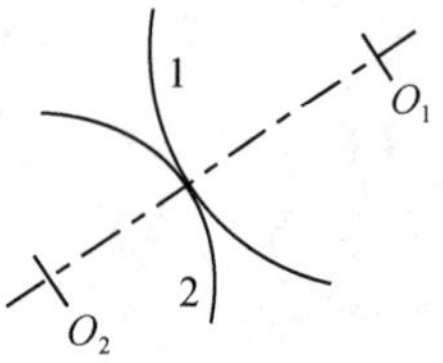	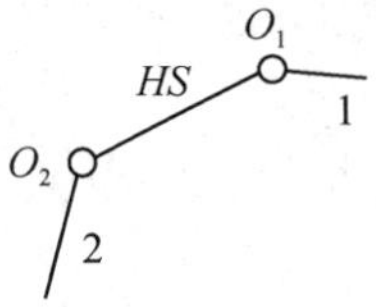	构件 1 和 2 组成高副,O_1 和 O_2 分别为该高副元素在接触点的曲率中心,以一杆(HS)、两转动副(O_1、O_2)代替
移动副	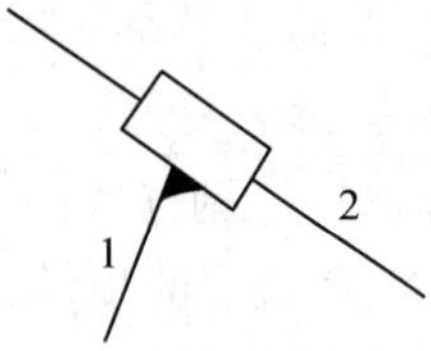	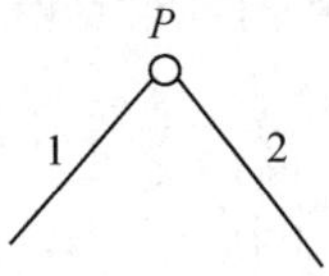	移动副用转动副代替,并标志“P”

3. 一般化运动链

一般化运动链是在一般化原则的指导下,将机械装置运动简图中的运动副用一般化运动副表示,杆件用一般化杆表示,并解除固定杆件和消除复合运动副后得到的。图13-16(a)所示的牛头刨床机构,其一般化运动链如图 13-16(b)所示。

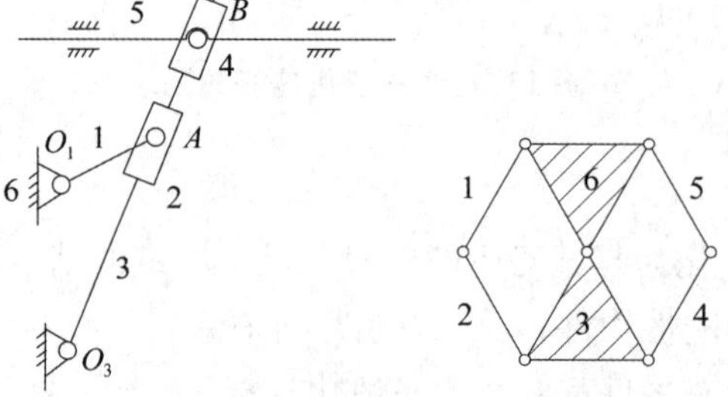

(a)　(b)

图 13-16　牛头刨床机构及其一般化运动链

一般化运动链中的每一个运动副均为一般化运动副,即未明确运动副的类型。对于一个一般化运动链,当指定了其中所有运动副的类型和固定一个构件为机架后,若自由度≥1,称其为一个运动链;若自由度≤0,该一般化运动链称为一个刚性链。

二、连杆类配

1. 连杆类配的定义

一般化运动链中包含的带有不同运动副数量的各类一般化杆组合，称为一般化运动链的连杆类配(A_L)。可表示为

$$A_L=(N_{L2}/N_{L3}/N_{L4}/\cdots/N_{Lm})$$

其中，N_{L2}、N_{L3}、N_{L4}、$\cdots N_{Lm}$ 分别表示具有双副、三副、四副 $\cdots m$ 副的一般化杆的数目。

2. 连杆类配的形式

一个具有 N_L 个一般化杆和 N_J 个一般化运动副的一般化运动链，其连杆类配的形式有两大类：

(1) 自身连杆类配：原始机构一般化运动链(简称原始运动链)的连杆类配。

(2) 相关连杆类配：按运动链自由度不变的原则，由原始运动链演化出的与其具有相同连杆数目和运动副数目的连杆类配。相关连杆类配中，每种杆件的数目满足下列两式：

$$N_{L2}+N_{L3}+N_{L4}+\cdots+N_{Lm}=N_L \tag{13-1}$$

$$2N_{L2}+3N_{L3}+4N_{L4}+\cdots+mN_{Lm}=2N_J \tag{13-2}$$

其中，m 是附随于一个连杆的最大运动副数，且运动链中运动副总数 N_J 应满足下式：

$$N_L\leqslant N_J\leqslant N_L(N_L-1)/2 \tag{13-3}$$

m 可以根据图论的基本概念得到，表示为

$$m_{\max}=\begin{cases}N_J-N_L+2 & (\text{当 } N_L\leqslant N_J\leqslant 2N_L-3 \text{ 时})\\ N_L-1 & (\text{当 } 2N_L-3\leqslant N_J\leqslant N_L(N_L-1)/2 \text{ 时})\end{cases} \tag{13-4}$$

根据方程(13-1)～(13-4)可以得到一般化运动链的所有连杆类配形式。

例题 13-2　六杆运动链连杆类配

对于六连杆机构，$N_L=6$，$N_J=7$，根据式(13-4)，$m_{\max}=3$，即连杆类配中不可能有四副及四副以上的杆。因此根据方程(13-1)和(13-2)有

$$\begin{cases}N_{L2}+N_{L3}=6\\ 2N_{L2}+3N_{L3}=14\end{cases}$$

解上述两个方程得：$N_{L2}=4$，$N_{L3}=2$，即相应的连杆类配为：$A_L=(4/2/0)$，用图解表示如下：

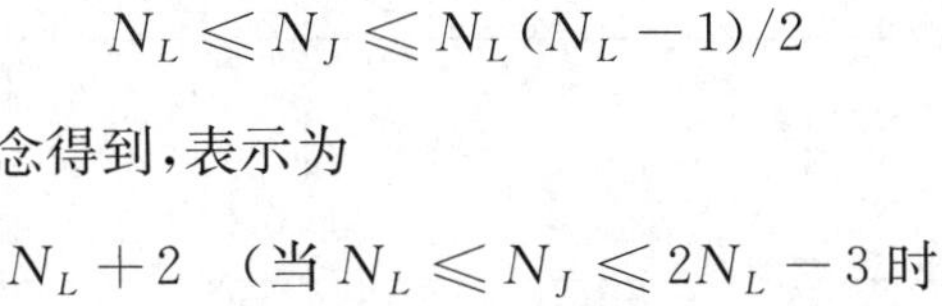

图 13-17　连杆类配图解

$A_L=(4/2/0)$类配形式可形成两种基本组合运动链：①A 型(斯蒂芬逊型)，两个三副杆非直接铰接(图 13-18(a))；②B 型(瓦特型)，两个三副杆直接铰接(图 13-18(b))。

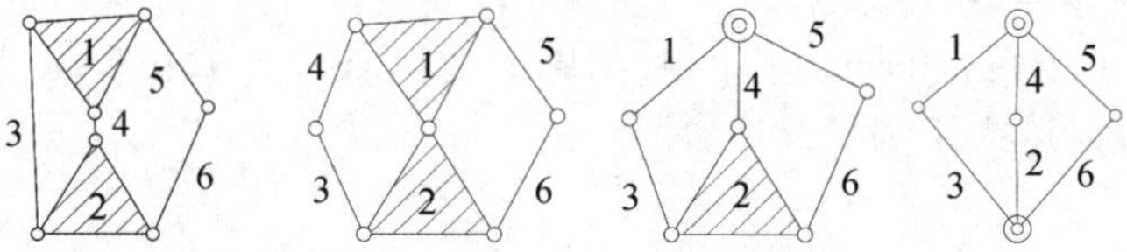

(a) A型（斯蒂芬逊型） (b) B型（瓦特型） (c) C型 (d) D型

图 13-18 $A_L=(4/2/0)$类配形式的四种运动链

对于 A 型或 B 型链，若使杆 1、4、5 组成复合铰链，则得到 C 型(图 13-18(c))；在 C 型基础上，使连杆 2、3、6 组成复合铰链，得到 D 型运动链(图 13-18(d))。

例题 13-3 列出具有四个连杆的一般化运动链的所有连杆类配形式

解： 对于具有四个连杆($N_L=4$)的一般化运动链，根据方程(13-3)知，其运动副数目可以是 4 个、5 个或 6 个。

由方程(13-4)知，当 $N_J=4$ 时，$m_{\max}=2$；当 $N_J=5$ 时，$m_{\max}=3$；当 $N_J=6$ 时，$m_{\max}=3$。运用方程(13-1)和(13-2)，可得到上述三种情况下连杆类配的结果，如表 13-2 所示。

表 13-2 具有四个连杆的一般化运动链

序号	N_J	$m_{\max}$	两副杆个数 N_{L2}	三副杆个数 N_{L3}	连杆类配 A_L	连杆类配图解
1	4	2	4	0	$A_L=(4/0)$	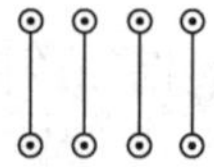
2	5	3	2	2	$A_L=(2/2)$	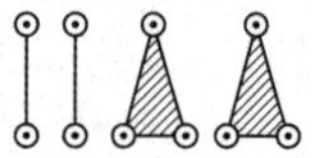
3	6	3	0	4	$A_L=(0/4)$	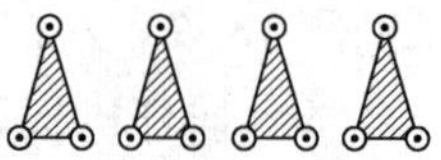

通过对具有 N_L 个一般化杆和 N_J 个一般化运动副的连杆类配进行组合，可以得到(N_L，N_J)一般化链的图谱。一个特定的连杆类配可能以多于一种方式进行组合，从而获得不同的一般化链。在组合一个连杆类配形成与其对应的一般化链时，必须满足以下条件：

(1) 必须用到所有的连杆，以使链连通；

(2) 必须用到所有的运动副，以使链闭合；

(3) 一个运动副只能与两个连杆附随，以使链只含简单的运动副；

(4) 两个连杆之间只有一个运动副。

三、机构创新设计例题

1. 原始机构

图 13-19 为一铰链夹紧机构的运动简图，下面运用再生运动链法对其进行创新设计。

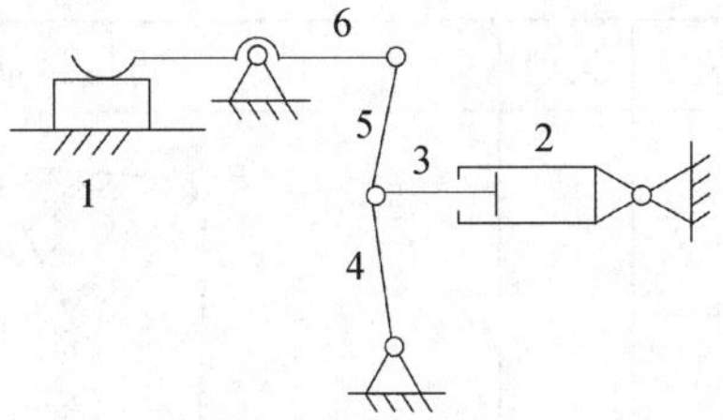

图 13-19　铰链夹紧机构的运动简图

2. 设计过程

(1) 设计约束

任何机构在设计之初，设计者都要根据实际工作情况提出相应的约束要求。本题目的设计要求是：

① 构件总数 N_L 和运动副总数 N_J 均保持不变，即 $N_L=6$，$N_J=7$；

② 新机构中必须含有液压元件驱动，即包含一液压缸和一活塞；

③ 新机构中须有一个固定杆作为机架；

④ 在新机构中，液压缸须与机架铰接或本身作为机架；

⑤ 活塞一端与液压缸组成移动副，另一端不能与固定杆(机架)铰接；

⑥ 在新机构中，须有一个双副杆作为执行件，它不能与活塞杆铰接，但应与固定杆铰接。

(2) 一般化运动链

根据一般化原则，将原始机构的运动简图表示成一般化运动链，其中，活塞杆 3 和液压缸 2 均以连杆形状代替，它们之间的移动副用转动副代替，但旁边注上符号 P，同时释放固定构件 1。得到的一般化运动链如图 13－20 所示，属于图 13-18中的 C 型。

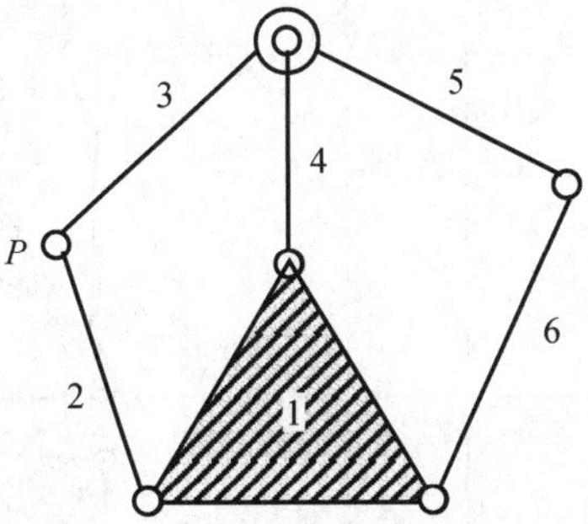

图 13-20　铰链夹紧机构的一般化运动链

(3) 再生运动链

铰链夹紧机构的一般化运动链为六杆组合机构运动链的 C 型，其余下相关的运动链是图 13－18 中的 A、B 和 D 型。

设以 G(Gound)表示固定杆，E(Execution)表示执行件，C(Cylinder)表示活塞杆，P(Prismatic pair)表示由液压缸与活塞杆组成的移动副，则 A 型运动链衍生出六种再生运动链；B 型运动链衍生出四种再生运动链；C 型运动链衍生出十种再生运动链；D 型运动链仅衍生出一种再生运动链。见表 13-3 所示。

(4) 机构创新设计

基于再生运动链进行机构创新设计的步骤如下：

① 指定某一杆为固定杆(机架)；

② 选固定杆的一端与液压缸铰接，或将液压缸本身作为固定杆；

③ 使活塞杆的一端与液压缸组成移动副，但另一端不能与固定杆相连；

④ 选一个双副杆作为执行件，它不能与活塞杆相连，但须与固定杆铰接。

按照上述步骤，并结合设计约束条件，可推出二十一种铰链夹紧机构的运动简图，见表13-3所示。

表 13-3 再生运动链与相应铰链夹紧机构运动简图对照

序号	类型	再生运动链	新机构的运动简图
1	A 型	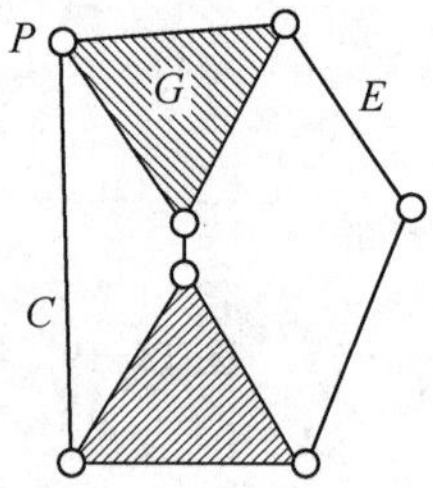	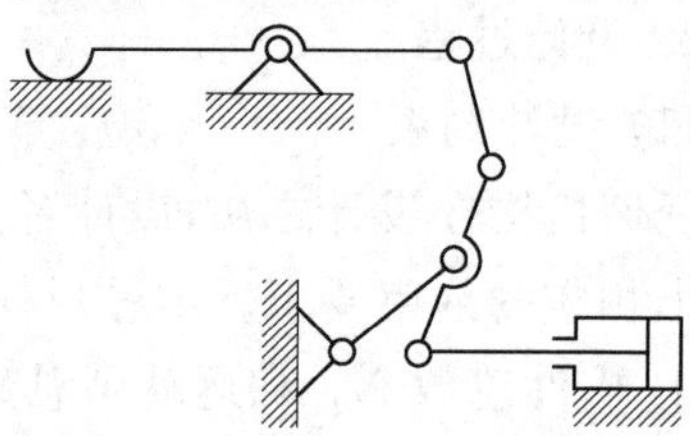
2		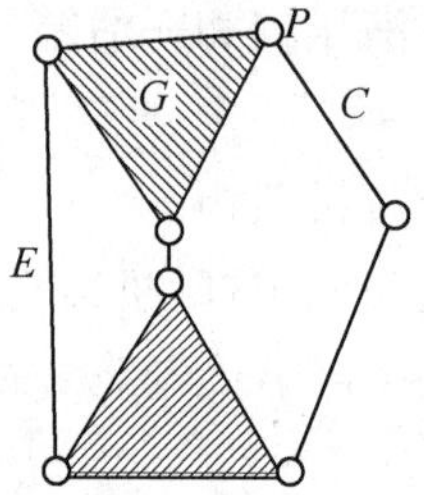	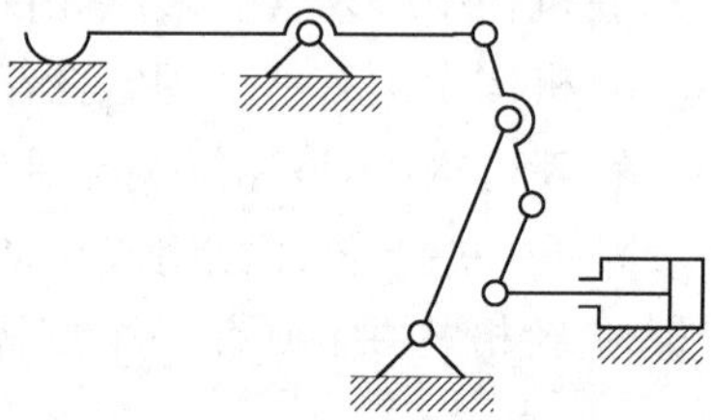
3		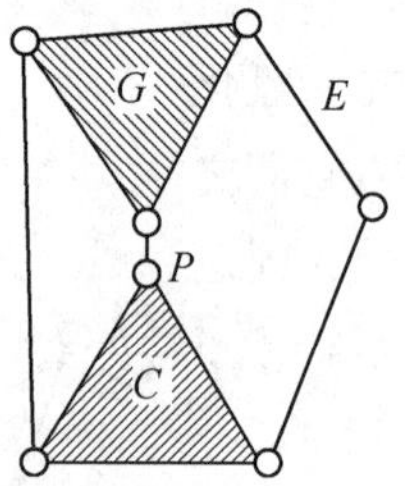	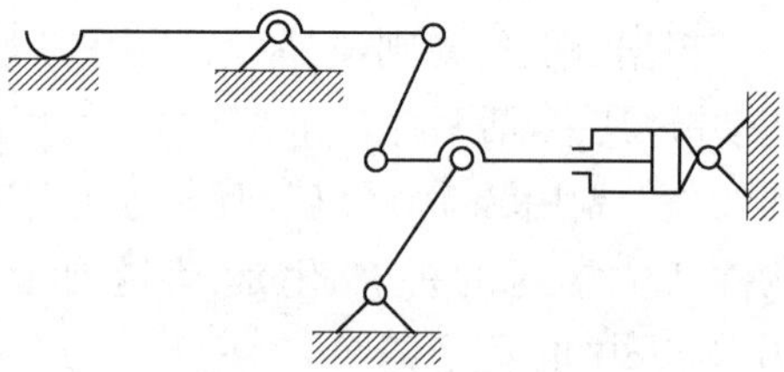
4		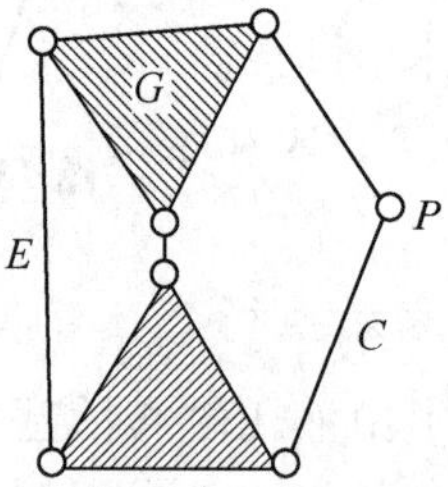	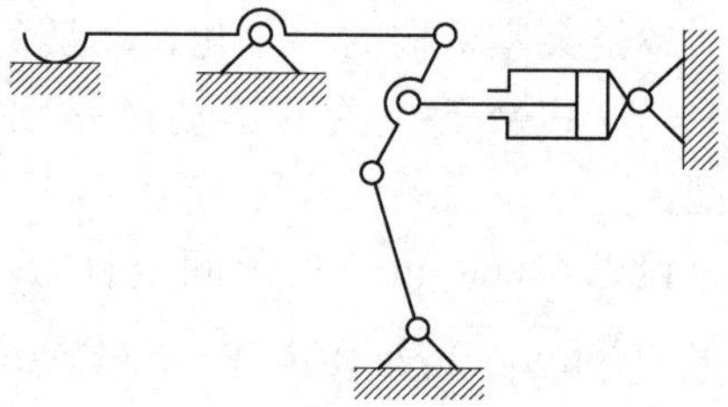
5		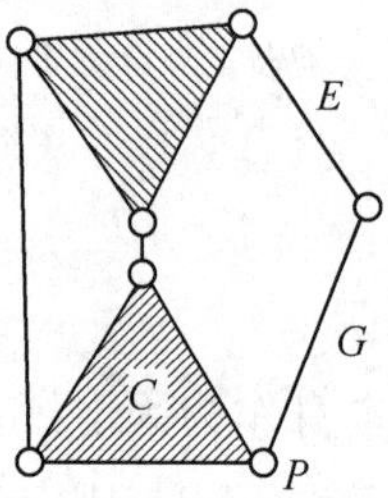	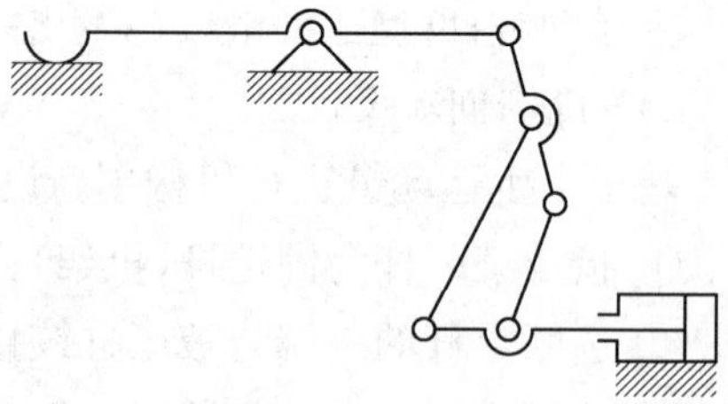

续表

序号	类型	再生运动链	新机构的运动简图
6	A 型	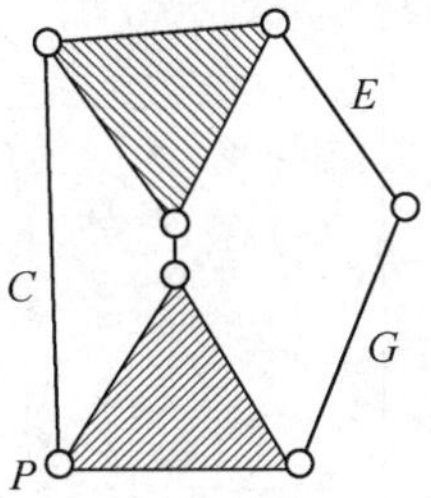	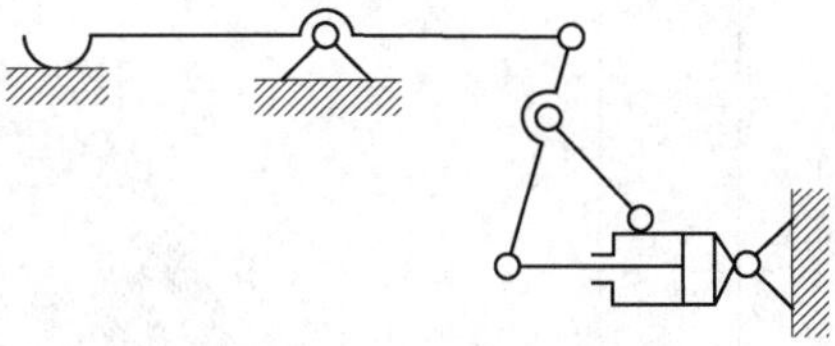
7	B 型	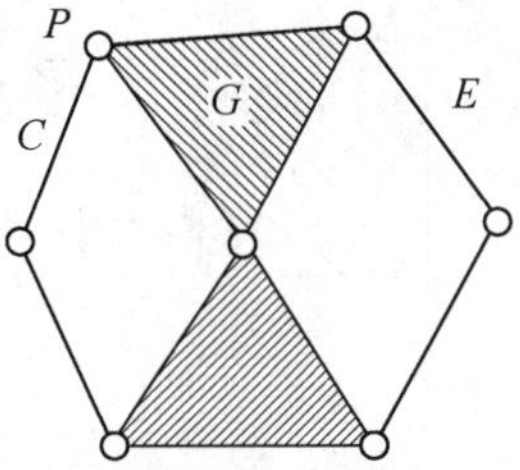	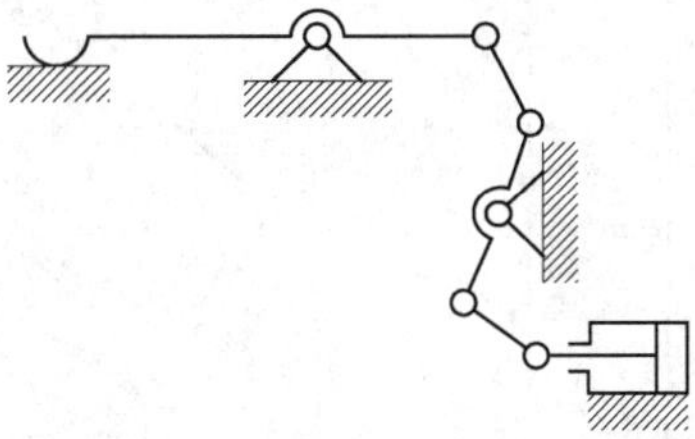
8		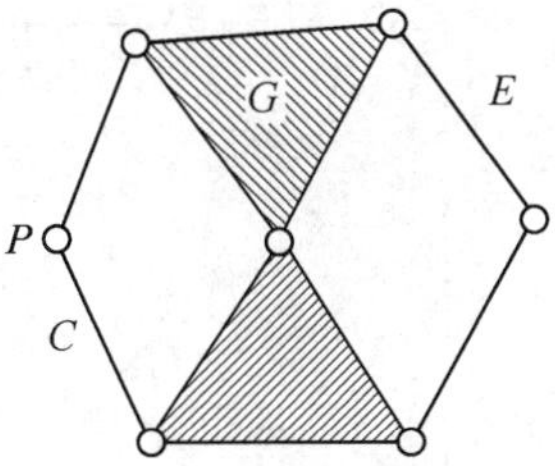	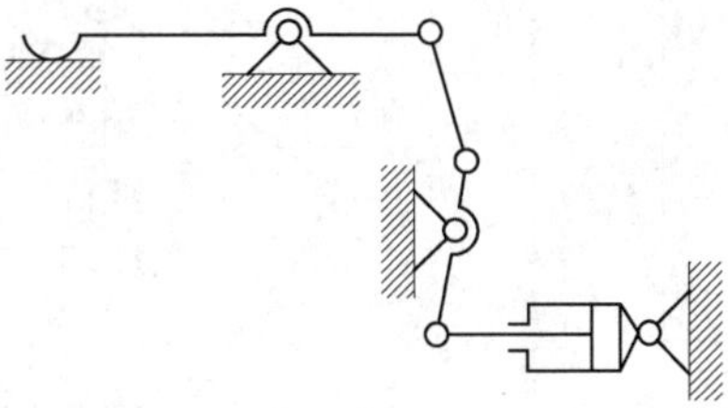
9		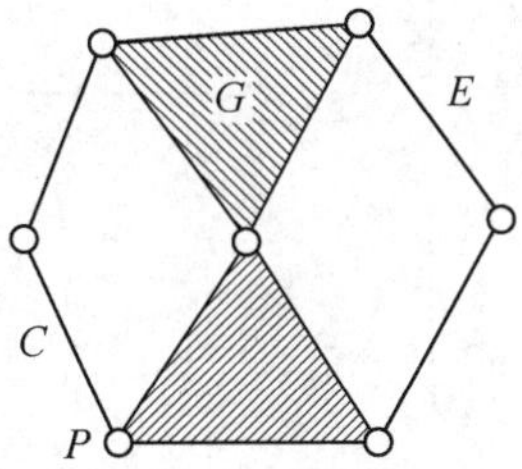	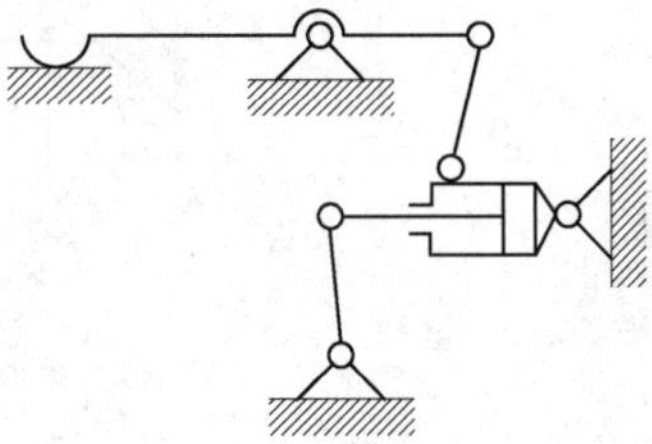
10		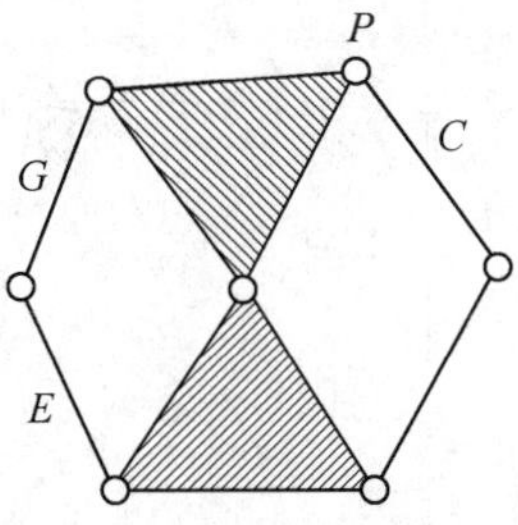	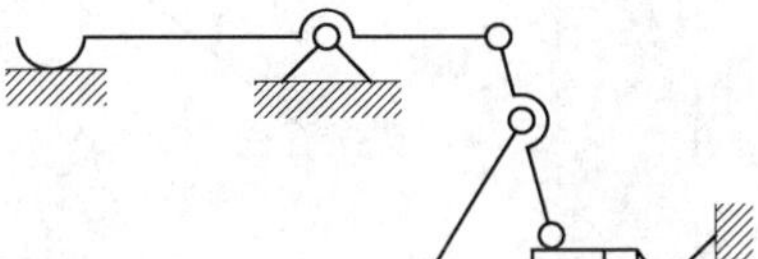

续表

序号	类型	再生运动链	新机构的运动简图
11	C型	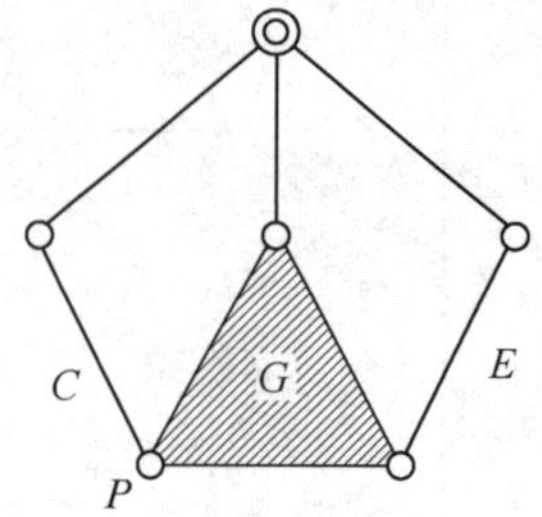	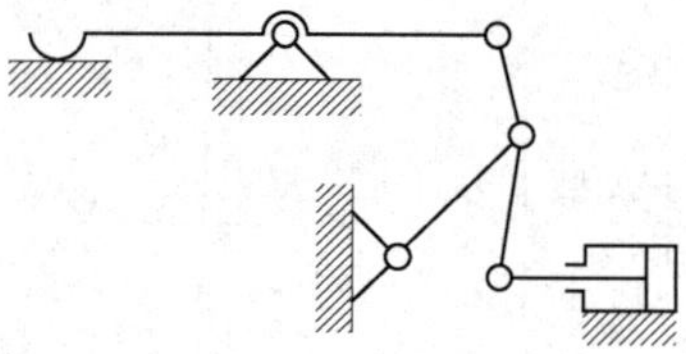
12	C型	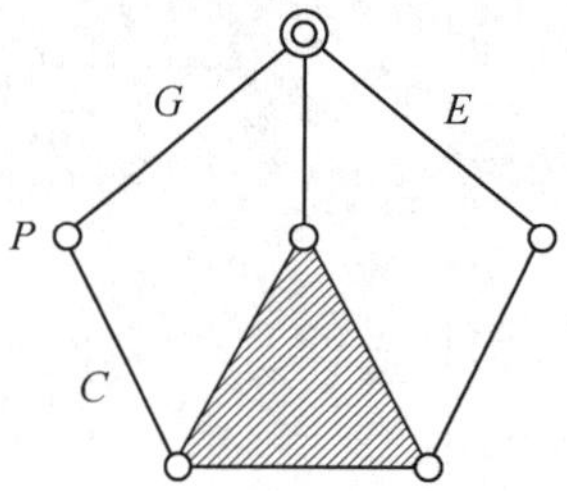	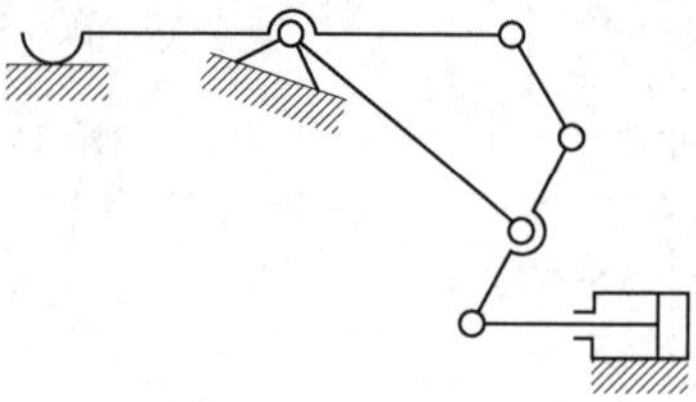
13	C型	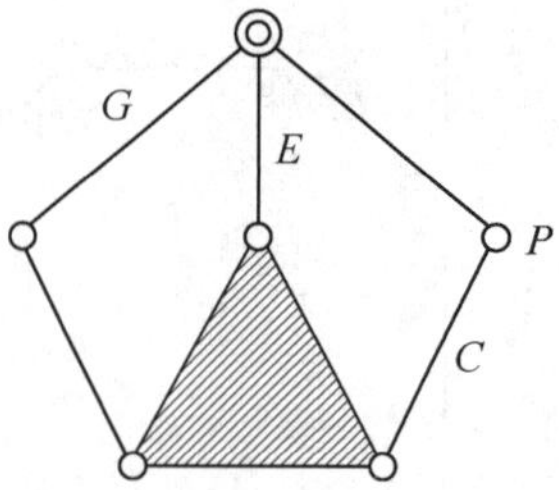	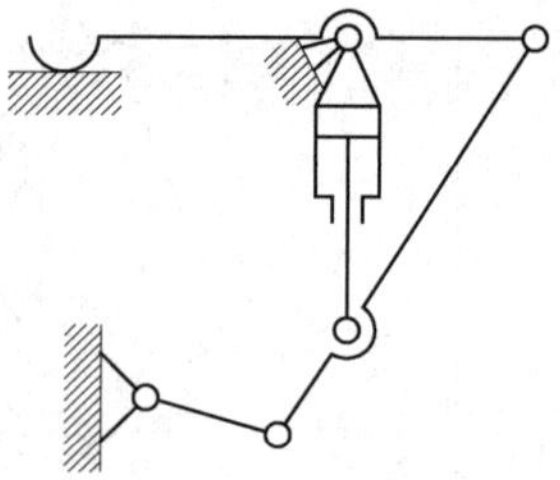
14	C型	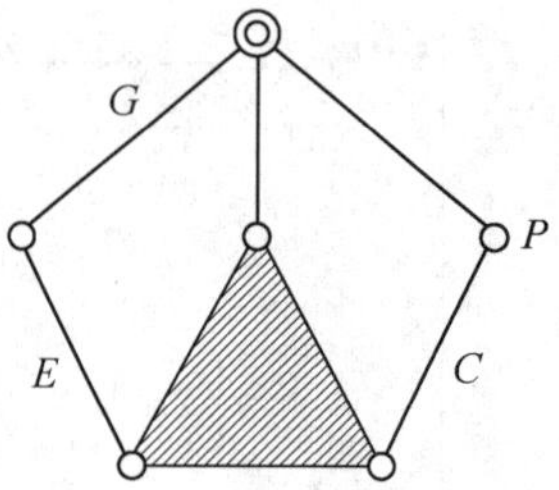	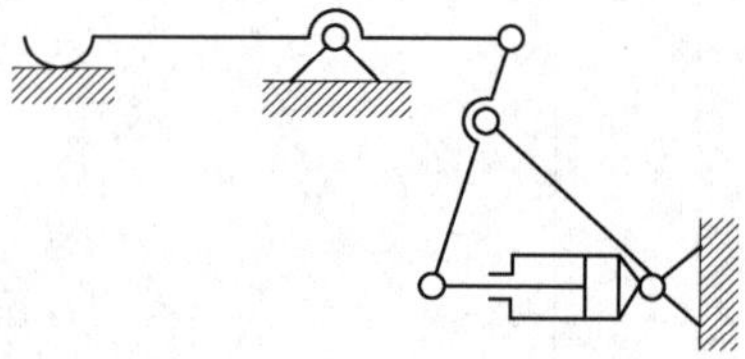
15	C型	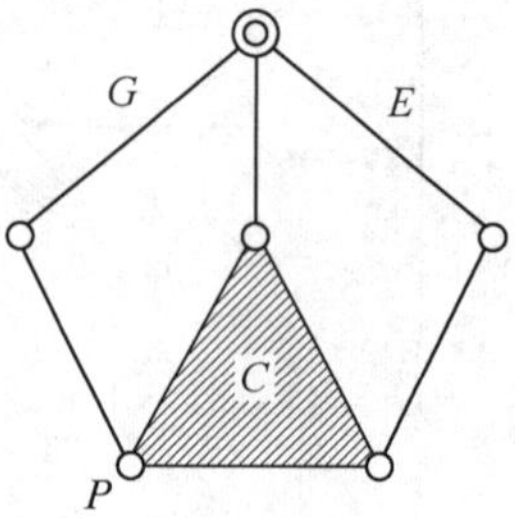	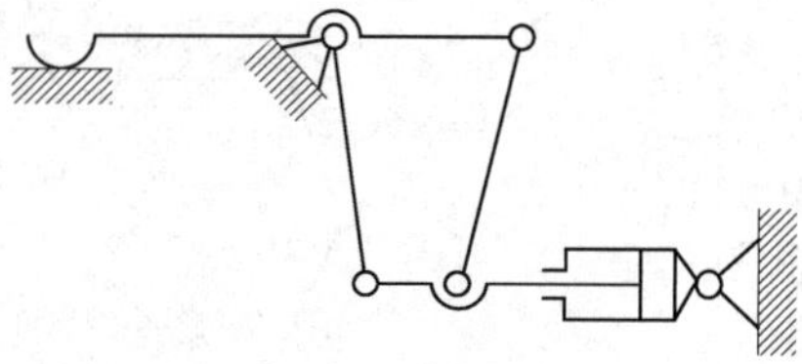

续表

序号	类型	再生运动链	新机构的运动简图
16		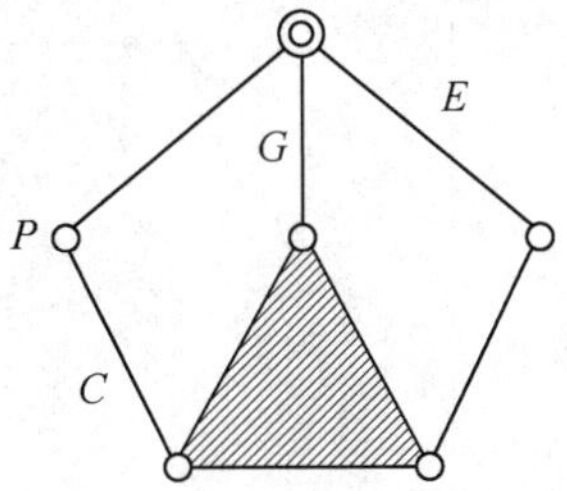	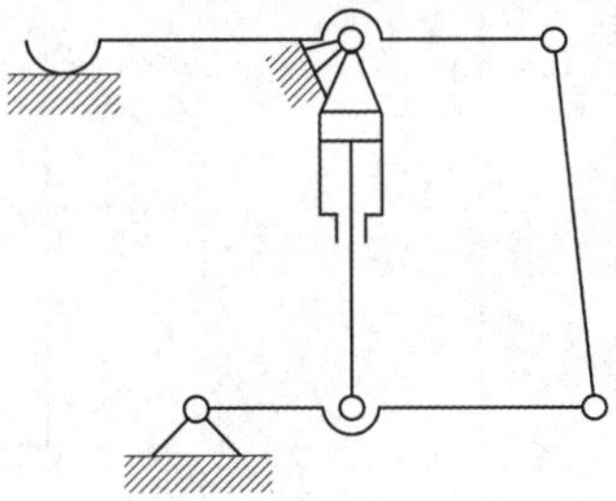
17		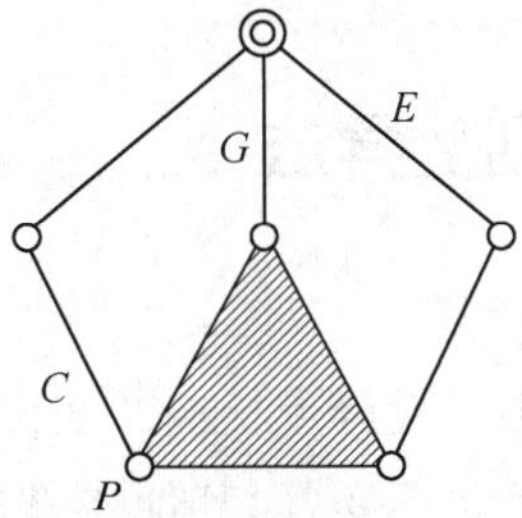	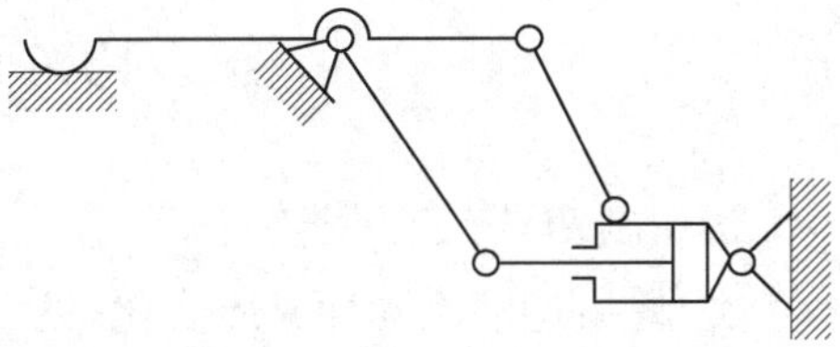
18	C 型	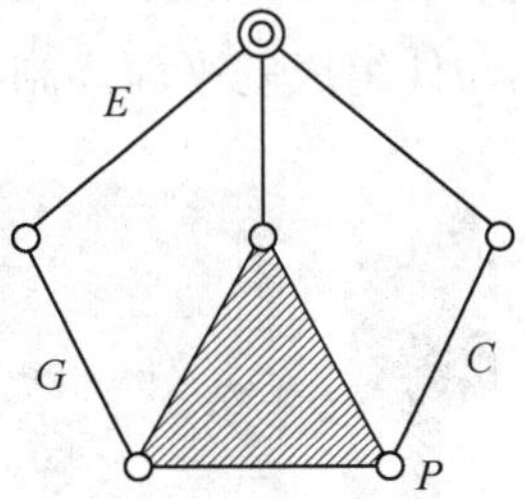	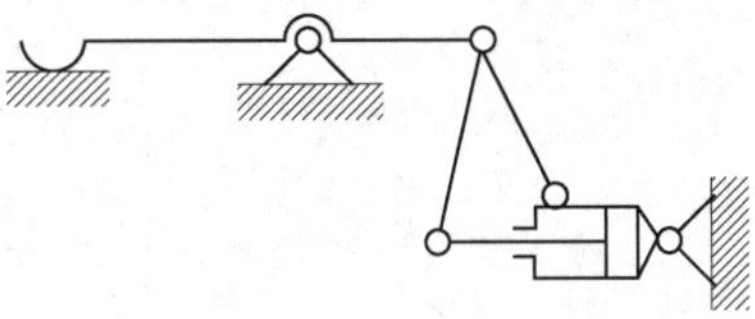
19		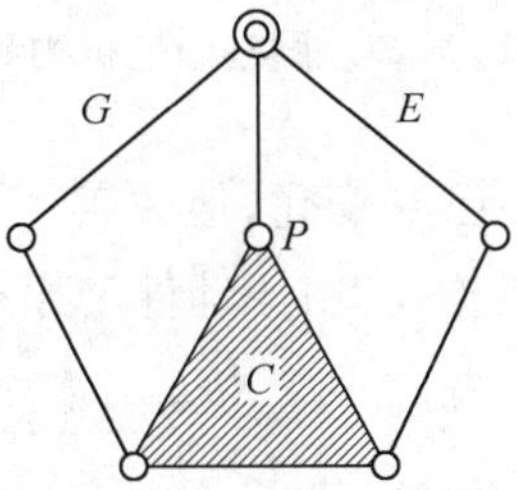	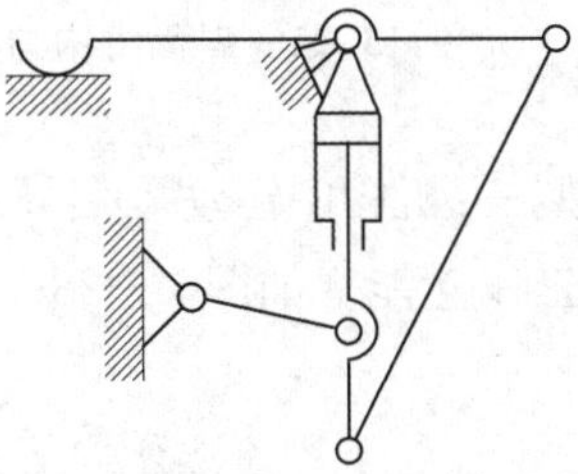
20		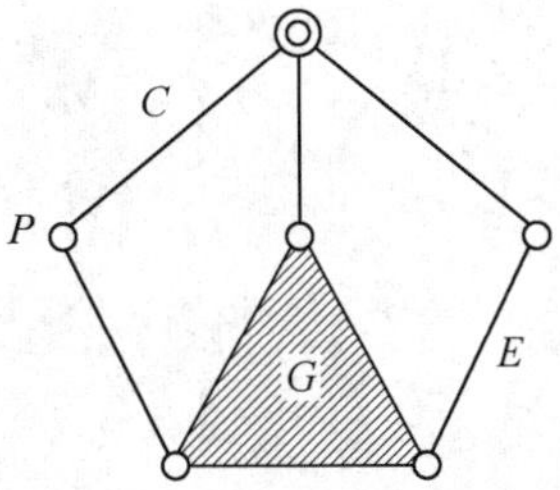	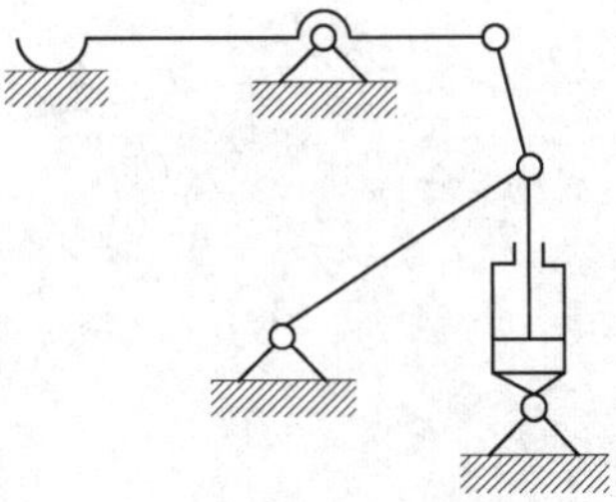

续表

序号	类型	再生运动链	新机构的运动简图
21	D型	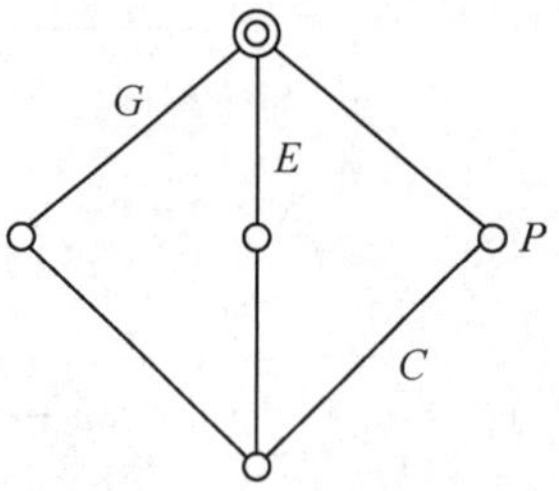	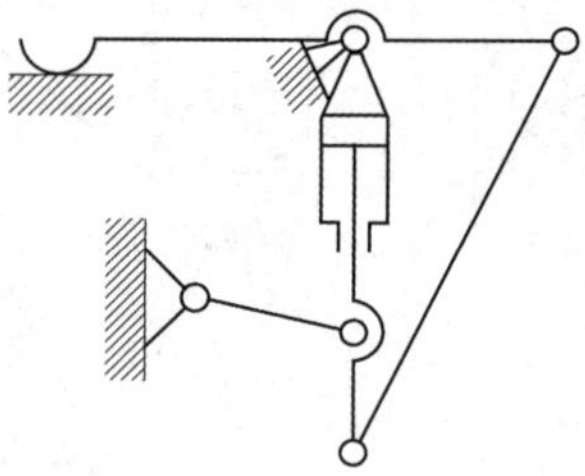

13.4 运动副变异法

运动副变异有三种类型：

类型一：运动副同性异形演化，见13.2节Ⅰ类同性异形机构的演化规则1～规则4。

类型二：机构中运动副变异后，输出构件的运动不变，而其他构件的运动有变化。如图13-21(a)中滑块斜面组成的移动副变异为螺旋副(图13-21(b))；图13-22(a)中圆柱凸轮与直动从动件组成的空间高副变异为移动凸轮与从动件组成的平面高副(图13-22(b))。

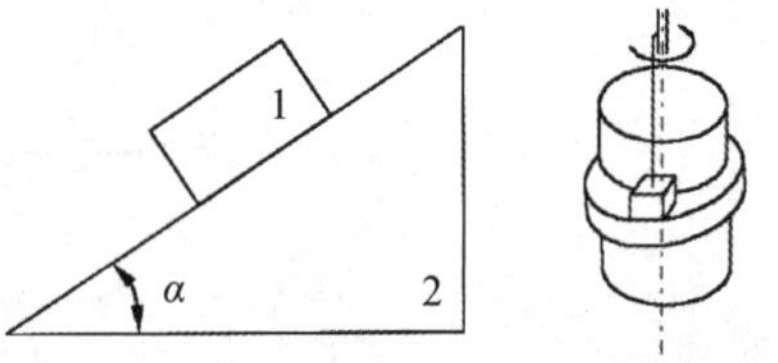

图 13-21　斜面机构与螺旋机构

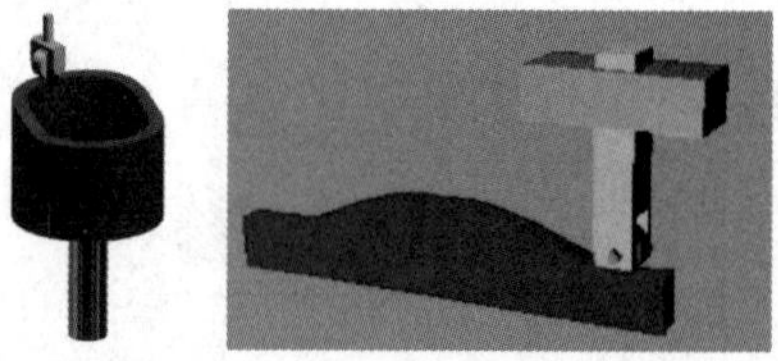

图 13-22　圆柱凸轮机构和移动凸轮机构

类型三：机构中运动副变异后，输出件的运动已有变化，但改善了该机构在某些方面的结构或工作性能。如图13-23(a)所示平面六杆机构，其由原动件1、Ⅱ级杆组2-3、Ⅱ级杆组

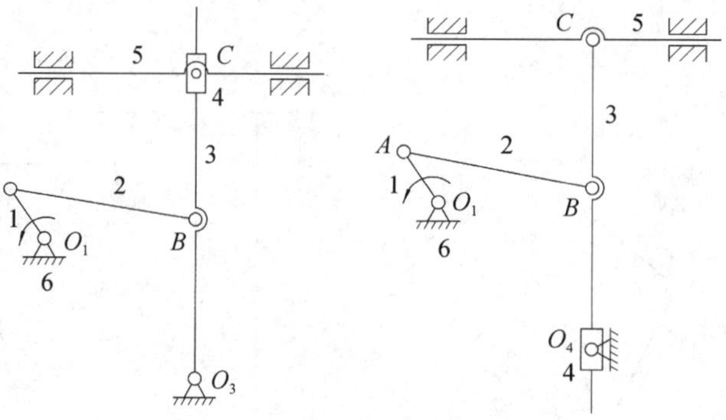

图 13-23　手套自动加工机的传动机构

4-5 及机架 6 组成，为二级机构。当原动曲柄 1 连续回转时可使输出构件 5 实现大动程的往复移动。机构中，滑块 4 与导杆 3 组成的移动副位于机构上方，不仅润滑困难，且润滑剂容易滴落，会污染下方的产品。13-23(b)所示机构则可以改善上述状况。该机构由原动件 1、Ⅲ级杆组 2-3-4-5 和机架 6 组成，为三级机构。

需要说明的是，将图 13-23(a)所示的机构演变为图 13-23(b)所示机构，已经改变了某些构件间的相对运动性质，如(a)所示机构中构件 4、5 之间组成转动副，但(b)所示机构中两者之间不再有连接，而是构件 4 与构件 3 组成移动副，构件 5 与构件 3 组成转动副。这表明，图 13-23 所示两个机构的运动特性在理论上是不同的，但差异不大。

13.5 叠加杆组法

在一机构上叠加一个或几个杆组，这些杆组可以是零自由度的运动链(即基本杆组)，也可以是带液压或气动元件的有源“杆组”；这些杆组中的构件或其上的点可实现比较复杂或特殊的运动要求。这是又一种机构创新设计的途径。

图 13-24 是三自由度挖掘机工作机构，其由带有液压元件的“杆组”1-2-3 与机架构成摇杆摆块机构，继而有源“杆组”4-5-6 与构件 3 相连，有源“杆组”7-8-9 再与构件 6 相连，最后，基本杆组 10-11 与构件 9 和 6 相连，从而使输出构件 11 实现复杂的刚体导引，完成挖掘工作。

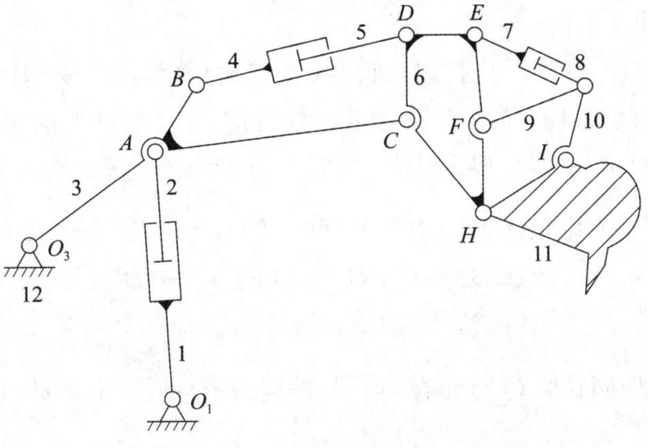

图 13-24 三自由度挖掘机工作机构

13.6 几何学创成机构法

某些几何定理，当给定某种几何条件，可使点的轨迹为直线或特定曲线。几何条件即几何约束，可用相应的运动副和构件来实现，进而应用机构结构分析理论创成机构。下面分别以按直线和圆锥曲线要求创成机构为例。

一、直线导向机构

精确直线导向要求构件(非连架杆)上某点严格沿直线移动，通常可应用实现直线轨迹的几何定理。

定理：如图 13-25 所示，点 O 和 P 分别为圆 α 上的定点和动点，Q 点在 OP 延长线上，当动点 P 沿该圆周运动时，如保持 $OP \cdot OQ$ 为常数，则点 Q 的轨迹为垂直于 OA 的定直线 β。

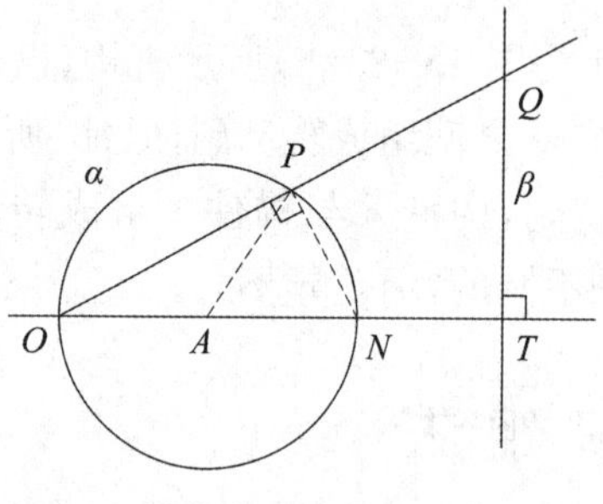

图 13-25 精确直线导向的一个几何定理

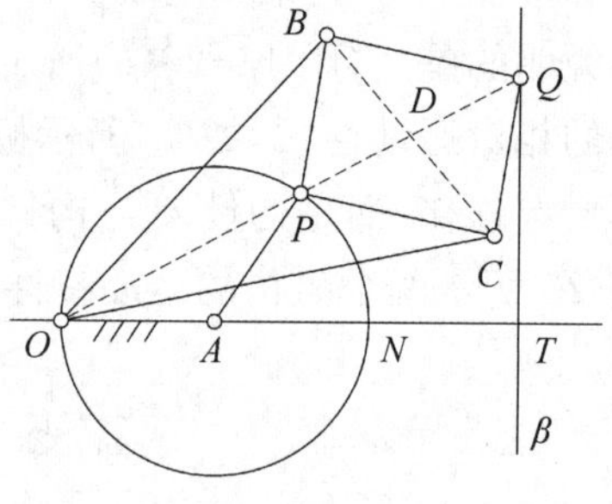

图 13-26 李普金精确直线导向机构

证明：因直角三角形 $\triangle OPN$ 相似于直角三角形 $\triangle OTQ$，故

$$\frac{OT}{OQ}=\frac{OP}{ON} \quad 或 \quad OT=\frac{OP \cdot OQ}{ON} \tag{13-5}$$

式中，若 $OP \cdot OQ=$ 常数，则 OT 必为定值；且当 P 点在圆 α 上任意一位置时，该式始终成立。这表面 Q 点至 OA 延长线的垂足 T 的位置是不变的；换句话说，就是 Q 点必在过 T 点且与 OA 相垂直的直线 β 上。

利用上述几何定理，在设计机构时保持式(13-5)的关系，就可获得精确直线导向机构。

例如图 13-26 所示机构，$APCO$ 为铰链四杆机构，在此基础上依次叠加 Ⅱ 级杆组 OBP 和 BQC，且有 $OA=AP$，$OB=OC$，$PB=PC=QB=QC$，按此有

$$\begin{aligned}OP \cdot OQ&=(OD-PD)(OD+PD)=(OD)^2-(PD)^2\\&=(OB)^2-(BD)^2-(PB)^2+(BD)^2\\&=(OB)^2-(PB)^2=常数\end{aligned}$$

所以，当曲柄 AP 回转时 Q 点必在与 OA 垂直的定直线 β 上移动。

二、圆锥曲线机构

由解析几何知，圆锥曲线的极坐标方程为

$$\rho=\frac{p}{1-e\cos\theta} \tag{13-6}$$

式中，p 是圆锥曲线参数，e 是偏心率。当 $e>1$，该式为双曲线方程；$e<1$，为椭圆方程；$e=1$，为抛物线方程。下面介绍设计连杆机构使其中某构件上的点实现圆锥曲线方程式(13-6)的方法。

如图 13-27 所示的基础四杆机构 $ABCD$，在 BA 延长线上有一动点 E，设 A 为极坐标系的原点，Ax 为极轴，则 E 点的极坐标为$(\theta,\ \rho)$。动点 E 至定点 D 的距离平方为

$$(DE)^2=\rho^2+l_0^2-2\rho l_0\cos(180°-\theta) \tag{13-7}$$

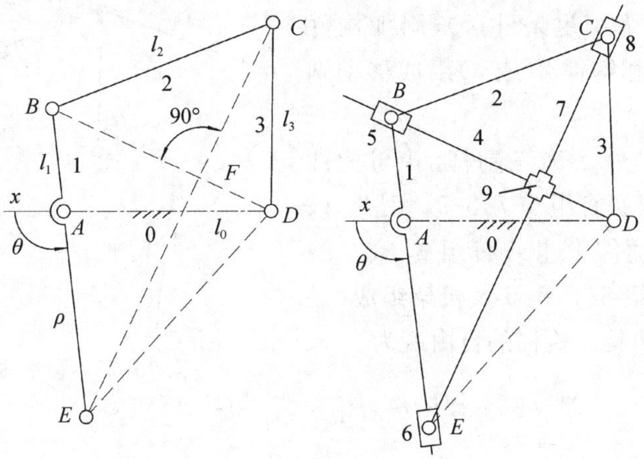

图 13-27　卡明斯基圆锥曲线机构

设图 13-27 中四边形 $BCDE$ 中的两对角线 $BD\perp EC$，则有

$$(DE)^2+(BC)^2=(EF)^2+(FD)^2+(FC)^2+(BF)^2$$

即

$$(DE)^2+l_2^2=[(BF)^2+(EF)^2]+[(FC)^2+(FD)^2]=(l_1+\rho)^2+l_3^2 \tag{13-8}$$

联立式(13-7)和(13-8)，消去 DE，并经简化后得

$$\rho=\frac{\dfrac{(l_0^2+l_2^2-l_1^2-l_3^2)}{2l_1}}{1-\dfrac{l_0}{l_1}\cos\theta} \tag{13-9}$$

令

$$\begin{cases}\dfrac{l_0^2+l_2^2-l_1^2-l_3^2}{2l_1}=p\\ l_0/l_1=e\end{cases} \tag{13-10}$$

则式(13-9)变为 $\rho=\dfrac{p}{1-e\cos\theta}$，是典型的圆锥曲线极坐标方程。

为了保持四边形 $BCDE$ 的两对角线始终相互垂直，以及机构自由度不变($F=1$)，可遵循机构组成原理采取如下措施(图 13-27(b))：

(1) 附加Ⅱ级杆组 4-5，构件 4 代表对角线 BD；

(2) 附加构件 7，代表另一条对角线 CE，对此须满足：(a) EC 始终与 BD 垂直；(b) E 点为 BA 延长线上的动点；(c) 构件 7 通过 C 点。

为了满足上述条件(a)，附加十字滑块 9，它分别与构件 4 和 7 组成移动副。为了满足条件(b),附加构件 6,它分别与构件 1 和 7 组成移动副和转动副。至此,添加了三个构件和四个低副,为保持机构自由度不变,最少应再加一构件和两个低副。为满足条件(c),附加构件 8,它分别与构件 7 和构件 2(或 3)组成移动副和转动副(复合铰链)。

由此可看出,构件 7 为三副杆,并与构件 6、8 和 9 一起组成Ⅲ级杆组 6-7-8-9。因此,该圆锥曲线机构由原动件 1、Ⅱ级杆组 2-3、Ⅱ级杆组 4-5 和Ⅲ级杆组 6-7-8-9 及机架组成(见图 13-28),为三级机构。机构的自由度为

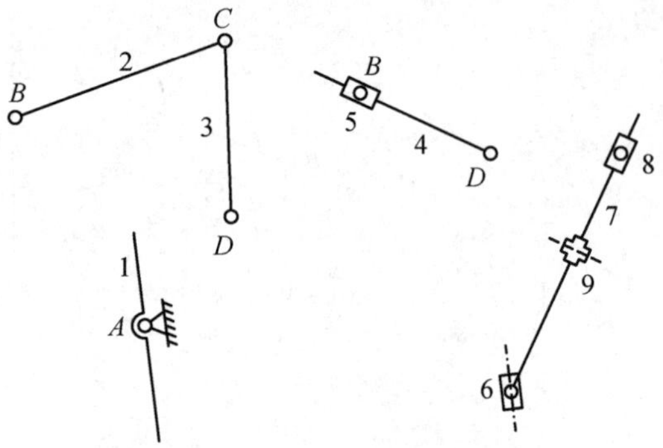

图 13-28 圆锥曲线机构的组成

$$F=3n-2P_L-P_H=3\times9-2\times13=1$$

13.7 增减虚约束法

给定某机构,设其在某一处添加虚约束,而在另一处减少相同数目约束,由此可产生新机构。举例说明如下。

一、由椭圆仪机构推演出直线导向机构

如图 13-29(a)所示的椭圆仪机构,滑块 1 和 3 分别在相互垂直的导路上滑动,它们分别与连杆 2 组成转动副 A、B。当滑块运动时,连杆 2 中点 C 的轨迹是以 O 点为圆心,OC $(=AB/2)$ 为半径的圆;AB 上其他点的轨迹为椭圆。

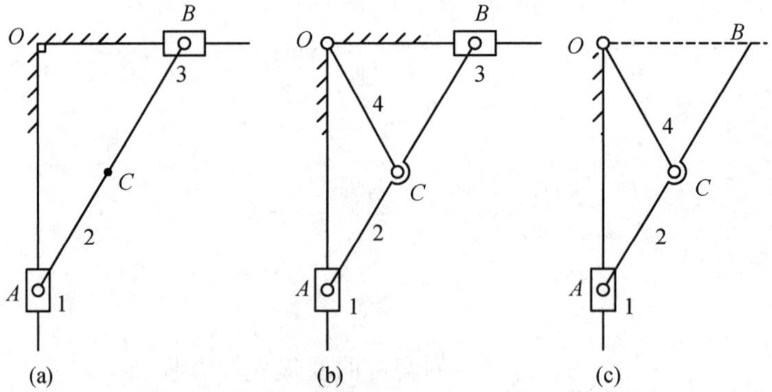

图 13-29 运用增减虚约束法推演出直线导向机构

今附加构件 4,其与连杆 2 铰接于 C 点,与机架铰接于 O 点,如图 13-29(b)所示。这“一杆两低副”带来一个虚约束。随后,拆去滑块 3,同时失去一个转动副和一个移动副,即减去一个虚约束,如图 13-29(c)所示,此时连杆 2 上 B 点的轨迹为过 O 点且垂直于 OA 的直线。

二、同源机构

图 13-30(a)中 O_AABO_B 为铰链四杆机构，C 为连杆上的点，在此基础上作图如下：

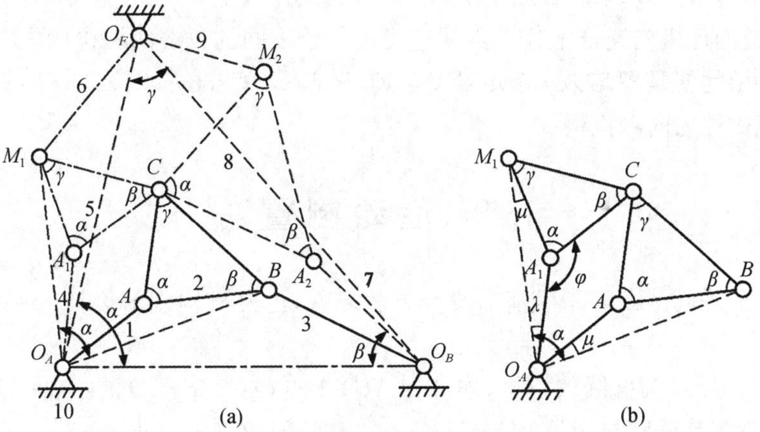

图 13-30　同源机构

(1) 附加Ⅱ级杆组 O_AA_1C，且 $O_AA_1=AC$，$A_1C=O_AA$，即四边形 O_AA_1CA 为平行四边形；

(2) 作 $\triangle A_1CM_1 \backsim \triangle ABC$；

(3) 作 $\triangle O_AO_BO_F \backsim \triangle ABC$；

根据几何关系可得

$$\frac{A_1M_1}{A_1C}=\frac{AC}{AB}, \text{ 即 } \quad \frac{A_1M_1}{O_AA}=\frac{O_AA_1}{AB}$$

又由 $\angle O_AA_1M_1=\angle O_AAB$，得 $\triangle O_AA_1M_1 \backsim BAO_A$，因此

$$\frac{O_AM_1}{O_AB}=\frac{A_1M_1}{O_AA}=\frac{O_AA_1}{AB}=\frac{AC}{AB}=\frac{O_AO_F}{O_AO_B}=\xi(\text{常数})$$

如图 13-30(b)所示，$\angle BO_AM_1=\angle AO_AA_1+\lambda+\mu=(180°-\varphi)+[180°-(360°-\alpha-\varphi)]=\alpha=$常数

$$\angle M_1O_AO_F=\alpha-\angle O_FO_AB=\angle BO_AO_B$$

则

$$\triangle M_1O_AO_F \backsim \triangle BO_AO_B$$

因此

$$M_1O_F=\xi \cdot O_BB=\text{常数}$$

即，点 M_1 和点 O_F 的距离为常数。

今附加构件 6，它分别与构件 5 和机架 10 铰接于点 M_1 和 O_F，这“一杆两副”带来一个

虚约束。随后,依次拆卸构件3与Ⅱ级杆组O_AAC,前者带有一个虚约束。这样,在铰链四杆机构$O_AA_1M_1O_F$中,连杆5上C点轨迹未变,即与铰链四杆机构O_AABO_B中连杆2上C点的轨迹相同。

同理,可求得另一铰链四杆机构$O_BA_2M_2O_F$,其连杆上C点也能实现上述相同轨迹。

所以,铰链四杆机构连杆上任一点轨迹可由三个不同的铰链四杆机构来实现。

上面所介绍的就是罗培兹-契贝谢夫定理(Roberts-Chebyschev Theorem)。实现同一轨迹的这类机构称为同源机构。

13.8 运动倒置法

运动倒置法是机械原理课程基本研究方法之一,也是机构创新设计的一条思路。举例说明如下。

图13-31(a)所示为椭圆仪机构,连杆1(AB)上点O_1至定点O的距离$OO_1=AB/2=$常数;设附加构件5,其分别与构件1铰接于O_1点,与机架铰接于O点,这"一杆两低副"带来一个虚约束,不影响原机构的运动。

采用运动倒置法,释放固定杆4(十字导槽),而固定构件5,见图13-31(b)。此时曲柄1(原动件)绕轴O_1转动,通过导块2和3带动导槽4(转子)以与曲柄1相同的平均转速转动。两导块在十字形导槽内往复运动,将流体由入口6送往出口7,从而形成泵机构。

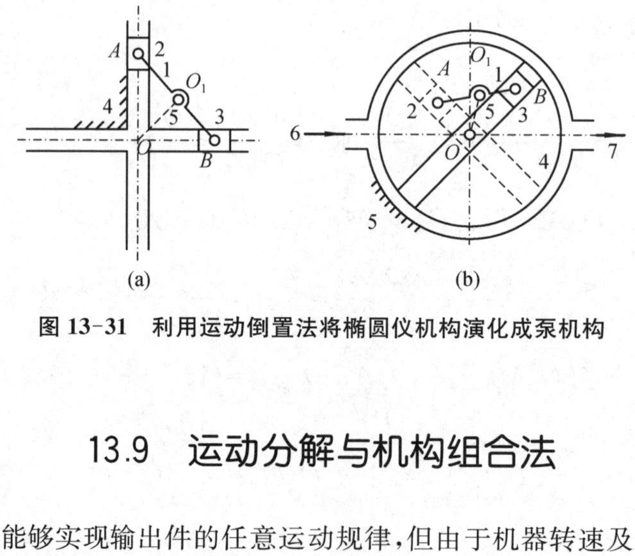

图13-31 利用运动倒置法将椭圆仪机构演化成泵机构

13.9 运动分解与机构组合法

虽然凸轮机构能够实现输出件的任意运动规律,但由于机器转速及凸轮加工精度等因素,在机构设计时,有时需应用其他机构来实现比较复杂或特殊的运动规律。特别是当这种运动规律难以用一个常用机构来实现时,可先将一种运动规律分解为两种或更多种运动规律,然后选用相应的机构组合成新机构。举例说明如下。

一、机构串联组合

工程上经常需要输出构件实现近似等速往复移动,其速度曲线如图13-32曲线1所示。

今将该曲线分解为两条曲线：曲线 2 为与曲线 1 频率相同的正弦曲线；曲线 3 为曲线 1 频率 2 倍的正弦曲线。为了使曲线 2 和曲线 3 纵坐标值的乘积与曲线 1 对应的纵坐标值相等，这两条曲线的相位必须符合图 13-32 所示，即 $|v/\omega_2|_{max}$ 与 $(\omega_2/\omega_1)_{min}$ 对应。为此，可以采用两个或三个机构串联组合起来实现近似等速往复移动的要求。在串联组合机构中，前一个机构的输出构件作为后一个机构的输入构件。可采用的方案有：

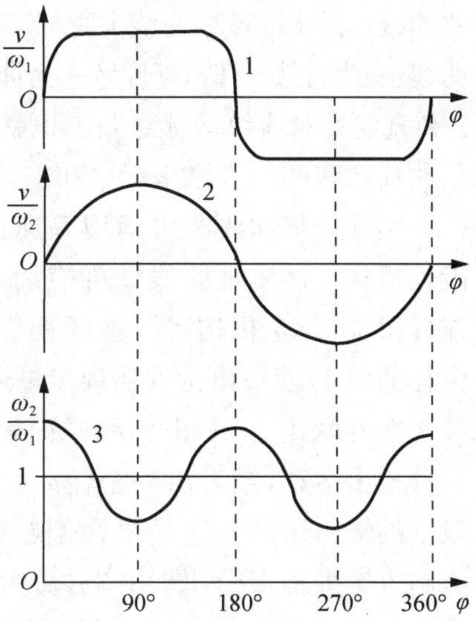

图 13-32　近似等速往复移动速度曲线的分解

1. 方案 1：椭圆齿轮机构与正弦机构串联组合

图 13-33 所示，为一对卵形齿轮 1、2 与正弦机构 2′-3-4 组合，齿轮 2 与构件 2′固结并一起转动。在图示位置，$i_{21}=\omega_2/\omega_1=a/b$，$i_{21}$ 和 ω_2 为极大值。根据图 13-32 要求，此时 v_4/ω_2 应为零，即 $\varphi_2=0°$。这样，当轮 1 转 90°，$i_{21}=\omega_2/\omega_1=b/a$，$i_{21}$ 和 ω_2 为极小值，而曲柄 2′ 转至竖直位置，v_4/ω_2 为极大值，符合要求。

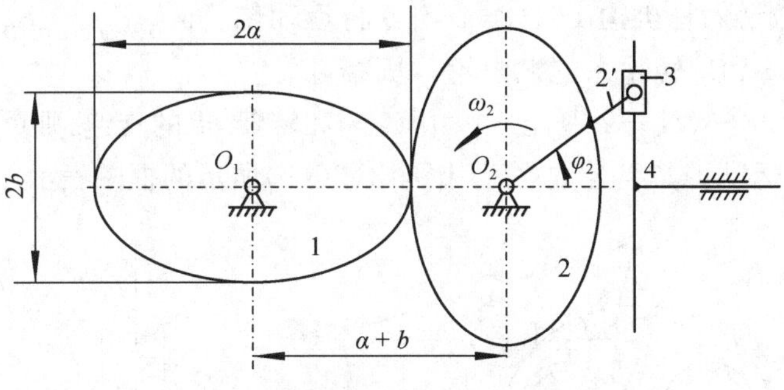

图 13-33　卵形齿轮机构与正弦机构串联

2. 方案 2：曲柄转动导杆机构、齿轮机构及正弦机构串联

如图 13-34 所示机构中，*ABC* 为曲柄转动导杆机构，曲柄 1 为原动件；*DEF* 为曲柄移动导杆机构（正弦机构），移动导杆 6 为输出构件，导杆 3 和曲柄 4 分别与齿轮 3′ 和齿轮 4′ 固结，且 $i_{3'4'}=z_{4'}/z_{3'}=2$。

当原动件 1 等角速度转动时，通过该机构使从动导杆 6 作近似等速往复移动。为了实现图 13-32 的运动规律，安装时需保证当主动曲柄 1 的位置 $\varphi_1=0°$ 时，正弦机构的曲柄 4 的位置 $\varphi_4=90°$ 或 270°，此时有 v_6/ω_4 最大。

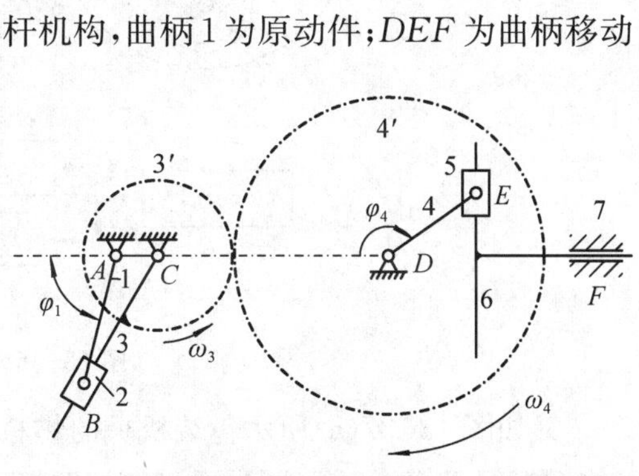

图 13-34　曲柄转动导杆机构与正弦机构串联组合

二、机构并联组合

在轻工机械、纺织机械中，往往需要输出构件实现略有后退或短暂停歇的步进运动，其位移曲线如图 13-35 中曲线 1 所示。今将该曲线分解为两个曲线：一为直线 2，即 OH；另一为曲线 3，其纵坐标为曲线 1 和直线 2 对应纵坐标之差。也就是说，曲线 1 的纵坐标是曲线 2 和曲线 3 纵坐标之和。

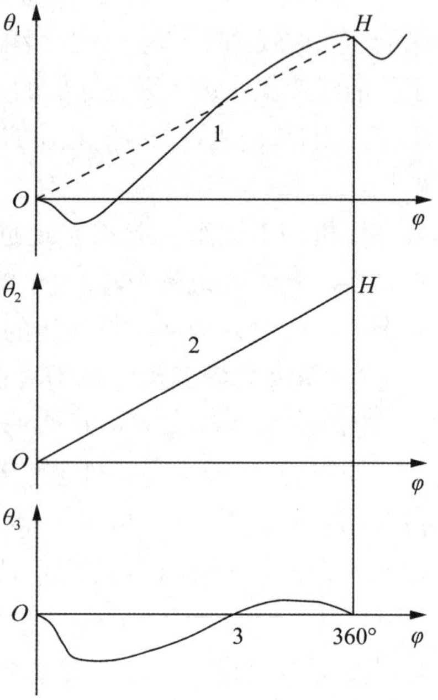

图 13-35　步进运动位移曲线的分解

实现位移曲线 2 可运用等速连续转动机构（如圆柱齿轮机构），而实现曲线 3 可应用变速往复运动机构，如连杆机构、凸轮机构等。这两种机构的并联组合可实现位移曲线 1，使输出构件实现步进运动。

在并联组合中，由两种或两种以上输入运动合成为一种输出运动，或者由一个输入运动分解为两种或两种以上的输出运动。这是机构创新设计的一个思路，具体实施方案多种多样，图 13-36(a)为精梳机的传动机构，其由定轴齿轮机构 1-6-9、铰链六杆机构 1-2-3-4-5-9 和周转轮系 5′-7-7′-8-6(H)-9 构成。主动轴 1 转动时，其运动分两路传动出去，一路是由齿轮 1 传动齿轮 6(H)转动；另一路是通过铰链六杆机构 1-2-3-4-5-9 将运动传递给构件 5。构件 5 和周转轮系的太阳轮 5′固结，因此，在周转轮系 5′-7-7′-8-6(H)-9 中，已知太阳轮 5′和转臂 H 的转速，则可以通过运动合成最终得到太阳轮 8 的运动。其组合方式可用图 13-36(b)所示的框图表示。

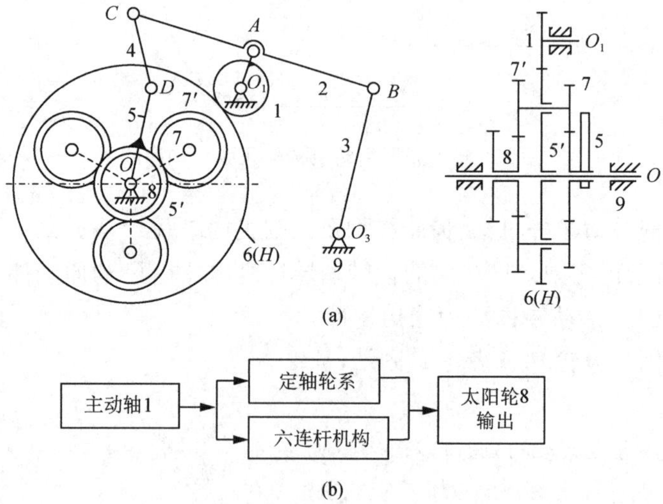

图 13-36　精梳机传动机构

又如图 13-37(a)所示包装机械的物料推送机构，凸轮 8 和 8′固结，当它们转动时，凸轮 8 推动摆杆 7 绕 O_4 摆动，再通过铰链四杆机构 O_4FEO_2 推动双臂杆 4 绕 O_2 摆动；同时凸轮 8′推动摆杆 9 绕 O_3 摆动，并将运动通过铰链四杆机构 O_3GDO_1 驱动摆杆 1 绕 O_1 摆动；构件 4 和构件 1 作为铰链五杆机构 O_2CBAO_1 的输入构件，共同驱动构件 2 上的输出点 M 实现如图所示的轨迹输出。其组合方式的框图见图 13-37(b)。

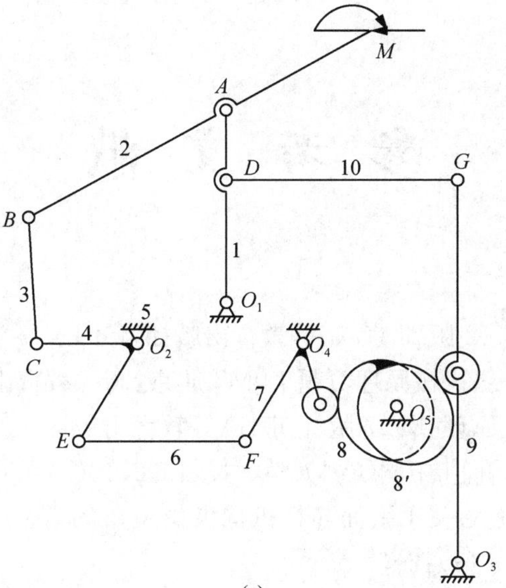

(a)

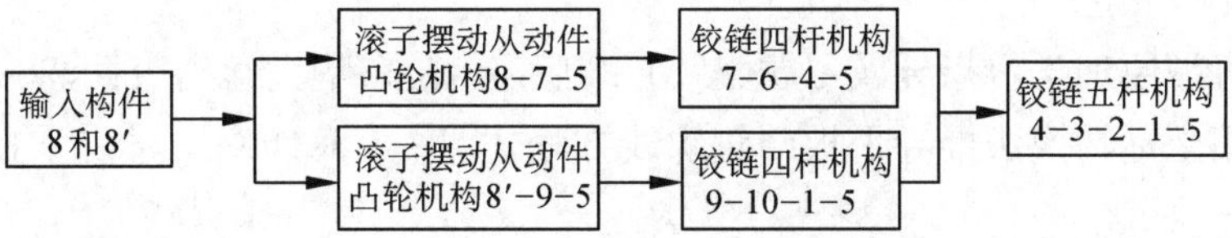

(b)

图 13-37 包装机械的物料推送机构

三、机构复杂组合

图 13-38(a)所示齿轮连杆机构不属于上述简单的串联机构或并联机构，而是比较复杂的机构组合，其组合结构如图 13-38(b)所示。

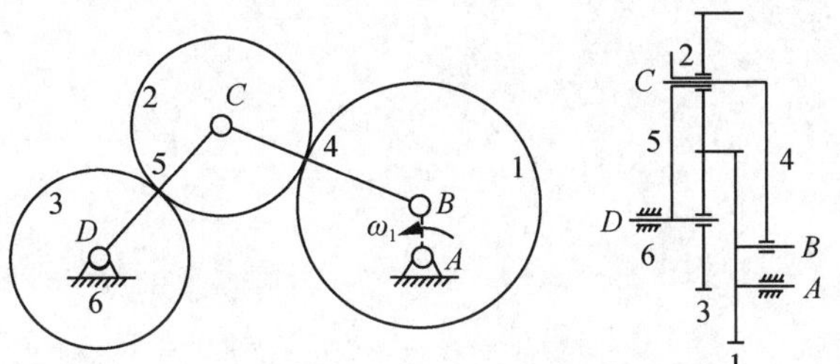

(a)

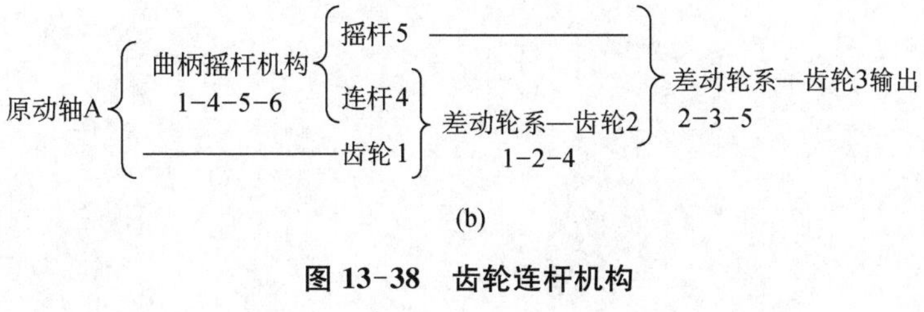

(b)

图 13-38 齿轮连杆机构

参 考 文 献

[1] 华大年.机械原理[M].2版.北京:高等教育出版社,1994.

[2] 阿尔托包列夫斯基,等.机械原理习题集[M].北京:高等教育出版社,1958.

[3] 郑文纬,吴克坚.机械原理[M].7版.北京:高等教育出版社,1997.

[4] 华大年.同性异形机构[J].中国纺织大学学报,1992,18(5):63-72.

[5] 于佩政,胡秉辰,富崇大.关于平面连杆机构极位夹角的定义等几个问题的新探讨[J].机械设计与研究,1991(1):2-3.

[6] 高志民,孙志宏,庄幼敏.平面四杆机构极位夹角的取值范围[J].东华大学学报,2003(4):25-27.

[7] 孙志宏.机械原理学习指导及习题集[M].2版.上海:东华大学出版社,2021.

[8] 华大年.用坐标转换法推导平板凸轮廓线方程式[J].上海纺织工学院学报,1979,5(4):73-84.

[9] 华大年.按许用压力角设计最小尺寸的滚子摆动从动件平板凸轮的解析法[J].机械工程学报,1982,18(4):74-79.